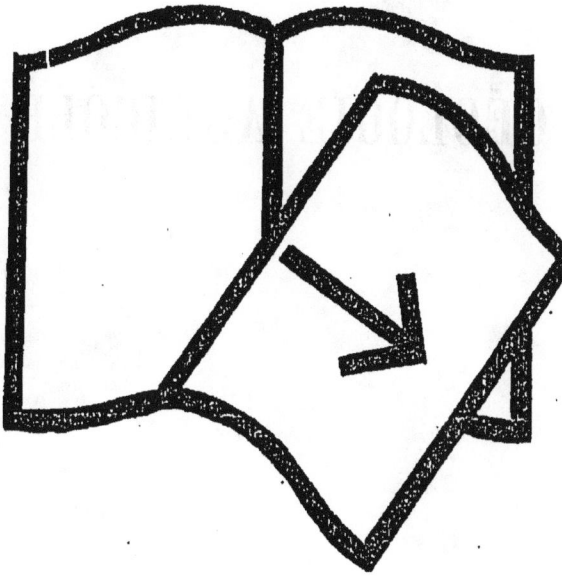

Couverture supérieure manquante

DU 1ᵉʳ FASCICULE

GÉOLOGIE AGRICOLE

NANCY, IMPRIMERIE BERGER-LEVRAULT ET Cie.

GÉOLOGIE AGRICOLE

PREMIÈRE PARTIE

DU

COURS D'AGRICULTURE COMPARÉE

FAIT A L'INSTITUT NATIONAL AGRONOMIQUE

Par Eugène RISLER

DIRECTEUR DE L'INSTITUT AGRONOMIQUE

MEMBRE DE LA SOCIÉTÉ NATIONALE D'AGRICULTURE DE FRANCE

MEMBRE DU CONSEIL SUPÉRIEUR DE L'INSTRUCTION PUBLIQUE

TOME III

PARIS

BERGER-LEVRAULT ET Cie

LIBRAIRES-ÉDITEURS

5, rue des Beaux-Arts, 5

LIBRAIRIE AGRICOLE

DE LA MAISON RUSTIQUE

26, rue Jacob, 26

1894

GÉOLOGIE AGRICOLE

§ 1. — La Suisse et la Savoie.

« De même que la figure géométrique d'un cristal dépend de sa composition chimique, a dit Studer, un des meilleurs géologues suisses, de même la forme des montagnes dépend de leur structure intérieure et des roches qui les constituent », et cette harmonie du paysage avec la géologie se montre bien dans la patrie de Studer.

Au premier coup d'œil, on distingue trois régions dans l'amphithéâtre des Alpes de la Suisse et de la Savoie. En haut, les neiges éternelles et les cimes découpées en aiguilles ; puis une série de montagnes moins hautes dont les pentes moins rapides sont couvertes de pâturages et de forêts ; enfin, au-dessous, une région de collines doucement arrondies qui s'étend jusqu'au pied du Jura et dans laquelle la riche verdure des prés et des bois n'est interrompue que par les moissons, les villages, les lacs et les rivières.

La plupart des cimes les plus élevées se composent de roches primitives, granite, etc. ; mais quelques-unes appartiennent déjà aux calcaires jurassiques dont l'éruption centrale a renversé ou relevé les couches jusqu'à la position verticale. Les Alpes de la seconde rangée sont les unes de formation secondaire, les autres sont constituées par des roches tertiaires, principalement éocènes. Quant à la région des collines, qui est la plus importante par sa richesse agricole et sa population, elle se compose de dépôts miocènes, plus ou moins recouverts par les argiles et les moraines de l'époque glaciaire, et le nom général sous lequel on la désigne, la *mollasse*, indique bien une roche qui se décompose facilement et dont les contours arrondis caractérisent les paysages de la Suisse centrale.

Cette région des collines de mollasse et d'argiles glaciaires se trouve également dans le pays de Gex (département de l'Ain), dans le Chablais, la partie basse du département de la Haute-Savoie qui s'étend à l'est du lac de Genève, et elle se prolonge entre les montagnes du Jura et les monts de Salève, de la Balme, de Sémenoz et de la Cluse, jusqu'aux environs d'Aix-les-Bains.

Nous pourrons donc réunir dans le même chapitre la description des terrains tertiaires et quaternaires de la Suisse et de la Savoie.

A. — *L'éocène des Alpes.*

L'éocène est représenté dans les Alpes par le *calcaire nummulitique* et par le *flysch*.

Le *calcaire nummulitique* est ordinairement gris ou blanc. Tantôt il est compact et peut servir de pierre à bâtir, tantôt il devient sableux et passe au grès ; quelquefois aussi on y trouve des couches de marnes. Dans toutes ces roches, les *nummulites* sont très abondantes et montrent que ces terrains sont contemporains du calcaire grossier du bassin de Paris. Ils ont été déposés, en couches très puissantes, au fond d'une immense Méditerranée qui couvrait tout le sud de l'Europe et une partie de l'Afrique et de l'Asie, en sorte qu'on retrouve cette même formation, non seulement dans les Alpes et les Pyrénées, mais en Espagne, en Italie, en Grèce, en Algérie, en Égypte, où elle a servi jadis à construire les pyramides, et jusqu'aux Indes orientales et en Chine.

Le *flysch* a été distingué du nummulitique parce qu'on n'y rouvait pas d'autres fossiles que des empreintes de fucoïdes, d'hel-

minthoïdes, etc. Il se trouve au-dessus des couches de calcaire nummulitique, quelquefois entremêlé aux dernières, et il se compose
principalement de schistes et de grès schisteux de couleur grise ou
noire. Certains bancs se décomposent facilement, d'autres sont plus
durs et forment sur le bord des vallées des saillies ou crêts plus
ou moins abrupts.

Par suite de cette alternance de couches perméables et de couches
imperméables, les sources sont nombreuses dans le flysch. Malheureusement il en résulte aussi quelquefois des glissements et des
effondrements dont les effets sont désastreux. Il y en a eu, en 1881,
un triste exemple dans le canton de Glaris : à la suite des pluies
abondantes du mois de septembre, qui avaient détrempé les couches
argileuses, des masses formidables de rochers sont descendues dans
la vallée avec les forêts et les pâturages qui les couvraient, et ont
enseveli la commune d'Elm sous leurs décombres.

Partout les montagnes formées de flysch montrent les traces de ces
effondrements ; elles sont couvertes de profonds ravins à travers
lesquels les torrents amènent, quand ils sont grossis par les pluies
d'orage, des quantités énormes de rochers et de limon qui s'amon-
cellent dans les vallées et y forment des terrains marécageux ; mais,
sur les pentes, on trouve de magnifiques forêts et des prairies fertiles et, sur les hauteurs, des pâturages excellents.

D'après M. Piccard, professeur à l'Université de Bâle, un schiste
du flysch des environs de Coire contenait :

Eau combinée	2,12
Matières organiques.	0,71
Alumine	13,84
Oxyde de fer	4,03
Magnésie	1,48
Potasse.	0,92
Soude	0,34
Chaux	0,50
Acide sulfurique	0,56
Acide phosphorique.	0,09
Silice.	75,87
Manganèse.	traces.
	100,00

On voit par le résultat de l'analyse que le schiste de Coire ne contient pas ou presque pas de carbonate de chaux et que la petite quantité de chaux qu'il renferme s'y trouve à l'état de gypse ; mais on aurait tort de conclure de là que le flysch doit être impropre à la culture des plantes qui exigent du calcaire.

Si le calcaire manque dans le schiste proprement dit, ajoute M. Piccard, il l'accompagne partout : s'il n'est pas un des éléments du schiste lui-même, il y forme des veines nombreuses ou des couches distinctes, de sorte que le sol en renferme toujours une assez forte proportion.

En effet, et c'est ce qui explique la fertilité qui le distingue généralement, le flysch renferme des grès tendres à ciment calcaire analogues au *macigno* des Appennins ou des calcaires argileux qui, entremêlés aux schistes, fournissent de la chaux à la terre formée par leur décomposition. De plus, on y trouve souvent un grès qui doit sans doute son origine à des cendres volcaniques. On appelle ce grès *grès de Taveyannaz* ou *de Taviglianaz*, parce qu'il est très abondant autour du chalet de ce nom, situé près des Diablerets, dans le canton de Vaud. Il est composé de grains cristallins de feldspath blanc et d'une matière noire semblable à l'amphibole, de mica blanc ou noir, de chlorite et de quartz à l'état de sable ou de petits fragments arrondis. La roche a une teinte générale verdâtre qui provient d'un silicate de protoxyde de fer : en s'oxydant, le fer devient brun et forme à la surface du grès de petites taches ou auréoles qui se touchent par les bords.

Les parties les plus élevées du Moléson (canton de Vaud) se composent de calcaires compacts à formes abruptes, mais, sur ces calcaires, reposent des formations éocènes, principalement du *flysch* qui se décompose facilement. On peut le reconnaître aux formes arrondies des pâturages qui entourent le chalet du *grand Planeiz*.

Ce sont des schistes argileux de couleur grise qui passent sur certains points à des grès ou à des poudingues. Ces schistes forment des terres argileuses et imperméables. Au milieu du flysch, il y a quelques minces couches de lignites et, non loin du chalet du *grand Planeiz*, une sorte de tuf volcanique qui se trouve entremêlé aux couches de flysch et qui est ici, comme cela arrive souvent, accompagné de gypse de couleur grise ou rougeâtre.

Sur ces terrains sont épars des fragments de toutes sortes de grosseur de roches calcaires qui se sont détachées des cimes du Moléson et sont venues rouler sur les pâturages du bas.

Voici le résultat des analyses que M. le Dr Wander, de Berne, a faites de la terre et du sous-sol du pâturage qui entoure le chalet :

	TERRE végétale.	SOUS-SOL.	
Acide sulfurique	0,0002	0,0001	soluble dans l'eau.
Chlore	0,0060	0,0050	
Potasse.	0,0163	0,0134	
Humus	7,4736	7,9961	
Acide sulfurique	0,1448	0,0404	soluble dans l'acide chlorhydrique.
Alumine	3,2325	3,9369	
Oxyde de fer.	3,7898	1,7534	
Acide phosphorique	0,1393	0,2090	
Chaux.	0,9028	0,9444	
Magnésie	0,7189	0,4855	
Potasse.	0,6242	0,4788	
Matières organiques.	9,2253	4,5692	
Silicates.	73,2759	79,9000	
	100,0000	100,0000	

Dans le Chablais, partie septentrionale du département de la Haute-Savoie qui s'étend autour d'Évian et de Thonon sur les bords du lac Léman, on trouve du flysch à la colline des Allinges. Ce flysch se compose de grès en général très durs que l'on exploite comme pierres à paver ; quelques bancs sont grossiers et passent à un conglomérat renfermant des cailloux variés, entre autres des débris de roches cristallines. Ces grès ou conglomérats alternent avec des lits de marnes noirâtres qui contiennent des petits fucoïdes. Les grès eux-mêmes renferment des *Helminthoïdes crassa* et des fragments d'ambre. (A. Favre.) Ces grès à fucoïdes et à helminthoïdes se trouvent immédiatement au-dessus du kimméridien. Cette colline des Allinges est en quelque sorte le prolongement des Voirons où l'on trouve deux couches de flysch séparées par des roches plus anciennes, crétacées et jurassiques ; il y a eu là un renversement complet des couches. Ces mêmes grès forment près de Boëge, sur la rive gauche de la Menoge, le *mont Vuant* ou *Vouant*, que l'on a surnommé *la Moline*, parce qu'on taille beaucoup de meules de moulin dans le grès nummulitique très dur qui la compose. Ils sont également à découvert dans les vallées d'Abondance et de la Dranse, ainsi que près de Saint-Paul, au-dessus d'Évian.

Les grès du macigno alpin forment, en se décomposant, une terre jaunâtre qui a sur certains points une puissance considérable et une grande fertilité.

Les grès du macigno qui dominent les terrains glaciaires des environs d'Évian y ont mêlé les produits de leur décomposition. Dans le ravin qui commence près du village de Coppier, un peu à l'est de Saint-Paul, A. Favre a constaté que l'argile glaciaire, mêlée de blocs erratiques, a plus de 50 mètres de puissance et, au-dessus d'elle, on trouve une terre végétale qui, dans quelques endroits, atteint 6 mètres d'épaisseur.

Cette terre végétale provient sans doute de la décomposition du flysch qui se trouve au-dessus d'Évian et de l'argile glaciaire elle-même dont la surface ameublie et mêlée de débris de végétaux descend lentement le long de la pente pour s'accumuler dans les parties inférieures. Elle est couverte d'une végétation admirable. Les châtaigniers y prennent un développement remarquable ; l'un d'eux, celui de Neuvecelle, mesure 13 mètres de circonférence ; les arbres fruitiers y sont d'une grandeur et d'un rapport extraordinaires et les vignes, suspendues en guirlandes à des arbres secs (*crosses*), donnent quelquefois un hectolitre de vin par cep, sans nuire aux récoltes qui se trouvent au-dessous d'elles.

Autour de ces collines, des montagnes plus élevées s'élèvent en amphithéâtre et le flysch y occupe une large place, avec les calcaires noirs du lias (roche de la Meillerie) et les calcaires blancs du Jura moyen qui forment les cimes des dents d'Oche, des Cornettes de Bise, de la Forclaz, etc., tandis que le trias affleure dans la vallée de la Dranse, avec ses cargnieules et ses gypses qui sont exploités à Armoy.

D'après M. A. Cazin (*Bulletin de la Société des agriculteurs de*

France, 1887), les plus belles forêts du Chablais se trouvent sur les terres profondes et fertiles formées par la décomposition du flysch et, dans certains endroits, la végétation suffirait à en déterminer la ligne de démarcation.

Le flysch, dit A. Favre[1], présente deux facies ; l'apparence de ce terrain est différente lorsqu'il repose sur le calcaire kimméridien ou sur le terrain nummulitique.

Dans le Chablais, c'est le premier de ces facies qu'il présente : c'est celui de *schistes à fucoïdes* et à *helminthoïdes*, schistes calcaires plus ou moins marneux, accompagnés de quelques bancs de grès plus ou moins grossiers. On les trouve depuis les bords du Rhône, près de Vouvry et de Vionnaz, jusqu'aux rives de l'Arve, près de Thiez, non loin de Bonneville. On peut les voir dans la vallée d'Abondance et au col du Corbier ; ils traversent la vallée de Bellevaux, se montrent près des Charmettes et sur le revers occidental de la pointe d'Orcher, où ils sont en contact avec le gypse triasique.

Par contre, c'est le deuxième facies du flysch qui se montre de l'autre côté de l'Arve ; entre cette rivière et le lac d'Annecy, particulièrement dans la vallée de Thônes. Quand le flysch ou macigno alpin repose sur le calcaire nummulitique, comme dans le massif du Vergy et de la Tournette et dans toute la région comprise entre le lac d'Annecy et la vallée de l'Arve, son facies n'est plus tout à fait le même que celui du Chablais. Il contient aussi moins de fucoïdes. Sa base est formée par une assise de schistes argileux friables, renfermant des empreintes de poissons ; puis viennent des schistes marneux et des grès micacés qui ressemblent à ceux de la mollasse.

Dans le massif du Colonney, de Platé et des Fiz, en Savoie, l'éocène, très développé, se compose, de bas en haut, d'après M. Maillard, de :

1) Conglomérat calcaire, sans fossiles, reposant sur la craie : 1 à 2 mètres ;

2) Schistes nummulitiques inférieurs, avec beaucoup de fossiles: *Natica crassatina ;*

3) Calcaire nummulitique, avec minces intercalations de grès, environ 40 mètres ;

---

1. *Géologie de la Savoie.*

4) Schistes argileux, un peu ondulés: 15 mètres;

5) Grès vert, dit de Taveyannaz, alternant avec des schistes: 100 mètres;

6) Phyllades du flysch (*macigno*).

Au roc de Chère, sur le bord du lac d'Annecy, le grès éocène recouvre l'urgonien. C'est un grès pyriteux qui donne naissance à une source d'eau froide chargée d'acide sulfhydrique.

Quand les marnes du miocène inférieur font défaut, il est difficile de tracer une limite exacte entre le flysch et la mollasse; les grès sont identiques.

Les schistes et marnes du flysch retiennent l'eau et forment partout un sol humide et souvent marécageux, signe caractéristique, à défaut d'autres, de la présence de ce terrain. Sur les fortes pentes, ce terrain glisse.

Terrain sidérolithique. — Pendant que le terrain nummulitique et le flysch se formaient dans la Suisse centrale et méridionale, le Jura, devenu terre ferme, avait une physionomie tout autre. Des sources y déposaient des argiles, des marnes, des sables siliceux, des pisolithes calcaires et ferrugineux. Ce qui domine dans ces dépôts, c'est une argile rouge, appelée *bolus,* qui contient souvent de l'excellente mine de fer en grains. De là le nom de *terrain sidérolithique* donné à cette formation que le Dr Greppin attribue à l'éocène supérieur, et M. de Lapparent à l'oligocène.

Dans sa partie supérieure on trouve, tantôt la *Nagelfluhe jurassique* ou *gompholite,* poudingue de galets jurassiques et triasiques, arrondis, mais impressionnés, réunis par un ciment ferrugineux, calcaire ou siliceux, tantôt un calcaire d'eau douce à limnées, planorbes, etc.

Le terrain sidérolithique[1] est assez répandu en Savoie dans la partie extérieure des Alpes, partie basse du pays. On en trouve même des lambeaux dans l'intérieur des Alpes, comme à Roselin (vallée de Beaufort).

Les fers hydratés sont assez abondants. Ils ont en partie con-

---

1. De Mortillet.

tribué à l'alimentation des hauts fourneaux d'Aillon, Bellevaux et Tamié.

Ils sont en général enfermés dans des cavités profondes, plus ou moins étroites, dans des fentes à peu près verticales, qui sillonnent le calcaire urgonien. C'est ainsi qu'on les trouve à Cuvat, à Ferrière, derrière le château d'Annecy, à Sévrier et à Saint-Jorioz, etc.

Parfois cependant ils se rencontrent dans d'autres terrains, comme à la Chapelle du Mont du Chat, où ils sont exploités dans le corallien ; ailleurs ils sont répandus à la surface de terrains encore plus anciens, ainsi qu'on l'observe à Roselin. Ce sont presque toujours des fers hydratés concrétionnés, de teintes diverses plus ou moins rougeâtres, quelquefois brunes, ayant un peu l'apparence d'un tuf ou de scories. Parfois, mais très rarement en Savoie, c'est un amas d'oolithes et de pisolithes. Ils se montrent ainsi sur la montagne de Saint-Innocent près d'Aix.

Les argiles réfractaires qui accompagnent les fers hydratés sont peu abondantes en Savoie. Elles sont blanchâtres, plus ou moins colorées en jaune ou en rouge. On en trouve au Désert, entre Chambéry et les Bauges. On y a fait des essais d'exploitation pour la fabrication des briques réfractaires.

Les argiles réfractaires, mêlées de silex, de Saint-Jean-de-Couz, appartiennent aussi à la même formation.

Des sables quartzeux, d'un blanc éclatant, sauf quelques exceptions où ils se trouvent colorés en jaune et en rouge par le fer, forment l'élément le plus abondant du terrain sidérolithique. On les rencontre sur un grand nombre de points. Ils sont très développés au Salève, jusque près du sommet derrière la Grande-Gorge, et surtout à l'extrémité du côté de Cruseilles. Ils sont également fort développés le long du Rhône, depuis la Perte jusque vers Seyssel, près de Saint-André, à Plainpalais et à Arith en Bauges, au-dessus du Grand-Bornand, etc.

Avec les sables, et même avec les argiles, comme à Couz, se rencontrent souvent un très grand nombre de silex, parfois roulés, mais souvent simplement brisés, comme à la Perte du Rhône. On voit alors que ce sont des silex caverneux, des silex semblables à ceux qui se déposent dans les eaux chargées de silice gélatineuse.

La présence de ces silex, leur forme, leur analogie avec les silex que certaines sources thermales forment encore de nos jours, la pureté des sables, celle des argiles, la présence abondante du fer, le-tout groupé dans des lieux isolés, très limités, occupant les fentes des roches sous-jacentes ou s'étalant vers les points de rupture des terrains, tout cela fait admettre que la formation sidérolithique est le produit de sources thermales abondantes, de geysers semblables à ceux qui existent en Irlande, mais plus puissants encore (de Mortillet).

B. — *Les terrains miocènes de la Suisse et de la Savoie.*

Au milieu de l'époque tertiaire, la mer occupait tout l'espace encore laissé libre entre les Vosges, le Morvan et le plateau central, à l'ouest, et les anciennes Alpes à l'est ; elle y formait une sorte d'Adriatique dans laquelle se sont déposés les sables et les calcaires de la mollasse ; le climat y était presque tropical, en sorte que les rivages de cette mer miocène et les lagunes qui les entouraient étaient couverts d'une luxuriante végétation de palmiers, etc.

Aujourd'hui les grès et les marnes, déposés au fond de cette Adriatique, puis mis à sec et de plus en plus relevés à mesure que les Alpes et le Jura se soulevaient, couvrent toute la contrée comprise entre ces deux chaînes de montagnes. Au pied des Alpes, le miocène forme quelquefois des montagnes assez élevées, par exemple le Righi ; on y trouve ce fait singulier que les poudingues de la mollasse y sont couverts par des calcaires de formation plus ancienne qu'elle, ce qui indique un renversement complet des terrains et explique l'isolement de cette espèce d'observatoire naturel. Mais, en général, le miocène ne forme que des collines dont les contours, arrondis par la décomposition rapide des roches et couverts de bois jusqu'au sommet, contrastent avec les pics dentelés des cimes alpestres.

Le miocène de la Suisse a été divisé en cinq étages :

1° A sa base, on trouve l'*étage tongrien* ou *mollasse marine inférieure* de Bâle, Porrentruy et Delémont.

Le Dr Greppin y distingue le *facies vaseux*, formé de marnes stratifiées dont la couleur varie du gris au noir (elles sont employées pour l'amendement des terres dans le val de Delémont et celui de Laufon), et le *facies littoral*, composé de calcaires jaunes et caillouteux.

2° L'*étage aquitanien* ou *mollasse d'eau douce inférieure,* qui comprend comme sous-étages :

    a) Le *grès de Rallingen ;*

    b) La *mollasse rouge* de Weggis sur le lac de Zurich et de Vevey sur le lac Léman ;

    c) La *mollasse à lignites inférieure* de Chexbres et de la Paudèze près de Lausanne.

On la trouve également dans le département de la Haute-Savoie, dans le canton de Genève et dans le pays de Gex (département de l'Ain).

3° L'*étage mayencien*, mollasse d'eau douce grise. Elle existe près de Saint-Gall, Payerne, Lausanne.

4° L'*étage helvétien* ou *mollasse marine supérieure.* — On y distingue :

    a) La *mollasse subalpine*, que l'on trouve près de Berne avec une puissance de 360 mètres et dans toute la Suisse jusqu'à une lieue au nord de Lausanne. Elle fournit d'excellents matériaux de construction. Quelquefois le grès passe au poudingue. On ne la rencontre plus au sud de Lausanne·

    b) La *mollasse coquillière* (*Muschelsandstein*) qui représente sans doute le bord occidental de la mer mollassique. C'est là que les coquillages sont le plus abondants ; les grès en sont pétris.

5° L'*étage d'Œningen* ou *mollasse d'eau douce supérieure,* ou encore *mollasse à lignite supérieure.* — On la trouve à l'Uetliberg, près de Zurich, et c'est elle qui forme les collines de la Thurgovie. Elle renferme des lits de marnes que l'on emploie pour l'amendement des vignes.

Généralement la mollasse fournit un sol fertile. D'après le Dr Greppin, c'est l'équivalent du tertiaire supérieur du Sundgau. Comme lui, elle contient des galets des Vosges et de la Forêt-Noire, des sables et limons de même origine, avec mines de fer remaniées et dents de Dinothérium.

On a donné le nom de *mollasse* à tout l'ensemble de la formation, parce que c'est la roche qu'on y trouve le plus souvent, mais elle est loin d'y être seule et, de plus, il y a diverses sortes de mollasses. Les matériaux dont ces dépôts sont composés ont été empruntés, les uns aux Vosges et à la Forêt-Noire, les autres aux Alpes, telles qu'elles étaient à l'époque miocène ; ils se sont réunis en proportions variées suivant la direction où les courants les entraînaient et en fragments de grosseurs également différentes suivant que ces courants étaient plus ou moins rapides.

La couleur de la mollasse varie du rouge et du jaune jusqu'au gris plus ou moins vert. Celle des environs de Berne est souvent bleuâtre au sortir de la carrière et prend peu à peu, en se desséchant, une teinte plus verte. Ces différences proviennent de la quantité plus ou moins grande de fer que la roche renferme et de l'état d'oxydation de ce fer ; le protoxyde est vert ou bleuâtre et se colore en rouge, quand il se transforme à l'air en peroxyde ; à la chaleur rouge, toutes les mollasses deviennent rouges.

La mollasse se compose de grains de sable agglutinés par un ciment qui fait effervescence avec les acides et contient des carbonates de chaux et de magnésie, de l'alumine et de l'oxyde de fer.

Les grains sont en partie du quartz pur, mais il s'y trouve mêlé beaucoup de fragments verts, rouges, bruns, jaunes, noirs ou blancs de feldspath, de mica, de schistes, de calcaires, en un mot des matériaux de toutes sortes enlevés, non seulement aux roches cristallines, mais aux roches sédimentaires des formations antérieures. Les grains verts nous intéressent tout particulièrement : les uns sont tout simplement des fragments de chlorites qui proviennent sans doute du grès vert, mais les autres, abondants dans certaines assises, ont une cassure terreuse ; leur grosseur varie depuis celle du millet à celle d'une fève et ils contiennent, d'après une analyse du professeur Brunner, une grande quantité de phosphate de chaux :

Silice	16,2
Phosphate de chaux	36,7
Carbonate de chaux	40,1
Traces d'oxyde de fer et de manganèse, magnésie. .	1,2
Eau et matière organique azotée (?).	5,8
	100,0

Quant à la couleur de la *mollasse rouge* (celle des environs de Vevey), il est probable qu'elle est due aux dépôts sidérolithiques remaniés par les eaux.

Certaines assises, la plupart d'origine marine, sont très riches en débris de coquilles (*mollasse coquillière*).

Quelquefois le ciment manque à la mollasse, et l'on n'a que du sable pur. Quelquefois, au contraire, le ciment prend le dessus et ce sont des marnes grises, rouges, jaunes ou bigarrées de ces diverses couleurs. Tantôt ces marnes ne forment que des couches de quelques décimètres d'épaisseur qui séparent les bancs de mollasse, tantôt elles prennent plus de développement et ont elles-mêmes quelques mètres de puissance.

La grosseur des grains de sable varie autant que leur nature. Quelquefois ils sont tellement fins qu'on a de la peine à les reconnaître à l'œil nu ; quelquefois le grès est grossier et, ses éléments devenant de plus en plus volumineux, ce sont des galets et le grès passe au poudingue (*Nagelfluh*).

Ces poudingues prédominent, en général, au pied des Alpes et les parties constituantes des roches diminuent de grosseur à mesure que l'on s'éloigne des massifs de hautes montagnes. Le ciment des poudingues se compose de grès et les galets sont tantôt formés de fragments de roches de toutes sortes, tantôt principalement de roches calcaires. Dans ce dernier cas, ils sont *impressionnés,* c'est-à-dire, quand deux galets se touchent, l'un d'eux, resté convexe, s'emboîte dans une concavité qui s'est produite dans l'autre.

L'ensemble de la formation a une puissance qui dépasse souvent 1,000 mètres. Ses bancs, nettement stratifiés, alternent de loin en

loin avec des couches de marnes. Les grès sont assez perméables,
de telle sorte que les eaux de pluie les traversent et vont se rassem-
bler à la surface des lits argileux pour former des sources sur les
points où ces derniers affleurent. Les eaux de ces sources tiennent
en dissolution la plupart des matières qui font partie du ciment des
mollasses, des carbonates de chaux, magnésie et fer, du sulfate de
magnésie. Elles sont, en général, très saines et excellentes pour
l'irrigation des prés. En Suisse, pour ainsi dire, chaque ferme a sa
fontaine qui coule toujours et qui sert non seulement à abreuver ses
habitants et son bétail, mais à laver les planchers des étables et à
préparer le fameux *lizier*, engrais liquide qui contribue beaucoup à
augmenter la fertilité naturelle des terres.

Certaines carrières de mollasse fournissent d'excellentes pierres
de construction ; ces pierres, encore tendres après leur extraction,
se taillent très facilement, puis elles se durcissent à l'air et se conservent longtemps. La taille elle-même paraît contribuer à durcir leur
surface et à augmenter sa résistance aux agents atmosphériques.
On peut voir au-dessus de Lausanne une inscription qui avait été
gravée il y a fort longtemps sur un rocher de mollasse et qui s'y est
conservée, non pas en creux, mais en relief ; tout ce qui n'avait pas
été touché par le ciseau s'est évidemment décomposé plus rapidement que cette inscription.

Comparativement à la plupart des autres roches, la mollasse se
transforme rapidement en terre arable, mais cette rapidité est plus
ou moins grande suivant les diverses variétés. Tantôt le gel délite
la roche en feuillets, tantôt en fragments anguleux ; les angles
s'émoussent et s'arrondissent, le ciment se dissout dans les eaux
chargées d'acide carbonique et il reste du sable, plus ou moins mélangé avec les débris des plantes qui ont poussé à la surface et qui
ont contribué à cette décomposition. Ce sont des terres légères,
mais elles deviennent plus fortes quand le voisinage des couches
marneuses y ajoute plus ou moins d'argile.

Pour diminuer la facilité avec laquelle les mollasses absorbent les
eaux, les maçons ont soin de les placer de manière à ce que leurs
feuillets soient horizontaux et non verticaux, en *lit* et non pas en *dé-
lit*. Mais, malgré ces précautions, on trouve quelquefois dans les murs

des *pierres malades*. Ce sont des mollasses salpêtrées par suite des matières organiques accumulées près des habitations ; elles pourrissent, se délitent et communiquent souvent la maladie à leurs voisines. Il faut les enlever et les remplacer par des pierres neuves. Ce fait est très intéressant pour nous, agriculteurs. Il est regrettable dans les constructions, mais il nous montre ce 'qui se passe dans le sol arable en présence du fumier et des matières organiques en décomposition.

Voici les résultats des analyses que j'ai faites de diverses mollasses du canton de Vaud et des terres végétales formées par leur décomposition ; la première, celle de Cully, provient d'une vigne abondamment fumée et appartient à l'étage de la mollasse rouge ; la deuxième, celle de Jouxtens, près de Lausanne, provient d'une vieille esparcette qui avait reçu, au contraire, peu d'engrais et qui se trouve sur l'étage de la mollasse grise d'eau douce.

TABLEAU.

Roches et terres de la mollasse du canton de Vaud.

NUMÉROS D'ORDRE.	DÉSIGNATION DES TERRES ET ROCHES analysées.	DENSITÉ.	POUVOIR ABSORBANT POUR L'EAU.	ANALYSE PHYSIQUE — Pierres et gros sable.	ANALYSE PHYSIQUE — Terre fine.	Acide phosphorique.	Potasse.	Soude.	Chaux.	Magnésie.	Oxyde de fer.	Alumine.	Eau combinée.	Acide carbonique.	Acide sulfurique.	Matières organiques ou pertes.	Azote.	PARTIE INATTAQUABLE PAR L'EAU RÉGALE.
1	Grès de la mollasse rouge, près Cully.	»	»	»	»	0,035	0,023	0,044	32,40	1,111	1,545	0,354	0,386	27,02	?	0,267	?	36,815
2	Marne de la mollasse rouge, près Cully.	»	»	»	»	0,092	0,134	0,089	19,615	3,693	3,508	2,400	1,486	18,08	»	0,988	?	49,965
3	Limon déposé par les eaux dans les fentes de la mollasse rouge.	»	»	»	100,00	0,089	0,289	0,117	14,218	2,894	5,301	3,700	2,196	12,08	»	1,971	0,09	57,145
4	Terre de vigne de Cully (malade du blanc).	»	»	27,79	72,21	0,131	0,320	0,092	1,033	0,810	3,245	2,649	1,479	0,520	»	3,631	0,143	86,09
5	Mollasse d'eau douce inférieure. Grès peu altéré, près de Jouxtens.	2,66	16,7	»	»	0,032	0,029	0,084	8,21	3,09	2,328	0,98	0,738	6,63	»	1,389	?	76,51
6	Mollasse pourrie. Sous-sol d'un champ de l'hoirie Grinchet, près Jouxtens.	2,67	16,9	1,03	98,97	0,035	0,042	0,022	2,73	3,55	3,315	1,98	1,261	1,61	»	1,505	?	83,92
7	Terre végétale du même champ d'esparcette de l'hoirie Grinchet, près Jouxtens.	2,64	29,9	3,16	97,54	0,039	0,063	0,044	0,590	1,460	3,061	2,240	1,304	0,56	»	1,764	0,072	88,875

ANALYSE CHIMIQUE DE LA TERRE FINE OU DE LA ROCHE PULVÉRISÉE (p. 100). PARTIE ATTAQUABLE PAR L'EAU RÉGALE.

Dans les fissures verticales qui traversent les bancs de la mollasse rouge se trouvent des dépôts abondants de carbonate de chaux bien cristallisé et d'un limon gris dont la composition chimique est donnée au n° 3. Évidemment les matériaux de ce limon ont été fournis par les couches de terre qui recouvrent la mollasse. Ils représentent, avec les substances que les eaux de pluie ont emmenées en dissolution, les pertes que le sol arable a faites par suite du passage de ces eaux.

La terre de la vigne n° 4 a été probablement formée par la décomposition de la mollasse n° 1 mélangée avec la marne n° 2. Elle est plus riche en acide phosphorique, en potasse et en matières organiques que la mollasse et la marne. Mais elle est beaucoup moins riche en carbonate de chaux, fait qui coïncide avec l'abondance des cristallisations et du limon calcaire trouvés dans les fissures du sous-sol. Peu à peu la culture dépouille les couches superficielles du carbonate de chaux qu'elles contenaient primitivement.

La terre (n° 7) du champ de Jouxtens, vieille esparcette maintenant en pré, paraît avoir été formée sur place par la décomposition de la mollasse sous-jacente sans mélange de diluvium glaciaire. Le n° 5 donne l'analyse de cette mollasse encore peu altérée et le n° 6 de cette même mollasse déjà pourrie par la décomposition, telle qu'on la trouve dans les sous-sols. On peut voir, par la comparaison de ces trois analyses, que la couche végétale est assez pauvre en potasse et en acide phosphorique, mais que pourtant elle en contient relativement plus que le sous-sol. Par contre, ce sous-sol et la roche d'où il dérive sont plus riches en carbonates de chaux et de magnésie.

Je dois remarquer que la terre de la mollasse rouge, comme celle de la mollasse grise, ne renferme pas des quantités d'acide sulfurique appréciables par l'analyse, et cependant toutes les plantes ont besoin de soufre. On a trop négligé, à mon avis, la recherche de l'acide sulfurique dans l'analyse des terres. Peut-être son absence dans des cas nombreux pourrait-elle expliquer les états maladifs dont souffrent certaines cultures.

On a trouvé dans quelques-uns des étages de la mollasse du gypse en lentilles assez considérables ; il y a probablement ailleurs, en quantités plus faibles, du sulfate de chaux ou du sulfure de fer, et

quelquefois les eaux d'infiltration amènent assez de sulfates pour
les besoins de la végétation.

Les autres corps utiles aux plantes paraissent se trouver dans
toutes les terres formées par la décomposition de la mollasse, mais
quelquefois l'acide phosphorique ou la potasse sont insuffisants et il
faudrait alors compléter les fumiers de ferme par l'addition de
phosphates ou de sels de potasse.

Quelquefois aussi les propriétés physiques des terres formées par
la mollasse sont défavorables : sur certains points, on trouve du
sable au lieu de grès ou du gravier au lieu de poudingues ; ce sont
des terres ingrates où les conifères seuls peuvent réussir. Dans les
bas-fonds, où le sous-sol se compose de marne, les eaux s'accumulent, et il se produit des prairies acides ou des tourbières ; le drainage y est nécessaire. Mais, en moyenne, on peut dire que, soit par
leurs propriétés physiques, soit par leur composition chimique, les
terres de la mollasse sont fertiles et, en Suisse, le travail intelligent
des propriétaires qui, presque tous, cultivent eux-mêmes leurs
fermes, a depuis longtemps complété ou corrigé ce que la nature
avait négligé.

La Suisse a 18 p. 100 de sa surface en bois et forêts. Au premier
abord, on pourrait croire que la plus grande partie de ces forêts appartiennent à la région des hautes Alpes. Mais c'est tout le contraire.
C'est dans les cantons de la région moyenne, sur les terrains tertiaires
et quaternaires qui y dominent, que l'on en trouve la proportion la
plus considérable.

Le canton d'Appenzell a. R.	en a 45,0 p. 100 de sa surface ;
—	de Schaffhouse	— 36,2	—	—
—	de Bâle-campagne	— 29,4	—	—
—	de Soleure	— 28,0	—	—
—	de Zürich	— 21,0	—	—
—	de Lucerne	— 20,0	—	—

tandis que ceux d'Uri, Schwyz, Tessin, Valais et Berne n'en ont que
15 p. 100 et celui de Fribourg que 10 p. 100.

Cela provient en partie de ce qu'il y a sur les hautes Alpes beaucoup de points trop élevés ou trop rocheux pour que le bois puisse y

réussir. Mais cela provient aussi de ce que les forêts sont moins bien conservées dans certains cantons des hautes Alpes que dans ceux de la région moyenne. Dans cette dernière, on voit presque toutes les collines couronnées de bois de sapins admirablement aménagés ; les plantations y sont faites en lignes régulières et sarclées pendant les premières années, et grâce à ces soins intelligents, les futaies s'élèvent plus tard droites et serrées dans les terres fertiles formées par la désagrégation de la mollasse. Sur le territoire de chaque commune, chaque partie reçoit la destination qui lui convient le mieux, suivant la nature de son terrain et suivant sa situation. En bas les prés et les champs, en haut les bois. Ces bois occupent les habitants pendant l'hiver et leur fournissent à la fois les matériaux de construction et l'affouage. Ils régularisent le débit des sources qui coulent au-dessous d'eux et qui permettent d'abreuver le bétail et d'arroser les prairies. En même temps, ils forment contre les vents des abris qui permettent aux arbres fruitiers de mieux nouer au printemps ; les cantons qui ont le plus de forêts sont, en général, ceux qui ont également le plus de vergers et qui donnent le plus de fruits. Les pommiers et surtout les magnifiques poiriers des cantons de Zurich, Soleure, Lucerne, Argovie, leur permettent de fabriquer de grandes quantités de cidre excellent, tandis que, dans les endroits non abrités contre les vents du nord-est les vergers rapportent beaucoup moins.

Dans l'Emmenthal, une des plus riches vallées de la Suisse, célèbre entre autres par le fromage que l'on y fabrique, on trouve beaucoup de terres formées par la décomposition de la mollasse.

Elle est entourée de montagnes dont quelques-unes s'élèvent jusqu'à 1,800 mètres de hauteur et sur lesquelles se trouvent des forêts et des pâturages où les troupeaux vont passer l'été. Sur une partie de ces montagnes, on nourrit des vaches dont le lait sert à fabriquer du fromage, sur les autres, et elles deviennent de plus en plus nombreuses, on élève du jeune bétail. La société de la Haute-Argovie pour l'amélioration de l'élevage des bêtes à cornes a acheté en 1863 les Alpes d'Arni qui font partie de l'Emmenthal et leur aménagement peut être présenté comme un modèle du genre.

Ces Alpes ont 333 hectares, dont 255 en pâturages et 78 en forêts.

Le point le plus bas est à 983 mètres d'altitude, le plus élevé à 1,542 mètres.

L'hiver y dure 5 à 6 mois. Cependant dans les meilleures expositions, les plus ensoleillées, on peut cultiver de l'avoine, du seigle, de l'épeautre, des pommes de terre, des pois, du lin ; on y trouve encore des cerisiers. Les bois se composent de 8 p. 100 de hêtres, 17 p. 100 de sapin blanc et 75 p. 100 de sapin rouge.

Les sources abondent ; il y en a 28. Sur un fond de grès et de poudingue, il y a une couche de terre végétale très profonde dans les endroits plats. La végétation des pâtures se compose principalement de graminées et de trèfles de diverses variétés. Ce n'est pas la flore à plantes aromatiques des Hautes-Alpes, c'est plutôt celle des collines de la Suisse centrale.

Autrefois on comptait que les pâturages d'Arni pouvaient nourrir 180 vaches. Grâce aux améliorations que la Société y a faites (arrachage des bruyères dans les parties les plus arides et des aulnes de montagne dans les endroits humides ; drainage de ces endroits humides ; semis de bonnes plantes fourragères ; distribution régulière des fumiers et liziers ; addition de poudre d'os), elle a pu y nourrir ces dernières années, du 23 mai au 15 septembre, 270 à 280 têtes de jeune bétail, 10 à 12 vaches et quelques chevaux. On compte 3 veaux de 6 mois pour 1 vache, 3 veaux de 1 an et demi pour 2 vaches. Les propriétaires des bêtes paient à la Société pour l'estivage 17 fr. pour celles qui ont moins de 9 mois, 40 fr. pour celles qui ont plus de 3 ans et des prix intermédiaires plus ou moins élevés suivant leur âge.

Au printemps, on met d'abord le bétail dans les pâturages les plus bas, puis on monte peu à peu à mesure que l'été s'avance et on redescend ensuite par étages successifs jusqu'à la mi-septembre. Pour cela, il y a des chalets et des étables échelonnés à diverses hauteurs. On a soin d'y faire des provisions de foin pour nourrir les animaux pendant les mauvais temps ; on y rentre aussi les bêtes malades.

Descendons maintenant dans la vallée où les troupeaux vont hiverner. Il y a une certaine quantité de prairies permanentes dans les alluvions qui se trouvent sur les bords de la rivière et particulièrement sur ceux que l'on peut irriguer. Mais la plupart des prairies ne le sont que temporairement. Elles font partie d'un assolement semi-pastoral (*Egartenwirthschaft*) qui fait passer toutes les terres successivement en prairies et en cultures. Autrefois on faisait pendant cette période de culture : la 1re année, des pommes de terre, la 2e des blés avec semis de trèfle au printemps, la 3e du trèfle, puis la 4e et la 5e des céréales d'hiver (blé, épeautre ou seigle) et on laissait la terre s'enherber toute seule sans aucun semis de graminées. Le climat facilite cet enherbement ; il tombe par an plus d'un mètre de pluie.

Mais aujourd'hui on se met de plus en plus à semer un mélange de trèfle, d'esparcette et de graminées bien appropriées au terrain et on le sème seul, après avoir nettoyé et enrichi la terre par une culture de pommes de terre abondamment fumées. Après la rompaison du pré temporaire, on fait 2 ou 3 ans de céréales (froment, épeautre, avoine ou seigle) auxquelles on donne souvent une demi-fumure et que l'on fait suivre d'une récolte dérobée de spergule, de raves ou de vesces. C'est une rotation de ce genre que suit, par exemple, un des meilleurs agriculteurs du pays, M. Bracher, à Grafenscheuren, près de Berthoud. Il y a dans son domaine 12 hectares et demi de prairies et 16 hectares et demi de cultures sur une terre de moyenne consistance, très riche en humus, reposant sur un sous-sol de mollasse ou de sable.

Sur ces 29 hectares, il nourrit 4 chevaux, 8 à 10 porcs, et 18 à 24 vaches de la race de Simmenthal (en moyenne 20) qui donnent chacune environ 3,500 litres de lait par an, soit près de 10 litres par jour.

M. Bracher obtient cette moyenne grâces aux racines qu'il ajoute à son excellent foin et aux tourteaux de sésame au moyen desquels il complète la ration alimentaire. Dans l'Emmenthal, on distille beaucoup de pommes de terre et les résidus de la distillation servent aussi de nourriture pour le bétail.

Dans tout le canton de Berne, le fumier est l'objet de soins dont on n'a aucune idée dans les autres pays ; le tas construit avec soin est arrosé régulièrement avec le lizier dont l'excédent est conduit sur les prés au moyen de chars à tonneaux. Dans les districts où la culture des céréales occupe moins de place que dans l'Emmenthal, c'est le lizier qui joue le rôle principal dans la fumure des terres. Comme la paille manque pour faire de la litière, les vaches sont sur des planchers de bois que l'on lave avec de l'eau et cet engrais liquide se réunit à côté de l'étable dans des citernes. On le laisse fermenter dans ces citernes pendant quelques semaines et puis on le répand sur les prés, soit au moyen des tonneaux à purin, soit par la pente naturelle du terrain dans des rigoles à ciel ouvert.

Ces engrais liquides développent dans les vergers et les prairies qui entourent les fermes suisses une végétation plantureuse ; l'herbe y repousse dru à mesure qu'on la fauche et l'on dit quelquefois que, si on y laisse un râteau, on a de la peine à le retrouver le lendemain, parce qu'il est déjà caché sous l'herbe. Les arbres fruitiers profitent aussi bien que les fourrages de ces fumures liquides. Les noyers, les cerisiers, les pommiers, les poiriers abondent dans les vallées basses de la Suisse. On y fait beaucoup de kirsch, de cidre et les quartiers de poires ou de pommes séchés au four sont un aliment très apprécié pendant l'hiver.

M. Bracher ne néglige d'ailleurs pas l'emploi des phosphates, complément toujours utile, sinon nécessaire, des fumiers et liziers dans les terrains de mollasse et il arrive ainsi à obtenir d'excellentes récoltes de blé, d'épeautre, d'avoine et de pommes de terre. Il cultive également un peu de lin et de chanvre, comme la plupart de ses voisins.

A côté de ces 29 hectares de champs et prés, il a sur une hauteur voisine des bois qui occupent en hiver le personnel de la ferme. Outre les avantages économiques de ces bois ou forêts adjoints aux exploitations agricoles, outre le charme qu'ils donnent au paysage, ils contribuent à entretenir la régularité des sources qui sont nombreuses dans tous les terrains de mollasse, à cause des couches de marne et des bancs de poudingue qui entrecoupent de loin en loin les assises perméables du grès.

Cette abondance de sources a permis de disperser les fermes sur tous les points de la vallée au centre des terres qu'elles cultivent. Généralement l'habitation du propriétaire se trouve dans le même corps de bâtiment que les étables ; au-dessus de ces étables s'étend un vaste fenil auquel aboutit un chemin en plan incliné pour y amener et y décharger facilement les chars chargés de foin ou de gerbes. Sans doute, il serait plus rationnel et peut-être plus prudent de séparer ces différents services dans des locaux distincts. Mais, pendant l'hiver, quand la neige couvre le sol, c'est bien commode de pouvoir circuler à l'abri des larges auvents et des galeries en bois découpé qui entourent ces grands bâtiments.

Cependant les terrains de mollasse ne sont pas partout aussi bien utilisés que dans l'Emmenthal. Dans la Suisse occidentale, les champs étaient encore, au commencement de notre siècle, soumis à la dîme, soit envers le clergé, soit envers le Gouvernement et, pour en régulariser la perception, on les avait séparés nettement des prés et soumis à l'assolement triennal. Cet assolement s'est conservé, malgré la suppression de la dîme, mais il s'est modifié et beaucoup amélioré par l'introduction des pommes de terre et du trèfle dans la jachère. De plus, la culture de l'esparcette et de la luzerne a pris de l'extension en dehors de l'assolement.

Au sud de la Suisse, dans le canton de Vaud, les fameux vignobles de Lavaux sont situés entre Lausanne et Vevey dans des terrains de mollasse rouge d'eau douce. La roche extraite du sous-sol a servi à faire les murs des terrasses qui s'échelonnent par étages en plein midi et au bord du lac dont la surface, faisant miroir, réfléchit les rayons du soleil et ajoute, suivant le professeur Dufour, environ un dixième à la chaleur directe que les vignes reçoivent. Ces vignes sont de vrais espaliers et, malgré leur latitude et leur altitude (380 à 500 mètres) assez élevées, le chasselas fendant y donne un vin excellent et des produits qui dépassent quelquefois 100 hectolitres à l'hectare dans les meilleurs fonds. Il est vrai qu'elles sont cultivées avec une rare perfection, en souches basses et lignes régulières, espacées de 75 à 80 centimètres, bien échalassées, bien fumées et constamment bien nettoyées.

On a l'habitude de fumer les vignes tous les 3 ans à raison de 60,000 à 70,000 kilogr. par hectare au moyen de fumier de bêtes à cornes. On achète ce fumier au prix de 12 à 13 fr. la tonne dans le Gros de Vaud et dans les parties limitrophes du canton de Fribourg, pays de mollasse comme les vignobles de Lavaux et, par conséquent, pays relativement pauvres en acide phosphorique. Comme le fumier est toujours l'image du sol qui a fourni les pailles et les fourrages avec lesquels il a été fabriqué, il doit être également pauvre en acide phosphorique.

Les analyses que j'ai faites de quelques terrains de mollasse des environs de Lausanne montrent que ces terrains ne sont pas riches non plus en potasse et en acide sulfurique. Il est donc probable que la plupart des vignerons feraient bien de diminuer de moitié leurs achats de fumiers, ce qui leur ferait une économie d'environ 400 fr. S'ils employaient là-dessus 200 fr. en achats de superphosphate de chaux et de sulfate de potasse, il est probable que leurs vendanges n'en seraient que plus belles. Quelquefois même l'excès des fumures organiques produit une pourriture des racines que j'ai eu l'occasion d'observer il y a une vingtaine d'années près de Cully. Il faut alors remplacer complètement le fumier par des engrais chimiques.

Le vignoble de la Côte, également renommé, se trouve aux environs de Rolle dans le canton de Vaud sur des terrains de mollasse d'eau douce avec bancs de marnes sur lesquels se trouvent épars quelques dépôts glaciaires et souvent des éboulis de roches jurassiques.

De l'autre côté du lac, dans le Chablais, les excellents vignobles de Ballaison, Boisy, etc., se trouvent sur des terrains analogues. La masse intérieure des collines se compose de mollasse, mais elle est en grande partie recouverte par du terrain glaciaire dont l'épaisseur varie beaucoup. La mollasse n'affleure que sur le sommet ou sur le flanc des coteaux et dans le fond des ravins que les eaux y ont creusés.

Il en est de même dans le canton de Genève et dans le pays de Gex. Voici la coupe que A. Favre [1] a donnée de la mollasse dans le nant d'Avanchet (canton de Genève) : les couches sont indiquées de bas en haut et elles appartiennent toutes à l'étage aquitanien :

1° Mollasse rouge,
2° Marnes violettes,   mollasse
3° Mollasse grisâtre,   rouge.
4° Marnes violettes,

---

1. *Description géologique du canton de Genève*, 1879.

5° Calcaire d'eau douce fétide,

6° Grès micacé,

7° Marnes de couleur chocolat avec taches noires,

8° Gypse,

9° Marnes grises,

10° Gypse grenu,

11° Grande épaisseur de marnes grises avec petites plaques minces de gypse et traces de lignite,

mollasse à lignite et à gypse.

Dans la partie supérieure du nant d'Avanchet, la mollasse disparaît sous les argiles glaciaires qui forment le plateau du village de Vernier.

On ne trouve dans le Chablais, le canton de Genève et le pays de Gex que l'étage aquitanien.

L'helvétien s'arrête aux environs de Lausanne et ne reparaît qu'à la Perte du Rhône et au sud du mont de Sion.

En Savoie, dit M. de Mortillet, la *mollasse d'eau douce* ou *étage aquitanien* se compose de marnes argileuses, sablonneuses ou calcaires, de grès, de poudingues à ciment calcaire et même de calcaires assez purs. Les grès se délitent très facilement à l'air; les calcaires deviennent plus ou moins durs et sont même parfois assez compacts pour être exploités comme du marbre, ainsi que cela a lieu pour le poudingue de Vimines.

Dans le vallon de Crampigny, au nord de Saint-André, la mollasse d'eau douce est très développée; on la voit s'appuyer contre l'urgonien. Les premières couches se composent de poudingues dont les cailloux sont tout enveloppés de plusieurs couches concentriques de concrétion calcaire.

Sur ces couches sont des marnes grises, presque blanches, ou des grès de diverses couleurs. C'est dans les marnes que se trouve le gypse soyeux qu'on exploite près de Seyssel.

En s'avançant dans l'intérieur de la Savoie, la composition des mollasses d'eau douce devient plus uniforme, moins variée. Ce ne sont presque plus que des grès gris, plus ou moins marneux ou siliceux, alternant parfois avec des couches de marnes argileuses. Telle est leur composition à Mornex, derrière le Salève, ou bien entre Cruseille et le Plot, et à Thorens.

Si l'on pousse plus loin, jusque vers Bonneville, on trouve, associés aux grès gris, d'autres couches de grès très micacés, plus compacts, exploités comme dalles au château des Tours.

Sur la mollasse d'eau douce repose la mollasse marine (*étage helvétien*), mais elle est beaucoup moins étendue. Elle ne paraît pas exister autour du Salève, ni près de Bonneville, ni dans les Bauges, etc.

La mollasse marine se compose de couches de grès marneux, à ciment calcaire, assez tendres, et se décomposant facilement à l'air. Parfois, mais exceptionnellement, ces couches de grès, à grains plus ou moins fins, en contiennent d'autres entièrement marneuses. Parfois aussi elles en renferment où les cailloux abondent, espèce de poudingue mêlé de sable.

Le nummulitique et la mollasse semblent s'exclure mutuellement. Dans toute la partie basse, où il y a de la mollasse, il n'y a point de nummulitique ; dans toute la partie haute, où s'étend le nummulitique, on ne voit point de mollasse. Les points de contact sont très peu nombreux. On doit en conclure qu'à l'époque nummulitique toute la partie basse actuelle était à sec et formait une île ou continent, tandis que la partie haute, alors la plus basse, était un bassin rempli par les eaux de la mer.

Au Semnoz, le miocène tapisse sans transition les flancs crétacés.

D'après M. Maillard[1], il y est constitué, à sa base, par des grès grossiers, sans fossiles ; puis viennent environ 20 mètres de marnes rouges ou bleues, enfin de nouveaux grès, d'épaisseur indéterminée. Les marnes forment un niveau aquifère qui donne de petites sources.

C. — Les terrains quaternaires de la Suisse et de la Savoie.

Dans leurs essais de classification des terres, la plupart des agronomes ont proposé de les partager en deux classes : les terres formées sur place par la décomposition des roches sous-jacentes et les terres formées par voie de transport.

---

1. *Note sur la géologie des environs d'Annecy.*

Mais la limite qui sépare ces deux classes de terrains ne peut pas être établie d'une manière tout à fait rigoureuse. Ainsi, dans un pays de granite, les matériaux que produit la décomposition de cette roche ne restent pas indéfiniment à la place où ils ont été formés; ils ne peuvent pas échapper à l'action des forces de toutes sortes qui tendent à les entraîner : pesanteur, eaux, vents. Les sables grossiers restent seuls en place dans les endroits où il y a peu de pente; partout où la surface a une certaine inclinaison, ils tendent à descendre et, dans les vallons, les argiles accumulées en couches souvent très épaisses pourraient jusqu'à un certain point être appelées terrains de transport.

On pourrait même dire que tous les dépôts secondaires et tertiaires ont été à leur origine des terrains de transport formés au moyen des éléments enlevés aux terrains plus anciens.

Quoi qu'il en soit, nous avons à nous occuper à présent de terrains qui sont essentiellement des terrains de transport : ce sont les *terrains quaternaires*, c'est-à-dire ceux qui ont été déposés depuis l'apparition de l'homme sur notre globe.

On croyait autrefois qu'ils avaient été transportés par des masses d'eau très considérables, par des déluges comme celui de Noé, et, à cause de cela, on les avait appelés *terrains diluviens* ou *diluvium*.

Mais les agents principaux de transport pendant l'époque quaternaire ont été, comme on l'a reconnu depuis 50 à 60 ans, les glaciers qui avaient pris une extension considérable ; aussi donne-t-on souvent à l'époque quaternaire le nom d'*époque glaciaire* ou de *période glaciaire* et aux terrains quaternaires celui de *terrains glaciaires* ou *terrains erratiques*.

Tandis que les terrains d'origine diluvienne sont toujours plus ou moins régulièrement stratifiés, tandis que leurs éléments ont été, suivant la vitesse des cours d'eau qui les charriaient, déposés en couches plus ou moins nettement séparées de graviers, sables et limons argileux et que ces graviers ont été arrondis par le frottement, les terrains glaciaires sont généralement composés d'un chaos de blocs de toutes sortes de volumes et de poids, mêlés à des fragments plus petits et à des argiles formées par le broiement mécanique d'une partie des roches sur lesquelles ont cheminé les masses glaciaires. La plupart de ces blocs et fragments portent la marque du passage des glaces dans leurs surfaces polies et striées et, au lieu d'être arrondies comme les matériaux charriés par les eaux, ils ont conservé leurs formes angulaires.

Or, parmi les dépôts de l'époque quaternaire, nous trouvons des terrains qui ont tous les caractères des terrains glaciaires, tandis que les autres sont stratifiés plus ou moins régulièrement comme les terrains diluviens.

Les mêmes causes, un climat très humide, un régime de pluies d'une abondance extraordinaire, a produit les uns et les autres. Suivant que ces pluies tombaient sur des régions de faible altitude ou sur de hautes montagnes, elles restaient à l'état liquide, formaient des dépôts diluviens, ou elles passaient à l'état de glaces et produisaient des dépôts glaciaires.

A la fin de l'époque pliocène, le continent européen avait à peu près la même étendue et la même configuration que de nos jours, mais les Alpes et beaucoup d'autres massifs de montagnes venaient de s'élever à de grandes hauteurs : c'étaient de puissants appareils de condensation pour les vapeurs d'eau qui, formées à la surface des mers et chassées vers ces cimes par les vents, venaient s'y précipiter en névés et y former d'immenses glaciers.

D'après M. Penck, la limite des neiges persistantes était alors en moyenne à mille mètres plus bas que dans les temps modernes. Mais il y avait dans cette limite des variations, comme celles que nous constatons dans nos glaciers modernes, variations assez considérables pour que l'on ait pu dire qu'il y a eu deux périodes glaciaires, c'est-à-dire deux périodes pendant lesquelles les glaciers avaient pris une immense extension, la première plus puissante encore que la seconde.

Ces périodes ont été séparées par une phase de recul, pendant laquelle les eaux qui résultaient de la fusion des premiers glaciers ont remanié leurs dépôts, les ont stratifiés plus ou moins régulièrement, et en ont entraîné les parties les plus ténues au delà de leurs moraines terminales. Ils est probable que les *alluvions anciennes ou alluvions préglaciaires* que l'on trouve souvent au-dessous des derniers terrains glaciaires ne sont autre chose que les dépôts remaniés des premiers glaciers et, suivant quelques géologues, le *lœss* et tous les limons que l'on trouve dispersés comme des auréoles autour des anciens glaciers ont la même origine.

Sur les bords de la Dranse, près de Thonon, dans la Haute-Savoie, M. Morlot a trouvé un banc de cailloux roulés (*alluvion ancienne*) de 50 mètres de puissance, entre deux masses d'argile glaciaire.

Dans les environs d'Unter-Wetzikon, canton de Zurich, en Suisse, on a découvert, entre deux terrains glaciaires, des couches de gravier et de lignite dont Oswald Heer a étudié la flore. D'après l'épaisseur moyenne que ce lignite a près de Durnten, O. Heer estimait qu'il lui a fallu 2,400 ans pour se former.

M. Mühlberg considère les blocs erratiques dispersés, jusqu'à de grandes hauteurs, sur les flancs et dans l'intérieur du Jura comme les représentants de la première période glaciaire, tandis que dans les plaines de l'Argovie, on trouve à 10 à 15 kilomètres du pied de la montagne de nombreuses moraines terminales qui seraient de la seconde période.

La carte géologique de la Suisse publiée par la Société helvétique des sciences naturelles aux frais de la Confédération distingue le *quaternaire stratifié* et le *quaternaire erratique*.

Alphonse Favre, dans ses *Descriptions géologiques de la Savoie et du canton de Genève*, rapportait la formation du quaternaire stratifié à deux périodes, l'une antérieure aux glaciers et l'autre postérieure aux glaciers, et il donnait le nom d'*alluvions anciennes* ou *préglaciaires* (*antéglaciaires*) aux dépôts de la première période et celui d'*alluvions postglaciaires* à ceux de la deuxième, mais il a toujours eu soin de remarquer qu'en réalité il y a eu continuité dans la formation du quaternaire stratifié, même pendant l'existence des glaciers et le dépôt du quaternaire erratique.

Oswald Heer, dans son beau livre sur le *Monde primitif de la Suisse*, admet deux périodes glaciaires ou du moins deux périodes de grande extension des glaciers (*deux glaciations*) séparées par une période de retrait. Pour lui une partie des alluvions anciennes deviennent ainsi *alluvions interglaciaires*.

Dans un mémoire récemment publié sur les *Alluvions glaciaires de la Suisse*[1], M. Léon Du Pasquier va même plus loin encore : il admet une période glaciaire ou plutôt, suivant son expression, une glaciation antérieure à l'époque quaternaire à laquelle correspond la formation d'une alluvion ancienne que les géologues de la Suisse ont attribuée tantôt à la mollasse, tantôt au glaciaire.

Cette alluvion ancienne (*lœcherige Nagelfluh*) est un conglomérat caverneux qui se distingue des poudingues miocènes par son ciment sableux et son manque complet de cailloux *impressionnés*. De plus, ses couches horizontales reposent en discordance de stratification sur les assises de roche en place dont elles recouvrent unifor-

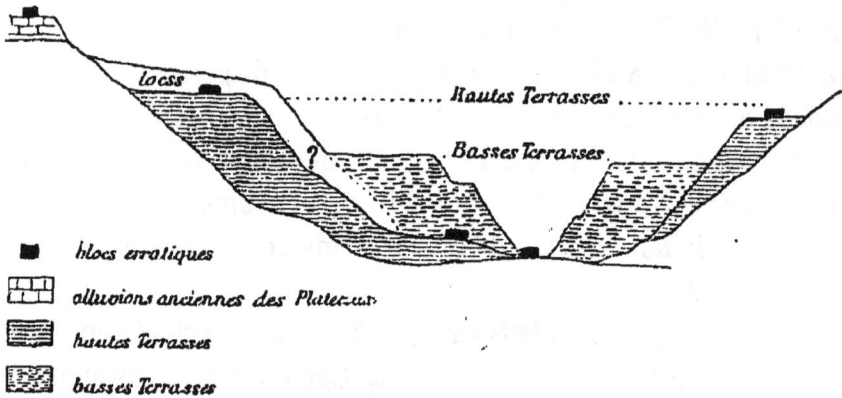

Fig. 1.

mément la surface d'érosion. Cette Nagelfluh diffère, d'ailleurs, du quaternaire stratifié en ce qu'elle occupe des altitudes plus élevées, qu'elle ne contient pas ou peu certaines roches alpines fréquentes dans ce quaternaire (certains granites, les quartzites rouges).

D'autres roches, notamment le gneiss, y sont dans un état très avancé de décomposition et l'on y trouve souvent des galets évidés.

M. Léon Du Pasquier, sans fixer absolument l'âge de ces dépôts, pense qu'il doit être celui de l'*Elephas meridionalis,* antérieur à la première ou plutôt à l'avant-dernière glaciation : ce serait une alluvion plus ancienne encore qui correspondrait à une glaciation également antérieure. Il y aurait donc eu, d'après lui, dans le nord de la Suisse, trois glaciations successives suivies de trois sortes de

---

1. *Archives des sciences physiques et naturelles.* Genève, 1891.

dépôts d'alluvions formés en aval des glaciers et de leurs moraines frontales, alluvions qui sont disposées sur le bord des cours d'eau en terrasses d'autant plus élevées qu'elles sont plus anciennes et qui sont représentées dans la coupe ci-contre :

1° *Alluvions anciennes des plateaux*, qui ont suivi la première glaciation, qui ont couvert toute la Suisse et au milieu desquelles se sont ensuite formées les vallées à peu près suivant leur tracé actuel.

2° *Alluvions des hautes terrasses* qui correspondent à la deuxième ou avant-dernière glaciation et que nous trouvons à 90 et 100 mètres de hauteur au-dessus du niveau des cours d'eau. C'est sur ces alluvions des hautes terrasses, jamais sur les basses terrasses, que se rencontre le *lœss*.

Ce sont les *alluvions interglaciaires* d'Oswald Heer dans lesquelles ce savant a étudié les lignites de la vallée de la Glatt.

3° Les *alluvions des basses terrasses* qui sont à une hauteur moyenne de 30 mètres au-dessus du niveau des cours d'eau et qui représentent les alluvions postglaciaires d'A. Favre, correspondant à la troisième ou dernière glaciation.

« Je pense, dit M. L. Du Pasquier, que chacune de nos trois alluvions est contemporaine de l'époque de prédominance de l'une des trois espèces d'éléphants qui se sont succédé dans l'Europe centrale depuis le pliocène supérieur. A la prédominance de l'*Elephas meridionalis* correspondrait l'alluvion ancienne des plateaux ; à celle de l'*Elephas antiquus* l'alluvion des hautes terrasses et à celle de l'*Elephas primigenius* l'alluvion des basses terrasses.

« Quant au *Mastodon arvernensis*, dont un travail de M. Fontannes m'avait fait admettre le gisement dans une alluvion contemporaine de notre alluvion des plateaux, il est plus probable qu'il est antérieur à ces trois espèces d'éléphants. »

Voici comment M. Léon Du Pasquier décrit les terrains quaternaires d'une partie du nord de la Suisse [1] :

« Si du point culminant d'un des amphithéâtres morainiques qui dominent le cours de la Limmat à Killwangen ou celui de la Reuss à

---

1. *Archives des sciences physiques et naturelles.* Genève, 1891.

Mellingen, nous regardons vers l'amont, nous voyons la rivière couler d'abord au niveau du fond de la vallée, dans une vaste plaine alluviale qui, avant les corrections faites de main d'homme, devait être souvent inondée. Puis le cours d'eau paraît s'enfoncer au-dessous du niveau de la plaine ; il est de plus en plus encaissé dans une petite vallée étroite, creusée pour ainsi dire dans le fond de la grande et dont les flancs s'élèvent en terrasses vers cette dernière. Plus près de nous encore le cours d'eau disparaît dans un profond défilé excavé dans les moraines elles-mêmes.

« En aval de ces moraines, le niveau de la rivière reste bien en dessous de la surface générale de la plaine qui, d'ailleurs, occupe, chose curieuse, une altitude supérieure à celle de la surface du sol à l'intérieur de l'amphithéâtre. Les localités, les routes, les lignes de chemin de fer situées à la surface de la plaine sont à 40 et 50 mètres au-dessus du niveau du cours d'eau qui coule dans une tranchée profonde.

« Le lit de la rivière est encaissé, ses berges sont découpées en terrasses dont la plus haute est, au voisinage des moraines, la plus développée. Cette terrasse s'étend à perte de vue. C'est elle qui forme ce que nous appelons la surface de la vallée, plaine fertile qui descend des moraines avec une pente supérieure à celle du cours d'eau : 6 à 4 p. 100 d'abord, plus loin 2 à 1 p. 100 seulement.

« Cette *haute terrasse* est composée de galets et de graviers régulièrement stratifiés, et provenant, comme les matériaux des moraines, de roches des Alpes. Dans les couches supérieures, il n'est pas rare cependant de trouver des blocs anguleux et striés plus ou moins volumineux, et presque toujours le lœss recouvre ces hautes terrasses et les moraines qui leur sont superposées. »

Aux environs de Bâle, dans la vallée de la Birse, en Ajoie, dans le val de Delémont ainsi que dans la plaine suisse, ces alluvions anciennes contiennent des roches alpines provenant de l'Oberland bernois, du Valais et du Mont-Blanc et des roches vosgiennes. Elles se composent de blocs quelquefois énormes et dont les angles sont à peine émoussés, de galets qui passent par degrés au sable de plus en plus fin, d'argiles et de lœss. Elles ont une puissance de 1 à 30 mètres et constituent, tantôt une masse meuble ou incohérente, tantôt un conglomérat assez dur. Selon que la forme pierreuse ou limoneuse prédomine, les alluvions anciennes donnent au pays un cachet de stérilité ou de fertilité. On les trouve au fond, au pied et même jusque sur les flancs des dislocations des chaînes jurassiques.

Les graviers de la plaine de Delémont, ceux de la vallée de la Birse, depuis cette ville au Rhin, donnent à cette contrée un aspect souvent stérile.

A Bâle et dans ses environs, les conglomérats, en alternance avec des sables et du lœss, atteignent une puissance de 10 à 30 mètres. D'après le Dr Greppin qui ne distingue pas l'ancienneté plus ou moins grande de ces alluvions, elles constituent trois systèmes de berges dont les deux plus anciens, soit les plus élevés, se perdent dans les plaines de l'Alsace.

En Ajoie, les alluvions anciennes sont surtout représentées par des limons et des argiles qui donnent un sol fertile à ce pays. La vallée du Doubs n'est pas restée étrangère à ce genre de dépôt.

Les trois systèmes de berges ou de terrasses que les alluvions anciennes ou plutôt les terrains quaternaires présentent dans les vallées du Doubs, de l'Aar, de la Birse, du Rhin, de la Reuss, de la Limmat et de leurs affluents sont très remarquables par la grande uniformité de leur construction, de leur niveau et de leur direction[1].

Sur sa magnifique carte du phénomène erratique, A. Favre a retracé les sept bassins glaciaires de la Suisse, ceux du Rhin, de la Linth, de la Reuss, de l'Aar, du Rhône, de l'Arve et de l'Isère.

« En montant au Salève, dit-il, lorsqu'il est entouré, jusqu'à une certaine hauteur, par les brouillards épais de l'hiver, on voit au-dessous d'un ciel bleu d'une pureté admirable, les grandes Alpes, le Parmelan, le Brezon, le Môle, les Voirons et le Jura, élevant leurs sommets au-dessus des vapeurs d'un blanc éclatant qui dessinent autour d'eux des golfes, des promontoires, etc. J'ai souvent pensé que cette vue magnifique représentait assez bien notre pays lorsqu'il était envahi par les glaciers de l'époque quaternaire[2]. »

Le glacier du Rhône se ramifiait. Une de ses branches envahissait

<hr />

1. Greppin, *Matériaux pour la carte géologique de la Suisse.* 8° livraison. *Jura bernois et districts adjacents.* 1870.

2. *Géologie de la Savoie.*

au nord le bassin de l'Aar, tandis qu'une seconde branche se diri-
geait sur Lyon et qu'une troisième traversait le Jura au nord-est de
Vallorbes et transportait des blocs alpins jusqu'à Ornans, près de
Besançon. Cette immense plaine de glaces s'élevait jusqu'à 1,350 mètres au Chasseron.

Nous ne devons donc pas nous étonner, si nous trouvons des blocs
erratiques et des lambeaux de terrains glaciaires des Alpes épars sur
les versants des montagnes du Jura. Les cartes géologiques ne peuvent pas être assez détaillées pour indiquer tous ces dépôts. Mais il
est facile de les reconnaître à leur végétation qui contraste avec
celle des terrains exclusivement calcaires de formation jurassique
ou néocomienne. Dans les parties basses, ce sont des châtaigniers,
les arbres par excellence des terrains siliceux, et plus haut des mélèzes qui sont rares dans les montagnes du Jura, tandis qu'ils abondent dans les Hautes-Alpes.

Dans la plaine, la mollasse a été couverte sur de vastes étendues
par les dépôts de l'époque quaternaire et souvent elle n'affleure
que sur le sommet des collines et sur le bord des ravins que les eaux
y ont creusés.

Comme ces dépôts forment une grande partie des terres cultivées,
nous allons les décrire avec plus de détails, tels que nous les trouvons dans les cantons de Vaud et de Genève, en Suisse, et dans les
départements de la Haute-Savoie, de la Savoie et de l'Ain.

Alluvions anciennes. — Immédiatement au-dessus de la mollasse
reposent les alluvions anciennes. En réalité, ce sont les *alluvions
interglaciaires* d'O. Heer, dépôts remaniés et stratifiés par les eaux
de la première ou du moins avant-dernière glaciation ou grande extension des glaciers.

A leur base, on trouve ce que M. Carl Vogt a appelé la *marne de
fond*, marne d'un gris bleu ou jaune, qui contient quelquefois, par
exemple près de Chambéry, sur les bords de la Boisse, des débris de
végétaux à l'état de lignite et de coquilles d'eau douce. De là le nom
de *marne à lignite* qu'on lui donne aussi.

Elle ne se montre, du reste, que sur de petits espaces et n'est,
par conséquent, pas cultivable, mais c'est un niveau d'eau intéressant.

Puis viennent les *alluvions anciennes* proprement dites que l'on distingue du terrain glaciaire qui les recouvre, parce qu'elles sont stratifiées ; mais les couches n'ont pas beaucoup d'étendue et elles se terminent souvent en biseau.

De plus, les cailloux qu'elles renferment, quoique montrant encore quelquefois les stries qui révèlent leur origine glaciaire, ont été arrondis par l'action des eaux.

Ce sont des masses de graviers et de sables, tantôt meubles, tantôt agglutinés en poudingues (béton) ou grès par un ciment calcaire. Ce ciment a été formé par des eaux de pluie qui en traversant la couche végétale ou les dépôts glaciaires superposés aux alluvions y ont dissous du carbonate de chaux. Ces bétons font souvent saillie au haut des escarpements sur le bord desquels apparaissent les couches stratifiées des alluvions anciennes.

Les dénivellations considérables qui existent à la surface de l'alluvion ancienne montrent que celle-ci a été ravinée par des courants avant le dépôt du terrain glaciaire.

Les cailloux de l'alluvion ancienne des environs de Genève appartiennent aux espèces de roches qu'on trouve dans le nord de la Savoie, la partie orientale du canton de Vaud et le Valais. Les roches cristallines de ce dernier pays sont très nombreuses dans ce terrain ; ce sont des granites, gneiss, micaschistes, euphotides, gabbro, schistes cristallins, grès, calcaires, etc.

Parmi les cailloux calcaires, on trouve ceux que M. Fournet a désignés sous le nom de *cailloux épuisés* [1], parce qu'ils sont cariés et spongieux.

La singulière apparence de beaucoup d'entre eux peut être expliquée de la manière suivante. Dans les montagnes calcaires, il y a de grandes masses qui ont été disloquées et fissurées ; ces fissures ont été remplies par du spath calcaire qui a soudé ensemble les différents fragments de la roche ; un morceau de cette masse arrive dans un cours d'eau, y est roulé, puis déposé dans un banc de l'alluvion ancienne ; là, soumis à l'action de l'eau chargée d'acide carbonique,

---

1. Drian, *Minéralogie des environs de Lyon*, 1849.

les fragments soudés sont décomposés, tandis que le spath calcaire, plus résistant, demeure à l'état de cloisons (A. Favre).

En général, l'alluvion ancienne n'est à découvert que sur les bords des vallons ou des ravins. Elle est peu fertile. Quand l'exposition est favorable, on y fait quelquefois des vignes, mais le plus souvent elle n'est bonne qu'à porter du bois. Quant au béton qui la surmonte, il est à peu près impénétrable aux racines des arbres et il est tout à fait stérile.

Terrains glaciaires. — Au pied des Alpes et surtout à l'issue de leurs grandes vallées, on trouve des séries de collines en courbes concentriques dont la convexité est tournée vers la plaine et la concavité vers la montagne. Ce sont les moraines terminales ou frontales des anciens glaciers ; elles marquent les étapes successives que ces glaciers ont parcourues pendant leur retrait. Elles sont composées de matériaux de toutes sortes, sables, graviers, blocs erratiques, mêlés en désordre à de l'argile et de la marne.

Généralement boisées elles sont séparées par des dépressions où se trouvent des petits lacs, quelquefois des terrains tourbeux ou de belles prairies. L'ensemble de ces *paysages morainiques* ou *paysages de moraines* forme un contraste frappant, d'un côté avec les hauteurs abruptes des Alpes, de l'autre avec les plaines qui s'étendent en aval des moraines, plaines dont le niveau est toujours plus élevé que celui des cuvettes en amont et qui sont composées d'alluvions ou de terrains glaciaires remaniés par les eaux et disposés en étages au bord des rivières.

Sur les plateaux qui séparent ces vallées, dans la plaine suisse, dans le pays de Gex, dans le Chablais et dans toute la partie basse de la Savoie, les terrains glaciaires couvrent de larges surfaces, soit au-dessus des alluvions anciennes, soit immédiatement au-dessus de la mollasse. Ces terrains varient beaucoup au point de vue physique : ils sont plus ou moins tenaces, plus ou moins froids, plus ou moins perméables à l'eau, plus ou moins pénétrables aux racines, etc. ; mais ils se ressemblent beaucoup au point de vue chimique. Partout on peut préjuger la composition chimique des terrains glaciaires d'après celle des roches qui composent le bassin où les glaces ont enlevé, strié et broyé leurs matériaux. Or, dans les Alpes, une grande partie des roches sont calcaires. Donc l'élément calcaire ne doit pas faire défaut dans les terrains glaciaires du bassin du Rhône.

Le reste des Alpes se compose de roches feldspathiques. Donc il doit y avoir dans ces terrains glaciaires de la potasse et leurs argiles doivent même en contenir plus que les argiles ordinaires. Tandis que ces dernières ont été formées par la décomposition des feldspaths sous l'influence des eaux chargées d'acide carbonique qui entraînent la plus grande partie des sels alcalins, les argiles glaciaires sont le résultat du broiement mécanique des roches par les glaces. Or, M. Daubrée a montré que, par cette action mécanique des glaces qui strient et broient les roches, il se forme une boue qui renferme beaucoup de potasse soluble, et sans doute l'alumine et l'oxyde de fer hydratés que ces boues argileuses contiennent en notables proportions contribuent à y conserver cette précieuse provision de potasse assimilable par les plantes.

Dans le tableau ci-joint, on trouvera les résultats des analyses que j'ai faites en 1875 d'un certain nombre de terrains glaciaires de la Haute-Savoie, des cantons de Genève et de Vaud, en Suisse, et particulièrement d'une propriété que je cultive depuis 1857 à Calèves, près de Nyon. J'y ai joint celles qui ont été faites par Paul de Gasparin et qu'il a données dans son *Traité de la détermination des terres arables dans le laboratoire.*

Les nos 1 à 8 sont des types de l'argile la plus compacte, argile bleuâtre que l'on appelle *diot* aux environs de Genève et *marcq* aux environs de Chambéry.

Le limon qui se dépose aujourd'hui au fond du lac Léman lui ressemble beaucoup par sa finesse et sa couleur bleue ; il a également à peu près la même composition chimique, mais il contient moins de potasse et de soude à l'état soluble dans l'eau régale, comme on peut le voir par les résultats de l'analyse d'un échantillon de ce limon que M. Forel avait recueilli près de Morges, résultats que je donne sous le n° 8.

La couleur bleue de ces argiles est due au fer qu'elles contiennent à l'état de protoxyde. Lorsqu'elles sont réduites à l'état de poudre sèche et qu'on les calcine dans une capsule de platine, elles devien-

NUMÉROS D'ORDRE.	DÉSIGNATION DES TERRES ANALYSÉES.	DENSITÉ.	POUVOIR absorbant POUR L'EAU.	ANALYSE PHYSIQUE.	
				Pierres et gros sable.	Terre fine.
			p. 100.	p. 100.	p. 100.
1	Argile glaciaire. Pré de Pinchat, près Genève. Terre végétale prise de 0m,05 à 0m,20 de profondeur.	»	46	1.45	98.55
2	Même endroit, sol à 0m,30 de profondeur . . .	»	48	1.32	98.68
3	Même endroit, sous-sol à 0m,40 de profondeur.	»	»	0.43	99.57
4	Argile de la briqueterie de Pinchat, à 0m,20 de profondeur	»	»	»	100
5	Même endroit, à 1m,50 de profondeur.	»	»	»	100
6	Argile glaciaire (diot) de Bellevue, près Genève	»	»	»	»
7	Argile glaciaire de la Charnéa (Haute-Savoie).	»	»	»	100
8	Limon actuel du fond du lac Léman	»	»	»	»
9	Diluvium glaciaire de la Paumière. Terre végétale à 0m,20 de profondeur.	»	32	8.25	91.75
10	Idem, sous-sol à 0m,50 de profondeur	»	35	2.13	97.87
11	Idem, plateau de Villars, à Calèves	»	42	13.84	86.96
12	— —	»	»	»	»
13	Idem, vigne du Champ de la Pierre, à Calèves.	»	»	13.12	86.88
14	— — — .	2,63	24.7	7.60	92.40
15	Idem, jardin de Calèves	»	»	»	»
16	Idem, vigne de M. Naville, à Villette.	2,67	86.6	17.13	82.87
17	Idem, bois de Conches, près Villette	2,67	31.3	13.28	86.72
18	Idem, vigne de Chigny, près Morges	»	»	19	81
19	Idem, bois de châtaigniers, près Montreux . .	»	»	5 30	94.70
20	Idem, Sablon pourri. Terre végétale	2,48	32.3	2.76	97.24
21	Idem, Sablon pourri. Sous-sol	2,50	29.5	0.21	99.79
22	Alluvion moderne. Limon de l'Arve	2,48	27.7	»	100

Les nos 6, 7, 18 et 19 ont été analysés par M. P. de Gasparin.

ANALYSE CHIMIQUE DE LA TERRE FINE.

Acide phosphorique.	Potasse.	Soude.	Chaux.	Magnésie.	Oxyde de fer.	Alumine.	Eau combinée.	Acide carbonique.	Matières organiques.	Azote.	Partie inattaquable par l'eau régale.
p. 100.	p. 100.	p. 100.	p. 100.	p. 100.	p. 100.	p. 100.	p. 100.	p. 100.	p. 100.	p. 100.	p. 100.
0.068	0.316	0.090	0.515	1.351	6.252	5.940	3.142	1.894	2.449	0.171	77.950
0.075	0.367	0.095	17.337	0.720	5.525	4.160	2.395	14.414	1.972	0.091	52.940
0.080	0.309	0.080	19.846	1.526	4.610	4.890	2.507	17.272	0.990	?	47.870
0.070	0.424	0.080	3.570	1.678	7.706	7.580	3.973	4.651	3.884	?	66.380
0.070	0.220	0.057	20.071	1.606	6.214	4.029	2.471	17.536	0.706	0.036	46.990
0.058	0.254	»	15.940	0.181	10.840	1.654	3.285	12.704	1.351	?	53.715
0.015	0.288	»	21.420	0.635	4.900	3.220	1.964	17.531	1.336	?	48.661
0.12	traces	traces	12.89	1.92	3.36	1.80	»	9.80	3.73	0.26	66.83
0.081	0.196	0.154	1.770	0.914	5.016	3.480	2.071	2.429	1.603	0.126	82.250
0.081	0.230	0.144	0.630	0.908	5.319	6.080	3.032	1.494	1.022	0.082	81.060
0.051	0.164	0.037	0.380	0.500	2.820	2.596	1.408	0.848	1.793	0.129	89.400
0.070	0.118	0.034	0.285	0.137	?	?	?	?	?	?	88
0.078	0.420	0.090	1.837	1.203	5.970	5.204	2.836	?	1.537	0.113	80.780
0.077	0.455	0.170	1.350	1.260	5.150	4.423	2.423	0.614	2.176	0.106	81.896
0.120	0.145	»	»	»	»	»	»	»	»	0.280	»
0.098	0.291	0.732	9.886	1.170	3.860	3.521	1.868	7.860	2.274	0.148	68.440
0.038	0.173	0.200	24.438	1.096	3.070	2.562	1.418	19.566	1.079	0.053	46.360
0.093	0.245	»	2.652	1.247	4.540	3.482	2.013	3.490	2.151	»	80.126
0.041	0.036	»	0.157	0.250	5.950	2.940	1.965	0.450	6.071	»	82.660
0.118	0.270	0.081	12.726	1.442	2.560	2.202	1.206	10.310	3.245	0.165	65.840
0.093	0.174	0.039	17.369	1.916	2.180	1.707	?	14.833	0.689	0.029	61
0.101	0.181	0.428	12.555	1.466	3.600	2.665	1.545	10.240	0.716	0.073	66.500

nent promptement rouges, en absorbant de l'air et passant à l'état
de sesquioxyde [1].

La plupart des tuileries de la Suisse romande emploient ces argiles comme matières premières. Le n° 5 a été pris à 1^m,50 de profondeur dans le creux d'où la tuilerie de Pinchat, près de Carouge
(canton de Genève), tire l'argile qui sert à la fabrication de ses carrons. Après la cuisson, ces carrons restent blancs. Pour obtenir des
briques rouges, on n'emploie que la couche supérieure jusqu'à 20
ou 30 centimètres de profondeur (n° 4) ; elle a pris déjà sous l'influence de l'air une couleur plus jaune ; on augmente l'oxydation du
fer, en l'extrayant quelques mois avant de la mouler et la laissant
exposée à l'action oxydante de l'atmosphère. Cette couche supérieure
contient beaucoup moins de chaux et plus de matières organiques
que la couche intérieure. C'est un fait général que le carbonate de
chaux tend à diminuer dans la terre végétale. Sous l'influence de
l'acide carbonique qui se forme par la décomposition 'des matières
organiques, il se dissout dans les eaux de pluie et s'en va avec elles,
soit en s'écoulant à la surface, quand le fond est trop imperméable
pour les absorber, soit dans le sous-sol où il se dépose à l'état d'in-
crustations ou de *tuf* à une profondeur plus ou moins grande,
50 centimètres à 1 mètre au plus, suivant la perméabilité de ce
sous-sol.

Nous retrouvons ce fait confirmé dans les analyses 1, 2 et 3 de
trois échantillons de terre pris les uns au-dessous des autres à 15,
30 et 40 centimètres de profondeur dans un pré appartenant à
M. Marc de Seigneux, sur ce même plateau de Pinchat, non loin de
la tuilerie (canton de Genève).

En 1886, j'ai fait avec M. Collomb-Pradel l'analyse de quelques
autres échantillons de mes terres d'argile glaciaire de Calèves. Mais,
suivant le procédé que l'expérience nous avait amenés à adopter,
nous avons, après avoir déterminé les quantités d'azote, d'acide
phosphorique, etc., contenues dans la terre fine, réduit les chiffres
trouvés d'après la proportion de terre fine contenue dans la couche.

---

1. Dans le tableau des analyses, tout le fer est porté à l'état de sesquioxyde, parce
que la calcination et le traitement par l'eau régale que les procédés analytiques exigent l'ont complètement oxydé.

arable. Nous donnons ces chiffres réduits à la suite des premiers ;
ils pourront servir à calculer plus exactement qu'avec ceux-là les
quantités totales des divers éléments contenus dans les champs ou
vignes.

De plus, après avoir déterminé la potasse soluble dans l'acide nitrique concentré, nous avons déterminé également la potasse soluble
dans l'acide nitrique dilué, d'après le procédé de M. Schlœsing.

Terres du domaine de Calèves.

	23.	24.	25.	26.	27.	23.	29.
	CHAMP de Villars. Moyenne fertilité.		JAR-DIN.	VIGNE du Vil-lars.	VIGNE du champ de la Pierre.	PRÉ du Val-lon.	BOIS de Vil-lars.
	Sol.	Sous-sol.					
Analyse physique.	p.1000	p. 1000	p.1000	p.1000	p.1000	p.1000	p.1000
Terre fine	821	790	754	672	855	796	844
Cailloux et gros sable.	179	210	246	328	145	204	156
Analyse chimique de la terre fine.							
Carbonate de chaux	13.050	149.250	19.250	4.950	9.550	3.450	0.600
Acide phosphorique	0.755	0.879	1.810	1.011	1.021	1.063	0.335
Azote total.	1.368	0.414	2.372	0.733	0.912	2.187	0.948
Potasse par acide concentré.	1.649	2.159	2.057	1.360	1.588	1.718	0.782
Potasse assimilable (Schlœsing). . . .	0.816	1.513	1.311	0.782	0.986	1.423	0.544
Acide sulfurique.	0.926	0.821	1.543	0.820	0.798	1.132	0.829
Composition chimique de la couche arable.							
Carbonate de chaux	10.714	117.907	14.411	3.726	8.155	2.746	0.500
Acide phosphorique	0.619	0.684	1.364	0.679	0.872	0.846	0.282
Azote total.	1.123	0.350	1.788	0.492	0.779	1.740	0.800
Potasse par acide concentré.	1.353	1.068	1.550	0.914	1 357	1.367	0.650
Potasse assimilable	0.669	0.528	0.988	0.525	0.843	1.136	0.460
Acide sulfurique.	0.730	0.650	1.163	0.557	0.682	0.901	0 699

La mise en culture du diot lui-même est principalement une question de mécanique. A l'état de nature, il est, malgré sa richesse
minérale, tout à fait improductif. On peut en juger par ces *teppes
de diot*, que l'on trouve encore aujourd'hui dans quelques localités
de la Savoie, mamelons déserts sur lesquels poussent quelques

genévriers et quelques lambeaux de pauvre gazon. Ces teppes tendent à disparaître de plus en plus en Savoie et l'on n'en voit plus guère en Suisse. Peu à peu le diot se transforme en terres très productives, mais il faut pour cela beaucoup de travail. Il faut, par des minages à bras ou par des défoncements à la charrue, ouvrir les entrailles de ce sol compact aux racines des plantes que l'on veut y cultiver. Pour faire durer les effets bienfaisants de ces défoncements et faire circuler à la fois l'eau et l'air dans le sous-sol, il faut drainer. Enfin pour y établir une culture intensive, il faut de fortes doses de fumier. Plus ce fumier sera volumineux, mieux il réussira : tout en fournissant l'azote nécessaire aux récoltes, il agira physiquement en ameublissant la terre. Encore la première fumure ne suffit-elle pas pour supprimer la jachère et établir un assolement alterne. Ce n'est qu'à la seconde fumure qu'on peut considérer l'amélioration comme complète. On obtient alors d'excellentes terres à blé dans lesquelles le colza, le trèfle, etc., réussiront également bien ; et l'on pourra aisément les transformer en bons prés temporaires. Mais les dépenses faites pour les améliorations représenteront deux ou trois fois, quelquefois quatre fois le prix d'achat de ces terres. S'il n'a pas un bail de plus de douze ans, beaucoup d'argent et de courage, un fermier ne peut pas entreprendre de telles améliorations. Elles ont été faites presque partout par la petite propriété. Quand de pareilles terres se trouvent dans le voisinage des villages riches et peuplés, le paysan ne recule pas devant ces mises en valeur dispendieuses.

Parmi les essences forestières, le chêne, le frêne et l'aune y réussissent bien. Quand ces terres argileuses se trouvent éloignées des fermes, une des meilleures manières de les utiliser est d'y semer des glands pour faire des taillis de chêne.

Le pré de M. Marc de Seigneux, dont la terre a été analysée, ne rend en moyenne que 3,000 kilogrammes de foin par hectare ; cependant il est couvert tous les quatre ans de ruclons (composts) achetés à l'entrepreneur des boues de la ville de Genève.

Sous les nos 11 à 15 et 23 à 29 se trouvent les résultats des analyses d'échantillons de terres pris dans mon domaine de Calèves, près de Nyon. Ces terres argileuses renferment des blocs ou pierres de toutes grosseurs : granites, schistes micacés, euphotides, calcaire noir des Alpes, etc., amenés par les glaciers de la vallée du Rhône et de ses vallées latérales. Quelques-uns de ces blocs se délitent, lorsqu'on les entame à la pioche : ce sont principalement des granites, d'autres résistent à toute décomposition. Par suite de ce mélange de pierres et de grains de sable provenant de la *pourriture* des granites ; ces argiles sont moins compactes que le diot pur. Au lieu de trouver un sous-sol bleu, preuve de l'absence d'air, à quelques centimètres de profondeur, on ne le trouve qu'à un mètre ou plus. La masse argileuse est jaune-ocre, traversée jusqu'à une certaine profondeur par des fissures, sur les parois desquelles se trouve un dépôt de matières organiques brunes. Le même dépôt d'humus se retrouve autour des pierres, surtout à leur surface inférieure. Les racines des arbres suivent ces fissures, les radicelles des graminées s'y développent avec plus d'abondance et tapissent les pierres qu'elles rencontrent.

Du reste, les argiles sont loin d'être partout homogènes. Par-ci par-là, on y trouve des veines ou des nids plus ou moins sablonneux ou graveleux. En certains endroits, le sol est plus calcaire qu'en d'autres. Certaines places ont une couleur jaune, d'autres sont toutes blanches, et par conséquent plus froides, moins faciles à réchauffer par les rayons du soleil. Quand le terrain est en pente ou simplement ondulé, la couche de terre meuble tend à s'augmenter dans les dépressions au détriment des endroits les plus élevés. En hiver, lorsque la terre superficielle des hauteurs a été bien ameublie par les gelées, les eaux de pluie l'entraînent dans les parties basses. Quelquefois même la bise suffit pour dépouiller de leur terreau les places sur lesquelles elle frappe avec plus de violence. J'ai eu la preuve de ce fait il y a quelques années. Après une chute de neiges abondantes, des vents de nord-est très forts les avaient enlevées en certains endroits pour les déposer en d'autres, plus abrités, à des hauteurs de deux ou trois mètres et produire ainsi ce qu'on appelle dans le canton de Vaud des *gonfles*. Sur quelques-unes de ces gonfles dont je suivais la formation avec attention et dont la neige provenait évidemment d'un certain champ d'où la neige disparaissait peu à peu, je trouvai un jour une couche de plusieurs centimètres d'épaisseur de terre. J'allai voir mon champ ; il n'y avait plus trace de neige et la bise, continuant son balayage, était en train d'en enlever la terre ; les racines du pauvre blé, que j'y avais semé en automne, étaient à moitié découvertes.

Cela m'expliqua pourquoi ce champ s'était montré rebelle à toute amélioration : à mesure que j'y créais de la terre meuble, la bise me l'emmenait. Pour parer à cet inconvénient, je me suis mis dès lors en mesure de planter un rideau d'arbres qui le protégeront contre le vent du nord....., quand ils seront assez grands pour cela. Il vaudrait même mieux mettre en bois les terrains eux-mêmes, quand ils sont si exposés à la bise.

Au-dessous de ce sol varié se trouve un sous-sol plus varié encore. Tantôt c'est l'argile qui se continue à de grandes profondeurs pêle-mêle avec des blocs anguleux et marqués des stries caractéristiques des terrains glaciaires. Tantôt on découvre des veines de sable ou de gravier arrondi et plus ou moins régulièrement stratifié. Souvent ces graviers ont été cimentés par des eaux tuffeuses et forment un véritable poudingue encore plus impénétrable aux racines que le diot. Sur les pentes qui terminent le plateau de Villars, on trouve ce poudingue à environ deux mètres de profondeur et il a lui-même 1/2 à 1 mètre d'épaisseur. Quelquefois on peut, en perçant un puits perdu à travers ce poudingue, arriver à des bancs de gravier libre et drainer ainsi d'un seul coup plusieurs hectares ou y jeter les drains, si l'on n'a pas ailleurs un écoulement favorable. La recherche des sources est très capricieuse dans les terrains glaciaires. En creusant des tranchées dans les endroits où quelques indices font supposer leur existence, on rencontre quelquefois un filet d'eau abondant ; mais laissez-le couler quelques jours, peu à peu il diminuera et bientôt disparaîtra tout à fait. Ce n'était qu'une poche, nid de gravier ou de sable plein d'eau, mais isolé au milieu des masses d'argiles et sans communication avec d'autres couches d'eau qui puissent l'alimenter.

En général les plateaux argileux absorbent peu l'eau des pluies qui tombent sur eux et ne peuvent par conséquent pas en emmagasiner beaucoup. Il ne doit donc pas se former des sources bien abondantes dans les masses d'argiles glaciaires. Les plus considérables débouchent sur les flancs des vallées que les cours d'eau venus du

Jura et des Alpes se sont creusées dans les anciennes moraines, et sont tout simplement des infiltrations de ces cours d'eau ; c'est l'eau de la rivière plus ou moins bien filtrée dans les couches de graviers qu'elle a traversées. Quelquefois aussi le dépôt glaciaire qui revêt par lambeaux les pentes d'une colline de mollasse ou de calcaire jurassique se borne à servir de barrière aux eaux infiltrées et accumulées dans ces formations perméables et il suffit de percer cette barrière pour donner jour à une source.

Pour les argiles pierreuses comme pour le diot pur, l'amélioration fondamentale est le défoncement. La *charrue fouilleuse de Read*, suivant une charrue ordinaire, est assez puissante pour extraire sans se briser une partie des pierres ; les plus grosses, elle les ébranle ou les signale par la résistance qu'elle éprouve. Il faut la faire accompagner par un ou deux ouvriers qui armés de pioches achèvent de découvrir et d'arracher ces blocs : quelquefois il faut avoir recours à la poudre pour les faire sauter[1]. Les charrues fouilleuses qui laissent le sous-sol en place, après l'avoir entr'ouvert, valent mieux pour cette opération que les grandes charrues à six ou huit bœufs qui retournent la terre sens dessus dessous : elles atteignent le même but avec moins de force ou de dépense ; elles y arrivent plus lentement, il est vrai, mais elles risquent moins de compromettre le succès de la première récolte qui suit le défoncement, en la forçant à pousser dans une terre encore peu aérée et peu ameublie. Cependant les pommes de terre et l'avoine réussissent immédiatement après un retournement complet du sous-sol, si l'on a soin de le faire avant l'hiver et de l'aider par une forte fumure. Pour établir de nouvelles vignes, on a l'habitude de miner à cinquante centimètres de profondeur. Les fermiers du canton de Genève font de même, quand ils veulent, au commencement de leur bail, créer une bonne luzernière ; mais ils ne sèment la luzerne que la troisième année, après deux plantes sarclées et richement fumées. Le défoncement à bras représente une dépense de 1,000 à 1,200 fr. par hectare.

---

1. Quelquefois on se contente de creuser, à côté de ces blocs, un trou plus profond qu'eux et de les y faire culbuter.

Très souvent il est nécessaire et presque toujours il est utile de drainer les argiles glaciaires. C'est le complément du minage. L'influence d'un défoncement n'est durable et complète dans ces terres compactes que s'il est accompagné d'un drainage et, réciproquement, le drainage ne produit tout son effet que s'il est suivi d'un défoncement. A Calèves, j'ai drainé la plupart de mes terres avec des tuyaux placés à 1ᵐ,20 de profondeur et à 10 mètres de distance, en ayant soin de placer les collecteurs suivant la plus grande pente. Le drainage m'a coûté environ 400 fr. par hectare.

Le fumier de ferme est l'engrais par excellence pour toutes les terres qui ont besoin, comme les argiles glaciaires, d'être amendées physiquement en même temps qu'enrichies chimiquement. Mais ce fumier est-il complet? Si les terres qui ont servi à produire les fourrages et les pailles au moyen desquels le fumier a été fabriqué sont trop pauvres en acide phosphorique, il est probable que le fumier lui-même sera également pauvre en acide phosphorique.

Pour étudier la composition d'un fumier produit dans les conditions les plus habituelles des argiles glaciaires de la Suisse, j'ai pris comme type un fumier de la campagne de M. Vernet, à Duillier, voisine de Calèves. C'était un fumier de bêtes à cornes (vaches et quelques bœufs) nourries presque exclusivement avec du foin. La litière se composait de paille de froment. Le fumier est traité suivant la mode du pays en beaux tas régulièrement arrosés avec le purin. Les échantillons ont été pris au printemps au moment où le fumier, bien décomposé, presque à l'état de beurre noir, était porté dans les vignes. Ce fumier contenait par 1,000 kilogrammes :

Azote	5ᵏᵍ,184
Acide phosphorique.	1 ,780
Potasse.	4 ,540
Total des cendres	53 ,760
Eau	781

Évidemment cette composition pourrait varier si les animaux étaient autrement nourris, si, par exemple, ils recevaient une addition de farineux, ou si le fumier était autrement soigné.

Ainsi le fumier de ma ferme de Calèves, qui est contiguë à celle de M. Vernet, diffère de ce type, parce que j'y mélange celui des chevaux et des porcs avec celui des vaches et que j'ai l'habitude de faire saupoudrer l'étable avec du plâtre et le tas de fumier avec des phosphates minéraux. Voici sa composition par mille kilogrammes :

Azote.	$4^{kg},74$
Acide phosphorique	2 ,65
Potasse	5 ,62
Total des cendres.	81 ,20
Eau.	753 ,60

En général, les limites dans lesquelles varient les principes les plus utiles des fumiers sont :

Pour l'azote, de.	4 à 6	p. 1000
Pour l'acide phosphorique, de	1.5 à 3.5	—
Pour la potasse, de	3 à 7	—

Les moyennes sont :

Pour l'azote	5
Pour l'acide phosphorique.	2.5
Pour la potasse	4.5

On voit que le fumier de la ferme Vernet, que nous pourrions appeler fumier type des argiles glaciaires de la Suisse, est dans la moyenne, même un peu au-dessus pour l'azote et la potasse, mais qu'il est au-dessous pour l'acide phosphorique.

Il faut donc compléter ce fumier par une addition de phosphates. Il faut compléter la terre elle-même qui l'a produit et dont il est l'image. Dans une terre qui manque naturellement d'un de ces éléments essentiels, l'application de la célèbre doctrine de la restitution ne suffit pas pour la porter aux rendements maxima. Si l'on se bornait à lui restituer les quantités toujours trop faibles d'acide phosphorique que renferment ses récoltes, elle resterait éternellement pauvre en acide phosphorique. Cette doctrine de la restitution a été un progrès il y a 60 ans, à l'époque où Liebig l'a lancée dans le monde agricole. Elle peut suffire pour les terres complètes; c'est-à-dire celles qui contiennent les quantités de potasse, d'acide phosphorique, etc., nécessaires à une culture intensive, mais elle est insuffisante pour toutes les terres qui contiennent ces éléments en quantités trop faibles. Il faut commencer par *compléter* ces terres.

Pour cela, nous avons aujourd'hui comme guides, d'un côté les analyses chimiques des terres, de l'autre les essais d'engrais ou ce que l'on a appelé les engrais analyseurs. Les uns servent de contrôle aux autres et, pour savoir jusqu'à quel point les résultats obtenus sur la surface restreinte où nous avons pris nos échantillons de terre et fait nos expériences s'appliquent à d'autres terres, nous avons, comme moyens de généralisation, les études de géologie agricole.

Dans les argiles glaciaires du bassin du Rhône, telles que la nature les livre à l'agriculture, les acides minéraux concentrés ne parviennent à dissoudre que 0,4 à 0,8 pour mille d'acide phosphorique.

Si une terre complète doit en contenir 1 pour mille, c'est-à-dire 4,000 kilogrammes par hectare, il faudrait dans les argiles glaciaires un supplément de 800 à 2,400 kilogrammes d'acide phosphorique qui, à l'état de phosphate en poudre coûtant aujourd'hui 20 centimes par kilogramme, représentent une dépense de 160 à 480 fr. par hectare. Quand les phosphates sont à bon marché, il y aurait souvent avantage à faire cette dépense tout d'un coup. Mais, en se multipliant par un grand nombre d'hectares, elle pourrait atteindre une somme que peu de propriétaires auraient le courage d'embarquer dans leurs cultures et que les fermiers ne voudraient jamais y mettre; et, du reste, une partie de ce phosphate de chaux se transformerait dans le sol en phosphate de fer ou en phosphate d'alumine et il resterait ainsi à l'état de capital improductif, à moins que l'on ne puisse le solubiliser peu à peu au moyen d'une grande abondance de matières organiques.

Ordinairement on procède autrement. On se sert des superphosphates qui fournissent l'acide phosphorique à un prix plus élevé (60 centimes par kilogramme). Mais, comme cet acide phosphorique se trouve à l'état soluble, les plantes peuvent dès la première année en absorber une grande partie et le payer largement par une forte augmentation de récolte. Cette récolte n'aura consommé que 40 à

60 kilogrammes d'acide phosphorique par hectare. Si l'engrais en contenait davantage, ce surplus retourne à l'état de phosphate tribasique de chaux ou de phosphate de fer, mais il ne coûte plus rien.

Les scories de déphosphoration peuvent également rendre de grands services dans les argiles glaciaires, car, tout en leur fournissant l'acide phosphorique dont elles ont besoin, elles y activent la nitrification des matières organiques.

Nos analyses montrent qu'au point de vue de la potasse, les argiles glaciaires du bassin du Rhône ne laissent rien à désirer. Presque toutes en contiennent de 1 1/2 à 2 pour mille, quelquefois même 3 à 4 pour mille et la moitié à peu près de cette potasse se trouve à l'état que M. Schlœsing appelle *assimilable*, c'est-à-dire soluble dans les acides minéraux étendus d'eau. On peut dans ces argiles obtenir de bonnes récoltes de blé et de fourrages sans recourir à l'emploi des sels de potasse comme complément du fumier de ferme. Mais, si la potasse n'est pas nécessaire, elle est souvent utile, en augmentant les produits de certaines cultures, par exemple celles de la vigne et des pommes de terre.

Quant à la quantité d'azote que les terres renferment, elle dépend bien plus de la culture de ces terres que de leur origine géologique et de leur composition minéralogique. Cependant cette composition a une grande influence sur leur aptitude à conserver les matières azotées ou à les nitrifier plus ou moins rapidement.

Quand les argiles glaciaires n'ont jamais été cultivées ou quand elles ont été appauvries par une succession de récoltes épuisantes, il faut beaucoup de temps, beaucoup de travail et beaucoup d'engrais pour les rendre de nouveau fertiles. Une première fumure de 40,000 à 50,000 kilogrammes s'y engouffre en quelque sorte sans produire aucun effet, et c'est seulement après la seconde fumure que les récoltes commencent à se relever. Malheur au fermier qui prend à loyer des terres ainsi ruinées; il s'y ruinera lui-même s'il n'a pas les reins bien solides.

Par contre, quand ces argiles ont été abondamment fumées, elles peuvent, pendant longtemps, donner de belles récoltes même avec un mode de culture qui épuiserait rapidement des terres plus légères.

Entre les argiles glaciaires à l'état d'épuisement et les mêmes
terres en bon état de fumure, on peut estimer qu'il y a une différence de valeur de 750 à 1,000 fr. par hectare, et comme le drainage et le défoncement y coûtent à peu près autant, on peut dire
qu'un propriétaire qui achète des terres d'argile glaciaire à l'état de
nature ou d'épuisement cultural doit compter qu'il devra y mettre
1,500 à 2,000 fr. par hectare comme capital d'amélioration avant
de pouvoir les considérer comme arrivées à un état normal de fertilité et d'y obtenir du blé et des fourrages à un prix de revient satis-
faisant. Ce qu'un propriétaire a de mieux à faire, s'il ne veut pas
consacrer un capital trop considérable à l'amélioration d'un domaine d'argiles glaciaires, c'est de boiser les terrains les plus
éloignés de la ferme en taillis de chênes, etc.

Presque toutes les argiles glaciaires du bassin du Rhône renferment assez de calcaire pour les besoins de la culture. Mais elles
en contiennent rarement assez pour rendre l'adaptation des plants
américains impossible ou même difficile, si les progrès du phylloxéra
devaient amener à les employer comme porte-greffes dans la reconstitution des vignobles.

Les dépôts glaciaires de la vallée de l'Arve paraissent être,
d'après les analyses ci-jointes, plus riches en carbonate de chaux
que ceux de la grande vallée du Rhône au-dessus de Genève. La
terre la plus calcaire est celle du bois de Conches, près Villette.

Cependant on trouve au pied du Jura, par exemple autour de
Gex, des dépôts glaciaires composés pour la plus grande partie de
calcaire. La carte géologique de M. Jaccard les désigne sous le nom
de *quaternaire jurassique*. Ils ont été formés sans doute par des
glaciers jurassiques confluents du vaste glacier de la vallée du
Rhône. Évidemment ce que nous avons dit des terrains glaciaires et,
en général, des terrains quaternaires du bassin du Rhône ne peut
pas s'appliquer à ces dépôts de quaternaire jurassique; il y a lieu
d'y suivre, pour l'emploi des engrais et pour toutes les règles de la
culture, ce que nous avons exposé au chapitre VIII, tome Ier, à propos
des terrains jurassiques. Presque toujours les sels de potasse y seront utiles et, pour la vigne, plus encore que pour toutes les autres
cultures.

Dans tous ces terrains calcaires du quaternaire jurassique, l'adaptation des plants américains sera très difficile, car la plupart y souffrent de la chlorose.

Terrains postglaciaires. — Ces terrains forment au bord des lacs et des fleuves des terrasses dont les étages successifs marquent les diverses hauteurs qu'ont occupées les eaux qui résultaient de la fonte des grands glaciers. De là le nom d'*alluvions des terrasses* qu'on leur a également donné ; mais souvent ces terrasses s'étendent loin dans l'intérieur des terres et y forment des plateaux. Ce sont partout des amas de graviers et de sables recouverts d'une couche de terre rouge dont l'épaisseur varie de quelques centimètres à 1^m,50. « Quelques observations, dit A. Favre dans sa *Description géologique du canton de Genève,* semblent indiquer que cette terre rouge est d'autant plus épaisse que la terrasse sur laquelle elle repose est plus ancienne. Elle a l'apparence d'un limon ; elle n'a cependant pas été transportée ; mais elle se forme sur place par la décomposition des cailloux qui constituent le sol ; elle s'accroît en épaisseur par la partie inférieure ; cette décomposition atteint toutes les roches, sauf les quartzites, les euphotides, quelques roches amphiboliques et d'autres moins répandues. Les éléments les plus solubles de ces roches, par exemple le carbonate de chaux, sont entraînés par les eaux de pluie ; les moins solubles forment la terre rouge. Une partie du fer se peroxyde, c'est-à-dire passe à l'état d'oxyde rouge ; une autre est à l'état de fer oxydulé, attirable à l'aimant en grains non décomposés.

« Les pierres éparses dans cette terre rouge, lorsqu'elle n'a pas été remaniée par la culture, sont peu nombreuses et sont en voie de décomposition ou de *pourriture.* Elles sont fissurées et se détachent en fragments anguleux dès qu'on les manie ; beaucoup d'entre eux ressemblent à des cailloux non roulés.

« Parmi les preuves qu'on peut alléguer pour établir que la terre rouge des terrasses et des plateaux provient de la décomposition des pierres qui forment l'alluvion, nous indiquerons la présence des *cailloux impressionnés.* Ce sont, en général, des cailloux de grès ou de calcaire qui présentent une partie concave dans laquelle s'ajuste,

avec exactitude, la partie convexe d'un autre caillou placé au-dessus ; la petite dépression est quelquefois entourée d'un bourrelet de
tuf. » M. Daubrée a prouvé par ses expériences que ces cavités
sont dues à des eaux chargées d'acide carbonique qui circulent dans
le sol et qui, stationnant plus longtemps à la jonction des cailloux
que sur les autres points de leur surface, y exercent une action plus
sensible.

Dans le même bassin, les dépôts quaternaires stratifiés sont toujours formés des mêmes roches que les dépôts quaternaires non
stratifiés, par conséquent les terres qui en dérivent doivent avoir à
peu près la même composition chimique, mais elles diffèrent beaucoup
au point de vue physique. Les terrains graveleux des alluvions des
terrasses et des plateaux sont beaucoup plus secs et plus perméables
que les terrains glaciaires proprement dits. Les eaux qui résultaient
de la fusion des glaciers en ont entraîné les parties fines et argileuses ; elles ont déposé ces limons là où leur vitesse se ralentissait
par suite des obstacles qu'elles rencontraient ou par suite de l'affai-
blissement général de la pente. Sans doute la bise, souvent si violente
dans le bassin du Rhône, a contribué au transport ou du moins aux
déplacements successifs de ces terres fines.

§ 2. — La Bresse et la Dombes[1].

La Bresse occupe tout l'intervalle compris entre les montagnes du
Jura et les collines de la Côte-d'Or et du Beaujolais, depuis les environs de Gray jusqu'à Bourg et Mâcon ; puis elle se prolonge au
sud dans la Dombes, qui en diffère par quelques caractères spéciaux
et qui se termine aux portes de Lyon.

A l'époque miocène, les montagnes du Jura n'existaient pas encore et la mer, qui avait déposé les mollasses en Suisse et en Savoie,
couvrait également les contrées qui forment aujourd'hui le bassin
de la Saône et la grande vallée du Rhône. On trouve des îlots de

---

1. La Bresse (avec la Dombes) comprend environ 700,000 hectares et appartient à la
fois à 7 départements : le Rhône, l'Ain, le Jura, Saône-et-Loire, la Côte-d'Or, le Doubs
et la Haute-Saône.

mollasse épars sur les calcaires jurassiques ; ils ont été soulevés avec eux. Mais, dans la Bresse, ils sont cachés sous les dépôts pliocènes et quaternaires. Pour les voir, il faut les chercher, soit au pied de quelques berges, soit le long des vallées dans les trous d'exploitation des graviers et des sables, soit, sur le plateau de la Dombes, au fond des puits creusés pour avoir de l'eau potable.

Les terrains de l'époque pliocène ont une influence plus immédiate sur l'agriculture du pays, et nous allons les décrire avec plus de détails.

Pliocène. — Ce sont des dépôts d'eau douce dont le premier est formé par les *marnes à Paludines et à Pyrgules,* marnes bleues, parfois vertes ou rouges, qui alternent avec des sables fins micacés et quelquefois avec des bancs de cailloux. Leur épaisseur varie de 40 à 60 mètres. Souvent elles renferment des couches de lignites, par exemple à Mollon et à Varambon ; de là le nom d'*argiles à lignites* que certains auteurs leur ont donné.

D'après M. Fr. Delafond, cette formation de marnes bleues a dû, à l'origine, combler uniformément la cuvette bressane. Puis elle a subi des ablations considérables. Les premières vallées y ont été creusées, vallées profondes, mais probablement assez étroites.

Sur ces marnes sont venus se déposer des sables ferrugineux et des graviers qui sont caractérisés par des restes de *Mastodon arvernensis* et que l'on trouve à des altitudes de 280 à 300 mètres. Sur les feuilles de Besançon, Chalon-sur-Saône et Mâcon de la carte géologique détaillée, ils sont désignés par le nom de *sables de Chagny,* et sur celles de Lyon et de Bourg, par celui de *sables et graviers de Trévoux.*

Les matériaux dont sont composés les sables ferrugineux de Chagny paraissent provenir des Vosges ou du Morvan. Ils alternent avec des argiles grises, blanches ou rosées que l'on exploite à Montchanin, Saint-Léger-sur-Dheune, etc., pour la fabrication des tuiles et des briques réfractaires. On trouve quelquefois du minerai de fer en grains intercalés dans ces bancs argilo-siliceux. L'épaisseur de ces sables ferrugineux ne dépasse guère 15 à 25 mètres, mais ils couvrent de vastes étendues, depuis le sud du département du Doubs jusque

dans ceux de Saône-et-Loire et de l'Ain. Quand ils ne sont pas couverts d'une couche assez épaisse de limon jaune ou *lehm*, ils ne peuvent guère être cultivés avec profit ; ils conviennent mieux à la production du bois qu'à celle du blé, et, en effet, la plupart des grandes
forêts de la Bresse, celle de Chaux, qui a une contenance de
25,000 hectares et que le chemin de fer traverse entre Dôle et Mou-
chard, celles de Rahon, du Gatey, celles de la Ferté, de Givry, de
Marloux, de Chagny, dans le département de Saône-et-Loire, etc.,
etc., occupent les sables ferrugineux, quelquefois couverts de graviers quartzeux et parsemés d'îlots de limon jaune.

Quant aux graviers à *Mastodon arvernensis,* ils ont plus de 50 mètres de puissance à Trévoux et à Mollons. Leurs assises, mal stratifiées, plongent dans tous les sens et ravinent les marnes bleues sous-
jacentes. Du reste, elles sont en couches à peu près horizontales,
mélangées de marnes et de concrétions ferrugineuses et composées
de débris de mollasse et de quartzites alpins, auxquels sont venus se
mêler des cailloux de granite et de porphyre du Beaujolais. On y
trouve quelquefois, à diverses hauteurs, des bancs de conglomérats
à cailloux impressionnés ou de tufs calcaires, dépôts plus ou moins
compacts de sources incrustantes. On en trouve, entre autres, à
Meximieux, où ils renferment des restes fort intéressants de la flore
pliocène ; M. de Saporta en a fait une étude qui est classique.

Après le dépôt de ces graviers et sables ferrugineux à *Mastodon
arvernensis,* il paraît y avoir eu, vers la fin de l'époque pliocène,
caractérisée par l'*Elephas meridionalis,* une première extension des
glaciers des Alpes qui ont laissé, comme preuves de leur séjour dans
la Dombes et même dans le Lyonnais, des alluvions qu'Élie de Beaumont a nommées *alluvions anciennes,* que M. Benoît appelle *conglomérat bressan,* et qui sont en réalité des *alluvions interglaciaires*
comme celles qu'Oswald Heer et M. Léon Du Pasquier ont signalées
en Suisse.

Alluvions anciennes. — Voici quelles sont leurs allures, dit M. Benoît[1]. A partir de Lyon, elles se répandent vers le nord en deux

---

1. *Bulletin de la Société géologique de France.* 1857 à 1858.

bandes latérales, puissantes d'abord, qui vont en s'amincissant pour s'arrêter, l'une carrément et brusquement sur le flanc gauche de la vallée de la Veyle, l'autre vaguement au delà de Bourg jusqu'à Marboz, où la traînée semble finir en pointe par des lambeaux très restreints et isolés n'offrant plus que des menus graviers ou des lames de sables graveleux. Évidemment le transport s'est fait du sud au nord. Ainsi, du rivage jurassique de Coligny jusqu'à la Saône, la Bresse offre une large bande transversale où l'on ne trouve aucun caillou.

Les cailloux de quartzites et autres roches dures abondent dans ces alluvions. On y trouve fort peu de cailloux calcaires, tandis que ceux-ci ne manquent, ni au-dessous dans les bancs de poudingues qui sont incorporés dans la partie supérieure de la mollasse, ni au-dessus dans les dépôts glaciaires.

A la page 56 de son livre si remarquable sur la période glaciaire, M. Falsan donne un dessin fait d'après les alluvions anciennes du talus du chemin de fer de Lyon à Bourg, à l'ouest du marais des Échets. Il y montre des sphères creuses, tapissées d'argile, qui représentent l'ancien volume des cailloux calcaires et se sont moulées sur eux, mais la plus grande partie de ces cailloux ont été dissous et il n'en reste que l'argile qui tapisse ces sphères et un peu de carbonate de chaux, qui tend toujours à disparaître.

Dans ce même talus, les roches feldspathiques tendent à se transformer en argile ferrugineuse, si bien qu'il ne finit par rester que des quartzites, épuisés eux-mêmes du peu de calcaire qu'ils renfermaient. L'aspect de ce terrain diffère tellement de celui des alluvions normales, qu'on a été tenté d'en faire un diluvium à part, un *diluvium à quartzites*.

M. Delafond a consacré à ces alluvions anciennes ou interglaciaires de la Bresse et de la Dombes une note fort intéressante [1], à laquelle j'emprunte les détails qui vont suivre :

Ces cailloutis sont de composition variable suivant les régions. Dans la Bresse, ils renferment surtout des éléments empruntés aux Vosges, tandis que dans la Dombes ils contiennent principalement des élé-

---

1. *Bulletin de la Société géologique de France*, tome XV.

ments alpins (roches granitiques, calcaires noirs, etc.). Près des bordures de la Bourgogne et du Beaujolais, les matériaux sont empruntés aux massifs voisins ; ainsi, en Bourgogne, on rencontre principalement des chailles jurassiques, tandis que dans le Beaujolais on trouve des granites et des porphyres.

Dans la Dombes et sur les rivages de la Bourgogne et du Beaujolais, les éléments sont d'assez gros volume, tandis que dans la majeure partie de la Bresse, on n'observe que de petits graviers ou même seulement des sables plus ou moins grossiers.

Au milieu des bancs de sable ou de gravier sont souvent intercalées des assises argileuses jaunes, blanches ou rouges (exemple : les terres réfractaires des rives du canal du Centre) ; parfois même on observe, mais assez rarement, des lentilles d'argile noirâtre.

Dans certains cas, la formation est recouverte à sa partie supérieure par une couche de limon ferrugineux constituant de la terre à briques[1]. Ce limon se relie insensiblement alors au sable ou gravier par un passage insensible, qui témoigne ainsi d'une succession ininterrompue dans les dépôts.

Les sables, graviers ou cailloutis sont toujours, lorsqu'ils ne sont pas recouverts de limon, fort décomposés ; les granites, les porphyres sont très altérés[2], et l'ensemble présente généralement une teinte rougeâtre due à la suroxydation du protoxyde de fer.

La stratification est toujours confuse ; on observe des assises plongeant dans tous les sens ; cependant, on remarque parfois, non seulement sur le pourtour de la cuvette bressane, mais encore au centre même de la Bresse (gravières de Saint-Germain-du-Bois, au nord de Louhans), des assises disposées d'une manière assez régulière en lits parallèles et affectant une forte plongée.

Les matériaux sont classés en désordre ; cependant, en général,

---

1. Ce limon ne saurait être confondu avec le *lehm* dont nous parlerons plus loin. Le *lehm* contient généralement des lits de cailloux, et varie à chaque pas de puissance et de constitution ; il est fréquemment pétri d'Hélix et de Succinées. C'est le type de la terre à pisé, et il se prête mal à la fabrication des briques.

2. Ce caractère est tellement accusé que les exploitants de matériaux pour l'empierrement des routes évitent autant que possible d'ouvrir des carrières dans ces cailloutis, tandis qu'ils recherchent les cailloutis récents. C'est la profonde altération des *granites* qui a donné naissance aux terres réfractaires que nous avons mentionnées plus haut.

les éléments les plus volumineux occupent la partie inférieure de la formation, tandis qu'à la partie supérieure existent des sables fins qui se relient intimement au limon superficiel. Les cailloutis occupent des niveaux et des situations très variables ; ils couronnent les plateaux, tapissent les pentes, et s'observent depuis la cote de 180 mètres jusqu'à celle de 450 mètres (environs de Beaujeu).

Au premier abord, tous ces gîtes paraissent être disposés tout à fait au hasard, et n'obéir à aucune loi. Cependant un examen attentif montre qu'ils constituent une série de terrasses situées à des niveaux divers. Ces terrasses sont très apparentes sur certains points, nous citerons notamment celle du niveau de 180-182 (Épervans, Saint-Marcel, Gigny, Saint-Cyr, etc.), celle du niveau de 190-195 (Toutenant, Chalon-Saint-Cosme, Saint-Germain-du-Plain, Belleville, Villefranche, etc.), celle de 240 (Corcelles, Pizay-de-Saint-Jean-d'Ardières), celle de 280 (Saint-Julien, Denicé, Lacenas) ; enfin nous signalerons plus loin, la présence dans la Dombes d'autres terrasses, dans une forte étendue, ayant l'altitude de 265 mètres environ.

Partout où ces terrasses ne sont pas recouvertes par des terrains glaciaires, on reconnaît aux cailloutis les caractères que nous avons définis plus haut.

L'épaisseur des cailloutis des terrasses est toujours peu importante ; dans la Bresse et la Dombes, où elle a été reconnue par de nombreux puits à eau, elle ne dépasse pas 20 mètres, et elle est généralement bien moindre, parfois elle n'atteint pas 1 mètre.

Sur les pentes qui relient les diverses terrasses on retrouve aussi des cailloutis, mais l'épaisseur est encore plus faible que sur les plateaux ; les terrains sous-jacents apparaissent dans les tranchées ou dans les ravins. Aussi dans la Bresse, les puits à eau situés sur ces pentes sont-ils généralement obligés de traverser les marnes bleues pour arriver à une zone sableuse aquifère (sables à aspect mollassique associés aux marnes).

Si on rapproche l'ensemble des faits que nous venons d'exposer : cailloutis et limon subordonné offrant par leur constitution les caractères de formations fluviales, dépôts peu épais, disposition en terrasses étagées, ravinement du substratum supportant les cailloutis, on arrive à conclure que ces derniers représentent les dépôts d'anciens cours d'eau. Les lits de ces derniers auraient occupé des niveaux divers, qui correspondent aux diverses terrasses dont nous avons constaté l'existence. A chaque terrasse répond un dépôt spécial de cailloutis, contenant parfois des assises argileuses et surmonté fréquemment par du limon. Les cailloutis, graviers ou sables correspondraient à la période dans laquelle les cours d'eau n'avaient pas encore atteint leur régime normal, corrodaient leurs rives, déplaçaient leurs lits ; les dépôts d'argile, qui semblent être toujours lenticulaires, s'effectuaient dans les parties où le courant avait sa vitesse très diminuée, soit par l'effet du remous, soit par toute autre cause. Le limon superficiel se serait déposé alors que les cours d'eau avaient atteint à peu près leur régime normal ; ce serait un dépôt d'inondation absolument comme le limon qui se forme aujourd'hui dans le lit majeur de la Saône lors des débordements de cette rivière.

Disons tout de suite que cette explication rend parfaitement compte de l'existence, déjà signalée précédemment, sur les rives de la Saône, pour la terrasse de 215-220, de larges bandes de sable fin passant insensiblement au véritable limon, à une certaine distance de la rivière. Lors des inondations, les eaux avaient encore, dans le voisinage du lit mineur, une vitesse notable ; elles ne laissaient déposer que du sable fin et retenaient leur limon qui ne se déposait qu'à une plus grande distance du lit, alors que la vitesse du courant était très réduite. Cette circonstance tendrait à prouver également que, lors de la formation de la terrasse de 215-220, la Saône suivait, à un niveau plus élevé, un cours peu différent de son cours actuel.

Terrains glaciaires. — Tandis que nous ne retrouvons les matériaux amenés par les premiers glaciers que remaniés par les eaux sous forme d'alluvions, ceux de l'époque quaternaire ont laissé des traces plus évidentes de leur présence dans les bassins de la Saône et du Rhône.

Dollfus-Ausset, un géologue alsacien qui s'est beaucoup occupé de l'étude des glaciers, raconte que, dans un de ses voyages à Lyon, il avait emmené avec lui un paysan suisse qui lui servait ordinairement de guide-chef. Un jour il s'était assis avec lui près des tranchées que l'on creusait pour la construction du fort Montessuis ; du premier coup d'œil, le brave montagnard reconnut dans le terrain nouvellement ouvert des blocs striés et des fragments anguleux de roches des Alpes suisses, et il s'écria : « *Bim Donner ! Ja* (Tonnerre ! oui), les glaciers des Alpes sont venus jusqu'ici. » Il ne s'était pas trompé. Les glaciers de la Suisse, réunis à ceux du Dauphiné, sont allés jadis jusqu'aux lieux où se trouve aujourd'hui Lyon et y ont laissé, comme preuve de leur extension, leurs moraines frontales et toute cette accumulation de boues argileuses et de roches alpestres qui forme les hauteurs de la Croix-Rousse et de toute la Dombes.

C'est là précisément ce qui distingue la Dombes du reste de la Bresse : au-dessus des marnes bleues à paludines et des alluvions interglaciaires, les dépôts erratiques forment dans la Dombes une protubérance dont certains points atteignent une hauteur de plus de 300 mètres. Mais les glaciers de l'époque quaternaire n'ont pas atteint la Bresse proprement dite ; celle-ci a, au nord de Bourg et de Mâcon, l'aspect d'une vaste plaine dont l'altitude moyenne est seulement de 210 à 220 mètres. Nous verrons que cette différence d'altitude a une influence considérable sur les systèmes de culture que l'on y pratique. La carte géologique montre que cette plaine bressane est découpée en un nombre infini de mamelons dont le noyau central est composé de marnes bleues recouvertes de sables ferrugineux et de limon jaune ou *lehm*. Au milieu de ces nombreuses collines serpente un réseau de petits vallons ; les eaux, trouvant peu de pente devant elles, forment des étangs ou s'écoulent lentement vers les vallées plus importantes de la Veyle, de la Reyssouse, de la Seille, qui finissent par aboutir à celle de la Saône.

« Le *lehm* ou *limon jaune*, dit M. Benoit[1], recouvre comme un manteau tous les dépôts antérieurs de la Bresse. Il est remarquable par l'uniformité générale de sa composition physique et chimique ; c'est évidemment un dépôt d'eaux troubles peu agitées, qui paraît s'être formé assez brusquement d'abord, avec des épaisseurs plus grandes sur les plateaux et dans les dépressions que sur les reliefs

---

1. *Bulletin de la Société géologique de France*, 2ᵉ série, tome XV, 1858.

généralement peu accentués de la Bresse. Ce mode de formation est sans doute la cause de l'absence de stratification que l'on remarque partout dans sa partie inférieure, qui est toujours très uniforme. On n'y a trouvé aucune trace de fossiles, excepté à sa partie supérieure où il passe fréquemment à un *lehm* sableux avec coquilles terrestres analogues ou identiques avec celles qui vivent encore actuellement dans la contrée. Sa couleur normale est un jaune terreux uniforme, mais il a éprouvé postérieurement à son dépôt et il éprouve encore une action complexe d'infiltration, de décomposition et de décoloration qui lui a donné un aspect marbré de blanc et de brun sur un fond jaune. L'analyse de ce fond jaune normal et général montre que c'est un limon à éléments très fins, composé : 1° de 20 à 30 p. 100 de grains de quartz anguleux et amorphes, précipitables dans l'eau au bout de dix secondes et parmi lesquels on remarque des grains colorés, fusibles au chalumeau, et qui sont des silicates terreux et alcalins non décomposés ; 2° de 10 à 20 p. 100 du même sable, mais plus fin ; 3° d'un restant à particules excessivement ténues donnant par l'analyse 70 à 80 p. 100 de silice, 10 à 15 p. 100 d'alumine et d'hydrate de fer (celui-ci pour 3 à 5 p. 100), des traces ou 1/2 à 1 p. 100 de chaux, des traces ou 1 à 2 p. 100 de magnésie, 4 à 7 p. 100 de potasse, des traces ou 1 à 2 p. 100 de soude et 2 à 4 p. 100 d'eau de combinaison, qui proviendrait de silicates hydratés, surtout de l'argile, enfin quelquefois des traces de carbonate de chaux. Telle est la moyenne d'un grand nombre d'analyses, qui m'ont donné cependant des écarts suivant les localités où j'ai pris les échantillons, tels, par exemple, que celui de l'augmentation de la teneur en carbonate de chaux à mesure que l'on va du centre de la Bresse vers son bord occidental, où se trouvent, sans doute à cause de cela, les bons pays à blé [1]. Les marbrures blanches du limon suivent les veines capricieuses d'infiltration ; l'analyse constate qu'il n'y a plus absolument de calcaire ni de fer.

« Mais ce dernier se trouve en partie rassemblé en grumeaux plus ou moins friables au bas des veines blanches ou sur leurs trajets ; c'est ce que les gens du pays appellent *têtes de clous* et qui caracté-

---

1. On nomme, en Bresse, les terres riches en calcaire des *terres mares*.

rise pour eux le fonds qu'ils préfèrent et qui donne leur *terrain blanc*, celui-ci n'étant autre chose que notre limon jaune privé superficiellement de l'excès de ses particules argileuses les plus ténues, ce qui rend le sol plus sableux et lui donne une couleur blanchâtre quand les pluies ont lavé sur les champs le résidu de sable fin quartzeux. »

D'où vient ce *limon jaune*, ce *lehm*, si général et si uniforme dans la Bresse ? Pourquoi contraste-t-il de tous points avec les autres couches meubles de la contrée ? Pourquoi est-il formé uniquement d'éléments excessivement fins formant une nappe superficielle tellement imperméable à l'eau, qu'un simple barrage artificiel a suffi pour créer partout les innombrables étangs qui occupaient toutes les dépressions du sol de la Bresse ? Pourquoi surtout est-il presque absolument privé de calcaire, tandis que le calcaire existe dans tous les dépôts qui l'ont précédé et sur lesquels il repose toujours ? Pourquoi encore les massifs montagneux voisins ne lui ont-ils pas fourni, comme aux couches précédentes, leur contingent de calcaire ?

La réponse à ces questions peut être très courte, dit M. Benoît : Le *limon jaune* provient d'une lévigation assez tranquille quoique brusque de tous les terrains meubles préexistants et atteints déjà alors par une décomposition très avancée.

Il s'agit ici d'un fait qui s'est généralisé partout, mais que je n'ai vu nulle part aussi net que dans la Bresse.

Tous les terrains meubles perméables y présentent une décomposition très avancée, souvent complète, des éléments provenant de roches silicatées ; le calcaire a plus ou moins disparu.

L'action a été d'autant plus énergique que les terrains ont été plus découverts, c'est-à-dire plus accessibles aux infiltrations aqueuses et aux agents atmosphériques. Cette action décomposante et dissolvante est encore maintenant en fonction et continue à produire des phénomènes toujours identiques. Dans toute l'épaisseur des dépôts erratiques et du conglomérat il n'est aucune de ces roches silicatées qui ait échappé à cette décomposition. Les alcalis, la chaux et les autres terres ont disparu dans les roches granitiques et à la place des feldspaths, il ne reste que de la silice pulvérulente et de l'argile ou du vrai kaolin ; la roche se pulvérise dans la main. Les roches à pâtes de silicates, tels que porphyres, schistes anciens, roches de transition, roches métamorphiques, ont perdu les mêmes éléments, sont devenues poreuses et légères, se coupent au marteau quand elles sont pénétrées d'eau et ne donnent plus à l'analyse qu'une grande proportion de silice, quelques centièmes d'alumine et de fer et un peu d'eau de combinaison, résultats d'ailleurs très variables d'un échantillon à l'autre.

Or, dans toute la Bresse méridionale, partout où l'on peut voir une tranche des dépôts erratiques, on remarque que ces dernières roches décomposées dominent à la partie supérieure et que leur décomposition et désagrégation est d'autant plus complète qu'on prend les échantillons en un point plus rapproché du *limon jaune*, avec lequel il y aurait souvent passage insensible si on pouvait faire abstraction de quelques galets perdus dans les résidus ocreux et pulvérulents de la décomposition. Cette relation est si visible dans les environs de Saint-Marcel, Saint-André, Monthieux, Mionnay, la Saulsaie, etc., qu'on ne peut s'empêcher d'attribuer le limon jaune à la dispersion des résidus pulvérulents de la décomposition qui vient d'être signalée. Cette lévigation paraît s'être produite par une crue d'eau lors de la dernière fonte des glaciers, c'est-à-dire quand ils se retiraient assez brusquement sur les crêtes des Alpes, après avoir abandonné depuis longtemps la Bresse, puis le Jura et avoir fait quelques stations dans les vallées intérieures du massif alpin. S'il en a été ainsi, on s'expliquerait comment ces eaux passagères mais peu violentes ont remanié dans diverses vallées des matériaux différents à une même époque.

Dès que les eaux de fonte remanient les moraines d'un glacier, dit M. Falsan[1], elles les lavent et se chargent des sédiments fins qu'elles tiennent en suspension, pour les déposer dans les dépressions ou les emporter au loin avec elles, en restant troubles et boueuses.

On comprend facilement que, pendant les étés et à l'époque du retrait des anciens glaciers, tous ces phénomènes devinrent très intenses, grâce à une ablation des plus énergiques. Les glaciers

---

1. *La Période glaciaire.*

anciens ne furent plus que des masses ruisselantes, chargées d'argile erratique. Enfin le front des glaces et les diverses moraines de retrait, les eaux accumulées dans des espaces vagues devaient former de vastes marécages, dans lesquels, en perdant leur vitesse, elles déposaient une bonne partie de leurs sédiments.

Ce limon, que nous voyons sur les plateaux des Dombes et du Dauphiné, à la base du mont Dor, etc..., s'appelle dans la région lyonnaise *Terre à pisé* et s'emploie comme matériaux de construction ; mais les géologues, en identifiant cette terre au limon glaciaire du Rhin, lui ont aussi donné le nom de *lehm* ou de *lœss*. Étant le produit du lavage des anciennes moraines, le terrain leur emprunte leur couleur. Au pied des Alpes et de leurs schistes noirs, le limon est gris foncé ; mais, à l'ouest des chaînes secondaires, ce limon est jaunâtre et composé presque entièrement de matières siliceuses et d'une petite quantité de calcaire. A l'air, il prend une consistance assez solide pour qu'on puisse à Lyon en élever des maisons à plusieurs étages. Ce terrain, formé uniquement par la trituration des éléments constitutifs des anciennes moraines, est souvent le siège de plusieurs phénomènes chimiques. Ainsi, dans la région lyonnaise, tantôt le limon jaune se rubéfie par suite de la suroxydation des silicates de protoxyde de fer des roches vertes des Alpes ; tantôt il se remplit de concrétions calcaires aux formes bizarres (*Lehmkinder*, *enfants du lehm* des Allemands) ; tantôt, sous l'influence des lavages par les eaux pluviales, il s'épuise de calcaire et devient une sorte de silice pulvérulente.

Lorsque les eaux sauvages ont lavé le lehm, elles abandonnent au fond des sillons qu'elles ont creusés, des traînées d'une poussière noirâtre, brillante, très dense, qui se compose de paillettes de fer oxydulé magnétique, résultat de l'écrasement de certaines roches vertes des Alpes par les glaciers.

Mais le lehm ne se trouve pas seulement sur les plateaux, il recouvre les rives de nos grands cours d'eau. L'ancien Rhône, la rivière d'Ain, l'Isère ont en quelque sorte drainé nos glaciers alpins en recueillant toutes les eaux de fonte, tous les courants sous-glaciaires. Ces grands cours d'eau se sont donc ainsi chargés des mêmes matières pulvérulentes et les ont déposées à leur tour le long de leurs rives.

Ce dépôt terreux présente suivant les localités une épaisseur très variée ; lorsqu'il est mouillé et détrempé par la pluie, il devient assez meuble pour que les eaux sauvages puissent l'entraîner et l'abandonner ensuite au pied des pentes, où il s'accumule et acquiert quelquefois une puissance de plusieurs mètres.

Le lehm renferme de nombreux débris de mammifères : *Elephas primigenius, Elephas antiquuus, Elephas intermedius, Rhinoceros tichorhinus, Cervus tarandus,* etc. A côté de ces débris de vertébrés, on y trouve aussi souvent des mollusques : *Succinea oblonga, Helix hispada, Helix rotundata, Helix arbustorum,* etc.

D'après les analyses de M. Benoît, on pourrait croire que le limon jaune de la Bresse est très riche en potasse, mais évidemment il y a dosé la potasse totale, dont la plus grande partie, se trouvant encore à l'état de silicate, n'est pas assimilable par les plantes. Voici des analyses faites par MM. Magnien et Battanchon, qui ont donné des résultats plus exacts et plus complets.

La terre du champ d'expériences de Ruffey-lès-Beaune (Côte-d'Or) est un bon spécimen des terres *blanches* ou *herbues* de la Bresse. D'après les analyses faites au laboratoire de la Station agronomique de Dijon par M. Magnien, le sol et le sous-sol de ce champ d'expériences contenaient :

Analyse mécanique.

	SOL.	SOUS-SOL.
Gravier silico-ferrugineux	4,83	2,77
Terre fine passant au tamis de 0ᵐ,001 . .	95,17	97,23
	100,00	100,00

Analyse chimique de la terre fine séchée à l'air par kilogramme.

	SOL.	SOUS-SOL.
Humidité	17ᵍʳ,12	19ᵍʳ,87
Azote.	1 ,14	0 ,57
Acide phosphorique.	0 ,55	0 ,95
Potasse.	0 ,40	0 ,94
Chaux	3 ,51	4 ,28
Magnésie	1 ,58	1 ,89

A Saint-Germain-du-Bois, près de Louhans (Saône-et-Loire), une terre compacte argilo-siliceuse du diluvium bressan, appartenant à M. Guillemin, contenait, d'après M. Battanchon :

Terre fine	95,70 p. 100
Calcaire	0,04 —
Azote	0,50 p. 1,000
Potasse	0,73 —
Acide phosphorique	0,40 —

Agriculture de la Bresse. — Il pleut beaucoup en Bresse : aux environs de Bourg, on enregistre en moyenne 1^m,20 de pluie par an, deux fois plus qu'à Paris. Les terres sont difficiles à égoutter, à la fois parce qu'elles reçoivent beaucoup d'eau, parce qu'elles ont peu de pentes et parce qu'elles reposent sur un sous-sol imperméable.

De là un système de labours tout spécial à la Bresse. On fait des *billons* plus ou moins étroits, suivant la récolte à laquelle ils sont destinés. A leurs extrémités, dans les *contours* ou *chaintres*, on se garde de labourer perpendiculairement à ces billons, comme on le fait d'habitude. Cela arrêterait l'écoulement des eaux. Au contraire, on enlève la terre de ces chaintres au moyen de brouettes ou de tombereaux, pour la transporter au milieu du champ et lui donner ainsi un bombement artificiel. De plus, en travers des chaintres et parallèlement aux billons, on fait, sur les points où ils peuvent être utiles, de larges fossés d'écoulement que l'on appelle *baragnons* (*barignons* ou *contours d'assainissement* dans la Bresse chalonnaise) et l'on a également soin de remonter, de temps en temps, sur les pièces labourées la terre fine que les eaux ont entraînée. On forme ainsi une série de rectangles ou carrés bombés, donnant à l'ensemble des champs une pente factice qui facilite leur égouttement et qui permet de leur rendre les matières fertiles que les eaux superficielles tendent à leur enlever en les ravinant[1].

_____

1. Au sud de Bourg, les chaintres et baragnons commencent à disparaître et on n'en voit plus à Chalamont. Il suffit de labours en planches suivant la pente pour égoutter le terrain. Puvis a souvent dit et répété que le sol de la Dombes est moins imperméable que celui de la Bresse proprement dite et il explique ainsi l'usage des chaintres dans cette dernière. Mais je crois que les terres de la Dombes sont tout aussi fortes et imperméables que celles de la Bresse et, si on n'y voit pas de chaintres mais beaucoup d'étangs, c'est qu'il y a plus de pente pour écouler les eaux.

Sans doute, ce système de culture exige beaucoup de travaux, mais les cultivateurs bressans les font dans les moments où ils n'ont rien de plus pressé à faire. Sans doute, des drainages au moyen de tuyaux placés sous terre permettraient de supprimer tous ces transports de terre, de cultiver toute la surface perdue en chaintres et baragnons et d'augmenter la profondeur des labours, qui ne dépassent guère 0^m,08 à 0^m,10, et qu'il serait dangereux de pousser plus loin, tant que le sous-sol ne peut pas être aéré. Mais les drainages coûtent cher et ils sont difficiles à bien faire dans des terrains qui ont peu de pentes. On en a essayé, mais on prétend que les tuyaux sont plus sujets à s'obstruer dans les terres de la Bresse que partout ailleurs. Ce reproche me semble, en effet, bien fondé, si l'on trace les plans de drainage d'après les règles indiquées dans la plupart des traités, c'est-à-dire en plaçant les drains suivant la plus grande pente et les collecteurs en travers. Les collecteurs ont ainsi forcément une pente plus faible que celle des drains et les eaux qui sont arrivées dans ces drains chargées de ces sables fins qui abondent dans les terres de la Bresse en déposent une partie au moment où elles entrent dans les collecteurs et sont forcées d'y ralentir la vitesse de leur écoulement. De là des obstructions que l'on pourrait facilement éviter, en traçant, au contraire, les collecteurs suivant la plus grande pente du terrain et les drains succurs en diagonales.

En Bresse, la plupart des champs cultivés sont placés sur le haut des coteaux, et quelque mode d'égouttement qu'ils adoptent pour eux, les agriculteurs peuvent écouler les eaux sur les prés qui se trouvent dans les parties basses et les vallons. Autrefois, dit Puvis, il y avait dans ces vallons, comme dans la Dombes, beaucoup d'étangs et de places marécageuses. Mais la plupart ont été desséchés et remplacés par des prairies qui donnent en première coupe une moyenne de 4,000 kilogrammes par hectare de foin plus ou moins bon, suivant que le fonds est plus ou moins bien assaini et suivant que la terre et les eaux qui l'arrosent contiennent plus ou moins de chaux et d'acide phosphorique. Sous ce rapport, les prés marneux des environs de Villemotier se distinguent, comme l'ont montré M. l'abbé Fray et M. Fréd. Tardy, par une flore riche en légumineuses et, par conséquent, favorable à l'engraissement du bétail, industrie qui réussit particulièrement bien dans cette partie de la Bresse. La deuxième coupe des prés est, en général, pâturée.

Chaque ferme, ou tout au moins chaque hameau, a une mare et un puits. Quand ce puits n'a que 3 ou 4 mètres de profondeur, c'est une sorte de citerne alimentée par les eaux superficielles ou par des *raisins*, petites sources que forment les veines de sable intercalées dans les argiles. Ces puits ont de l'eau très douce, quelquefois chargée de matières organiques et ils sont sujets à tarir après les grandes sécheresses. Pour avoir toujours de l'eau, il faut creuser les puits à 12 ou 15 mètres de profondeur et avoir la chance de rencontrer un de ces bancs de gravier qui se trouvent interposés dans les couches de marnes ; ils sont alors intarissables et donnent, des eaux plus dures, plus calcaires que les précédentes.

Comme les pierres de construction manquent dans le pays, les bâtiments sont en pisé. Généralement il n'y a qu'un seul corps de bâtiment, que l'on allonge à mesure que les récoltes augmentent. Il est entouré de meules coniques de céréales ou de pailles. Sous ses larges auvents sont placées des perches auxquelles on suspend les épis de maïs, attachés deux à deux par une partie de leurs enveloppes. Pour compléter cette description d'une ferme bressane, il ne faut pas oublier la bande de volailles qui s'ébat autour d'elle et, au bas de la colline, au milieu des chênes et des bouleaux qui s'élèvent dans les haies, à côté d'un reste d'étang qui sert d'abreuvoir, les vertes prairies où pâturent les bœufs et les vaches de couleur froment.

La plupart des terres de la Bresse ne sont pas aussi bien pourvues de chaux que celles qui se trouvent dans le voisinage des montagnes du Jura ou des collines de la Côte-d'Or ; en général, elles en manquent complètement sur les plateaux ; les alluvions des vallées du Doubs et de la Saône en contiennent seules des quantités suffisantes.

Puvis raconte, dans son traité des amendements, que Meysson, fermier à Foissiat, fut le premier qui fit usage de la marne dans le département ; c'était vers 1810. La terre d'un fossé dont il était embarrassé, répandue sur un fonds comme on avait l'habitude de le faire pour les terres des chaintres ou baragnons, se trouva être de la marne et lui en montra toute l'efficacité. Il chercha et trouva son nom dans quelques vieux livres d'agriculture qu'il consultait quelquefois. Après plusieurs essais pour confirmer les premiers résultats, il se détermina à entreprendre le marnage en grand sur son exploitation. Il en mit sur ses champs une couche d'un pouce et demi, la dose de terres que l'on y charie ordinairement. Fort heureusement son sol était moins argileux que la plupart de ceux de la Bresse et ses marnages réussirent très bien, malgré leur abondance exagérée. Il trouva d'assez nombreux imitateurs, mais ils furent obligés de diminuer les doses de marnes.

En général, le chaulage vaut mieux que le marnage dans les terrains compacts de la Bresse. C'est Puvis qui en a été le principal propagateur ; mais en recommandant le chaulage il avait soin d'ajouter : « Si l'on ne change rien au système de culture suivi sur les champs chaulés ; si les récoltes de trèfle ne se multiplient pas ; si les fourrages de toutes espèces n'y sont pas introduits ; si les récoltes épuisantes se succèdent sans intervalles ; si les racines, les raves après la moisson, les betteraves sur la jachère ne viennent pas ajouter à la masse des fourrages comme à la masse des engrais, la grande fécondité que nous voyons apparaître ne durera qu'un moment : c'est en vain qu'on cherchera à la rappeler par de nouvelles doses de chaux, notre sol aura perdu sa vigueur première, et en voyant des récoltes d'un tiers inférieures à celles qu'on avait vues naguère, on dira que *la chaux enrichit les pères et ruine les enfants*. Il y aura exagération dans ce reproche, parce que le sol chaulé aura bien encore de la supériorité sur le sol argilo-siliceux primitif, mais nous serons loin de l'état de prospérité où des soins et un travail convenable auraient pu soutenir notre agriculture. »

Depuis longtemps, les agriculteurs bressans savent apprécier l'excellent effet que les cendres lessivées produisent dans leurs terres blanches. Elles font grener le blé et le sarrasin, disent-ils, et même le maïs qui vient l'année suivante se ressent encore de leur heureuse influence. D'un côté, on en achète aux anciennes salines de Lons-le-Saulnier et dans toutes les communes du Jura, de l'autre, on en fait venir par bateaux de Lyon et de la Bourgogne. Souvent, on réunit moitié de la dose ordinaire de fumier avec 15 ou 20 hectolitres de cendres par hectare et cette demi-dose de l'une et l'autre substance produit plus que la dose entière employée séparément. Ce fait s'explique aisément, parce que le fumier et les cendres ne sont, ni l'un ni l'autre, un engrais complet. Les cendres complètent le fumier par la chaux et l'acide phosphorique qu'elles y ajoutent. C'est ainsi que l'on doit également concevoir l'emploi des engrais chimiques [1].

Aujourd'hui on peut employer des scories de déphosphoration ou phosphates métallurgiques dont l'action ressemble à celle des cendres lessivées et que le voisinage du Creusot permet aux agriculteurs bressans de se procurer à bon marché. Ils peuvent aussi mélanger à leurs fumiers, soit dans les étables, soit dans les courtines, des phosphates du grès vert pulvérisés. M. Battanchon cite, entre autres, la terre du champ d'expériences de Ruffey-lès-Beaune où l'emploi du fumier additionné de phosphates a porté le rendement à 33 quintaux de blé par hectare.

Les analyses de MM. Magnien et Battanchon montrent que la plupart des terres de la Bresse ne contiennent pas la dose normale de 1 à 1 1/2 pour mille de potasse soluble dans l'acide nitrique ou l'eau régale ; et l'on doit en conclure que l'emploi des sels de potasse pourrait y être avantageux, surtout pour les récoltes qui en exigent le plus, comme le trèfle, les pommes de terre, etc.

A Saint-Germain-du-Bois, près de Louhans, M. Guillemin a mis, sur blé d'automne, en même temps que le semis, avec la fumure ordinaire, 1,200 kilogr. de scories du Creusot et 100 kilogr. de chlorure de potassium, et ensuite au printemps 100 kilogr. de nitrate de soude.

Il a obtenu en 1888-1889 :

	CULTURE ORDINAIRE avec fumier.	SUR FUMIER avec l'engrais chimique.	EXCÉDENT.
	kilogr.	kilogr.	kilogr.
Grains.	1,125	2,430	1,305
Paille	6,435	8,010	1,575
Poids de l'hectolitre .	75	80,75	»

1. D'après une analyse de M. Nivet, des cendres lessivées employées comme engrais en Bresse contenaient p. 100 :

Humidité	20.500
Acide phosphorique	1.592
Chaux	32.312

Sur les prés, il a mis au printemps :

Sulfate d'ammoniaque.	150 kilogr.
Chlorure de potassium.	100 —
Superphosphate	125 —
Phosphate précipité	100 —

La récolte de foin a passé de 2,820 kilogr. à 4,390 kilogr.

Mais l'opération n'est pas avantageuse financièrement, dit M. Guillemin, parce que le foin a trop peu de valeur relativement à celle des engrais.

En 1891, un champ de M. Clerc, à Louhans, a donné à l'hectare :

Sans engrais.

Grain.	1,825 kilogr.
Paille.	3,040 —
Poids de l'hectolitre	76 —

Avec 1,300 kilogr. de scories du Creusot et 100 kilogr. de chlorure de potassium en automne et 150 kilogr. de nitrate de soude au printemps :

Grain.	3,025 kilogr.
Paille.	6,010 —
Poids de l'hectolitre	79^k,500

Le bénéfice net a été de 285 fr. par hectare. D'ailleurs, l'effet des scories est loin d'être épuisé.

Dans quelques terrains de mauvaise qualité du centre de la Bresse, on suit un assolement triennal ainsi composé : *Première année.* Froment ou seigle. *Deuxième année.* Maïs, pommes de terre, sarrasin, trèfle, etc. *Troisième année.* Jachère appelée *sommard, chomme* ou *couture.* Presque toujours cette jachère est complète, mais quelquefois elle ne commence qu'au milieu de l'été après la récolte, soit du trèfle encore conservé, soit des vesces pour fourrage, soit de la navette ou du colza semés l'année précédente dans le sarrasin ou le maïs.

Partout ailleurs l'assolement est biennal ou, plutôt, c'est un véritable assolement alterne dans lequel le froment revient tous les deux ans, alternant avec du maïs-grain sur une moitié et du trèfle, des pommes de terre, des fèves, des betteraves ou des vesces, sur l'autre moitié. La jachère est très rare ; au contraire on fait souvent trois récoltes en deux ans : ainsi après le seigle ou le froment qui doit être pour cela une variété hâtive on sème, en récolte dérobée, des raves ou du sarrasin dont le grain joue, comme le maïs, un rôle important dans l'alimentation, non seulement des campagnards, mais de leurs volailles. Souvent aussi on sème après les céréales du trèfle incarnat qui est fauché en vert au mois de mai et remplacé immédiatement par du maïs pour fourrage, etc. Une production aussi intensive ne peut se soutenir que si la culture est appuyée par une surface de prés au moins égale à celle des champs ; c'est ce qui a lieu en général, mais le rendement des céréales, malgré les sarclages qu'on y fait, n'arrive pas à des quantités bien fortes ; d'après M. Convert, la moyenne ne dépasse pas 15 à 18 hectolitres par hectare pour le froment et un peu plus pour le maïs. Pour obtenir davantage, il faudrait joindre au fumier des phosphates et, quand les blés sont faibles au printemps, les aider avec un peu de nitrate de soude ou de sulfate d'ammoniaque. Les expériences que nous avons citées plus haut le montrent bien.

Agriculture de la Dombes. — La partie méridionale de la Bresse, celle qui est la plus voisine de Lyon, s'appelle la Dombes et cette dénomination spéciale a sa raison d'être au point de vue géologique comme au point de vue agricole.

Il est vrai que la base géologique de la Dombes est parfaitement semblable à celle de tout le reste de la Bresse : ce sont les *marnes bleues à Paludines* et les *alluvions anciennes* d'Élie de Beaumont ou *alluvions interglaciaires* d'après les idées aujourd'hui admises. Mais ce qui distingue essentiellement la Dombes de la Bresse, c'est que tous ces dépôts pliocènes y ont été recouverts par ceux des glaciers quaternaires. La Dombes est une vaste moraine ; elle se compose de débris de toutes sortes de roches amenés des Alpes par les glaces ; les blocs, de diverses grosseurs, anguleux ou émoussés, polis ou striés, sont dispersés au milieu de menus matériaux, le tout lié par une boue argileuse très abondante.

Il y a entre la Dombes et la Bresse une autre différence, qui est une conséquence de la première : c'est son altitude. Les points culminants du plateau entre Chalamont et Meximieux sont à plus de 300 mètres au-dessus du niveau de la mer, c'est-à-dire à 130 mètres au-dessus des trois rivières, le Rhône, la Saône et l'Ain qui le bordent au sud, à l'ouest et à l'est. De là résulte que les plateaux de la Dombes ont une très forte pente, beaucoup plus forte que celle du Rhône lui-même (1 p. 100 vers l'est ou l'ouest, 0^m,002 par mètre vers Bourg).

Or, l'établissement des étangs n'est possible que si le sol a une pente assez forte ; la quantité d'eau que peut recevoir un étang dépend de la différence du niveau entre le point où l'eau s'introduit et celui où elle est retenue par une chaussée. Pour que les poissons n'y souffrent ni des sécheresses de l'été, ni des gelées de l'hiver, il doit être profond sur une grande partie de son étendue, et avoir 2 à 3 mètres d'eau vers la chaussée ; il faut donc que le terrain où il est placé ait, depuis l'extrémité supérieure de l'étang jusqu'à la chaussée, une pente de 2 à 3 mètres.

De plus, pour pêcher facilement et cultiver le sol aussitôt que les eaux en sont sorties comme c'est l'usage dans la Dombes, il fallait aussi que les eaux pussent s'écouler facilement.

Enfin, pour qu'une seule chaussée suffise à l'établissement de chaque étang et que cette chaussée ne soit pas trop coûteuse, il est bon que la surface du pays soit ondulée et se compose de petits bassins plus étroits que longs qui deviennent *l'assiette* des étangs.

Autrefois la Bresse était, comme la Dombes, un pays d'étangs. Mais, comme l'altitude moyenne de la Bresse n'est que de 220 mètres, comme les étangs, situés dans les dépressions, ne pouvaient se déverser que dans la Saône par des cours d'eau beaucoup plus longs et, par conséquent, beaucoup plus lents que ceux de la Dombes, ils ne pouvaient pas être soumis au système alternatif d'*évolage* et d'*assec ;* c'étaient, contrairement à ceux de la Dombes, des étangs *permanents.* On les a desséchés la plupart une fois pour toutes et on les a remplacés par des prairies.

Voici quelle fut l'origine des étangs de la Dombes. Il est probable que des réservoirs naturels, désignés au commencement du XIIIe siècle sous le nom de *Lescheria,* formés dans quelques points sans écoulement, donnèrent plus tard l'idée de créer artificiellement des étangs semblables. Des titres anciens prouvent qu'on en avait établi dès le XIIIe siècle à la suite des guerres qui avaient détruit les bestiaux et les récoltes et dépeuplé le pays ; mais la plupart des étangs (d'après M. Greppoz, environ 14,000 hectares sur un total de 20,000) ont été construits depuis le commencement du XVIIe siècle. Les propriétaires y trouvaient un moyen d'obtenir sur leurs terres des revenus beaucoup plus élevés que par la culture, et d'après la coutume de Villars « ils avaient le droit d'inonder les terrains que les eaux retenues par des chaussées peuvent couvrir ». La livre de poisson valait alors 10 livres de froment, 15 à 20 livres d'avoine et 2 à 3 livres de viande de boucherie.

Aujourd'hui la livre de poisson vaut trois fois moins comparativement et cependant, d'après M. le docteur Brocchi, la moyenne du produit brut annuel des étangs de la Dombes est encore de 70 fr. par hectare et leur produit net atteint 40 fr., tandis que les terres en culture ordinaire qui les entourent rendent tout au plus 35 à 40 fr. par hectare.

De plus, le fond des étangs, mis en *assec*, c'est-à-dire en culture, tous les deux ou trois ans, donnait sans engrais une récolte moyenne de 13 hectolitres de blé ou de 22 hectolitres d'avoine par hectare.

Ces étangs n'étaient pas tous assez profonds pour conserver en été une hauteur d'eau suffisante ; la plupart avaient des bords faiblement inclinés que le soleil de l'été mettait à sec, des *queues*, comme on les nomme, qui répandaient la fièvre autour d'eux. On a été jusqu'à dire *qu'on y nourrissait des poissons avec des hommes*. Le fait est que la population, déjà rare, diminua de plus en plus par suite des fièvres qu'engendraient les étangs et, il faut le dire aussi, par suite de la misérable nourriture qu'avait cette population. N'importe, on continuait à augmenter le nombre de ces étangs. Quelquefois même on détournait ou l'on supprimait des chemins pour en faire ; on ne reculait même pas devant la destruction des maisons d'habitation. C'est ce qui résulte de deux mémoires concernant la souveraineté de Dombes, dressés en exécution des ordres de S. A. S. Mgr le duc de Maine, en 1704. On lit, en effet, dans un extrait de ces pièces remises au jour par M. Guigue, le savant archiviste du département du Rhône :

« On voit (par les Terriers) que cette étendue prodigieuse de fonds que possède M. de... étoit ci-devant partagée entre plus de six cens familles, dont il a, luy et ses autheurs, fait démolir toutes les maisons et obligé ceux qui les habitoient à sortir de la souveraineté. »
« Pour faire un gros domaine où il n'y a qu'un seul bâtiment et la seule famille du métayer, un autre particulier a détruit de notre temps, au veu et sceu de la souveraineté, un gros hameau où il y avoit 20 ou 30 maisons et il en a chassé autant de familles qui y étoient établies. »

Suivant une citation que fait Collet (statuts de Bresse), on appelait cela « faire céder la fantaisie des particuliers au bien général » et l'on considérait les étangs « comme avantageux au bien public ».

A côté de ces étangs qui, sous prétexte de bien public, fournissaient de bons revenus à leurs propriétaires domiciliés à Lyon ou ailleurs, les habitants du pays, affaiblis par les fièvres, sans capitaux et sans instruction, ne pouvaient pratiquer qu'une agriculture de plus en plus misérable.

Les fermes étaient en général très grandes. Mais, comme il y avait peu de bétail, peu d'ouvriers et peu d'engrais, on faisait un jachère tous les deux ans suivie de seigle, rarement de froment. La plus grande partie du fumier s'employait dans les *verchères*, terres voisines des habitations où il permettait d'avoir, après le blé, du chanvre, du maïs, des pommes de terre, du colza, etc...

Sans chaulage, on ne pouvait pas faire de trèfle, et ni l'esparcette, ni la luzerne ne réussissaient. On avait donc peu de ressources pour nourrir le bétail ; en hiver de la paille d'avoine ou de seigle, au printemps de maigres pâturages, et, pendant la sécheresse de l'été, les herbes mêlées de joncs et de roseaux qui poussent sur le bord des étangs ou la *brouille* (*Glyceria fluitans*) qui se trouve en pleine eau. Cette *brouille* est très appréciée par les chevaux et les bêtes à cornes, surtout quand ils n'ont rien d'autre. On les voit alors *pâturer à la nage* dans les étangs, entourés des oies et des canards qui y font leur séjour habituel.

On réservait en été les meilleurs pâturages et en hiver les meileurs fourrages pour les bœufs de labourage qui avaient souvent à exécuter des travaux très pénibles.

Sur les *poipes* ou moraines qui émergent de loin en loin au milieu des plateaux et sur les parties les plus élevées de ces plateaux, d'où le ruissellement des pluies a fait disparaître peu à peu la terre fine pour ne laisser à la surface que des cailloux, on ne pouvait avoir que du bois. Le chêne et le bouleau sont les essences qui y réussissent le mieux et, comme la proximité de Lyon permettait de vendre le bois dans de bonnes conditions, les taillis rendaient presque autant que les terres cultivées, quand ils étaient bien aménagés et bien fournis.

Malheureusement le parcours du bétail avait amené la destruction de la plupart de ces taillis.

Telle était la situation agricole et sanitaire de la Dombes au commencement de notre siècle et elle ne se modifia guère pendant sa première moitié. Cependant l'assainissement de cette malheureuse contrée trouva d'ardents défenseurs, avocats quelques-uns même trop ardents, parce qu'ils demandaient la suppression immédiate de tous les étangs. Mais ils trouvaient une résistance également vive et sous bien des rapports légitime dans les intérêts des anciens propriétaires. Pour convaincre ceux-ci, il fallait leur prouver que l'assainissement leur deviendrait profitable et leur montrer par quelles améliorations on pourrait amener leurs domaines à produire les mêmes revenus quand les étangs y seraient en grande partie supprimés.

Par ses écrits, par les essais qu'il a faits ou provoqués dans les environs de Bourg, Puvis avait beaucoup contribué à y répandre l'usage de la chaux. « Avec l'amendement de la chaux et les labours profonds, disait-il en 1844, les champs des domaines qui produisaient 4 à 5 p. 1 en seigle, arrivent à donner près du double en froment; ils produisent le trèfle, les fourrages-racines de toutes espèces pour les bestiaux et de riches moissons de colza pour livrer au commerce; ces produits sont doubles au moins de celui du poisson et de l'avoine; la chaux et les cendres sont donc là pour donner cette première impulsion de fécondité nécessaire à une production plus riche, à la création de fourrages, source assurée des engrais qu'exige une culture améliorée. »

De 1830 à 1850, on vit s'élever de nombreux fours à chaux sur les bords de la Saône et de l'Ain ; la matière première leur était fournie par les terrains jurassiques et la chaux, comme les cendres lessivées, était transportée par eau pour être employée dans les prairies de la Dombes les plus voisines des points de débarquement. Mais plus loin les transports devenaient très coûteux, parce que les chemins étaient très mauvais.

L'amélioration de la Dombes a tenté beaucoup d'esprits généreux et, à leur tête, il faut citer Nivière, le fondateur de l'école d'agriculture de la Saulsaie.

Nivière était magistrat à Lyon et il avait devant lui une brillante carrière, lorsqu'il s'enthousiasma pour la question de la Dombes et se décida à y consacrer sa vie et sa fortune. Malheureusement, cette fortune n'était pas à la hauteur de la tâche qu'il entreprit en achetant les 467 hectares des domaines de la Saulsaie, la Grange-Rollet, la Montanière et les Eschaneaux, en y supprimant les étangs et cherchant à y créer une culture intensive. Il eut le sort de Mathieu de Dombasle ; il fut vaincu dans sa lutte contre un sol qui, sans être absolument ingrat, exige beaucoup de capitaux et presque toujours beaucoup de temps pour être transformé en terre fertile. *Gloria victis*. Mais, comme Mathieu de Dombasle, Nivière a formé des élèves qui ont profité de ses expériences et qui, aidés par les nouveaux moyens d'amélioration que la chimie et la mécanique ont mis à la disposition des agriculteurs, ont été plus heureux que leurs maîtres.

Pour conserver un souvenir des cultures et, hélas! des illusions de la Saulsaie, je crois devoir citer ce qu'en disait Nivière dans une notice qu'il a publiée en 1852 :

« Les cultures de la Saulsaie, entreprises en 1840, succédaient à un système d'inondation périodique du sol, lequel, par l'insalubrité qu'il faisait naître et l'anéantissement de tous produits autres que l'avoine, avait réduit à l'état de désert une contrée de cent mille hectares, à l'extrémité de laquelle sont assises les premières maisons de Lyon.

« Aujourd'hui, et depuis plusieurs années, les produits que donnait ce domaine en 1840, à surface égale de terrain, ont sextuplé et, depuis 1845, la salubrité y est complète.

« Le desséchement ou plutôt le *videment* de trente-deux étangs sur une étendue de seize cents hectares, qui formait la pointe extrême et méridionale de la région inondée, a rattaché la Saulsaie au territoire cultivé et salubre qui la limitait au midi.

« Ce grand fait, accompli en 1844, a été toute une révolution dans les circonstances qui régissaient cette partie de la Dombes, et laissé présager l'importance de celle qu'opérerait un desséchement général.

« Avant cette époque, le prix de la main-d'œuvre était exorbitant à la Saulsaie, par la raison qu'un mois de travail, suivi d'un mois de fièvre, avait droit à un salaire représentant celui de deux mois.

« Maintenant, le retour de la salubrité a réduit ces prix de moitié, tout en ajoutant au gain de l'ouvrier.

« C'est ainsi que la moisson, qui coûtait 50 fr. par hectare, se fait aujourd'hui au prix de 25 fr. ; et, cette somme, distribuée à cinq journées de travail, est pour chacune d'elles une rétribution plus forte que celle qui résultait du salaire de 50 fr. pour douze à quatorze journées, non pas de travail réel, mais de présence maladive sur les champs.

« Le prix de tous les autres travaux a été réduit dans la même proportion, ce qui n'empêche pas que le travail soit encore cher, par suite de l'absence complète d'une population indigène, et de l'appel incessant que Lyon fait aux ouvriers les plus voisins.

« Mais quelque élevé que soit encore le prix du travail agricole, il y a intérêt à l'appliquer au sol de la Dombes rendu salubre, parce que ce sol est d'une excellente qualité et que sa couche végétale et productive a partout plus de 2 à 3 mètres d'épaisseur.

« Cependant, la terre de Dombes, soumise au régime des étangs, s'afferme au prix moyen de 15 à 20 fr. par hectare, parce que c'est là le chiffre du produit net que donne la culture par inondation.

« Il y eut une époque où les étangs purent être établis avec raison sur des territoires dont la surface était ondulée et le sol imperméable, et où la rareté de la population rendant la main-d'œuvre chère, maintenait le sol à bon marché.

« La cherté aussi du poisson d'eau douce à cette époque d'observation rigoureuse des lois du jeûne, et le prix relativement moins élevé de la viande, motivaient suffisamment l'inondation complète, permanente ou périodique, de maigres pâturages alternativement durcis ou baignés d'eau croupissante.

« Mais il y a eu cette grande différence entre la Dombes et les autres contrées qui, par ces motifs, ont adopté le régime des étangs, que ces dernières l'ont principalement pratiqué et maintenu par suite de la mauvaise qualité et du peu de profondeur du sol productif, tandis que c'est l'abondance, c'est-à-dire l'épaisseur exceptionnelle du sol cultivable qui en a déterminé l'établissement d'un bout à l'autre du plateau de la Dombes, où le moindre pli de terrain était un prétexte à cet établissement, parce que partout, sans exception, il y a une épaisseur considérable de terre interposée entre l'eau des pluies et le banc de gravier qui forme la base de la Dombes. Seulement, le riche *diluvium* qui la recouvre est imperméable à l'eau des pluies, non pas parce qu'il est argileux, mais parce que la silice qui domine dans sa composition est d'une extrême ténuité et très fortement tassée.

« L'épaisseur de ce sol est telle qu'elle suffirait aux besoins de la culture de trois régions comme la Dombes, et la qualité, quand il est dans des conditions de perméabilité, en est si excellente, que son écoulement, son transport par l'eau dans certaines vallées à sous-sol de gravier qui entourent le plateau, y a constitué, à une époque reculée, des territoires qui ont aujourd'hui une valeur de 6,000 à 8,000 fr. l'hectare. Quand la charrue ou le bras de l'homme ont entamé sa couche à quelque profondeur que ce soit, et que l'eau qui la pénètre peut s'écouler par le fond, une culture qui fume en même temps qu'elle travaille, obtient les résultats qu'ont donnés les défoncements drainés de la Saulsaie.

« Avant le drainage, ce sol était alternativement *boue* et *brique* : *boue* à l'automne et au printemps, quand il était saturé des eaux de pluie ; *brique* en été, quand les molécules de cette terre ameublie et trempée s'étaient successivement rapprochées pour prendre la place de l'eau que le soleil de juin venait d'évaporer.

« Que pouvait attendre la culture du fumier, de la chaux, du travail enfouis dans la boue ou renfermés dans la brique, et que ne peut-elle pas espérer, au contraire, d'un sol homogène et profond de 3 mètres, qui, désormais drainé, défoncé, labouré à plat, entretenu meuble et *par conséquent frais* par une culture intelligente, recevra et introduira dans son sein les eaux de pluie avec tout ce qu'elles contiennent de parties fécondantes, les filtrera lentement à travers sa couche fine et épaisse, et, comme un corps animal bien organisé, en écoulera sans cesse l'excès ?

« Un engrais suffisant pour produire vingt récoltes sans fumier dort depuis plus d'un siècle dans les grands étangs de la Dombes. Il y a là en germe toutes les pailles et fourrages, qui, entre les mains d'un cultivateur prudent, devront suffire à la production de ce premier fumier si difficile et si coûteux à obtenir partout.

« C'est le drainage qui, rendant tout à coup à ces engrais captifs leur liberté d'action et faisant apparaître les merveilleuses aptitudes de ce sol si longtemps méconnu, enlèvera tout prétexte au maintien des étangs ; comme c'est le défaut d'écoulement de l'eau intérieure et, par suite, l'impuissance de retirer un prix suffisant du travail et des engrais, qui les font encore maintenir et entretenir à grands frais.

« La configuration du sol de la Saulsaie, semblable à celle de toute la Dombes, nécessitera tous les modes de drainage qui peuvent convenir au reste du plateau : ainsi, par exemple, des fossés ouverts pour recevoir l'eau des drains collecteurs, quand il sera possible d'approfondir suffisamment les fossés principaux, ou bien des puits perdus, des trous de sonde pénétrant jusqu'au banc de gravier perméable, quand il sera impossible ou trop coûteux de donner la profondeur désirable aux fossés d'écoulement.

« Le défoncement, au moyen de charrues fouilleuses marchant à la suite d'une première charrue, suivra le drainage partout où il sera fait.

« Puis, la culture qui, jusqu'à ce jour, a dû, pour être profitable, se conformer aux circonstances qui commandaient le nettoiement économique du sol à la charrue et à la herse, se transformera, dans sa partie expérimentale surtout, de manière à présenter sur son sol profond, et désormais frais et chaud, toutes les productions et tous les procédés de culture qui peuvent intéresser la grande région qui forme la circonscription de la Saulsaie.

« Quiconque a été longtemps et sérieusement agriculteur, et connaît les transformations qu'opère le drainage, pourra prévoir ce que la culture a droit d'espérer du sol de Dombes *drainé*, quand il saura ce que cette terre, soumise à une culture qui n'est qu'une large ébauche, a produit, avant le drainage, en quelques années et au milieu de circonstances faites pour décourager tout exploitant qui n'aurait pas eu la vue claire et distincte de l'avenir réservé à la Dombes. »

Nivière avait établi, en 1842, à la Saulsaie une école d'agriculture que l'État prit à son compte, en 1848, comme école régionale rattachée à l'organisation générale de l'enseignement agricole que Touret de l'Allier, ministre de l'intérieur, de l'agriculture et du commerce, venait de créer. Il en resta directeur et fut remplacé plus tard par Pichat auquel succéda M. Lœuillet. Elle fut supprimée il y a environ vingt ans et son personnel enseignant fut transféré à l'École nationale d'agriculture de Montpellier. Cette nouvelle école a rendu à la viticulture d'immenses services dont nous parlerons plus loin, mais il n'en est pas moins regrettable que l'Est de la France n'ait conservé aucune école nationale d'agriculture.

Comme on l'a vu, l'excellent Nivière avait de grandes illusions sur les aptitudes des terres de la Dombes. Non seulement elles sont imparfaites au point de vue physique, *briques* en été, *boue* en hiver, mais elles sont incomplètes au point de vue chimique, plus incomplètes encore que les argiles glaciaires de la Suisse et de la Savoie ; tandis que ces dernières contiennent ordinairement assez de chaux et de potasse pour les besoins d'une bonne culture, les argiles de la Dombes n'en contiennent presque plus, et elles sont tout aussi pauvres en acide phosphorique.

M. Nivet, ancien élève de l'Institut agronomique, a fait l'analyse d'un certain nombre de terres des propriétés de M. de Monicault, à Versailleux. Il a constaté que, parmi les cailloux que renfermaient les terres des champs cultivés, il y en avait, en moyenne, 8 p. 100 calcaires ; tous les autres étaient composés de quartz pur ou de roches siliceuses. La terre contenait beaucoup de *têtes de clous* et l'analyse physique a montré qu'elle se composait principalement de sable fin.

	TERRE N° 1.	TERRE N° 2.	TERRE N° 3.
Sable	96.9	96.5	97.8
Argile	2.8	3.2	1.8
Carbonate de chaux	0.32	0.37	0.38

Dans les terres d'étang, l'argile est plus abondante. M. Aubin y a dosé :

Eau	2.56
Sable fin	79.25
Argile	7.46
Calcaire	0.70
Matières végétales	4.43
Acide humique	5.60

M. Joulie a bien voulu me communiquer les résultats des analyses qu'il a faites de quelques terres de la Dombes et de la Bresse :

LOCALITÉ et NATURE DE LA TERRE.	AZOTE.	CHAUX.	MAGNÉSIE.	POTASSE.	ACIDE phosphorique.
Versailleux.	p. 1,000.	p. 1,000.	p. 1,000.	p. 1,000.	p. 1,000.
Fond d'étang	1.62	3.75	5.66	1.67	0.89
Terre de culture	1.08	2.74	2.64	0.81	0.47
Fond d'étang	1.42	2.44	5.66	1.29	0.86
Saint-André-le-Bouchoux.					
Fond d'étang	2.03	1.98	2.47	0.79	0.42
—	2.16	2.39	3.21	1.85	0.53
Le Ganx.					
Ancien étang. Sol	1.74	3.53	2.65	1.88	0.51
— Sous-sol	0.98	3.53	2.82	1.27	0.44
Terre défrichée depuis 10 ans. Sol	2.00	3.13	2.53	1.54	0.41
— — Sous-sol	1.18	2.15	3.41	1.69	0.41
Montmerle.					
Bonne terre à blé	0.99	3.14	3.63	1.62	0.75
Châtillon-sur-Chalaronne.					
Prairie	1.38	6.92	5.21	2.75	0.98
—	2.95	5.12	4.38	1.98	0.88
Terre de culture	1.92	3.92	2.33	0.79	0.72

Ces analyses montrent que l'azote est abondant dans certaines terres, particulièrement dans les fonds d'étangs, mais il ne s'y trouve

pas en combinaisons assimilables par les plantes. Il faut des chaulages pour activer la nitrification de ce capital dormant de matières
azotées. Les anciens étangs renferment également assez de potasse,
mais les terres de culture laissent beaucoup à désirer sous ce rapport. Quant à l'acide phosphorique, il manque partout.

Ce sont des terres difficiles à améliorer. Cependant on peut y
réussir et je vais en donner la preuve en décrivant les deux entreprises agricoles qui ont successivement pu servir de modèles dans la
Dombes. La première est celle de MM. Bodin, à Montribloud ; la
seconde celle de M. Ed. de Monicault, à Versailleux.

M. Bodin père acheta, en 1833, la terre de Montribloud, terre de
565 hectares située dans la commune de Saint-André-de-Corcy, à
25 kilomètres de Lyon. Les travaux qu'il y a faits ont été continués
par son fils et leur ont valu la prime d'honneur du département [1].

Le domaine de M. Bodin est situé sur la limite du pays d'étangs,
dont il présente tous les caractères. Au moment de son acquisition
il se composait de :

Étangs	116 hectares.
Bois	167 —
Terres arables et terres vagues	256 —
Prés	18 —
Cours, chemins, bâtiments, etc..	8 —
	565 hectares.

Le cinquième de la surface était en étangs ; la Dombes en avait
une proportion un peu plus faible dans son ensemble. C'était alors
la nature de fonds qui fournissait au propriétaire la plus importante
partie de ses revenus et la plus sûre. Le poisson se vendait bien ; son
prix profitait de la proximité de Lyon, avantage considérable, car
dans le reste du pays les voies de communication étaient très imparfaites. Telle était probablement la principale cause de la valeur de
ces étangs; leur rente était plus élevée que celle que donnaient ceux
des environs ; on peut l'évaluer à 40 fr. en moyenne par hectare.

---

1. Ces travaux ont été décrits, en 1876, par MM. Convert et Dubost, auxquels j'emprunte une partie des notes qui vont suivre.

Les mêmes circonstances qui favorisaient la vente du poisson exer-çaient leur action sur le prix du bois, qui trouvait un placement avantageux à Lyon et aux environs. Peu à peu l'âge des coupes avait été abaissé de douze ans à dix, et même à neuf. La crois-sance des arbres ne se maintient pas assez longtemps vigoureuse en Dombes pour qu'on puisse adopter pour leur exploitation une révolution de longue durée ; mais, en la réduisant par trop, ainsi que cela se pratique généralement, les souches s'appauvrissent et la production diminue. Quoi qu'il en soit, le terrain boisé était, avec celui des étangs, le plus productif du domaine. Il procurait un revenu de 35 fr. à 40 fr. par hectare. C'était encore plus que les taillis de la Dombes en général.

Les étangs et les bois étaient d'ailleurs placés sous la main du propriétaire, qui les exploitait directement. Ils lui fournissaient un revenu de 4,640 fr. pour les étangs, et de 6,680 fr. pour les bois.

Les terres, accompagnées de quelques parcelles de prairies, étaient divisées en cinq domaines que cultivaient de pauvres mé-tayers avec de modiques ressources.

Les champs abandonnés aux mains de ces cultivateurs étaient en partie incultes ; le bétail y trouvait un supplément de nourri-ture qui venait s'ajouter à la production tout à fait insuffisante des prés. Les deux tiers des terres seulement étaient en culture et pro-duisaient une récolte de céréales sur la moitié de leur étendue ; l'autre moitié était en jachère et ne recevait guère plus de soins que les dépaissances du domaine. Il ne pouvait pas en être autrement avec le peu d'animaux qu'entretenaient les fermes. C'est à peine si le dixième de la jachère était fumé tant bien que mal ; c'était autant de terrain sur lequel on pouvait faire du froment. Ailleurs on ne cultivait que du seigle.

La production de ces cinq domaines était très faible, et la part qui revenait au propriétaire ne dépassait certainement pas 20 fr. par hectare en moyenne.

En résumé, le revenu total de la terre de Montribloud se décom-posait ainsi, en 1833, d'après M. Dubost : « La rente totale des cinq domaines était de 5,480 fr. En joignant à cette somme la rente des étangs et des bois, c'était pour le propriétaire un revenu total de

46,800 fr., soit une rente moyenne de 30 fr. environ par hectare de superficie, défalcation non faite de l'impôt. »

Et l'auteur ajoutait : « Grâce au produit élevé des étangs et des bois, c'était là, et dès cette époque, un revenu supérieur à la rente moyenne actuelle du sol en Dombes. »

M. Bodin s'appliqua par tous les moyens à obtenir la création des routes ; il fit tout ce qui était en son pouvoir pour arriver à son but. Quand la loi de 1836 vint faciliter sa tâche, rien ne lui coûta pour en assurer le bénéfice à la Dombes. Ses démarches aboutirent d'abord à la construction de chemins vicinaux ; et enfin, après beaucoup d'efforts, on obtint de l'État l'établissement de la grande route qui relie directement Bourg à Lyon. Ce fut un véritable événement que l'ouverture de cette artère, qui devait amener une circulation active sur tout son parcours.

En 1833, le village de Saint-André se composait de quelques rares maisons construites sur une petite éminence environnée d'étangs de tous côtés. La création d'un relai de postes, obtenu à la demande de M. Bodin, déplaça les besoins ; le propriétaire de Montribloud fit construire une première maison sur son terrain. La situation était bonne ; il en éleva bientôt une seconde, puis une troisième, et peu à peu se créa un hameau de 250 âmes sur les terres du domaine.

Définitivement fixé sur la terre de Montribloud, M. Bodin voulait en élever le revenu ; il fallait pour cela abandonner le système de culture ancien.

Son plan fut bientôt conçu ; il consistait dans le desséchement des étangs et dans leur conversion systématique en prairies. Ce fut l'œuvre capitale de ses opérations agricoles. Les prés devaient nourrir un nombreux bétail et permettre une culture plus riche et plus productive.

Les prairies sont en quelque sorte la base de l'entreprise agricole. Elles occupent le tiers du domaine. S'il est bien prouvé maintenant que leur établissement est véritablement pratique, il n'est pas moins démontré qu'il exige beaucoup de soins. Les prés ne s'improvisent pas. L'enherbement ne peut pas suivre les désirs des cultivateurs trop pressés. « Du temps, de l'argent, et surtout des fumiers, dit M. Duhost, voilà les difficultés auxquelles on se heurte et qu'il faut surmonter pour arriver à la conversion des étangs en prairies. » Les engrais ne sont pas seulement une nécessité des premiers moments ; on ne peut jamais s'en passer, si l'on veut maintenir des rendements satisfaisants. Cette exigence des prairies n'est cependant pas un obstacle devant lequel on doit céder ; leur production permet de faire plus que de compenser les éléments de fertilisation qu'exige leur entretien. C'était alors une règle admise en Dombes qu'il suffit, pour maintenir et même pour accroître la fertilité des prés, de leur accorder la moitié de la fumure que l'on obtient par la consommation des fourrages qu'ils produisent.

Les propriétaires de Montribloud ne se contentaient pas d'utiliser le fumier que produit un bétail abondant et bien nourri ; ils se sont rendus adjudicataires des boues et des immondices de la ville de Neuville-sur-Saône, qui est distante de la ferme de 8 kilomètres environ. L'exploitation s'enrichissait ainsi chaque année de 800 mètres cubes d'une matière fertilisante dont l'emploi convient particulièrement au sol de la Dombes.

En dehors du fumier et des boues de ville, on achetait chaque année en moyenne 350 hectolitres de cendres lessivées et 5,000 à 6,000 kilogr. de chaux.

Les terres du domaine du Château avaient une surface de 100 hectares et étaient divisées en deux soles. L'une était entièrement consacrée à la culture du froment, l'autre portait des récoltes très variées : betteraves, carottes, pommes de terre, maïs-fourrage, vesces, trèfle, etc. ; on y trouvait aussi quelques hectares de colza et un peu de chanvre.

L'assolement adopté à Montribloud ne différait donc de celui du pays que par une utilisation complète de la sole de jachère. Il n'y avait plus sur le domaine une seule parcelle de terre inoccupée. Après la moisson on utilisait même une grande partie du terrain devenu libre par des cultures de sarrasin et de navet. Ces plantes s'accommodent parfaitement du climat ; elles profitent de la température généralement favorable de l'automne et les produits qu'elles rendent ne coûtent, pour ainsi dire, pas de frais.

Le blé était la principale des cultures qui donnait des produits pour la vente. On pouvait évaluer le rendement moyen du froment entre 24 et 25 hectolitres à l'hectare.

Parmi les plantes fourragères cultivées à Montribloud, qui conviennent au sol et au climat de la Dombes, il faut citer en première ligne le maïs-fourrage, dont le rendement dépasse souvent 50,000 kilogr. à l'hectare.

Le trèfle a pu s'introduire en Dombes, comme le blé, à la suite des chaulages. La luzerne est beaucoup plus chanceuse ; aussi n'en voyait-on qu'un hectare à Montribloud, et c'était plutôt une expérience qu'une culture régulière. C'est dans le même but que l'introduction du houblon avait été tentée autrefois ; les cônes étaient aussi abondants et aussi beaux qu'on pouvait le désirer ; malheureusement la cueillette, faute d'ouvriers habitués, a coûté plus que la valeur du produit. C'est un exemple des risques auxquels on s'expose en faisant des innovations.

Le bétail de Montribloud se composait, comme animaux de trait, de huit chevaux et de dix bœufs ; comme animaux de rente, de vingt-quatre vaches avec quelques élèves, de vingt-cinq porcs et d'une petite basse-cour.

Les animaux que renfermait la vacherie étaient de la race du pays; ils ne différaient de ceux des environs que par un choix mieux entendu et par une meilleure conformation. Mieux nourris que ceux des fermes voisines, ils donnaient plus 'de produits. Le lait était payé 0 fr. 15 c. le litre par la fabrication des fromages façon Mont-Dor.

En 1875 le capital d'exploitation de la ferme du Château s'élevait à 400 fr. par hectare et le produit brut à 340 fr. Les frais de toute nature s'élevant à la moitié du montant des recettes, le produit net était de 170 fr. par hectare.

En dehors de cette réserve, la terre de Montribloud (fermes, locateries et bois) rapportait, en moyenne, 65 fr. par hectare.

Depuis une vingtaine d'années, le principal promoteur du progrès agricole dans la Dombes a été M. Ed. de Monicault, membre de la Société nationale d'agriculture.

Sa terre de Versailleux a une étendue d'environ 1,000 hectares et se trouve située, non loin de Villars, station du chemin de fer de Lyon à Bourg, et près de l'arête médiane qui sépare la Dombes en deux versants, mais la plus grande partie des terres est sur le versant qui descend vers la Saône.

Boiser les plus mauvaises terres, principalement les hauteurs caillouteuses, ne conserver que les étangs qui ont le plus de profondeur, réduire la culture du blé à ses limites rationnelles et créer des herbages dans les meilleurs fonds pour y nourrir des bêtes à cornes, voilà le plan que M. de Monicault s'est tracé. Il a cherché à concentrer ses capitaux et ses forces sur les terres qui, grâce à leur situation et à leurs qualités naturelles, pouvaient le mieux les payer ; et ce qui caractérise particulièrement son œuvre, c'est que, parmi ces forces, il a su employer, mieux que tous ses devanciers de la Dombes, celles que la chimie a mises à la disposition de l'agriculture. Il a compris qu'il fallait commencer par compléter ses terres et, guidé par les analyses de M. Joulie, il a su se servir des engrais chimiques avec un tact et un succès remarquables.

La réserve d'environ 90 hectares qu'il cultive à sa main est devenue un véritable champ d'expériences et de démonstration dont les résultats propagent le progrès chez les grangers qu'il a sur ses autres domaines et dans toute la Dombes. Dans cette réserve, il a 31 hectares de prés, 26 hectares de pâturages clos, 6 à 8 hectares de prairies temporaires et le reste en terres cultivées.

Les prés ont été établis dans d'anciens fonds d'étangs. En hiver, on les arrose ou plutôt on les *colmate* en y laissant séjourner pendant quelques jours les eaux d'un étang qui se trouve au-dessus d'eux. Mais en été, pour ne pas nuire aux poissons, on se borne à donner aux prés, quand c'est absolument nécessaire, de l'eau pendant quelques heures, ce que M. de Monicault appelle *un coup d'été.*

Ces prés irrigués donnent en moyenne 4,000 kilogr. de foin à l'hectare. On y fait ordinairement pâturer les bœufs en automne. En deux coupes, les bons prés donneraient environ 7,000 kilogr. Pour les entretenir, M. de Monicault y met tantôt du lizier, tantôt des engrais chimiques, surtout des composts. Il réussit ainsi à les conserver en bon état. Mais, en général, dans la Dombes la plupart des prairies ne durent pas longtemps ; la mousse ne tarde pas à s'y établir. Il en est tout autrement lorsqu'au lieu de les faucher, on les fait pâturer ; ils s'améliorent de plus en plus, surtout si l'on donne au bétail une ration supplémentaire de tourteaux. C'est ce qui a décidé M. de Monicault à faire des *prés d'embouche*.

Outre ses 26 hectares de pâturages permanents, M. de Monicault a toujours 6 ou 8 hectares de pâturages temporaires pour lesquels il sème un mélange de graminées avec du trèfle blanc, du trèfle hybride et de la minette. Il emploie 400 kilogr. de superphosphate d'os, 300 kilogr. de chlorure de potassium, 150 kilogr. de nitrate de soude et 150 kilogr. de plâtre phosphaté par hectare pour les 7 ou 8 hectares de maïs-fourrage qu'il fait chaque année et qu'il ensile comme nourriture d'hiver pour son bétail. Il obtient ainsi des récoltes de 50,000 kilogr. à l'hectare.

Pour le blé, l'engrais chimique qui lui a donné les meilleurs résultats se compose de 400 kilogr. de superphosphate d'os, 100 kilogr. de chlorure de potassium, 225 kilogr. de plâtre phosphaté et 75 kilogr. de sulfate d'ammoniaque. Avec cet engrais, M. de Monicault obtient des récoltes égales à celles que donne le fumier de ferme après jachère. Dans les deux cas il est bon de chauler légèrement, à raison de 10 à 12 hectolitres de chaux à l'hectare, que l'on enterre avant les semailles au scarificateur. Si l'on ne chaule pas, le fumier ne se décompose et ne se nitrifie que très lentement ; souvent son effet ne se montre que 2 ou 3 ans après qu'il a été enfoui. Dans les deux cas il faut aussi répandre au printemps du nitrate de soude sur le jeune blé [1].

Contrairement à ce qu'avaient recommandé Puvis et Nivière, M. de Monicault a eu la sagesse de renoncer aux labours profonds. Il est certain que les défoncements pourraient beaucoup améliorer les terrains glaciaires de la Dombes, mais à la condition de compléter leur assainissement par le drainage et de proportionner les fumures à l'épaisseur et à la pauvreté de la couche arable ainsi créée. Faire l'une de ces trois améliorations sans faire en même temps les deux autres, c'est peine perdue ; or, les trois réunies coûteraient 1,200 à 1,500 fr. par hectare. Elles ne pourraient être payées que par des cultures spéciales, comme la vigne, la betterave à sucre, etc. ; mais,

---

1. Les scories de déphosphoration du Creusot lui ont aussi donné d'excellents résultats.

dans la Dombes, le climat et la rareté de la main-d'œuvre ne permettent pas ces cultures.

M. de Monicault cherche à obtenir de ses terres un produit net suffisant avec le moindre capital possible, et il y arrive en ne cultivant que des plantes qui peuvent se contenter d'une couche de terre de 0m,15 bien fumée : prairies temporaires, blé, maïs, raves, pommes de terre. Il obtient un assainissement suffisant au moyen de labours en planches de six raies.

L'exemple donné par M. de Monicault, surtout celui des herbages, trouve de plus en plus d'imitateurs. A mesure que l'on a plus de fourrages, on croise avec les charolais les anciennes bêtes à cornes dombistes qui avaient le mérite de travailler dur et de vivre de peu, mais qui ne paient pas aussi bien une riche nourriture que les races plus perfectionnées, et les amis de la Dombes se réjouissent déjà de voir leur cher pays devenir, grâce aux engrais chimiques et aux herbages, un *petit Charolais* [1].

Mais les entreprises des particuliers auraient été difficiles et souvent impossibles, si le Gouvernement n'était pas venu les aider dans la transformation de la Dombes par des travaux d'ensemble, de desséchement et de viabilité. En 1853, il créa un service hydraulique spécial de la Dombes qui, en 10 ans, fit curer et redresser plus de 200 kilomètres de cours d'eau.

En 1854, on décida l'exécution d'un réseau de 15 routes agricoles ; puis, en 1869, de 15 nouvelles routes, formant une longueur totale de près de 464 kilomètres. Une législation spéciale intervint, permettant au propriétaire d'une seule des parcelles composant le fond d'un étang de forcer les autres à dessécher. Enfin, mesure plus efficace, des primes de desséchement étaient accordées. D'autre part, la Compagnie des Dombes obtenait, en 1863, la concession d'un chemin de fer de Lyon à Bourg et s'engageait, moyennant une subvention, à mettre en valeur 6,000 hectares d'étangs.

Ces mesures ont produit d'excellents résultats. Le pays d'étangs a une superficie de 112,725 hectares. De cette surface les étangs oc-

---

1. Cela pourra un jour être vrai pour les meilleures terres. Mais il est probable qu'il faudra se résoudre à boiser les autres.

cupaient 19,215 hectares, soit un peu moins d'un sixième. Il a été desséché, tant par la Compagnie que par les particuliers, 10,462 hectares, plus de la moitié par conséquent.

Pour 16 communes du centre de la Dombes, sur lesquelles a porté la statistique, la densité de la population, en 1826, était de 20.21 ; la mortalité s'élevait à 4.04 ; enfin, la durée de la vie moyenne était de 25 ans 3 mois 14 jours. En 1870, la densité de la population était de 31.32 ; la mortalité sur 100 de 2.54 ; la durée de la vie moyenne de 35 ans 3 mois 18 jours. Les exemptions du service militaire pour cause d'infirmités physiques s'élevaient autrefois en Dombes à un chiffre beaucoup plus élevé que dans le reste de la France. Dans certains cantons, le nombre des refusés excédait celui des admis. En 1870, dans le canton de Villars, le plus inondé, le chiffre des réformés n'atteignait pas 9 p. 100. Enfin, les fièvres paludéennes qui, au centre de la Dombes, atteignaient 49 p. 100 de la population, sont aujourd'hui devenues rares et anodines.

Ce qui contribuait à répandre la fièvre en Dombes, c'est qu'une certaine quantité de puits recevaient des eaux d'infiltration des étangs. Mais, en creusant des puits plus profonds, on est toujours sûr d'arriver à un des bancs de graviers qui sont au-dessous de l'argile glaciaire et à y trouver une eau saine et abondante. L'administration décida, le 9 septembre 1862, qu'une subvention montant aux trois quarts des dépenses effectuées, serait allouée à toute commune qui désirerait établir un puits sur son terrain. 325 communes demandèrent à profiter de cette subvention. La profondeur des puits construits varie de 5^m,40 à 50^m,85.

Il y a fort peu de sources sur les plateaux des Dombes ; la disposition et la nature imperméable du terrain ne s'y prêtent pas. Les petits cours d'eau qui sillonnent ces plateaux s'alimentent par les eaux des pluies et des étangs. Mais, sur le bord des vallées un peu profondes, on trouve un assez grand nombre de sources qui débouchent à la surface des marnes bleues.

§ 3. — Le Dauphiné.

A. — *Terrains éocènes.*

Dans les Alpes du Dauphiné, comme dans celles de la Savoie et de la Suisse, l'étage éocène se compose de grès calcaires et de calcaires compacts à nummulites que couronnent les grès verdâtres du *flysch,* caractérisés par des empreintes de fucoïdes.

D'après Lory[1], le *terrain nummulitique* se rencontre, entre autres, dans le Dévoluy, sur les communes de Saint-Didier et de Saint-Étienne. Il y repose sur les calcaires à silex qui forment toutes les crêtes et se compose des couches suivantes : d'abord un conglomérat grossier, formé surtout de silex entiers ou brisés, unis par un ciment calcaire un peu siliceux, puis un grès à ciment calcaire et un calcaire sableux rempli de nummulites et suivi d'une série de couches calcaires, de plus en plus compactes, où les nummulites sont moins abondantes, mais se retrouvent encore par-ci par-là.

Les dernières couches de ces calcaires à nummulites plongent, à Saint-Didier, sous un étage très épais de grès, généralement verdâtres, entremêlés d'assises argileuses de diverses teintes. Il y a une liaison intime et une transition insensible entre les couches de calcaires et celles de grès, couches qui sont parfaitement parallèles et concordantes. D'abord vient un grès quartzeux assez grossier, peu épais ; puis une assise de grès micacé, schisteux, à grains fins, qui contient des empreintes de fucoïdes (*grès à fucoïdes*) et des traces de lignites. Le grès schisteux micacé est recouvert par des grès plus durs, gris ou verdâtres ; ceux-ci le sont par des marnes bigarrées, vertes ou violacées. Cette alternance de grès et de marnes bigarrées forme dans le bassin occidental du Dévoluy un étage de plusieurs centaines de mètres d'épaisseur (*flysch*). Le flysch ne couvre pas de grandes surfaces dans les départements de l'Isère et de la Drôme, mais il prend plus de développement dans celui des Hautes-Alpes ; appuyé immé-

---

1. *Description géologique du Dauphiné.*

diatement sur les granites du mont Pelvoux, il forme, autour d'Or-
cières et de Saint-Paul, les montagnes qui dominent les vallées
d'Embrun et de Barcelonnette. Ses grès tendres alternent avec des
schistes argileux qui prennent souvent la structure d'ardoises ou
avec des calcaires plus ou moins schisteux de teintes foncées. Dans
ces vallées comme dans celles du Dévoluy et du Champsaur, le
flysch se trouve au-dessus des terrains de l'oolithe inférieure et du
lias. Malheureusement ils ne sont pas mieux boisés les uns que les
autres ; ils se dégradent et sont entraînés par les torrents. Ce sont
précisément les terrains qui pourraient être les plus fertiles si, protégés par des forêts, ils restaient en place. On peut en juger par les
analyses suivantes qui concernent les terrains de la vallée du Champsaur et que j'emprunte au *Bulletin* de la Société d'agriculture des
Hautes-Alpes :

	GRAVIER et sable.	TERRE fine.	DANS 1,000 DE TERRE FINE.				
			Azote.	Acide phospho-rique.	Potasse.	Ma-gnésie.	Chaux.
Orcières. — Éocène.	485	515	2.97	1.16	2.65	3.85	16.1
Chabottes. — Oolithe infé-rieure.	245	755	3.74	1.12	2.45	3.42	3.2
Saint-Bonnet. — Lias	139	861	2.93	2.04	2.19	5.10	8.6
Les Costes. — Oolithe infé-rieure.	186	814	2.46	1.62	2.70	6.49	4.5

Sur un assez grand nombre de points des chaînes secondaires du
Dauphiné, on trouve isolés les uns des autres, souvent réduits à une
faible épaisseur et n'occupant, en général, que des surfaces très
restreintes, des dépôts sidérolithiques ou lacustres qui consistent en :

1° Sables ou grès peu cohérents, purement siliceux, blancs ou
colorés en rouge, en jaune, en vert, par de petites quantités d'oxydes
ou de silicates de fer ;

2° Argiles plastiques blanches, verdâtres ou violacées, quelquefois
noires, bitumineuses, avec traces de lignites ;

3° Marnes qui alternent avec un calcaire blanchâtre, violacé, compact, souvent pétri de rognons de silex et de grains de sable quartzeux au point de passer à une brèche meulière. Ce calcaire renferme ordinairement quelques coquilles d'eau douce.

De ces trois assises, la troisième manque assez souvent, la deuxième quelquefois. Les sables se moulent sur les inégalités des calcaires crétacés ou néocomiens et pénètrent dans leurs moindres fissures. Entre eux on trouve quelquefois des brèches composées de fragments calcaires enveloppés de sables quartzeux, consolidées par un ciment de calcaire siliceux.

Ce terrain, dit Scipion Gras, se montre au nord-est de Nyons, dans un bassin profond compris entre le pont de cette ville et le rocher qui sert de limite au territoire d'Aubres [1].

Les sables rouges et blancs sont très développés tout autour de Saint-Nazaire; on les aperçoit même au-dessus de ce village, appliqués çà et là contre les rochers qui les dominent et s'élevant à une hauteur de plus de 100 mètres au-dessus de la plaine.

A ce niveau ils sont très purs; mais vers le pied de la montagne, ils deviennent argileux et passent à des marnes calcaires d'eau douce. L'endroit où celles-ci peuvent le mieux s'observer est Rochebrune, sur la rive gauche de l'Isère, où elles forment un escarpement d'une vingtaine de mètres, dont la coupe est très intéressante.

Les marnes sablonneuses et le calcaire compact d'eau douce que nous venons de décrire sur la rive gauche de l'Isère s'étendent aussi sur la rive droite, et continuent sur une longueur de plus de 100 mètres du côté de Saint-Just; comme leurs couches plongent légèrement vers ce point, elles s'enfoncent de plus en plus et finissent par disparaître sous la mollasse. Si l'on se rapproche de Saint-Nazaire, on retrouve les sables argileux en abondance dans le lit de la Bourne, entre l'Isère et le village, où ils paraissent avoir rempli une dépression considérable du calcaire crayeux; en cet endroit, leurs masses bizarrement découpées en pyramides par les eaux pluviales, frappent de loin par l'opposition très vive du blanc et du rouge dont elles offrent la réunion sans nuances intermédiaires.

_____

1. *Statistique minéralogique de la Drôme.*

En sortant du Pont-en-Royans pour aller à Saint-Laurent, on rencontre sur la rive gauche de la route une masse énorme de sables quartzeux, blancs, d'une grande pureté, que l'on exploite pour les constructions. Leur épaisseur visible est au moins de 30 à 40 mètres ; ils s'appuient contre le calcaire cristallin de la formation moyenne, et semblent interposés entre cette roche et la mollasse.

Si de Saint-Nazaire on suit le pied des montagnes qui, à partir de là, bordent la plaine de Valence, on retrouve à plusieurs reprises les sables bigarrés ; ils ne forment point une bande continue, mais on les aperçoit de distance en distance, appliqués contre les rochers et à un niveau très élevé. Rien de plus singulier que l'aspect de ces sables, en quelque sorte suspendus à une hauteur de plus de 50 mètres au-dessus de la plaine.

Les mêmes sables sont très apparents aux environs de Saint-Paul-Trois-Châteaux : ils y reposent immédiatement sur les grès verts, avec lesquels ils se confondent dans leur partie inférieure.

B. — *Terrains miocènes.*

Quelques bandes de *mollasse miocène* ont été soulevées à de grandes hauteurs près de Villard-de-Lans et de Saint-Étienne, mais on la trouve surtout dans la région des collines subalpines ; la mollasse forme généralement la base de ces collines, recouverte quelquefois par des dépôts pliocènes et le plus souvent par les alluvions anciennes des plateaux ou par des terrains glaciaires.

Dans les environs de Crest, Fontannes a trouvé, au-dessus du crétacé, des calcaires marneux avec cailloux siliceux et des grès schistoïdes qu'il attribue à l'oligocène, puis la série suivante qui appartient au miocène :

1) Mollasse à *Pecten rotundatus*.
2) Mollasse à *Pecten subbenedictus*. ⎫
3) Grès à *Ostrea crassissima*.   ⎬ Helvétien.
4) Sables et grès à *Pecten Gentoni*. ⎭

5) Marnes et sables à lignites et à ⎫
Helix delphinensis qui ont 100 à 125 ⎪
mètres de puissance à Tersanne et à ⎬ Tortonien.
Montvendre.   ⎭

D'après M. de Lapparent, on peut également rapporter au miocène les *couches à congéries*, marnes, grès calcaires et faluns qui sont développés à Bollène, à Théziers, à Saint-Ferréol, et qui sont caractérisés par *Congeria subcarinata, C. dubia* et *C. simplex*.

La mollasse est composée de grains plus ou moins fins de quartz, de mica et de calcaire unis par un ciment argilo-calcaire; sa texture est grenue; elle est toujours assez tendre pour être taillée avec facilité et souvent inexploitable, parce qu'elle est trop friable; quelquefois même, surtout dans ses parties les plus élevées, elle n'offre qu'un amas de sables incohérents; sa couleur est le gris terne bleuâtre, rendu plus ou moins jaune par de l'oxyde de fer; sa stratification n'est pas toujours distincte, on y observe plutôt des lits que des couches. Une autre variété de mollasse se distingue de la précédente par des grains beaucoup plus gros, une texture inégale, et de petits fragments irréguliers d'un calcaire marneux un peu ocreux, qui donnent à la roche une couleur jaune.

Les carrières de mollasse de Châteauneuf-d'Isère, situées à un kilomètre sud-ouest de ce village, sont les plus belles et les plus productives du département de la Drôme. On y a pratiqué de vastes galeries souterraines, qui n'ont pas moins de 5 à 6 mètres de largeur, sur une hauteur presque égale, et qui se coupent à angles droits, de manière à laisser entre elles des piliers de 6^m,50 de côté. On donne à ces derniers d'aussi grandes dimensions, afin de mieux soutenir le toit, qui est formé d'un banc friable et peu solide.

La mollasse se trouve dans un grand nombre de carrières aux environs de Valence. A Clérieux, les escarpements du sol offrent plusieurs bancs de cette roche que l'on exploite avec activité jusque dans l'intérieur même du village. A Saint-Paul-Trois-Châteaux, ainsi que dans plusieurs localités plus méridionales de Vaucluse et des Bouches-du-Rhône, les assises inférieures de la mollasse marine comprennent non seulement des couches de sables à grains fins ou grossiers, avec fossiles entiers ou brisés, mais encore des bancs puissants purement calcaires, entièrement formés de débris de mollusques et de rayonnés, réunis par un ciment de calcaire concrétionné. Telle est la remarquable assise de mollasse calcaire pure, d'un beau blanc, qui forme, à Saint-Paul, le plateau de Saint-Just, et qui s'étend, en plongeant doucement vers l'Est, jusqu'à Saint-Restitut. On l'exploite depuis longtemps, comme le montrent les anciens édifices de Saint-Paul, et on l'emploie beaucoup pour les constructions à Lyon, Grenoble, etc.

Souvent les parties supérieures alternent avec des nappes de poudingues dont les éléments proviennent des roches des Alpes, quelques-uns du plateau central, et qui sont réunis par un ciment calcaréo-sableux, parfois un peu argileux, analogue à la mollasse sableuse. Dans ces poudingues, les cailloux granitiques sont très décomposés et se réduisent facilement en sable; leur feldspath est complètement kaolinisé. Quant aux cailloux de calcaire, la plupart de couleur grise ou noire, ils sont souvent *impressionnés*. Ces impressions des cailloux calcaires et la transformation du feldspath en kaolin sont évidemment dues les unes et les autres à des eaux fortement chargées d'acide carbonique, comme l'a montré M. Daubrée.

M. Joulie a obtenu les résultats suivants en faisant l'analyse de quelques échantillons de terres formées par la décomposition de la mollasse dans le département de la Drôme :

LOCALITÉ et ÉTAT DE CULTURE.	AZOTE.	CHAUX.	MAGNÉSIE.	POTASSE.	ACIDE phosphorique.
	p. 1000.	p. 1000.	p. 1000.	p. 1000.	p. 1000.
Châtillon-Saint-Jean. Vigne	0.73	37.44	2.37	0.69	0.193
Eurre. Grande culture.	1.18	191.62	7.30	3.47	0.235
Divajeu. Grande culture.	1.09	296.80	4.94	1.05	1.007
Montmeyran. Grande culture	1.97	15.04	2.18	0.84	0.760
Saint-Jean-en-Royans. Prés	2.28	181.20	2.99	1.97	0.800
— —	2.93	32.62	2.62	2.12	1.030

Les grès et les poudingues de la mollasse forment, en se décomposant, des terres sablonneuses ou caillouteuses qui peuvent être beaucoup améliorées par un mélange de marnes argileuses. Souvent ce mélange se fait tout naturellement sur les points où les bancs de grès ou de poudingues sont contigus à des couches marneuses: il se forme alors des terres de consistance moyenne qui conviennent très bien aux céréales, aux légumineuses, aux arbres fruitiers, etc.... Dans le Bas-Dauphiné il y a beaucoup de vignes sur la mollasse.

Malheureusement le phylloxéra ne les a pas épargnées. Dans quelques terrains, la reconstitution des vignobles par les plants américains greffés en variétés françaises a bien réussi. Mais dans ceux qui contiennent passablement de calcaire, et il y en a où le dosage du carbonate de chaux approche de 30 p. 100, les cépages américains se chlorosent et dépérissent, surtout les Rupestris, les Riparia et les Viala; les Jacquez supportent mieux le calcaire.

Dans ces conditions, il faut tâcher de conserver le plus longtemps possible les cépages français, en leur appliquant des traitements culturaux au sulfure de carbone ou au sulfo-carbonate de potasse et en cherchant à les fortifier par des engrais bien appropriés aux terres de mollasse.

A Chevrières, près de Saint-Marcellin, M. Vincendon-Dumoulin emploie avec grand succès pour ses vignes un mélange d'engrais chimiques dans lequel il entre une très forte proportion de plâtre et de sulfate de fer : 2,000 kilogr. de plâtre et 600 kilogr. de sulfate de fer avec 200 kilogr. de superphosphate de chaux et 200 kilogr. de chlorure de potassium par hectare. Pour le blé, il met, en automne, 450 kilogr. de plâtre avec 450 kilogr. de scories de déphosphoration du Creusot et, au printemps, 400 kilogr. de plâtre avec 250 kilogr. de nitrate de soude et 100 kilogr. de chlorure de potassium par hectare.

Près de Tullins, la partie supérieure des collines se compose de poudingues miocènes, et la partie inférieure d'alluvions anciennes au bas desquelles s'étendent les alluvions modernes si fertiles et si bien cultivées du Grésivaudan. Sur ces coteaux on cultive généralement la vigne en foule ou en lignes très rapprochées avec souches basses et taille courte. M. Michel Perret les plante en lignes espacées de 2 mètres à 2^m,50, et les dispose sur deux fils de fer soutenus par des piquets de bois. Il reconstitue ses vignes en gamays du Beaujolais greffés sur Jacquez ou sur Riparia et leur donne comme fumure par hectare 500 kilogr. de superphosphate potassique de Saint-Gobain, dosant 2 p. 100 d'azote, 9 p. 100 d'acide phosphorique assimilable et 12 p. 100 de potasse.

Sur ces coteaux on trouve aussi la culture du noyer en plantations serrées, fumées, labourées et sarclées, mais on ne récolte rien d'autre sous leur ombrage ; les noyers rendent ainsi chaque année environ un hectolitre de noix par arbre. Dans la plaine, au contraire, la vigne est cultivée en hautains sur noyers avec cultures intercalaires de céréales ou de fourrages.

Les eaux qui sortent des poudingues et de la mollasse des collines de Tullins sont tellement chargées de bicarbonate de chaux qu'elles pétrifient les objets qu'on y plonge et elles se troublent quand le baromètre baisse.

· Dans le tableau que nous avons reproduit plus haut, Fontannes indique, au-dessus de la mollasse helvétienne, une couche de *marnes et sables à lignite* qu'il attribue au tortonien. Mais, au lieu d'être toujours superposées aux grès et poudingues de l'helvétien, ces marnes y sont souvent intercalées. Ce sont des dépôts d'eau douce qui se sont formés pendant une période momentanée où la mer miocène avait abandonné le bassin du Rhône ; à son retour, ils ont de nouveau été recouverts par des couches de poudingues et de grès analogues à celles qui les avaient précédés. Ils se composent d'argiles bleues ou grisâtres dans lesquelles se trouvent çà et là des lits sableux et sur lesquels reposent des couches de 0^m,20 à 0^m,80 d'épaisseur de lignites, que l'on exploite comme combustibles à la Tour-du-Pin, à Saint-Didier, etc. Tantôt ces lignites consistent en bois de conifères, tantôt en herbes de marais, sorte de tourbe comprimée. Quelquefois il n'y a pas de lignite sur l'argile bleue, mais cette dernière forme une nappe continue dont l'épaisseur varie de 4 à 20 ou 30 mètres. Comme l'a remarqué Lory, cette nappe joue dans le pays un double rôle : un rôle hydrographique, en ce sens que les eaux infiltrées au travers des poudingues supérieurs sont arrêtées à la surface des argiles à lignite et constituent un niveau de sources constant dans tout le pays ; ensuite, un rôle topographique, parce que ces mêmes argiles ont pu résister mieux que les sables et les poudingues aux grandes érosions dont la contrée a été le siège, de façon qu'elles dessinent souvent un gradin très prononcé dans le relief du sol. Dans tout le massif tertiaire situé au nord de la route de Bourgoin aux Abrets, le niveau moyen de 400 mètres caractérise un ensemble de plateaux dont le sol est formé par les argiles remaniées, mêlées aux dépôts erratiques superficiels ; on remarque, sur ces plateaux, beaucoup d'étangs ou de bas-fonds marécageux ; ils sont dominés par des coteaux ou des collines élevées, formés par les poudingues supérieurs, et le pays est découpé par des ravins nombreux, qui prennent naissance au niveau des plateaux argileux et sont profondément creusés dans les poudingues inférieurs. Les collines de poudingues tertiaires les plus élevées sont celles qui constituent le pays dit les *Terres-Froides*, au nord de Voiron : le point culminant est le signal de Baracuchet (964 mètres) au nord-ouest de Saint-Aupre.

De l'autre côté de la grande vallée de la plaine de Bièvre, creusée dans les poudingues inférieurs, on retrouve l'argile bleue, avec indices de lignite, sur la route de Saint-Étienne-de-Saint-Geoirs au col de Toutes-Aures. Elle est redressée d'une manière très sensible avec les couches de mollasse et de poudingues, et son inclinaison augmente en approchant du col : on la rencontre, au bord de la route, depuis l'altitude 468 jusqu'à 570 mètres, et même plus près encore du col, situé à 633 mètres. Cette nappe d'argile alimente plusieurs tuileries. On la retrouve encore à Viriville, à Thodure, à l'altitude de 340 mètres ; au sud du donjon de Moras, à peu près au même niveau. Elle passe sous les plateaux tertiaires et reparaît dans la vallée de la Galaure, à Hauterives, encore à l'altitude de 340 mètres ; puis à Fay-d'Albon et aux Rosiers, commune d'Albon. Elle paraît s'abaisser graduellement vers l'ouest, avec l'ensemble des plateaux tertiaires.

Sur le versant de l'Isère, des argiles bleues avec lignites se montrent au Serre-Nerpol et au-dessus de l'Osier ; d'autres affleurements, qui ont donné lieu à des tentatives récentes d'exploitation, s'étendent sur les communes de Bessins, Dionay et Saint-Antoine, à une altitude uniforme d'environ 450 mètres ; ils se continuent sur Montmirail, Saint-Bonnet-de-Chavagne, et jusqu'aux environs des Fauries et de Saint-Donnat. Au sud de l'Isère, il existe encore quelques gîtes de lignite et d'argiles bleues qui appartiennent probablement au même horizon géologique, jusqu'à celui de Montmeyran, dont nous avons déjà parlé.

Dans plusieurs de ces localités, la couche de lignite est aussi épaisse qu'à la Tour-du-Pin ; mais le peu de valeur de ce combustible dans des pays suffisamment boisés ou dans lesquels la houille arrive à peu de frais, a fait échouer jusqu'ici presque toutes les tentatives d'exploitation.

Les intercalations de dépôts lacustres dans la grande formation marine de la mollasse et des poudingues miocènes ne se bornent pas à celles des argiles bleues et des lignites. On y trouve souvent, à différents niveaux, de petites assises de marnes très calcaires et de calcaires blanchâtres, qui ont aussi les caractères de dépôts d'eau douce. Par exemple, en montant de Saint-Marcellin au plateau de Chambaran, par la route de Roybon, on trouve d'abord la mollasse sableuse, puis des alternances de poudingues, et ensuite, jusqu'au-dessus de Murinais, des alternances répétées de mollasse, de poudingues et de marnes blanchâtres, avec petites couches de calcaire lacustre. Près de Roybon, à Plan-Michard, M. Fénéon a signalé une couche de calcaire lacustre, accompagnée de marnes blanches, que l'on exploite comme amendement, et qui est encore intercalée dans la partie supérieure des poudingues. On rencontre fréquemment des lits marneux semblables, alternant avec les poudingues ou avec la mollasse, aux environs de Beaurepaire, de Vienne, etc., et ils sont souvent utilisés comme amendements pour les terres siliceuses des plateaux. On conçoit que ces alternances de petits dépôts lacustres ont dû devenir de plus en plus fréquentes vers la fin de la période miocène, à mesure que le bassin se comblait et se rétrécissait progressivement, par un exhaussement graduel vers les Alpes.

Les couches tertiaires ont occupé autrefois tout l'espace compris entre le Rhône et les montagnes calcaires, mais aujourd'hui elles sont presque entièrement cachées sous de puissants dépôts quaternaires. Leur étendue est trop faible pour qu'elles aient une physionomie agricole spéciale.

Pendant que le soulèvement des Alpes occidentales façonnait les chaînes de la Chartreuse et du Royans et redressait sur leurs flancs les assises de la mollasse, le fond du bassin miocène devait s'exhausser graduellement de ce côté, et les dépôts successifs s'y effectuaient en retrait, à des distances de plus en plus grandes des chaînes alpines. Le fond de la mer prenait aussi, de ce côté, une inclinaison de plus en plus forte, et recevait nécessairement, de l'intérieur des Alpes, des galets roulés plus abondants et plus volumineux. C'est principalement pendant ces derniers temps de la période miocène que furent amenées d'immenses quantités de cailloux de quartzite qui, parfaitement arrondis par le mouvement des eaux, forment aujourd'hui ces galets si connus dans toute la vallée du Rhône et employés généralement comme pavés. Ces quartzites n'ont pu provenir que des hautes montagnes de la Maurienne et de la Tarentaise, formées principalement de grès houillers que surmontent encore, en beaucoup d'endroits, des lambeaux de grès quartzeux triasiques, passant au quartzite, comme dans le Briançonnais ; ces lambeaux ne sont plus, sans doute, que de faibles restes de masses beaucoup plus étendues, dont le démantèlement a donné lieu aux galets quartzeux, arrondis par les derniers flots de la mer miocène. L'abondance de ces quartzites roulés est extrêmement frappante dans les parties les plus élevées des plateaux miocènes : on peut citer surtout le plateau de Chambaran, aux environs de Roybon et du Grand-Serre, qui est couvert de ces galets parfaitement arrondis, ellipsoïdes, ayant parfois jusqu'à 0^m,40 et même 0^m,50 de grand axe.

Nous trouverons ces galets de quartzite remaniés dans tous les dépôts quaternaires, comme ils sont encore aujourd'hui remaniés dans les graviers du Rhône ; sans doute, il en a été apporté des Alpes postérieurement à l'époque dont nous parlons ici, mais la grande majorité de ces galets quartzeux, parfaitement arrondis, si abondants et si reconnaissables, remonte probablement aux derniers temps de la période de la mollasse et le démantèlement énorme à la suite duquel ils ont été apportés dans la mer, a été contemporain des dernières commotions qui ont façonné les chaînes des Alpes occidentales.

On trouve des restes de ces quartzites alpins épars à de grandes distances des plateaux dauphinois, par exemple sur la montagne de Crussol, à 380 mètres d'altitude, et sur le Mont-Dor lyonnais, à 500 mètres. Ce sont des témoins de l'extension de la nappe de galets quartzeux qui a terminé la série des dépôts marins miocènes (Lory).

C. — *Pliocène.*

Au commencement de l'époque pliocène, la mer s'est avancée en-core une dernière fois jusqu'aux environs de Givors, à une vingtaine de kilomètres de Lyon et y a déposé des marnes bleues à *Nassa se-mistriata* (marnes et faluns de Saint-Ariès), des sables marneux ou ferrugineux à *Potamides Basteroti* (sables et argiles du Saint-Ge-niès). Fontannes, qui a si bien étudié le bassin du Rhône, en avait fait son groupe de Saint-Ariès (Plaisancien), mais les affleurements de ces terrains n'ont pas une grande étendue dans le Dauphiné et, s'ils offrent un grand intérêt au point de vue géologique, ils n'en ont pas beaucoup au point de vue agricole.

« A partir du retrait de la mer pliocène, dit Fontannes[1], nous en-trons dans une période qu'on pourrait caractériser par le mot de *caillouteuse,* dans une période de transport. Tandis que les conglo-mérats qui se rencontrent à divers niveaux dans toute l'épaisseur des dépôts marins miocènes ne s'étendent pas à une grande distance des roches d'origine et ne forment même le plus souvent que des deltas d'un faible rayon, les assises caillouteuses qu'on trouve au-dessus du pliocène marin occupent généralement toute la superficie des bassins tertiaires. Les cailloux sont parfois répartis par bancs dans un ensemble puissant de marnes et de sables; sur d'autres points, ils sont disséminés dans la masse et deviennent de plus en plus volumineux et abondants, à mesure que l'on se rapproche du sommet. »

Fontannes a distingué dans cet ensemble de marnes et de sables entremêlé de bancs de poudingues, qui a 40 à 50 mètres de puis-sance dans le Dauphiné :

1° A la base, les *marnes d'Hauterives,* marnes bleuâtres ou blan-châtres, qui sont caractérisées surtout par *Helix Chaisi* et qui ren-ferment, aux environs de Vienne et de Valence, deux ou trois couches de lignite ou de tourbe ; puis

---

1. Fontannes, *Nouvelles observations sur les terrains tertiaires et quaternaires des départements de l'Isère, de la Drôme et de l'Ardèche.* Lyon, 1882.

2° des marnes jaunes à concrétions calcaires ;

3° des graviers et des sables fins jaunâtres, qui sont probablement les équivalents des sables à *Mastodon arvernensis* de la Bresse, et enfin

4° le conglomérat et la glaise à concrétions ferrugineuses de Chambaran à cailloux impressionnés et à gros cailloux de quartzites.

Cette assise de la glaise de Chambaran est la dernière que Fontannes rapporte au pliocène ; c'est la dernière qui se soit uniformément étendue sur une grande partie de la vallée du Rhône. En d'autres termes, c'est la dernière qui se soit formée avant le creusement des vallées actuelles et le dépôt des alluvions des terrasses.

Voici comment Lory a décrit ce terrain : Après leur émersion, les dépôts miocènes constituèrent un vaste plateau, s'appuyant, d'une part, sur la première chaîne crétacée des Alpes, et s'étendant, avec une pente graduellement décroissante vers l'ouest, jusqu'au pied des montagnes qui bordent aujourd'hui la rive droite du Rhône. Les parties qui ont le mieux conservé cette configuration primitive du sol, sont comprises entre le Rhône et le 3ᵉ degré de longitude, passant un peu à l'est de Bourgoin et de Saint-Marcellin. Là se trouvent de vastes plateaux, ceux de Chambaran, s'étendant sur les cantons de Roybon, du Grand-Serre, etc. ; ceux de Bonnevaux, se prolongeant jusqu'au sud de Vienne, et plusieurs autres moins importants. Les eaux de ce pays coulent uniformément vers l'ouest et donnent lieu à plusieurs petites rivières qui se jettent dans le Rhône, entre Lyon et le confluent de l'Isère : l'Ozon, la Seveine, la Véga, la Gère, la Varaise, la Sonne, le Doron, le Bancel, la Galaure, etc. Ce caractère hydrographique définit assez bien les limites d'une région où les plateaux tertiaires sont généralement recouverts d'un dépôt meuble particulier, souvent très épais, qui forme un des types de terres végétales les plus uniformes et, en même temps, un des plus improductifs du Bas-Dauphiné. Ce terrain est d'une grande importance au point de vue de la statistique agricole : ce sont les *glaises à galets de quartzite*, ou *glaises de Chambaran et des plateaux viennois.* Elles se composent de sables fins et d'argiles plus ou moins ocreuses, entièrement dépourvus de carbonate de chaux ; elles contiennent, en général, des cailloux roulés parfaitement arrondis de quartzite, qui sont surtout abondants dans la partie inférieure du dépôt. Avec les cailloux quartzeux, on ne trouve qu'un petit nombre de cailloux d'autres roches très peu altérables, telles que certaines diorites ou certains granites alpins à grains fins, des silex crétacés, etc.; les cailloux de roches schisteuses moins résistantes y sont rares, et les cailloux calcaires tout à fait exceptionnels. Les parties argilo-sableuses sont souvent exploitées comme terres réfractaires; çà et là on trouve de petits dépôts locaux de sables purs ou d'argiles pures, blanchâtres ou de teintes pâles : ces argiles sont exploitées, les unes pour poteries, d'autres comme terres à foulon (Septème, près Vienne). Mais le plus ordinairement, les glaises sont un peu ferrugineuses et contiennent même beaucoup de petits tubercules de minerai de fer (peroxyde hydraté), trop pauvre, du reste, pour être exploité ; lavés par les pluies, ces tubercules ferrugineux se rassemblent dans les petites dépressions du terrain.

Ces dépôts, d'un aspect bien caractérisé, couvrent les vastes plateaux de Chambaran et tous ceux qui s'y rattachent, dans les arrondissements de Saint-Marcellin et de Valence. Ces plateaux s'élèvent à 735 mètres, au signal de Chambaran, et même à 767 mètres sur les communes de Quincieux et de la Forteresse; ils vont en s'abaissant vers l'ouest, avec une pente d'abord très sensible, puis de plus en plus faible. L'épaisseur de la nappe de glaises qui les couvre est très variable : elle atteint, en quelques points, 30 à 40 mètres et peut-être même plus; alors la couche supérieure de cette nappe peut être presque exempte de cailloux ; au contraire, dans les parties les plus élevées des plateaux, le dépôt est généralement mince et très caillouteux. Dans les ravins et sur les flancs des vallons d'érosion qui entament ces plateaux, on voit presque toujours à découvert les poudingues miocènes. Il est donc évident que la formation de la nappe générale de glaises est antérieure au creusement de ces vallons.

Les mêmes glaises s'étendent, au nord de la vallée de la Côte-Saint-André, sur les plateaux de Bonnevaux et tout cet ensemble de plateaux compris entre Champier, Anjou et Jardin, près Vienne. Leurs caractères sont tellement uniformes et identiques à ceux des glaises de Chambaran, que l'on ne peut guère douter qu'elles n'aient formé autrefois, avec celles-ci, une même nappe continue, antérieurement au creusement de la vallée de la Côte et celle de Commelle.

Ces vallées, en effet, sont creusées profondément dans les poudingues miocènes sous-jacents, et ce n'est que dans les hauteurs, à des niveaux correspondants sur les deux flancs, que l'on voit commencer la nappe de glaises des plateaux, se montrant immédiatement avec une épaisseur considérable.

La formation de cette nappe de glaises est donc antérieure au creusement des vallées qui découpent aujourd'hui le massif tertiaire. Ces glaises ont été formées sur place, par l'épuisement et le remaniement superficiel des derniers poudingues miocènes. Ces dépôts, nouvellement formés et non consolidés, encore imprégnés des eaux marines sous lesquelles ils avaient été accumulés, ont présenté aux agents atmosphériques une immense surface, à pentes très douces et mollement ondulée. Par l'action de l'acide carbonique, le carbonate de chaux et tous les cailloux calcaires ont été dissous ; tous les cailloux formés de roches altérables ont été désagrégés et décomposés, et la glaise n'est que le résidu de cette décomposition générale. Les seuls cailloux à peu près inaltérables par les agents atmosphériques, les cailloux purement quartzeux et quelques autres de roches silicatées spéciales, ont résisté et se sont conservés. Les filets d'eaux pluviales, délayant la glaise à mesure qu'elle se formait, l'ont entraînée des parties saillantes et l'ont accumulée, sur des épaisseurs plus ou moins grandes, dans toutes les dépressions du sol, occupées, sans doute, comme elles le sont encore en partie aujourd'hui, par des étangs et des marais.

Les concrétions ferrugineuses, si abondantes dans ces glaises, ont été formées probablement, comme le minerai de fer des lacs et des marais de la période actuelle, et il n'est nullement improbable que leur production continue d'avoir lieu dans diverses parties de nos plateaux, couvertes encore de bois et d'eaux stagnantes.

Ce qui a surtout profondément modifié et remanié la nappe de glaises à cailloux de quartzites, sur les plateaux au nord de Saint-Jean-de-Bournay et de Vienne, c'est le phénomène erratique dont nous parlerons plus loin. Nous verrons, en effet, qu'il a dû, à un certain moment, s'étendre sur toute la surface de ces plateaux (sauf, peut-être, quelques points culminants), tandis qu'il n'a jamais envahi les plateaux situés au sud de la route de Vienne à Champier, ni ceux de Chambaran, etc. L'étude de ce grand phénomène sera nécessaire pour rendre compte de la formation de la nappe terreuse superficielle sur la plus grande partie de la région basse du département de l'Isère.

Le pays de Chambaran ou plutôt des Chambarans, qui se trouve au nord-ouest de l'arrondissement de Saint-Marcellin, est un plateau d'environ 10,000 hectares, limité au nord par la plaine de Bièvre, à l'est et au sud par l'Isère, dont il est séparé par une succession de collines de mollasse. Le terme de Chambaran paraît avoir été un terme général employé pour des terrains de landes, mal cultivés et mal boisés (de *cham* ou chaume, et *baran*, stérile), et, en effet, sur les 10,000 hectares, 4,000 portent de maigres récoltes de céréales et de fourrages, et 6,000 étaient jadis couverts de forêts de chênes et de hêtres, qui avaient été fort belles, disent les chroniques, mais que les droits d'usage et les incendies allumés volontairement « dans le but d'y faire croître l'herbe pour le pâturage des bestiaux » avaient peu à peu ruinées. En 1824, les 2,000 hectares de bois qui appartiennent aux communes étaient estimés valoir au plus 20 fr. par hectare. Mais, depuis que l'administration forestière les a pris en régie, elle les a si bien reconstitués que, d'après un rapport de M. Louis Breton, publié par la *Revue des eaux et forêts,* elles valent aujourd'hui 400 fr. l'hectare.

Ces bois sont tous traités en taillis sous futaie avec une révolution moyenne de 23 ans. L'intérêt des communes n'est pas de produire du gros bois; ce qui se vend le mieux ce sont les écorces et les bois de chauffage. Dans les vides couverts d'herbes, de bruyères et de genêts, qui restaient au milieu des peuplements de chênes et de hêtres, on a semé des pins maritimes. Dans les endroits très humides, poches argileuses appelées *moïlles,* où les eaux viennent se réunir en flaques marécageuses, il y a des bois blancs (peupliers et saules).

Les Trappistes ont établi un de leurs couvents à Notre-Dame-de-Chambaran, au milieu de terres naturellement ingrates, mais qu'ils cultivent avec soin et dont ils commencent à obtenir d'assez belles

récoltes. Ils n'en sont pas encore à l'emploi des engrais chimiques.
Cependant les phosphates pour toutes les cultures, et le nitrate de
soude semé au printemps sur les blés pourraient beaucoup améliorer
les rendements, comme l'indiquent les analyses suivantes que M. Hitier a faites de leurs terres :

Terre d'un champ argileux, à côté du creux d'où l'on extrait de
l'argile, à Notre-Dame-de-Chambaran (près le château russe). Tout
le plateau cultivé a ce genre de culture. Cette terre est de couleur
jaunâtre, très meuble, fine, sans éléments grossiers.

	CHAUX.	POTASSE.	MAGNÉSIE.	ACIDE phosphorique.	AZOTE.
P. 1,000	0.95	1.00	1.47	0.35	0.37

Argile dont on fait des briques. Cette terre est jaune, très meuble,
fine, sans éléments grossiers.

	CHAUX.	POTASSE.	MAGNÉSIE.	ACIDE phosphorique.	AZOTE.
	3.19	1.40	1.10	0.51	0.76

Terre de bois sur le chemin de Notre-Dame-de-Chambaran. Clai-
rières sur le plateau au milieu des bois : prés et bruyères.

Terre légère, très fine, de couleur gris blanchâtre. Gros sable,
cailloux quartzeux, 50 p. 100 environ.

	CHAUX.	POTASSE.	MAGNÉSIE.	ACIDE phosphorique.	AZOTE.
Terre fine	1.06	0.92	0.82	0.38	1.26
Chiffres réduits d'après la quantité de gros sable . .	0.53	0.46	0.41	0.19	0.63

D. — *Alluvions anciennes préglaciaires* [1].

Les vallées parcourues aujourd'hui par les rivières, à l'intérieur
des Alpes, présentent généralement des alternatives d'évasement et

---

1. J'emprunte une grande partie de cette description des alluvions anciennes et des
terrains glaciaires du Dauphiné à l'excellent livre de Lory, *Description géologique du
Dauphiné*.

de rétrécissement, des bassins successifs communiquant entre eux par des gorges étroites. Cette configuration, si bien décrite depuis longtemps par de Saussure, indique que ces vallées consistaient primitivement en des séries de lacs étagés, se déversant les uns dans les autres par des cataractes, qui ont creusé ou élargi progressivement les gorges par lesquelles les eaux s'écoulent aujourd'hui avec une pente à peu près uniforme.

On reconnaît ces anciens bassins et, en général, les anciens lits des rivières alpines, par les nappes de *cailloux roulés*, de *sables* ou de *limons* dont ils ont été remplis et qui présentent toujours la disposition en couches plus ou moins nettes, mais peu continues, caractéristique des dépôts formés par des rivières plus ou moins rapides. La dénomination d'alluvions anciennes est la plus naturelle et la plus convenable que l'on puisse adopter pour désigner ces dépôts, sans impliquer, toutefois, une détermination précise de l'époque de leur formation.

Dans la région des montagnes, les anciens bassins ont été remplis, quelquefois sur plusieurs centaines de mètres d'épaisseur, par ces nappes de graviers et de cailloux roulés : les barrages ont été corrodés ou détruits plus ou moins complétement, suivant le degré de résistance des roches dont ils étaient formés. Les rivières actuelles coulent dans des lits plus étroits, à pente continue, creusés, tantôt dans les alluvions anciennes, tantôt dans les roches en place qui les supportent ou qui séparent les anciens bassins successifs. Les alluvions anciennes constituent, des deux côtés des rivières actuelles, des terrasses qui les dominent souvent de plusieurs centaines de mètres, et dont la structure est mise à découvert dans des berges escarpées, entamées par de nombreux ravins.

La formation de ces dépôts a commencé après l'établissement définitif du relief actuel, et il a fallu nécessairement un temps très long pour remplir ainsi de nappes de sables et de cailloux roulés les dépressions déjà formées, pour déblayer en même temps et creuser profondément certaines vallées qui, selon toute apparence, n'avaient pas encore leur profondeur actuelle.

Il résulte de là, comme l'a fait très justement observer M. G. de Mortillet que, pendant une partie plus ou moins considérable de la période pliocène, les débris des roches des Alpes ont été employés à combler les bassins inférieurs de ces montagnes, et les eaux, subissant dans ces bassins successifs une suite de décantations, devaient arriver alors dans les plaines à l'état de rivières à peu près limpides, capables de creuser et non de former des atterrissements.

L'époque du remplissage des bassins alpins par les alluvions anciennes doit donc avoir été celle du creusement des vallées dans les plaines subalpines.

Vallée de la Côte-Saint-André. — Les eaux descendant des Alpes dauphinoises et du midi de la Savoie, c'est-à-dire celles du bassin actuel de l'Isère, allaient probablement d'abord rejoindre celles du Rhône par la cluse de Chambéry et le lac du Bourget. C'est alors que se formaient les glaises de Chambaran et de Bonnevaux, qui ont dû constituer autrefois une nappe continue. La formation de ces glaises sur un plateau couvert d'étangs et de marais correspond exactement au remplissage des bassins étagés, dans lesquels consistaient primitivement les vallées à l'intérieur des Alpes. En même temps que les gorges de communication de ceux-ci étaient creusées et élargies, les ruisseaux d'écoulement des lacs et des marais du Bas-Dauphiné se réunissaient et arrivaient à former de petites rivières, qui coulaient toutes, nécessairement, dans le sens de la pente générale du plateau. Ces petites rivières ont creusé des vallées dirigées de l'est à l'ouest, et dont plusieurs, telles que celles de la Galaure et de la Varaise, ont continué à être creusées de cette manière, sans être modifiées par les phénomènes géologiques postérieurs.

Une de ces vallées, la plus importante sans doute, dut naturellement être creusée à partir des points les plus élevés des *Terres-Froides,* où probablement les poudingues miocènes avaient éprouvé quelques déchirements à l'époque des dernières commotions de la Chartreuse, et devaient présenter ainsi des inégalités, des crevasses, capables de servir de réservoirs à de grandes masses d'eau. Le lac de Paladru, contenu dans une vallée profonde, dont l'axe est parallèle aux chaînes de la Chartreuse, reste comme un témoin évident de cet ancien état de choses, et l'aspect des vallées de Virieu, de Valencogne, de Saint-Geoire, coordonnées à la même orientation, tend à faire admettre qu'elles ont servi de lits à des lacs analogues. Les eaux provenant de cette petite région de collines et de lacs durent se creuser des canaux d'écoulement dans le sens de la pente générale, vers l'ouest 10° sud. Telle paraît être l'origine première de deux vallées importantes qui se réunissent en une seule bien avant d'arriver au Rhône : l'une, celle d'Eydoche et de Commelle ; l'autre, celle de la *Côte-Saint-André*. Cette dernière est devenue ensuite d'une importance capitale et a été considérablement agrandie par suite d'une combinaison de circonstances qui en ont fait, à un moment donné, le débouché général des eaux des Alpes dauphinoises sur le versant de l'Isère.

En effet, à l'époque où l'écoulement général paraît avoir eu lieu par Chambéry et le Bourget, la cluse de Grenoble à Moirans était un lac, et rien ne pouvait motiver le creusement de la vallée de l'Isère dans la direction qu'elle suit aujourd'hui, en aval de Moirans. Les collines de mollasse et de poudingues de Saint-Quentin devaient alors faire corps avec celles de Tullins, comme celles de Saint-Aupre avec le reste des Terres-Froides. Mais l'énorme fracture qui avait produit cette cluse ne pouvait pas s'arrêter brusquement à la dernière chaîne calcaire, entre la Buisse et l'Échaillon. Elle se prolongeait nécessairement, à travers les couches de la mollasse relevées sur le flanc de cette chaîne, jusque vers quelque point situé, approximativement, entre Voiron et Rives. Or, c'était aussi près de ces localités que devait passer la vallée d'érosion dont nous venons d'indiquer l'origine ; et il est arrivé un moment où, la cluse de Chambéry étant ensablée, le lac de la vallée du Graisivaudan s'élevant à 500 mètres environ, le barrage a été surmonté et rompu entre Voiron et Rives, et les eaux du bassin de Grenoble ont commencé à se déverser vers le Rhône dans la direction de Voiron à Saint-Rambert, en creusant largement une vallée qui n'était jusque-là que d'une importance secondaire.

La vallée de la Côte-Saint-André fut alors creusée rapidement et tous les graviers du bassin du Drac furent transportés de ce côté ; ils durent combler d'abord la cluse de Grenoble à Moirans, d'où ils ont été déblayés ensuite par des phénomènes que nous analyserons plus loin. A partir de Moirans, on les rencontre jusqu'au niveau de la plaine de Bièvre, près de Rives, à 450 mètres ; il est aisé de réta-

blir par la pensée la continuité qui a dû exister entre cette plaine et
les alluvions anciennes, qui s'élevaient à 500 mètres au moins, auprès d'Eybens. Puis, de Rives au Rhône, on voit ces nappes de cailloux roulés s'abaisser progressivement, pour venir se raccorder avec
les niveaux des terrasses de Roussillon et de Reventin (260 mètres
environ), entre Saint-Rambert et Vienne.

Le tracé du chemin de fer de Saint-Rambert à Grenoble remonte
cette vallée sur toute sa longueur, puis descend dans la vallée actuelle de l'Isère, à Moirans, en coupant les dépôts quaternaires sur
une épaisseur d'environ 250 mètres; de nombreuses tranchées, depuis Beaucroissant jusqu'à Moirans, permettent de suivre avec la
plus grande netteté les différentes parties de ces dépôts.

Toutes les parties profondes de cette coupe appartiennent aux alluvions anciennes; les graviers et cailloux roulés qui les composent
ont tous éminemment le caractère de débris charriés dans de grands
cours d'eau torrentiels; ils ne sont jamais ni impressionnés, comme
ceux des poudingues tertiaires, ni striés, comme ceux des amas erratiques. Toutes les parties supérieures ou superficielles, offrant un
mélange de cailloux roulés avec des débris anguleux, de gros blocs
et de cailloux striés, sont le résultat du remaniement superficiel des
alluvions anciennes, labourées par les phénomènes erratiques et mélangées avec les produits de cette autre phase de la période quaternaire. Des amas erratiques purs surmontent le tout : la butte de
Criel et la plus grande partie de la route de Voiron à Saint-Étienne-
de-Crossey en montrent des exemples ; mais, comme on l'a vu plus
haut, ce genre de dépôt se retrouve indifféremment sur tous les terrains et à des niveaux bien plus élevés que celui des alluvions anciennes de Beaucroissant.

A l'ouest de Rives, à partir de la ligne qui joint Beaucroissant et
Apprieu, commence la plaine en pente régulière, qui s'étend jusqu'à
la vallée du Rhône. Sa partie la plus élevée, entre Beaucroissant et
le Grand-Lemps, s'appelle la *plaine de Bièvre;* son niveau moyen
est d'environ 450 mètres. Du côté du nord de la vallée de Saint-André, le long des collines de mollasse qui la limitent, les terres de la
surface sont assez argileuses ; ce sont les meilleures. Mais, dans tout
le reste de la plaine, il n'y a que des terres très légères qui contien-

nent de 50 à 80 p. 100 de gravier mêlé à du sable coloré en rouge par l'oxyde de fer et très pauvre en calcaire. Le sous-sol est également perméable, un véritable crible, un tonneau des Danaïdes, dans lequel les eaux pluviales s'infiltrent rapidement à une grande profondeur.

M. Collomb-Pradel a fait l'analyse d'un échantillon de cette terre, recueilli par M. Gos à la ferme de Mi-Plaine, dans la plaine de Bièvre. Il y a trouvé :

Poids de l'échantillon. . $2^{kg},790$
Cailloux . . . . 1 ,325 (pas de cailloux calcaires).
Gros sable . . . . . . 0 ,500
Terre fine . . . . . . 0 ,901
Débris végétaux . . . . 0 ,004

Analyse physique de la terre fine, p. 100.

Éléments fins, sableux 89.31
Carbonate de chaux 2.28
Argile 8
Matières organiques 0.44
                                            ───────
                                            100.00

Analyse chimique p. 1000 de la terre fine.

Acide phosphorique 0.23
Potasse assimilable (Schlœsing) 0.816
Carbonate de chaux 2.28
Azote 1.39

Comme la terre fine n'entre que pour un tiers environ dans l'ensemble de la couche arable, il faut, pour apprécier la richesse réelle de cette dernière, réduire tous ces chiffres des deux tiers. On trouve alors pour mille du total de la couche arable seulement :

Acide phosphorique 0.08
Potasse assimilable 0.272
Carbonate de chaux 0.76
Azote 0.46

On voit que c'est une terre bien pauvre. Mais elle a été beaucoup améliorée par l'emploi d'une marne extraite dans le voisinage, au Bas-Iseaux. Cette marne se composait de :

	p. 100.
Argile	18
Sable fin	26.9
Carbonate de chaux.	45.4
Humidité	9 5
Azote	0.038

En effet, le marnage est l'amélioration fondamentale des terres de la plaine de Bièvre et de la vallée de Saint-André, et beaucoup de cultivateurs peuvent en trouver à de faibles distances dans les coteaux voisins de mollasse. Sans marnage, on ne peut y faire que du seigle, du sarrasin et des pommes de terre. A la suite du marnage, la culture du trèfle devient possible.

E. — *Terrains glaciaires.*

D'après MM. Falsan et Chantre, les glaciers du bassin du Rhône, réunis à une partie de ceux de l'Isère, ont couvert de leurs boues, cailloux striés et blocs de roches alpestres, le nord du département de l'Isère jusqu'à Vienne et Lyon. Leurs moraines terminales s'étendent de Vienne et Jardin jusqu'à Thodure dans la vallée de la Côte-Saint-André. Là ils rencontraient une autre branche du glacier de l'Isère, qui débouchait près de Voreppe par la vallée de la Côte-Saint-André, amenant avec lui des blocs des Alpes dauphinoises et c'est leur rencontre qui a formé la belle moraine d'Antimont, près de Thodure. Près de Chambéry et de Culoz, dans le Grésivaudan, les glaciers, pour ainsi dire arrêtés dans leur extension à l'ouest par les chaînes du Colombier, de la Dent-de-Chat et par le massif de la Chartreuse, s'élevaient jusqu'à une hauteur de 1,200 mètres. Mais au delà de Voreppe, la surface du glacier de l'Isère s'abaissa rapidement, dès qu'il put se développer en éventail dans les plaines du Bas-Dauphiné, et son épaisseur n'eut plus que quelques dizaines de mètres.

Dans la partie basse du département de l'Isère, l'extension des dépôts erratiques est circonscrite très nettement, du côté du sud-ouest, par une ligne sinueuse passant par Rovon, Vinay, l'Osier, Morette, le sommet de Morsonna, au nord-ouest de Tullins, Saint-Pierre-de-Bressieu, Viriville, Thodure, Beaufort, Faramans, Champier, Messiés, Jardin et Vienne [1].

En dehors de la ligne ainsi tracée, on ne rencontre jamais de dépôts boueux à cailloux striés et les blocs erratiques ne se trouvent plus que dans des nappes d'alluvions caillouteuses, où ils ont été roulés, usés et arrondis par les eaux, et ne présentent plus les arêtes vives des blocs transportés uniquement par les phénomènes erratiques. C'est seulement à cet état de blocs roulés qu'on les trouve encore aux environs de Beaurepaire et dans la vallée de l'Isère, en aval de Vianay. Les dépôts erratiques manquent complètement sur les plateaux glaiseux de Chambaran, de Bonnevaux, de Cour, de Jardin, etc.

Au contraire, toutes les parties basses du département de l'Isère, situées en dedans de la limite indiquée, ont été généralement recouvertes par les dépôts boueux à cailloux striés et les blocs erratiques : ainsi tout l'arrondissement de la Tour-du-Pin, la majeure partie de celui de Vienne, une partie de celui de Saint-Marcellin, et toutes les parties basses de l'arrondissement de Grenoble, jusqu'à des altitudes qui ne dépassent pas 1,200 mètres près de cette ville, mais qui vont en s'élevant à mesure qu'on pénètre au milieu des hautes chaînes des Alpes.

On peut dire que, dans ces pays, partout où le sol superficiel n'a pas été soit dégradé par les éboulements ou les érosions, soit recouvert par des débris tombés ou par des alluvions de rivières et de torrents, ce sol est formé par les dépôts erratiques ; et la terre végétale provient principalement du remaniement de ces dépôts par les eaux pluviales et les actions atmosphériques.

Les dépôts boueux à cailloux striés forment ainsi un type de sol agricole très répandu, qui couvre au moins les trois quarts de la partie basse du département de l'Isère, et presque tous les flancs de

---

1. Cette ligne est tracée en rouge sur la feuille de Grenoble de la carte géologique détaillée.

vallées et les plateaux cultivables de la région montagneuse dans l'Isère et les Hautes-Alpes. C'est un genre de terre végétale tout particulier, puisqu'il est formé par une trituration simultanée de roches très diverses et non par une décomposition du sol sous-jacent ; il diffère aussi des terres d'alluvion, en ce que les éléments n'en sont pas lavés et séparés suivant leur degré de finesse, en ce qu'on y trouve, au contraire, pêle-mêle, une boue fine et des débris de toutes grosseurs.

Ce genre de sol agricole, que nous avons déjà étudié en Suisse et dans la Haute-Savoie, où on le nomme *diot*, est désigné aux environs de Chambéry, de la Tour-du-Pin, des Avenières, etc., sous le nom de *marc*. Dans son état naturel, c'est une terre peu perméable, dont la partie fine est principalement formée de roches calcaires ou argileuses pulvérisées. Aussi la proportion du carbonate de chaux, dans cette partie fine, est généralement très forte ; sur un grand nombre d'analyses de *marc* provenant de diverses localités des arrondissements de la Tour-du-Pin et de Vienne, cette proportion varie de 20 à 75 p. 100.

Le pays que l'on appelle les *Terres-Froides* se trouve au nord de Voiron, dans les cantons du Grand-Lemps, de Saint-Jean-de-Bournay et de Virieu. Comme dans la Dombes, l'existence des dépôts glaciaires y coïncide avec celle des étangs. C'est la Dombes du Dauphiné, mais elle est plus froide que celle de la Bresse, parce que son altitude est plus élevée ; elle se trouve à environ 600 mètres au-dessus du niveau de la mer. Les brouillards y sont fréquents et les hivers très rudes. C'est un pays de forêts et de prairies. On ne cultive guère que le voisinage immédiat des villages et il est difficile de s'y tirer d'affaire sans conserver des jachères. Autour de Saint-Jean-de-Bournay, on trouve une culture un peu plus intensive ; l'emploi des amendements calcaires a permis d'y introduire le trèfle.

On trouve dans la vallée du Rhône, depuis Lyon jusqu'à Valence, du *lehm* analogue au limon jaune de la Bresse et de la Dombes. Mais, lorsqu'on s'éloigne du Rhône, ce *lehm* devient de plus en plus rare.

Ce limon n'est pas autre chose que de la boue glaciaire remaniée et entraînée par les masses d'eaux qui se formèrent par la fusion du glacier, lorsque celui-ci commença à se retirer. Il est souvent entremêlé de blocs et de graviers qui ont encore conservé leurs angles vifs et même leurs stries glaciaires.

Dans le Dauphiné, dit Lory, je ne connais l'existence du *lehm* que sur des points peu éloignés de la vallée actuelle du Rhône, savoir : dans les cantons de Meyzieu et de Saint-Symphorien (coteaux entre Anthon et Jouage, Janneyrias, Puzignan, Meyzieu, Genas, Saint-Priest, Venissieux, Feyzin, Solaize, etc.) ; puis, sur les coteaux voisins du Rhône, aux environs de Vienne, des Roches, de Roussillon, de Saint-Vallier, de Tain ; enfin, sur le versant ouest de la montagne de Crussol, en face de Valence.

Sur les collines lyonnaises, le *lehm* s'élève à une altitude de 400 mètres, au pied du Mont-Ceindre, à Saint-Didier ; près de Saint-Vallier, il forme le sommet du plateau de Beausemblant, à 367 mètres, où il renferme des ossements ; enfin, sur le revers de Crussol, son altitude est encore de près de 350 mètres.

Une des conséquences de la période glaciaire a été le changement du cours de l'Isère et le creusement de sa vallée actuelle à travers les mollasses qui la barraient autrefois, de Rovon à Saint-Marcellin. Aujourd'hui, l'Isère coule près de Saint-Marcellin dans une gorge étroite dont le fond se compose de mollasse et les bords supérieurs d'alluvions caillouteuses. Ces alluvions forment des terrasses, dont la première est à un niveau de 380 mètres, la deuxième à 328 mètres, la troisième à 287 mètres. Cette dernière, sur laquelle est bâtie la ville de Saint-Marcellin, s'abaisse peu à peu et constitue la plaine de Vinoy et la plus grande partie de la rive gauche, à Rovon, Cognin, Izeron, Saint-Romans, etc. ; elle domine encore le cours de l'Isère actuelle d'environ 70 mètres dans ces localités ; plus loin, d'environ 40 mètres, entre Saint-Nazaire et le lac de Saint-Lattier, et de moins en moins, à mesure qu'elle s'étale pour former la vaste plaine de Romans.

Toutes ces terrasses, comme la première, contiennent beaucoup de blocs erratiques, mais toujours roulés, émoussés, remaniés par les eaux ; on n'y trouve plus ni boue glaciaire, ni aucun caillou strié. Les blocs y diminuent rapidement de nombre et de volume à mesure qu'ils s'éloignent de Saint-Gervais : jusqu'à Saint-Marcellin et à Beauvoir ils sont très abondants et souvent de plus d'un demi-mètre cube, tandis qu'entre Saint-Nazaire et Romans ils sont beaucoup moins nombreux et ne dépassent guère un vingtième de mètre cube. Cependant, la présence de ces petits blocs presque anguleux, aux formes simplement émoussées, que l'on trouve encore dans les gravières de Romans et même plus loin, continue de caractériser jusqu'au bout l'origine glaciaire des terrasses d'alluvions de la vallée actuelle de l'Isère.

Les matériaux dont elles sont formées proviennent tous du glacier de Grenoble, c'est-à-dire de la partie dauphinoise du bassin actuel de l'Isère : la protogyne, les gneiss chloriteux et surtout les gneiss amphiboliques et les diorites de l'Oisans s'y montrent en quantité prédominante ; les quartzites y sont peu abondants et seulement à l'état de galets parfaitement arrondis, détachés des poudingues miocènes. Cette composition distingue nettement les terrasses alluviennes de la vallée de l'Isère d'avec celles de la vallée du Rhône, avec lesquelles elles arrivent en contact en approchant de Tain ; dans celles-ci, les cailloux de quartzite sont toujours extrêmement nombreux, soit qu'ils aient été amenés là directement de la Maurienne et de la Tarentaise, soit qu'ils proviennent, comme c'est le cas pour la plupart, du remaniement des dernières assises de poudingues miocènes.

La formation successive des terrasses de la vallée de l'Isère, à des niveaux de plus en plus bas, est ainsi en rapport intime avec les phénomènes glaciaires et marque les phases du décroissement de l'ancien glacier dans cette vallée créée par lui.

Ce sont des alluvions contemporaines de la dernière période glaciaire plutôt que des alluvions postglaciaires. Mais, comme il est difficile de tracer une limite exacte entre les deux et que leurs caractères agricoles se ressemblent, nous nous occuperons de la vallée basse de l'Isère, en même temps que des alluvions postglaciaires du bassin du Rhône.

F. — *Alluvions postglaciaires.*

« Nous avons désigné ainsi, disent MM. Michel Lévy et Delafond dans la notice explicative de leur belle carte géologique détaillée des environs de Lyon, les alluvions d'âges divers successivement déposées par les torrents qui s'échappaient des glaciers lorsque ces derniers, après avoir atteint leur maximum d'extension, opéraient leur mouvement de recul vers les Alpes. Il y a eu, durant ce recul, des périodes d'arrêt momentané, et il s'est formé alors des dépôts de cailloutis dont quelques-uns fort étendus, notamment ceux des plaines de Villeurbanne, de Meyzieu, de Vénissieux. Le front du glacier occupait à ce moment la ligne des collines passant par Saint-Jean-de-Niost, Saint-Maurice, Janneyrias, Colombier, Saint-Quentin, Saint-Georges-d'Espéranche, et le Rhône coulait à 15 mètres environ au-dessus de son niveau actuel. » Ces *plaines lyonnaises*, limitées au nord et à l'ouest par le Rhône, ou plus exactement par la bande plus ou moins large de son terrain limoneux; à l'est, par les collines calcaires de Cremieu; au sud, par la chaîne des collines que forment les poudingues de la mollasse depuis Saint-Symphorien-d'Ozon jusqu'à la Verpillière, et au pied de laquelle se trouve Teyrieu. Leur superficie est d'environ 50,000 hectares.

Leur sous-sol, de couleur gris clair, est composé de sables et de cailloux en partie calcaires. Le sol est, au contraire, rouge et il a perdu la plus grande partie de sa chaux sur une profondeur qui varie de 0^m,25 à 0^m,60. Au pied des protubérances d'argile glaciaire qui s'élèvent par-ci par-là dans la plaine, et des collines de mollasse qui la bordent au sud, ce sol est quelquefois couvert d'un peu de limon; partout ailleurs c'est un sable siliceux et ocreux, très sec et très perméable. Mais les marnages et, dans le voisinage de Lyon, l'emploi de ses vidanges, l'ont beaucoup amélioré. Les prairies naturelles y sont impossibles, mais l'esparcette, le trèfle et la luzerne y fournissent d'excellents fourrages. Les routes et les chemins qui traversent ces grandes plaines sont bordés de noyers, ou du moins l'étaient avant que le gel en ait détruit une grande partie; ailleurs, on ne voit que quelques rares taillis de chênes dans les endroits trop graveleux pour qu'on puisse les cultiver.

Près des Loyettes, sur son domaine de la Biolière, M. Jules Crevat, le savant agriculteur bien connu par ses travaux sur l'alimentation du bétail, a adopté, pour ses meilleurs fonds, l'assolement suivant :

1° Sur défoncement et fumure, betteraves, pommes de terre ou haricots;

2° Blé avec nitrate de soude au printemps ;

3° Trèfle, plâtré ;

4° Blé ;

5° Sur défoncement d'hiver, fourrage annuel : maïs ou moha. S'il y a du fumier, on fume pour le maïs. S'il n'y en a pas, on fume pour le blé qui suit ;

6° Blé, avec nitrate au printemps ;

7° Trèfle, plâtré ;

8° Blé.

Ce sont deux assolements de 4 ans qui se suivent.

Dans les mauvais fonds, M. Crevat fait :

1° Sur défoncement et fumure, sarrasin ;

2° Maïs-fourrage ;

3° Avoine avec fumier de ferme ;

4° Anthyllis vulneraria ;

5° Blé ;

6° Maïs-fourrage.

Dans les terrains les plus éloignés de la ferme, où les transports de fumier seraient trop onéreux, M. Crevat fait du trèfle avec des phosphates et des sels de potasse. Il l'enfouit en vert et sème du blé. Mais, comme on donne un seul labour pour enfouir le trèfle et semer le blé, la terre est envahie par les mauvaises herbes à tel point que tous les 4 ou 5 ans il faut faire une jachère pour les détruire.

Les *plaines lyonnaises* sont, du reste, loin d'avoir partout la même altitude. Elles forment de longs gradins, échelonnés à divers niveaux, depuis 250 mètres environ à Heyrieu et à Saint-Laurent-de-Mure jusqu'aux alluvions modernes du Rhône, au bord desquelles elles forment des berges très prononcées, appelées les *Balmes viennoises*. Ces berges se poursuivent sans interruption depuis Jonage jusqu'à Saint-Fons.

La terrasse qui s'étend entre Saint-Fons et Sérézin et qui supporte le village de Solaize présente une coupe analogue à celles que l'on trouve à Lyon même, par exemple dans les falaises du faubourg Saint-Clair. A sa base, on aperçoit la mollasse marine, qui est exploitée dans les 5 carrières de Saint-Fons et qui se montre encore au delà de Feyzin. Au-dessus vient une grande épaisseur de cailloux roulés, qui sont des alluvions anciennes ou cailloutis des terrasses. Enfin, le plateau de Solaize, qui se trouve à 245 mètres d'altitude, est recouvert d'une nappe épaisse de *lehm* fin, jaunâtre, sur lequel sont dispersés quelques blocs erratiques.

Au-dessous de Vienne se montrent aussi des terrasses très étendues : depuis les roches de Condrieu jusqu'au delà d'Andancette, le chemin de fer est constamment tracé sur ces terrasses. A Saint-Rambert, elles se raccordent avec les alluvions qui forment le sol de la *Valloire*. Plus loin, aux environs de Tain, ces alluvions étagées confluent avec les terrasses de l'Isère ; elles forment les *plaines de Valence*, où l'on distingue facilement plusieurs gradins bien tranchés au-dessus de celui qui porte la ville et qui domine encore le Rhône de plus de 20 mètres.

Le sol de ces plaines, comme celui des plaines lyonnaises, est aride et très perméable : les eaux pluviales qui filtrent au travers ressortent en sources abondantes, au pied des berges, au bord des alluvions modernes.

Voici, d'après les analyses de M. Joulie, la composition chimique de la terre fine de quelques alluvions anciennes des vallées de l'Isère et du Rhône dans le département de la Drôme :

LOCALITÉ et NATURE DE LA TERRE.	AZOTE.	CHAUX.	MAGNÉSIE.	POTASSE.	ACIDE phosphorique.
	p. 1,000.	p. 1,000.	p. 1,000.	p. 1,000.	p. 1,000.
Valence. — Grande culture	1.38	265.92	3.61	0.95	0.388
— —	1.19	7.00	2.20	2.31	0,040
Saulce. — Terre de culture	1.12	127.83	2.49	0.80	traces
— Luzerne de 6 ans	0.96	127.83	2.80	0.88	0.166
Alixan. — Grande culture. Sol.	1.69	193.04	3.82	1.22	0.481
— — Sous-sol	0.84	269.24	1.92	0.69	0.113
— — Sol.	1.24	101.60	3.31	1.81	0 848
— — Sous-sol	0.75	162.06	1.75	0.93	0.396
— — Sol.	0.93	83.82	3.82	1.69	0.363
— — Sous-sol	1.19	104.56	2.10	1.60	0.567
— — Sol.	1.10	68.58	3.14	1.63	0.727
— — Sol.	1.42	256.54	3.95	1.41	0.909
— — Sous-sol	0.91	363.34	2.01	1.10	0.737

On sera frappé de l'extrême pauvreté de ces terres en potasse et surtout en acide phosphorique, pauvreté qui est d'autant plus grande que ce sont des terres graveleuses dans lesquelles la terre fine n'est pas très abondante. Évidemment, même avec l'irrigation, ces terres ne peuvent pas donner d'abondantes récoltes sans l'emploi d'engrais riches en acide phosphorique. L'eau de la Bourne qui arrose la plaine de Valence ne contient, d'après les analyses de M. A. Müntz, que $0^{gr},093$ par mètre cube d'acide phosphorique. Voici les résultats complets des analyses que M. A. Müntz a faites des eaux de la Bourne et de l'Isère :

	EAU DE LA BOURNE.		ISÈRE.	
Matières en dissolution par mètre cube.				
Poids total des matières dissoutes.	$100^{gr},000$		$175^{gr},000$	
Contenant :				
Azote nitrique	0 ,038		0 ,223	
Azote ammoniacal	0 ,100	$0^{gr},268$	0 ,110	$0^{gr},473$
Azote organique	0 ,130		0 ,140	
Acide phosphorique.	0 ,078		0 ,044	
Potasse.	2 ,180		3 ,390	
Chaux	80 ,000		65 ,000	
Magnésie	4 ,000		10 ,000	
Acide sulfurique	4 ,100		48 ,000	
Matières en suspension.				
Poids total.	9 ,400		300 ,000	
Contenant :				
Azote organique	0 ,020		0 ,310	
Acide phosphorique.	0 ,015		0 ,388	
Potasse (attaquable aux acides) .	0 ,024		0 ,648	
Chaux.	3 ,570		47 ,640	
Magnésie	0 ,127		0 ,100	

Le canal de la Bourne, dérivé de la rivière du même nom, affluent de l'Isère, est destiné à l'arrosage de la plaine située à l'est de Valence. Les travaux ont été déclarés d'utilité publique par une loi du 21 mai 1874, qui a accordé en même temps la concession du canal pendant quatre-vingt-dix-neuf ans à une société anonyme, et a alloué à cette société une subvention de 2,900,000 fr.

La dotation du canal est de 7,000 litres; le périmètre dominé est de 22,000 hectares, dont 10,500 seulement sont arrosables. Le canal principal a une longueur de 51 kilomètres.

Les travaux ont été terminés et le canal principal mis en eau en 1882. Malheureusement, par suite de la diminution du débit d'étiage de la Bourne et de l'extrême perméabilité des terrains traversés, il a été impossible, au début de l'exploitation, de conduire à l'extrémité du canal la quantité d'eau nécessaire pour assurer le service des irrigations.

Une loi du 22 juillet 1887 a autorisé l'exécution, aux frais de l'État, des travaux nécessaires pour remédier à ces inconvénients.

Les travaux d'étanchement destinés à faire disparaître les infiltrations sont en voie d'achèvement [1].

Au-dessous de Valence, la rive gauche du Rhône offre encore de nombreux exemples de terrasses d'alluvions anciennes très élevées au-dessus du cours actuel du fleuve. Telles sont les terrasses de Fontlauzier, celles de l'Étoile, de Montélimar, etc., et, à des niveaux plus bas, des plaines d'alluvions de différents âges, jusqu'à celles de l'époque actuelle.

Fontannes a divisé les alluvions anciennes de la vallée du Rhône en *alluvions rhodaniennes* à éléments alpins (quartzite, diorite, etc.) et en *alluvions régionales* à éléments souvent calcaires, variant d'ailleurs avec les roches qui encaissent les divers bassins.

Dans le Bas-Dauphiné septentrional, cette distinction n'existe pas; les alluvions régionales, comme celles de la vallée de Beaurepaire, de l'Isère, étant composées, comme celles des terrasses rhodaniennes, d'éléments alpins, il restait donc à fixer la limite septentrionale des alluvions régionales. Fontannes dit que cette limite suit à peu près une ligne passant par Valence et Saint-Nazaire. Au-dessous de cette latitude, on ne trouve d'alluvions anciennes à galets de quartzites que sur les collines qui bordent la plaine du Rhône. Ces collines sont en vignes ou, quand leurs terres caillouteuses n'ont pas assez de profondeur, en *garrigues*, bois de chênes verts ou maigres pâturages de printemps.

---

1. Note de la direction de l'Hydraulique agricole. *Annales agronomiques*, 1891.

Dans les alluvions rhodaniennes, qui sont, en général, très pauvres en calcaires, la chlorose est pour ainsi dire inconnue. Ce sont les terrains de prédilection des vignes américaines. Aussi y a-t-il déjà de nombreux exemples de reconstitution de vignobles par les plants américains greffés en cépages français, à Lapeyrouse-Mornay, Épinouze, Saint-Sorlin, Saint-Rambert, Romans, Valence, Loriol, Montélimar, Allan, Cléon, etc.

§ 4. — La Provence[1].

Continuons, vers le sud, notre voyage à travers les terrains tertiaires et quaternaires de la France.

Au-dessous de Montélimar, la vallée du Rhône se resserre et, à la hauteur de Viviers, elle n'est plus qu'un étroit défilé entre les montagnes de l'Ardèche et les premiers contreforts des Alpes du Dauphiné. Mais tout à coup elle s'ouvre et nous entrons dans la vaste plaine qui appartenait autrefois au Comtat et à la principauté d'Avignon. Les premiers oliviers apparaissent au milieu des vignobles; c'est le climat et l'agriculture de la Provence que nous allons trouver.

A. — *Éocène.*

Au commencement de l'époque tertiaire, cette plaine était un golfe qui s'étendait entre les Cévennes et les Alpes, si toutefois les Alpes existaient. Dans tous les cas, ces Alpes n'avaient pas encore atteint les reliefs qu'elles ont aujourd'hui et c'est pourquoi nous trouvons, au milieu d'elles, des dépôts éocènes dont les uns appartiennent au type marin du nummulitique, et dont les autres sont d'origine lacustre.

Les premiers ont une épaisseur de 1,800 mètres dans le département des Basses-Alpes, aux environs de Barcelonnette, dans le bassin de l'Ubaye. Ce sont des calcaires et des grès à nummulites et des flysch qui ressemblent à ceux des Hautes-Alpes et de la Savoie. Le

---

1. Départements de Vaucluse, des Basses-Alpes, des Alpes-Maritimes, du Var et des Bouches-du-Rhône.

tout repose sur les marnes et les calcaires de l'oolithe inférieure et forme un ensemble de terrains qui seraient d'une grande fertilité, si leurs pentes supérieures étaient restées couvertes de forêts, mais que les torrents entraînent depuis que la plupart de ces forêts ont disparu. M. Demontzey a remarqué que celles qui existent encore se trouvent presque exclusivement situées aux expositions froides, variant du nord-est au nord-ouest, là où le défrichement ne permettait pas de créer d'aussi bons pâturages qu'aux expositions du sud et de l'ouest[1].

Dans le bassin de l'Ubaye, l'administration forestière a fait des travaux de reboisement et de correction de torrents, qu'un forestier bavarois, M. de Raesfeld, a décrits ainsi qu'il suit, après les avoir visités en 1883 : je suis heureux d'avoir l'occasion de montrer la haute estime que les étrangers ont pour cette grande œuvre et de m'associer aux éloges qu'ils font de notre administration :

« L'Ubaye, affluent de la Durance, précipite son cours du haut de la région où passe la ligne de partage des eaux entre le bassin du Pô et celui du Rhône, ainsi que la frontière franco-italienne, dont le point culminant est au Mont-Viso.

« Les montagnes qui forment la vallée de l'Ubaye auprès de Barcelonnette atteignent l'altitude de 2,600 à 3,300 mètres. Bien qu'il ne s'y trouve pas de glaciers proprement dits, la neige en couvrait encore les sommités au milieu du mois de juin. On est surpris de voir ces montagnes dénudées bien au-dessous de la zone qui s'étend d'ordinaire entre la limite des neiges et celle de la végétation.

« Suivant toute apparence, la végétation forestière a disparu depuis plusieurs siècles déjà ; cela tient à l'exercice immodéré du pâturage et à la violence des pluies, les parties meubles du sol ne tardant pas à être entraînées par les eaux avant qu'aucune plante n'ait pu y prendre pied.

« L'effritement, l'érosion, la dislocation du sol, le glissement des couches superficielles, la naissance de ravins, rigoles et crevasses sont particulièrement facilités par la formation à laquelle appartient la chaîne principale des Alpes. Les roches qui apparaissent à la sur-

---

1. Demontzey, *Restauration des terrains en montagne.*

face sont des schistes argileux et calcaires prompts à se désagréger. Formé rarement d'un fond rocheux résistant (calcaires à nummulites), le lit des cours d'eau est assujetti à l'affouillement vertical, en même temps que l'érosion latérale augmente l'escarpement des berges ; de telle sorte que, sans parler de la masse de cailloux roulés qui s'accumulent par suite de la décomposition lente des masses rocheuses des régions supérieures et sont entraînés par les eaux, l'œuvre de destruction s'accomplit également dans les régions inférieures avec une puissance, une rapidité dont on a peine à se faire une idée.

« Ce travail incessant se révèle par les blocs qui s'amassent au fond des thalwegs. Comme les canaux d'écoulement s'en trouvent souvent encombrés, les torrents divaguent, rendant précaire toute espèce de culture. Ils deviennent ainsi un danger permanent pour les routes comme pour les villages, et exercent en particulier sur le cours de l'Ubaye la plus funeste influence.

« Ce triste état de choses dans la vallée de l'Ubaye s'est maintenu jusqu'au moment (il y a de cela vingt ans) où, grâce aux dispositions de la loi du 28 juillet 1860, l'administration forestière commença à appliquer au reboisement les procédés qu'indiquait la nature, et ceux que l'expérience acquise mettait à la disposition des agents pour arrêter les progrès du fléau.

« Dans cette région classique des torrents dont le reboisement offrait, à un si haut degré, le caractère d'urgence, on choisit tout d'abord la contrée de Barcelonnette comme un champ tout indiqué à l'activité des agents. Avant de commencer les travaux proprement dits, on entreprit des études préalables comprenant la démarcation des divers bassins de torrents (périmètres), le lever des plans, des profils en long, en travers, et le devis estimatif des dépenses. Le pacage des moutons fut interdit dans l'enceinte des périmètres, et l'administration des forêts mise en possession provisoire des terrains à restaurer.

« Pour l'exécution des travaux de correction, on fut tout d'abord guidé par l'ouvrage de Surell, *Études sur les torrents des Alpes*, dont l'auteur avait depuis longtemps préconisé le reboisement comme le moyen le plus efficace de restauration. Nul mieux que M. Demontzey, à qui l'on avait d'abord confié la direction des travaux de l'espèce dans le département des Alpes-Maritimes, et ensuite dans celui des Basses-Alpes, nul ne sut mieux mettre en pratique les leçons de Surell. »

Après avoir donné des détails sur les systèmes de barrage établis dans les torrents, M. de Raesfeld ajoute : « En même temps que l'on élève ces barrages, et que l'on effectue les travaux de drainage propres à prévenir les glissements, on procède au reboisement des montagnes, savoir : en situation basse où le climat est le moins rude, par l'introduction de bois feuillus et notamment du frêne, de l'orme et de l'acacia, etc. ; plus haut, par de vastes plantations de pins (*Pinus sylvestris, laricio* ou *austriaca*) ; enfin sur les sommités (jusqu'à 3,000 mètres environ), à l'aide de mélèzes et de cembro.

« Comme on préfère, pour plus de sûreté et de célérité, la plantation au semis, on a établi de nombreuses pépinières à diverses altitudes, suivant les essences et les besoins ; on les cultive avec un soin parfait. En général, le succès des plantations s'obtient d'une façon extrêmement remarquable et déjà l'on peut voir de loin des versants de montagne naguère dénudés, où la présence du mélèze, celle du pin, se révèlent par la nuance du vert propre à ces deux essences.

« Mais cela ne va pas partout ni si vite, ni si facilement, souvent les berges escarpées des torrents sont réfractaires à toute végétation forestière. Il faut se contenter, en ce cas, d'y jeter d'abord de la graine de sainfoin, on obtient ainsi par-ci par-là quelques traînées de verdure qui offriront plus tard en se propageant un abri temporaire aux pins et autres plants. On forme aussi des haies horizontales en plantant par lignes parallèles une espèce d'arbuste qui s'enracine fortement (*Prunus Briançon*). Derrière les haies ainsi formées, l'humus s'accumulant peu à peu, prépare la place aux racines d'autres bois plus précieux. Il n'y a rien à attendre des semis naturels, les arbres semenciers faisant complètement défaut.

« Quoique le sapin habite naturellement certains contreforts des Alpes occidentales, on ne l'emploie pas immédiatement au reboisement des montagnes nues ; mais on espère que, plus tard, une fois le sol couvert et bien abrité, on pourra revenir à cette essence. Il en est de même de l'épicéa. Par contre, dans maintes régions où aucune autre essence ne réussit d'ailleurs, on ne dédaigne pas de recourir au pin à crochets (*Pinus montana*) malgré son peu de valeur vénale.

« Tels sont, à grands traits, les quelques moyens fort simples et qui, pour la plupart, ne sont pas nouveaux, à l'aide desquels s'accomplit la grande œuvre du reboisement des Alpes françaises. La dépense n'est pas sans importance ; la construction des barrages, notamment, coûte fort cher.

« Sur l'ensemble des frais, on compte un tiers pour le reboisement proprement dit et deux tiers pour les travaux de consolidation. Jamais le montant de la dépense ne sera couvert par les forêts créées qui n'entreront en production que tardivement, peut-être seulement au bout d'un demi-siècle. Mais si l'on tient compte des avantages de toutes sortes que les régions inférieures (vallées et plaines) retireront de ces travaux, la haute utilité de ces travaux ne saurait être mise en question.

« Les résultats déjà obtenus s'apprécient au mieux d'après les changements qui se sont opérés dans le bassin d'un des torrents les plus dangereux, voisin de Barcelonnette, dont le traitement remonte à treize ans environ et qui est aujourd'hui complètement corrigé ; c'est celui du Bourget.

« Les berges de ce torrent sont tout à fait consolidées et verdoyantes jusqu'à une grande élévation ; l'eau s'écoule constamment claire. Le cône de déjection où se trouve le hameau du Bourget avec ses champs et ses prés, n'est plus envahi comme autrefois par des coulées de graviers, ni brusquement raviné par les eaux. La valeur et la production des terres labourables augmentent chaque année. »

L'*éocène* se trouve également dans les Alpes-Maritimes, aux environs de Nice et à Menton ; le nummulitique y est représenté par des calcaires et des schistes, et le flysch par un puissant ensemble de marnes, d'argiles et de grès dits *grès de Menton*, avec empreintes végétales carbonisées, *chondrites*. De là, il pénètre en Italie et forme, sur les bords de la Méditerranée, les côtes merveilleuses au-dessus desquelles serpente la route de la Corniche. Dans tout le reste de la Provence, du côté de l'ouest, les terrains tertiaires les plus anciens présentent des caractères qui diffèrent complètement de ceux que nous leur avons vus dans les Alpes centrales.

Aux environs d'Apt, de Rustrel et de Gignac, ce sont des sables quartzeux, blancs, jaunes ou rouges, souvent riches en concrétions ferrugineuses, et des argiles à teintes bariolées qui rappellent le bolus ou terrain sidérolithique des montagnes du Jura. A Ganges, l'oligocène est représenté par des argiles gypsifères et des calcaires à lits marneux. Imperméables comme celles du crétacé, ces marnes tertiaires provoquent des crues intenses dans les cours d'eau, quand de fortes pluies viennent tomber sur elles et amènent dans la Durance les sulfates que l'analyse chimique y constate en abondance.

Dans le bassin de l'Arc, aux environs d'Aix, nous trouvons, au-dessus des sables et argiles bigarrées qui terminent le crétacé et qui donnent au paysage un aspect si caractéristique, des dépôts lacustres qui appartiennent à l'éocène et à l'oligocène, et qui sont remarquables par les gypses et les lignites qu'ils renferment.

Ils débutent par un conglomérat de rivage, à cailloux jurassiques ou infracrétacés, remplacé, dans le centre du bassin d'Aix, par des marnes rouges avec grès. Leur ensemble a 50 mètres de puissance (e³ de la feuille d'Aix de la carte géologique détaillée). Puis viennent :

1° Des calcaires blanchâtres à silex pyromaques, marnes et masses de gypse à poissons, insectes, *Cypris*, etc. ;

2° 10 à 15 mètres de sable marneux jaunâtre et grès ;

3° 20 à 25 mètres de calcaire compact avec lits marneux à *Cerithium* (*Potamides*) *margaritaceum*, *Potamides Laurae*, *Cyrena aquensis* ;

4° 80 à 100 mètres de marnes grises ou jaunâtres et calcaires à *Helix Ramondi*, etc.

B. — *Miocène.*

La mollasse marine du miocène (*Helvétien*) apparaît de tous côtés dans les vallées du Rhône et de la Durance, appuyée sur les terrains crétacés et jurassiques qui forment les premiers contreforts des Alpes ou qui s'élèvent en collines éparses au milieu des graviers quaternaires et des alluvions de la grande plaine.

Partout la base de cette mollasse est constituée par un conglomérat à galets siliceux verdâtres. Puis, d'après Fontannes, on trouve successivement, entre Saint-Paul-Trois-Châteaux et Bollène, des mollasses marno-calcaires à *Pecten præscabriusculus* et à *P. subbenedictus*, un *calcaire moellon* jaune, à grains fins et tendres, que l'on exploite, comme pierre d'appareil, à Aix, et des sables et grès à *Ostrea crassissima* et *Pecten Gentoni*, assise qui est particulièrement puissante dans le bassin de Crest.

Dans le sud du département de Vaucluse, cette zone à *Pecten Gentoni*, au lieu d'être composée de sables, est formée par des argiles bleues ; ces argiles se voient principalement sur les collines qui s'étendent de Sorgues à Saint-Remy.

Aux sables et grès succèdent, dit M. de Lapparent, dans les bassins de Visan et de Cucuron des mollasses et marnes très fossilifères (mollasse de Cucuron et marnes de Cabrières) avec *Pecten vindascinus*, second horizon d'*Ostrea crassissima* et *Cardita Jouanneti*.

Avec cette dernière invasion de la mer miocène, qui ne s'est pas étendue plus haut que le Comtat, et après laquelle la chaîne des Alpes avait acquis son principal relief, on ne voit plus se déposer que des couches saumâtres et puis la mer cède définitivement la place aux eaux douces, qui déposent les calcaires à *Helix Christoli* de Vaucluse et les *limons rouges de Cucuron*.

Le village de Cucuron est situé sur une colline de mollasse, au sud du mont Léberon. Dans ses environs, les limons rouges ont une épaisseur d'une centaine de mètres. D'après M. Gaudry, qui a fait une étude magistrale sur les fossiles qu'ils renferment entre Cucuron et Cabrières, ces limons représentent une formation terrestre, produite par l'usure des roches des montagnes et le transport de leurs éléments détritiques. Leur apparence est à peu près la même dans le miocène supérieur du Léberon, dans celui du mont Redon (Aude), dans le miocène moyen de Paumiers, au nord des Pyrénées, et dans le pliocène de Montpellier, au-dessus des sables marins. Ce sont des limons tantôt sableux, tantôt marneux, renfermant quelquefois des cailloux ; ils sont mêlés de gris et d'un peu de blanc, mais leur teinte la plus fréquente est la teinte rougeâtre. Au sud du mont Léberon, des ravins profonds mettent le limon rouge à nu sur de vastes surfaces.

M. de Lapparent rapporte encore au miocène les *couches à congé-ries* de Bollène. Ce sont des marnes, des grès calcaires et des faluns développés à Bollène, à Théziers, à Saint-Ferréol et caractérisés par *Congeria subcarinata, C. dubia, C. simplex.*

La mollasse, souvent recouverte de limon ou de graviers plio-cènes, forme les plateaux ou protubérances de Châteauneuf-Calcer-nier, Bédarrides et Entraigues, Châteauneuf-de-Gadagne, ainsi que la montagnette au sud de Barbentane, épars dans la plaine à peu de distance du Rhône.

L'étroit chaînon qui s'étend du nord au sud, depuis Sorgues jus-qu'à Saint-Remy, et qui, sur la rive gauche de la Durance, porte à son sommet cette couverture 'de cailloux siliceux qui lui a valu le nom de *Petite Crau,* est constitué par des marnes argileuses bleuâ-tres, souvent sableuses, qui reposent sur la mollasse à *Pecten præ-scabriusculus.* Cette mollasse affleure depuis Saint-Remy jusqu'au Mas-Blanc, au pied septentrional des Alpines.

Dans les Alpines, la mollasse se trouve également du côté de Ta-rascon, appuyée sur le calcaire lacustre des Baux et le néocomien qui forment leur masse principale.

D'après M. Paul de Gasparin, il y a, dans son domaine de Pome-rol, situé dans les Alpines, près de Tarascon, trois natures de terres : 1° des sols pierreux et sablonneux très profonds, contenant très peu d'alumine attaquable, très perméables, très maigres et généralement affectés à la culture des oliviers, qu'on nourrit avec des engrais ap-pliqués à chaque pied. Ces sols sont appelés dans le pays, assez im-proprement, des *grès,* car ils ne contiennent pas trace de ce que les minéralogistes nomment grès et sont formés de fragments plus ou moins atténués des couches calcaires de mollasse et de néocomien ; 2° des terres marneuses, mélange d'alluvions du Rhône et de la Du-rance et des débris impalpables des roches calcaires qui ont formé les grès. Ces terres imperméables contiennent une forte proportion d'argile, sont presque impénétrables à la culture pendant les séche-resses et présentent de vastes flaques d'eau dans les temps humides ; 3° des terres intermédiaires, faisant le passage des uns aux autres, ayant pour sous-sol les terres argileuses et constituant une couche supérieure d'une épaisseur variable. Mieux pourvues de ressources alimentaires que les grès, moins riches que les terres fortes, elles ont l'immense avantage, partout où l'épaisseur est suffisante, de résister aux sécheresses, de se ressuyer après les pluies et, par conséquent, d'être perméables, aérées et cultivables en tout temps. On les appelle dans le pays *mi-grès*.

M. Paul de Gasparin a trouvé que 100 grammes de mollasse des Alpines contiennent 9^{gr},053 de silice et silicates, 50^{gr},7 de chaux et 0^{gr},044 d'acide phosphorique. La décomposition de cette roche, dit-il dans ses *Recherches agronomiques*, est amenée par des mousses diversement colorées qui attaquent la surface sur laquelle elles sont adhérentes ; à un certain point de leur végétation, elles se détachent sous la pression du doigt, entraînent avec elles des fragments de roche désagrégée et laissent une surface rugueuse. A ces mousses primordiales succèdent des mousses vertes plus développées qui, enlevées, montrent, entre leurs racines, des débris rocheux et terreux mêlés à des matières organiques noirâtres. Enfin, après ces mousses, on voit apparaître un lichen qui, dans les hivers rigoureux et surtout par le séjour prolongé de la neige, acquiert un développement aérien qui permet de le recueillir sans aucun mélange du sol où il a pris naissance. Les cendres de ce lichen renferment p. 100 :

Silice et silicates.	32.900
Acide phosphorique.	1.700
Chaux	31.950
Magnésie	0.950
Potasse.	0.880
Sesquioxyde de fer	2.780

On voit que le lichen a fait dans la roche mollassique une sorte de triage, en concentrant la potasse et l'acide phosphorique qui se trouveront désormais mêlés à la terre sous forme de débris organiques. L'analyse physique de cette terre a démontré qu'elle contient :

Pierres.	21.50
Sable.	62.15
Matières impalpables	16.35
	100.00

L'analyse chimique du sable et de la partie fine réunis a donné les résultats suivants :

Silice et silicates inattaquables	316.20
Chaux.	344.50
Magnésie	3.10
Potasse.	0.34
Sesquioxyde de fer	20.30
Acide phosphorique.	0.57
Matières organiques.	37.37
Eau de combinaison et acide carbonique	277.65
	1,000.00

Il est remarquable, ajoute M. de Gasparin, que le lichen et les végétaux qui l'ont précédé et lui ont succédé aient établi dans la partie productive du sol arable justement cette proportion des éléments minéraux principaux que l'on trouve dans les cendres du lichen et que, notamment, une roche calcaire ait, sous l'influence de la végétation, égalisé, dans la terre qui en dérive, l'élément binaire chaux et l'élément binaire silice.

C'est une terre riche en chaux, en acide phosphorique et en potasse ; tous les agriculteurs du pays savent qu'elle est beaucoup plus fertile que celle qui est fournie par la décomposition des calcaires néocomiens du voisinage.

Voici les résultats des analyses, faites également par M. Paul de Gasparin, de deux sources considérables qui émergent dans la chaîne des Alpines, à environ 50 mètres au-dessus du niveau de la mer, soit dans les couches de la mollasse même, soit au contact de cette mollasse avec les roches néocomiennes sur lesquelles elle repose ; la première est la source de Fontenille, qui coule à l'extrémité occidentale de la montagne ; la seconde alimente la ville des Baux.

Elles contiennent par litre en milligrammes :

	FONTENILLE.	BAUX.
	milligrammes.	milligrammes.
Carbonate de chaux	321,00	155,30
Carbonate de magnésie.	11,34	15,80
Chlorure de sodium	10,30	15,00
Potasse	6,70	3,00
Silice	7,00	7,20
Acide phosphorique	0,20	0,21

Employées à l'irrigation des terres calcaires qui se trouvent au-dessous de la mollasse, elles peuvent donc leur fournir des quantités notables de potasse.

Au sud des Alpines, la mollasse helvétienne se prolonge sous les graviers pliocènes de la plaine, comme le prouvent quelques affleurements au centre même de la Crau, et elle reparaît de l'autre côté de cette plaine, dans les collines qui l'entourent, à Salon, Miramas, Istres, Plan-d'Aren, Saint-Mitre.

Mais les zones qui la constituent ne sont plus tout à fait les mêmes que dans le département de Vaucluse. A sa base, on trouve toujours un conglomérat à galets siliceux verdâtres, puis un banc compact à *Ostrea crassissima*, qui passe à une marne sableuse jaune vif à moules de bivalves et à un calcaire marneux, blanchâtre ou rose à Bryozoaires. Ces deux couches, qui ont environ 20 mètres d'épaisseur, sont surmontées d'une mollasse calcaire blanchâtre ou rose à Nullipores, que l'on exploite à Istres, au Ponteau, à la Couronne. Elle affleure dans tout le plateau qui s'étend de Saint-Chamas à Martigues et en outre sur les falaises de la Couronne et de Sainte-Croix. Enfin, on trouve une zone de sables jaunâtres marneux (*safre*), qui alterne avec des bancs gréso-calcaires et qui est caractérisée par *Pecten scabriusculus, P. ventilabrum,* etc... Cette zone forme le sommet des plateaux de Saint-Chamas, de la butte Saint-Michel, d'Istres, de Plan-d'Aren, etc.

La chaîne de la Trévaresse, qui sépare la vallée de la Durance du bassin d'Aix, commence près de Salon par des collines de mollasse. Le sommet de ces collines est souvent complètement nu ; sur quelques-unes on voit, par-ci par-là, des pins, des chênes kermès ou des taillis de chênes verts. Sur les fortes pentes, on soutient la terre au moyen de murs, qui sont échelonnés les uns à la suite des autres et forment ainsi des terrasses plantées en vignes, en oliviers, en amandiers, etc.

La vigne est souvent cultivée en allées doubles ou simples, dites *aoûtins*, séparées par des oullières de 3 à 8 mètres de largeur, cultivées en céréales ou en légumes. Dans la vallée du Rhône, le mistral oblige à tailler la vigne en souches plus basses que dans les lieux abrités, où elle grimpe sur les arbres disposés en rangées entre les parcelles de champs. L'amandier supporte les terrains les plus maigres et les plus pierreux ; il ne craint pas la sécheresse. Les oliviers occupent les penchants des collines, aux expositions est et sud. Exceptionnellement on les trouve au bas de ces collines, et lorsqu'on peut les arroser, ils donnent beaucoup plus, mais il faut alors les fumer toutes les années. Les arbres fruitiers de toutes sortes, figuiers, pommiers, poiriers, pruniers, cerisiers, abricotiers, noyers, abondent dans les jardins et dans les champs ; dans les lieux abrités, les grenadiers et les jujubiers.

Pour la fumure, on emploie beaucoup de tourteaux de sésames ou d'arachides, que fournissent les huileries de Marseille.

Comme fourrage, celui qui réussit le mieux dans les terres sèches et calcaires de la mollasse, c'est l'esparcette. Le trèfle et la luzerne ont besoin d'un sol plus frais, ou bien il faut qu'on puisse les arroser.

Le domaine de la Valduc, qui appartient à M. le marquis de Saporta, est compris dans la commune d'Istres. Il s'étend jusque dans la Crau, mais la partie du domaine où se trouvent les vignes, occupe, à l'extrémité nord de l'étang de la Valduc, le pourtour et la base d'un grand coteau, appelé Coteau de Borel. Ce coteau est formé, comme toutes les hauteurs voisines, d'un escarpement de roches mollassiques, disposées en assises puissantes ; celles du haut sont caverneuses et pétries de coquilles marines, tandis que celles des parties inférieures sont plus tendres, constituées par une masse marno-sableuse d'un gris jaunâtre, qui se délite facilement et dont les détritus accumulés composent exclusivement la terre arable des champs situés au pied du coteau. Une branche du canal des Alpines suit à mi-côte les flancs de ce coteau et permet d'arroser toutes les terres situées en contre-bas.

Dans la Crau, dont le sol maigre, caillouteux et peu profond offrait pourtant des conditions favorables à la vigne, la marche du phylloxéra fut rapide et foudroyante dans ses effets. Mais on le vit se ralentir dans les terres de mollasse du coteau et des applications de sulfure de carbone, faites par M. Marion, ont régénéré les vignes situées dans ces dernières.

La ville de Marseille est bâtie sur des dépôts tertiaires d'origine lacustre et de l'époque oligocène ou miocène. D'après M. Depéret, les bords de ce bassin tertiaire sont formés par un calcaire, tantôt en plaquettes minces, tantôt compact et cristallin, comme à Lestagne. Du gypse y est intercalé aux Camoins et à Saint-Jean-de-Garguier. Au-dessus de ces calcaires et au centre du bassin, on trouve une série de poudingues avec intercalations de sables et d'argiles rouges ou jaunes, dans lesquelles il est fort difficile d'établir une subdivision. Près de Marseille, on peut distinguer les argiles rouges de Saint-Henri et les argiles jaunes de Marseille avec poudingues intercalés. (*Feuille de Marseille de la carte géologique détaillée.*)

C. — Pliocène.

Au-dessus des marnes à congéries de Bollène, on trouve les *marnes bleues* et *faluns de Saint-Ariès,* qui sont cantonnés dans les dépressions du crétacé et dont les affleurements sont, en général, très restreints, parce qu'ils sont couverts par les dépôts quaternaires. Dans les environs de Théziers ils ont été découpés par de profonds ravins et ils contiennent beaucoup de fossiles : *Nassa semistriata, Ostrea barriensis.* Ils ont 150 à 200 mètres d'épaisseur.

Puis viennent les *sables et argiles de Saint-Geniès* à *Potamides Basteroti,* qui ont au plus 50 mètres de puissance. Les sables supérieurs sont blanchâtres ou d'un jaune vif et renferment des concrétions ferrugineuses. Sur certains points, ils abondent en mollusques des genres *Syndosmie.* On les trouve jusqu'à Loir, près de Lyon ; ils sont surtout développés dans le bassin de Visan, entre Nyons, Valréas et Rasteau et, plus bas, dans la vallée du Rhône, autour de Saint-Geniès, Tavel, Rochemont, etc...

« Dans le Comtat, dit Fontannes, et en particulier aux environs de Nyons, de Vinsobres, de Visan, on compte dans le pliocène trois bancs principaux de poudingues, assez également espacés et dont l'épaisseur varie de 2 à 4 mètres. Le premier, souvent un peu ferrugineux, recouvre à la fois le pliocène marin et le miocène d'eau douce ; il est surmonté d'une série de marnes grises, très semblable à celle qui succède immédiatement aux sables à *Helix Delphinensis* et renfermant quelques lits tourbeux. Le second supporte des marnes jaunâtres à concrétions calcaires et ferrugineuses dans lesquelles reposent des sables plus ou moins compacts. Le troisième, enfin, dont les éléments sont généralement volumineux, correspond sans doute au conglomérat de Chambaran, remarquable par les énormes cailloux de quartzites qui le constituent presque exclusivement au sommet, ainsi que par la glaise qu'il supporte et dont les abondantes concrétions ferrugineuses ont été l'objet de quelques tentatives d'exploitation.

« Cette assise est la dernière que je rapporte au pliocène ; c'est la dernière qui se soit uniformément étendue sur une grande partie de la vallée du Rhône. En d'autres termes, c'est la dernière qui se soit déposée avant le creusement des vallées *actuelles* et le dépôt des alluvions des terrasses[1]. »

D'après M. Déperet, le tableau suivant résume bien la série pliocène de la vallée du Rhône de bas en haut :

1° Marne à *Ostrea Cochlear,*
2° Marnes jaunes de la Chapelle-Saint-Amand, } Plaisancien ;
3° Couches à congéries et à *Potamides Basteroti* de Vacquières, } Astien ;
4° Sables jaunes fluviatiles à *Mastodon arvernensis,* }

5° Alluvions caillouteuses à quartzites alpins et à cailloux calcaires, renfermant à Fournès *Elephas meridionalis.*

Ces alluvions caillouteuses à quartzites alpins proviennent probablement des moraines de la première extension des glaciers des Alpes ; leurs matériaux ont été remaniés, plus ou moins arrondis par les masses d'eaux qui provenaient de la fusion des glaces et entraînés plus bas dans les grandes vallées. On pourrait les appeler *alluvions interglaciaires.*

Elles ont été suivies, après la dernière extension glaciaire à l'époque quaternaire, par d'autres alluvions caillouteuses, déposées sur les bords des fleuves en terrasses de plus en plus basses à mesure que ces fleuves creusaient leur lit et que leurs eaux devenaient moins abondantes. Toute cette série de graviers a donné au bassin du

---

1. *Nouvelles observations sur les terrains tertiaires et quaternaires des départements de l'Isère, de la Drôme et de l'Ardèche.* Lyon, 1882.

Rhône un caractère qui a une grande importance au point de vue
agricole ; c'est la *région la plus caillouteuse de la France ;* comme
c'est en même temps une des régions les plus chaudes, comme le
mistral (vent de nord-ouest) y souffle souvent avec une violence
extrême et tend ainsi à aggraver les effets désastreux de la sécheresse, il en résulte que cette région a, plus que toute autre, besoin
des irrigations, et cependant le Rhône, qui la traverse, n'est pas
utilisé !

On a cherché à classer ces diverses alluvions pliocènes ou quaternaires (*pléiostènes*), soit d'après les restes d'animaux qu'on y trouve,
soit d'après la hauteur des terrasses qu'elles occupent sur les rives des
cours d'eau. Mais, à mesure que les vallées s'élargissent et se rapprochent du niveau de la mer, les différences entre ces terrasses tendent à s'effacer ; les dépôts successifs se ravinent les uns les autres
et se confondent peu à peu.

Plus ces dépôts sont anciens, plus leurs cailloux sont décomposés
par l'air et par les eaux chargées d'acide carbonique qui les traversent. M. A. Torcapel pense même que ce caractère si frappant de
décomposition des galets pourrait être utilisé, en l'absence de fossiles, pour le classement de ces alluvions. Dans tous les cas, ce classement peut nous rendre de grands services au point de vue agricole,
parce qu'il nous renseigne sur la composition chimique des cailloutis et des terres qui se trouvent à leur surface.

Ainsi, M. A. Torcapel distingue :

1° Des *alluvions miocènes* à cailloux entièrement décomposés et
exclusivement siliceux, qui sont éparses sur les plateaux jurassiques
ou néocomiens de l'Ardèche et du Gard et qui forment sur la rive
gauche du Rhône, dans le Bas-Dauphiné, les plateaux de Chambaran
et des environs de Vienne.

En amont de Valence, les plateaux sont formés par des galets de
granite et de gneiss qui sont complètement décomposés sur plusieurs
mètres d'épaisseur.

Dans l'Ardèche, on y trouve des cailloux de calcaires jurassiques
ou crétacés qui sont complètement décomposés et réduits en une
sorte de farine siliceuse ou argileuse ; ceux de calcaire pur et compact ont seuls résisté, mais leur surface est profondément corrodée

et, dès qu'ils présentent quelque veine moins pure, ils sont comme
cariés par la décomposition et la dissolution des parties les moins
résistantes.

Mais ces cailloux calcaires sont rares ou manquent complètement
sur les plateaux du Bas-Dauphiné.

2° Des *alluvions pliocènes* à cailloux altérés et de consistance
friable, qui recouvrent, dans la vallée du Rhône et dans son voisinage, les dépôts subapennins et forment dans cette vallée des terrasses d'une grande étendue, dont la hauteur atteint 150 mètres au-
dessus de l'étiage. Ces alluvions datent de l'époque où vivaient
l'*Elephas meridionalis,* le *Rhinoceros leptorhinus* et l'*Hippopota-*
mus major.

Ce sont eux qui forment la plaine qui domine Nîmes et le plateau
de la Costière, ainsi que la plaine de la Crau.

Les cailloux feldspathiques y sont seulement altérés, friables, mais
non entièrement décomposés. La plupart ont encore une certaine
consistance et, pour les briser, il faut le choc du marteau.

Lorsqu'on fait une fouille dans ces alluvions pliocènes, les cailloux
de roches cristallines autres que les quartzites, qui y sont souvent
très nombreux, se réduisent en sable sous le choc de l'outil, en sorte
qu'on n'y trouve plus guère que les quartzites dès qu'ils ont été remaniés, soit par les eaux, soit par les labours.

Aussi a-t-on cru, bien à tort, que la masse entière était formée de
ces quartzites provenant des Alpes pour la plus grande partie. De là
le nom de *diluvium à quartzites* ou *diluvium alpin* qu'on a donné
à ces alluvions.

3° Des *alluvions quaternaires,* à peu près semblables aux alluvions
actuelles, c'est-à-dire à cailloux non altérés et formant des terrasses
peu élevées, au plus 35 mètres, au-dessus du thalweg de la vallée
du Rhône.

4° Des *alluvions contemporaines.*

Cependant, remarque M. A. Torcapel, comme la décomposition
des galets procède essentiellement de la circulation des eaux pluviales dans les dépôts, cette décomposition peut être plus ou moins
facile sur tel point ou tel autre du même dépôt.

De plus, il y a eu, depuis l'époque miocène, des remaniements considérables, en sorte que des alluvions très importantes, évidemment déposées plus tard, soit aux temps pliocènes, soit même aux temps quaternaires, peuvent se trouver composées de matériaux, fort désagrégés, provenant des anciens dépôts miocènes.

Les feuilles d'Orange, d'Avignon et d'Arles de la carte géologique détaillée, désignent les alluvions des plateaux à galets de quartzites alpins par la lettre P, et les alluvions anciennes quaternaires par la lettre a'. En descendant la vallée du Rhône, on trouve les premières sur les collines qui bordent la vallée ; quelques-unes sont plantées de vignes, la plupart en *garrigues,* maigres pâturages, ou bois de chênes verts. On les trouve ensuite couronnant les plateaux de Châteauneuf-Calcernier et de Châteauneuf-de-Gadagne, qui sont épars au milieu des alluvions anciennes et modernes de la plaine, à peu de distance du Rhône. On les trouve aussi dans la vallée de la Durance et dans la *Petite Crau,* au nord des Alpines, mais surtout dans la *Grande Crau* ou *Crau d'Arles,* qui s'étend sur la rive gauche du fleuve et dans la Costière (plateau de Saint-Gilles), qui s'étend sur sa rive droite.

Nous allons nous occuper d'abord de la *Crau d'Arles* ou *Grande Crau.*

D. — *La Crau* [1].

> « On voyait le matin découvrir peu à peu — la Crau immense et pierreuse, — la Crau antique où, — si les récits des ancêtres sont dignes de foi, — les géants orgueilleux furent ensevelis — sous un vaste couvercle de poudingue. »
>
> (*Mireille.* — Chant VIII.)

Pour donner de la Crau une définition plus exacte, quoique moins poétique que celle de Mistral, nous pouvons dire qu'elle forme une plaine caillouteuse d'une étendue de 53,000 hectares environ, entre Arles au nord-ouest, Lamanon à l'est et Fos au sud. Mais cette

---

1. Dans le Midi, on donne souvent le nom de *crau* à des plaines caillouteuses ; les unes sont de l'époque pliocène, les autres de l'époque quaternaire ou moderne, comme la crau d'Hyères.

plaine est loin d'être horizontale, comme on le croirait à première vue. C'est, au contraire, une surface de forme conique très bien accentuée, ayant son sommet au col de Lamanon, à la cote 110 mètres au-dessus du niveau de la mer. Les génératrices de cette surface ont une pente à peu près constante d'environ 3 mètres par kilomètre, et suivant des directrices plus ou moins ondulées, ce qui constitue une série de vallonnements venant tous aboutir aux marais de Fos, à une altitude voisine du zéro de la mer moyenne de Marseille.

Cette disposition tend à faire croire que la Crau est le cône de déjection de la Durance, qui venait autrefois se jeter directement à la mer en franchissant la percée de Lamanon, au lieu de passer au nord de la chaîne des Alpines, comme elle le fait aujourd'hui.

Mais tous les géologues ne sont pas d'accord là-dessus.

De Saussure a montré que les cailloux de la Durance figurent pour un septième au plus dans l'inventaire général de ceux de la Crau. « Les variolites, dit Coquand, y sont si rares que Lamanon n'en avait jamais ramassé qu'une seule et de Saussure deux. Je n'ai pas eu ce privilège moi-même, et j'ai toujours été très étonné de n'apercevoir que quelques galets d'euphotide et de serpentine, lorsqu'on peut en charger des voitures dans dix mètres carrés pris au hasard, soit dans le lit de la Durance, soit dans une Crau durancienne.

« D'ailleurs, y trouvât-on en plus grande abondance les produits spéciaux de cette rivière, que ce fait serait sans autorité et ne pourrait point, considéré isolément, servir à prouver que la Durance avait un autre lit à l'époque des alluvions anciennes. En effet, ne perdons pas de vue que la Durance est un des affluents du Rhône, et que les matériaux roulants qu'elle lui verse sont éloignés de 20 kilomètres au plus du point où commence la Crau d'Arles. Le Rhône, une fois affranchi sur sa rive gauche, en face de Fontvieille, où expirent les Alpines, et sur sa rive droite, à Beaucaire même, des montagnes entre lesquelles il est encaissé vers l'amont, s'est forcément épandu dans les plaines sous-jacentes qu'aucun obstacle ne protégeait plus contre ses envahissements, en créant sur tous les points que son niveau lui a permis d'atteindre, deux Craux qui, d'un côté, sont la Crau de la Provence et, de l'autre, la Crau du Languedoc.

Cette dernière, quoique moins large, occupe une superficie plus considérable que la Crau d'Arles.

« On comprendra dès lors pourquoi la Crau renferme, mélangés avec la majeure partie des cailloux provenant des vallées des grandes Alpes, tributaires de celles du Rhône, des cailloux de la Durance, qui est aussi une des vallées tributaires. On s'explique également comment, en raison de la faible distance que ces derniers cailloux auront eu à parcourir pour arriver dans la Crau, et à cause de la grande rapidité du courant du Rhône, qui les aura empêchés de traverser le fleuve dans toute sa largeur, ils auront été déversés de préférence sur la rive gauche qu'ils ont dû côtoyer, de la même manière que, dans les glaciers actuels, les roches entraînées par les moraines latérales cheminent parallèlement, sans se mélanger, si ce n'est quand elles atteignent la moraine terminale. C'est aussi la raison pour laquelle les cailloux se montrent en général plus volumineux dans la Crau provençale que dans la Crau languedocienne, la Durance ayant un cours bien plus rapide que le Rhône, moins d'espace à parcourir et habile, par conséquent, à charrier des matériaux d'un plus fort diamètre, ainsi qu'on l'observe encore aujourd'hui.

« Ainsi il reste ce fait bien acquis : la Durance a déposé, sur le revers septentrional des Alpines, la Crau de Mollèges, celle de Saint-Remy, que ses proportions plus modestes ont fait surnommer la *Petite Crau*, pendant que le Rhône, de son côté, déposait sur le revers opposé de la même chaîne la Grande Crau d'Arles et celle du Languedoc. Ainsi la Grande et la Petite Crau sont bien deux dépôts contemporains, mais elles ne sont pas enfants d'un même lit.

« Les cailloux de la Crau offrent la collection des roches de toutes les vallées des Alpes tributaires du Rhône. Celles de la Durance n'y figurent que dans une faible proportion. »

M. Gastine estime que le sol de la Crau contient en poids :

Pierres au-dessus de 0^m,15 et gros galets	45.8
Gravier et pierres menues	7.5
Terre fine	46.7
	100.0

en moyenne 40 à 50 p. 100 de terre fine. Le mètre cube du total pèse 1,585 kilogr.

Les analyses de Scipion Gras ont donné des résultats analogues. Nous évaluons, dit-il, à la moitié en poids la quantité de cailloux, de gravier et de gros sable qui s'y trouve moyennement renfermée. L'autre moitié se compose de sable ordinaire, mêlé dans le rapport de 20 à 30 p. 100 environ à de l'argile et à du sable quartzeux excessivement fin, séparables par lévigation ; en sorte que la proportion des matières ténues, relativement à la masse totale du sol, ne dépasse guère 10 à 15 centièmes. Lorsque cette proportion s'élève à 20 ou 25 p. 100, ce qui est rare, le terrain est réputé excellent. L'épaisseur moyenne de la terre végétale ainsi composée, n'est le plus souvent que de 0^m,40 à 0^m,60. Par suite de sa constitution, elle est essentiellement perméable et ne retient que faiblement l'humidité.

Les quartzites blancs des Alpes constituent les neuf dixièmes de ces cailloux. Le dernier dixième se compose de protogynes, de granites, de roches à amphibole, de calcaires. On y remarque quelques variolites du Mont-Genèvre et quelques spilites à amygdales calcaires de la vallée du Drac. Au-dessous de ce sol caillouteux, on trouve, à une profondeur moyenne de 0^m,40, un banc de poudingue composé des mêmes éléments réunis par un ciment calcaire ; évidemment ce calcaire a été enlevé au sol lui-même par les eaux de pluie qui l'ont traversé.

Quelquefois ce banc ne commence qu'à 0^m,60 ou 0^m,70 ; ce sont alors les oasis de la Crau, comme les territoires favorisés de Saint-Martin, d'Entressens, de Dézeaumes. Mais souvent aussi le poudingue affleure à la surface et ce sont alors des espaces nus et complètement stériles.

Les poudingues sont presque inattaquables par la charrue. En général ils sont fissurés, et les eaux de la surface les traversent aisément ; mais, en certains endroits, ils sont, au contraire, continus et, retenant ces eaux, ils forment des étangs ou des marais dont la verdure contraste avec les plaines sèches des alentours.

Une nappe d'eau traverse les graviers de la Crau à une profondeur moyenne de 12 à 14 mètres ; elle alimente les puits et maintient à un niveau uniforme les étangs d'Entressens et de Dézeaumes. A la base de la plaine, cette nappe donne naissance à une multitude de sources ou *laurons*, qui sourdent dans les marais. Près de Lamanon les puits ont 20 mètres; par contre, près de Fos, M. Julien, à la Feuillasse, a atteint le niveau de l'eau à 4 mètres et a pu ainsi s'en servir pour les irrigations.

Voici, d'après M. Gastine, l'analyse physique et chimique très complète de la terre fine d'un coussoul de la Crau, à Sulauze, que l'on défrichait pour y créer une prairie artificielle. La couche arable avait 0^m,30 de profondeur, mais elle contenait 50 p. 100 de pierres, en sorte que les chiffres doivent être réduits de 50 p. 100.

Analyse physico-chimique sur 100 de terre sèche.

Gros sable. . . .	56.64	Siliceux	55.84
		Calcaire	0.20
		Débris organiques .	0.60
Impalpable . . .	43.36	Siliceux	28.17
		Calcaire	0.60
		Argile	14.33 (colloïdale).
		Humus.	0.26
			100.00

Analyse chimique sur 100 de terre fine sèche.

Partie soluble dans les acides forts à chaud.	Acide phosphorique	0.099
	Acide sulfurique.	0.000
	Potasse.	0.241
	Chaux	0.350
	Magnésie	0.482
	Oxyde de fer	3.785
	Oxyde de manganèse	0.020
	Alumine	3.035
		8.012
Partie attaquée par l'acide fluorhydrique.	Potasse.	1.703
	Soude	0.704
	Chaux	0.349
	Magnésie	0.330
	Alumine	8.813
	Silice par différence	75.362
		87.260

Matières organiques, eau des hydrates et substances non dosées. Azote p. 100 de terre sèche = 0.1156 . . . . 4.728

100.000

Voici les quantités d'azote, d'acide phosphorique et potasse plus ou moins assimilables que M. Gastine a trouvées dans diverses terres de la Crau :

	AZOTE.	ACIDE phospho-rique.	POTASSE		
			Procédé Schlœ-sing.	Procédé de Gas-parin.	totale.
	gr.	gr.	gr.	gr.	gr.
1. — Coussous à Sulauze. Profondeur 0m,30. .	1,156	0,990	0,280	2,41	19,43
2. — Jeune luzernière à Sulauze. Profondeur 0m,30.	1,550	0,880	0,300	2,21	17,71
3. — Coussous à Miramas. Profondeur 0m,30 .	1,552	0,830	0,270	2,04	17,56
4. — Coussous de Crau aux Poulagères. Profondeur 0m,40.	0,875	1,030	0,288	1,77	18,97
5. — Crau défrichée et fumée avec balayures de Marseille en 1889-1890 à raison de 60 tonnes, et ayant porté de l'avoine, aux Poulagères	1,150	1,280	»	4,16	»
6. — Coussous aux Poulagères :					
Première couche, 0m,00 à 0m,20	1,700	0,910	0,360	3,39	19,89
Deuxième couche, 0m,20 à 0m,40	1,193	0,820	0,210	2,90	18,90
7. — Terre non colmatée à Saint-Martin, mas de Goin. Profondeur 0m,40.	1,146	0,530	»	4,90	»
8. — Prairie du Vieux-Mayet à Sulauze. Type de vieilles prairies colmatées de la Crau. Couche de 0m,40 sans pierres.	3,770	1,970	»	3,41	16,61

D'un autre côté, M. Grandeau donne les chiffres suivants :

Analyse physico-chimique du sol de la Crau.

Eau volatile.	1.90 à	1.50
Sable grossier.	50.07 à	52.27
Sable fin	17.30 à	16.80
Argile	27.77 à	26.50
Calcaire	0.95 à	1.00
Humus.	2.01 à	1.93
	100.00	100.00

Analyse chimique du sol de la Crau.

Fer et alumine solubles dans les acides	5.170	à	5.100
Chaux	0.530	à	0.560
Magnésie.	0.020	à	0.020
Potasse	0.088	à	0.060
Acide phosphorique	0.100	à	0.120
Azote organique.	0.101	à	0.102
Sable siliceux et matières insolubles .	92.091	à	92 538
Eau	1.900	à	1.500
	100.000		100.000

Pour apprécier la richesse réelle des terres de la Crau, il faut tenir compte de l'abondance des pierres qu'elles renferment (au moins 50 p. 100) et réduire de moitié les chiffres donnés par l'analyse de la terre fine. On trouve ainsi pour les coussous une moyenne de 0.6 p. 1,000 d'azote et 0.45 p. 1,000 d'acide phosphorique. C'est trop peu. Il faut employer des engrais azotés et phosphatés. D'après M. Gastine, la potasse s'y trouve en quantité convenable et, dit-il, en effet, M. Paul n'a obtenu aucun résultat de l'essai des engrais potassiques sur les vastes luzernières qu'il a créées à Sulauze. D'après M. Grandeau, la potasse elle-même serait insuffisante. L'acide sulfurique paraît manquer complètement, et cette absence explique les effets remarquables du plâtrage, du sulfate d'ammoniaque et des superphosphates. Elle explique aussi l'action des eaux de la Durance, toujours assez riches en sulfates, comme l'a déjà remarqué M. de Gasparin, et comme le confirment les analyses de M. A. Müntz et celles de M. Gastine.

L'aridité naturelle de la Crau, qui résulte de la constitution du sol, est beaucoup augmentée par les défauts de son climat. Il n'y tombe, en moyenne, par an qu'environ 0^m,500 d'eau. En été, un soleil brûlant achève de faire disparaître le peu d'humidité qui était restée de la saison des pluies, et souvent le mistral, un des trois fléaux de la Provence d'après le vieux dicton, vient encore exagérer l'évaporation. On le voit déraciner les arbres, renverser des voitures sur les routes, arrêter la marche des trains sur le chemin de fer. Les toitures des maisons seraient emportées si l'on n'avait le soin de les couvrir d'énormes pierres ; du côté du nord, ces maisons n'ont pas d'ouverture ; au contraire, on en remblaye les murs par des amoncellements de cailloux. Il faut protéger les *mas* par des plantations d'arbres (cyprès, etc.), et tous ces arbres sont inclinés du côté du sud-est. Enfin, le mistral emporterait la terre fine elle-même à mesure qu'elle est formée, si les cailloux qui la couvrent ne la protégeaient pas.

> Ni arbre ! ni ombre ! ni âme !
> Car, fuyant la flamme de l'été,
> Les nombreux troupeaux qui en tondent en hiver
> L'herbe courte et savoureuse
> De la grande plaine sauvage,
> Aux Alpes fraîches et salubres
> Étaient allés chercher des pâturages toujours verts.
>
> (*Mireille*. — Chant VIII.)

En été, c'est à peine si l'on aperçoit quelques graminées jaunies et clairsemées au milieu des cailloux de la grande plaine. Mais en automne, après les pluies, on voit sortir çà et là des herbes très nourrissantes et très parfumées. Pour les brouter, quand elles sont encore petites, les moutons soulèvent les cailloux avec leur nez. On y trouve beaucoup de thym (en provençal *farigoulo*), de la lavande, du romarin, de l'asphodèle jaune (en provençal *pourraco*), des *Triticum cæspitosum* (*lou groussié*), excellente nourriture pour les moutons, *Avena pratensis*, *Lolium perenne*, des bromes, des fétuques ; quelques légumineuses ; des trèfles, des *Medicago,* etc.

On appelle *coussous* ces pâturages pierreux ; on peut y nourrir, du 1er novembre au 31 mai, 2 moutons par hectare en moyenne. Puis, quand l'herbe vient à y manquer, ils *transhument,* ils s'en vont passer l'été sur les pâturages des Alpes. Ordinairement les troupeaux se composent de 1,000 brebis avec 1,200 élèves mâles et femelles d'un an et de deux ans, 40 à 50 béliers et quelques boucs, qui servent d'avant-garde pendant les voyages aux Alpes. Ils appartiennent à des *capitalistes* ou *bayles,* qui ont sous leurs ordres plusieurs bergers et qui, suivant la qualité des terres et la proportion de prairies qui y sont adjointes, paient un fermage de 3 à 5 fr. par hectare aux propriétaires des coussous. Avec la location de la chasse, ces coussous rapportent de 5 à 7 fr. par hectare. Ils se vendent de 200 à 300 fr. l'hectare et ils ont, en général, un millier d'hectares de surface.

On ne rentre le soir à la bergerie que les brebis portières (*le fedo*). Les autres moutons restent presque toujours dehors ; pendant la nuit on se contente de les enfermer dans un parc entouré de roseaux ou de murs en pierres sèches.

Ce sont des bêtes très rustiques, résultat d'un croisement entre l'ancienne race du pays et des mérinos originaires d'Espagne, que le Gouvernement élevait au commencement du siècle (de 1804 à 1825) dans la bergerie nationale d'Arles. Peu à peu ils ont pris à peu près tous les caractères des anciens mérinos d'Espagne, soumis, comme eux, à la transhumance.

Au point de vue économique, l'utilisation des coussous de la Crau est liée à celle des pâturages des Hautes-Alpes. Chaque tête de mouton rapporte 1 fr. 50 c. à 2 fr. par hectare aux premiers et autant aux seconds. Pour éviter la destruction des forêts dans les Alpes, il faudrait pouvoir nourrir les moutons pendant l'été dans la Crau. Mais pour cela, il faudrait pouvoir employer plus d'eau à l'irrigation de la Crau et, pendant la saison sèche, la Durance n'a plus assez d'eau, précisément parce que la transhumance des troupeaux a détruit les forêts des Alpes. C'est un cercle vicieux dont il est difficile de sortir.

Mais déjà la Crau n'est pas tout entière aussi sèche et peu productive. Une partie de la plaine est fertile et verdoyante comparativement au reste. Cela est dû, tantôt à une plus grande humidité du sol qui, sur certains points, reçoit les écoulements des terrains environnants, tantôt à une plus grande épaisseur de terre fertile, tantôt et surtout à l'irrigation. Il faut distinguer la *Crau inculte* et la *Crau cultivée*, la *Crau sèche* et la *Crau arrosée*.

Les parties de la Crau qui sont cultivées sont situées, en général, sur la lisière de la plaine : principalement au nord de la grande route d'Arles à Salon ; le long des collines de Salon à Istres, et, du côté de l'ouest, aux environs de Raphèle et de Saint-Martin. On doit y ajouter les bords verdoyants des étangs d'Entressens et de Dézeaumes.

Des bouquets d'arbres, des peupliers, des platanes, des ormes, mêlés de cyprès, signalent ces oasis et cachent les métairies ou enveloppent les *mas*.

Au XVIᵉ siècle (1554-1559), Adam de Craponne fit un canal qui amena les eaux de la Durance à Salon, Eyguières, Istres et jusqu'à Arles, en franchissant le col de Lamanon et en suivant le pied des collines qui bordent la Crau à l'est et au nord-ouest.

Ce canal, très remarquable pour l'époque, fut très probablement exécuté en partie suivant le tracé d'un ancien canal entrepris par les Romains pour amener les eaux de la Durance à Salon.

La construction du canal de Craponne amena la prospérité de toute cette région, stérile jusque-là. Aussi, deux siècles plus tard, lorsque toutes les eaux disponibles du canal de Craponne (dont la portée n'excède guère 12 mètres cubes par seconde) furent plus ou moins bien utilisées, cette œuvre de fertilisation progressive de la Crau se continua par la création d'un nouveau canal, également dérivé de la Durance, le canal dit des *Alpines,* construit en 1787 par les États de Provence avec le concours des communes et d'un certain nombre de propriétaires de la région réunis en syndicat. Ce canal, dont la branche mère, dite de *Boisgelin* (du nom de l'évêque d'Aix, qui était à la tête de la province lors de sa construction), a une portée de 10 mètres cubes environ, passe également au col de Lamanon et amène dans la Crau et sur sa lisière les eaux de la Durance prises à Mallemort, c'est-à-dire au point où le cours de cette rivière est le plus rapproché de la Crau.

Les conséquences de la création de ces deux canaux ont été considérables. Ils ont permis de gagner à la culture près de 20,000 hectares. Il n'en reste plus que 20,000 en friches. Les terrains arrosés, formés par des colmatages successifs, portent de magnifiques prairies qui donnent facilement des rendements de 10,000 à 11,000 kilogr. de foin sec à l'hectare. De 300 fr. par hectare, la valeur des terres irriguées peut s'élever à 3,000 ou 4,000 fr. Elle a fait souvent plus que décupler après une opération bien comprise.

Dans le département des Bouches-du-Rhône on estime, d'une manière générale, que pour l'arrosage d'un hectare, il suffit d'un débit continu d'un litre d'eau par seconde pendant les six mois d'été. La durée des irrigations est ordinairement de six heures par semaine, mais comme elles n'ont lieu que pendant la vingt-huitième partie de la saison, elles se font à raison de 28 litres par seconde. Avec 28 litres, on pourrait donc avoir 28 hectares de prés arrosés, les eaux passant d'un hectare à l'autre toutes les six heures. Durant les 180 jours de la période des arrosages, chaque hectare reçoit environ 15,000 mètres cubes, ce qui correspond à une couche de $1^m,50$ pour toute la surface.

En fait, la quantité nécessaire aux irrigations est fort variable. Elle dépend de la disposition des tables d'arrosage, de leur pente et de la nature du terrain. En Crau, les vieilles prairies, établies sur de bons colmatages, ne sont pas trop exigeantes; elles ne demandent ordinairement guère plus d'un litre. Les prés nouveaux, sur sol fraîchement remué, en réclament au moins trois.

On établit les prés sur des planches de 100 mètres de largeur moyenne et on les protège par des plantations de cyprès en haies orientées de manière à briser les vents dominants. On commence par y semer de la luzerne, très rarement du sainfoin, et peu à peu les graminées s'y établissent. L'emploi des engrais chimiques permet de conserver plus longtemps les luzernières pures, dont les rendements en foin sont supérieurs à ceux des prairies de graminées, tout en exigeant moins d'arrosage.

A Raphèle, Saint-Martin, Entressens, Salon, on trouve des prairies qui datent de l'origine des irrigations, et dans lesquelles $0^m,35$ à $0^m,40$ de limon apporté par ces irrigations couvrent le gravier. Ces prés donnent 3 coupes d'un foin aromatique très estimé en Provence. De plus, les *herbes d'hiver* sont louées de 30 à 50 fr. par hectare. Sur les bords de la Crau, à Grans, Salon, Miramas, Istres et jusqu'à Lamanon, il y a de vastes plantations d'amandiers, en partie dans le sol graveleux de la plaine, en partie sur les pentes des collines de mollasse qui la bordent.

L'olivier occupe les mêmes stations, mais il est plus répandu sur les pentes mieux abritées du versant des Alpines et profite de l'eau des canaux d'irrigation lorsqu'elle devient disponible pendant les fenaisons. Mais on renonce peu à peu à sa culture, parce qu'elle rapporte de moins en moins ; la concurrence des huiles de graines tue cette vieille production provençale. A Eyguières on a arraché, en 1889-1890, cinquante mille pieds d'oliviers pour les remplacer par des prés ou des jardins maraîchers. Les primeurs des communes d'Eyguières, Mouriès, Aureille, adossées contre les coteaux des Alpines et ainsi abritées contre les vents du nord, peuvent être expédiées sur les marchés avant celles de la vallée de la Durance.

Voici, d'après M. Gastine, les résultats de l'analyse d'un colmatage très ancien du canal de Craponne, qui peut servir de type. C'est une terre de prairie du Vieux-Mazet, à Sulauze, terre gris foncé sans pierres, qui a formé une couche de 0^m,40 au-dessus du sol primitif de la Crau.

Analyse physico-chimique sur 100 de terre.

Humidité		4.45
Gros sable	Siliceux	30.70
	Calcaire	9.33
	Débris organiques	3.30
Impalpable	Siliceux	29.40
	Calcaire	11.97
	Argile	10.25
	Humus	0.60
		100.00

Analyse chimique sur 100 de terre sèche.

Partie soluble dans les acides bouillants.	Acide phosphorique	0.197	
	Acide sulfurique	0.153	
	Potasse	0.341	
	Soude	0.083	29.228
	Chaux	12.000	
	Magnésie	0.854	
	Oxyde de fer et alumine	5.400	
	Acide carbonique	10.200	
Partie attaquée par l'acide fluorhydrique.	Potasse	1.322	
	Soude	0.481	
	Chaux	0.163	59.335
	Magnésie	0.361	
	Alumine et traces de fer	8.025	
	Silice par différence	48.988	

Eau des hydrates, matières organiques, substances non dosées.
Azote = 0.377 p. 100 de terre sèche. 11.437
　　　　　　　　　　　　　　　　　　　　　　　　　　100.000

Comme il y a des terrains très variés dans le bassin de la Durance, les limons qu'elle charrie varient suivant qu'ils viennent en proportion plus ou moins grande de telle partie de ce bassin ou de telle autre. Lorsqu'il y a des pluies d'orage sur les terrains tertiaires des environs d'Apt, notamment à Rustrel, à Roussillon (*éocène inférieur*), où se trouvent des minerais de fer et des sables ferrugineux qui ont déterminé le nom du pays, alors le Caulon se colore en rouge. A Gargas, dans cette même région, les ocres qui sont exploitées donnent au même affluent de la Durance une teinte ocre, tandis que plus haut, la Doua, qui se jette dans le Caulon et qui est bordée de terrains lacustres (*éocène supérieur*), fournit des limons blanchâtres. Les riverains de la Durance et les usagers des canaux distinguent ces nuances des crues. Ils attribuent à l'oxyde de fer des limons rouges et jaunes une action nuisible et évitent de se servir des eaux qui les charrient. Les teintes grises (du lias) et blanchâtres (des calcaires de toutes sortes) sont, au contraire, recherchées comme ayant la vertu d'amender les terres. Mais, comme chaque crue amène un mélange des atterrissements antérieurs de la rivière avec les limons de formation récente, les limons représentent, malgré cette diversité des origines, une certaine moyenne de matériaux venus du bassin tout entier. La teinte grise, due aux marnes jurassiques, y domine. Ils contiennent beaucoup de calcaires, de 30 à 50 p. 100, plus ou moins, suivant les points du bassin où on les recueille. Ils contiennent peu de sable et beaucoup d'impalpable. M. Gastine a trouvé, dans les limons provenant de l'eau de la Durance recueillie le 15 novembre 1891, 89 p. 100 d'éléments impalpables, parmi lesquels 14 p. 100 d'argile colloïdale. Mais il est évident que ce lot d'impalpable présente des variations constantes et dépend de l'intensité du courant de la Durance, capable de charrier des éléments plus ou moins sableux.

En somme, les limons de la Durance forment des sols argilo-calcaires tenaces, craignant à la fois les excès d'eau et la sécheresse. Pendant les premières années de leur dépôt, ces limons sont absolument infertiles. Bien plus, les terres cultivées sur lesquelles ce limon se dépose en couches épaisses sont frappées de stérilité. Le limon se dessèche et forme des croûtes qui brisent les tissus des plantes. Ces défauts physiques proviennent de la finesse de ses éléments, de la proportion élevée de l'argile qu'ils renferment et de l'absence des matières organiques. C'est pour cela qu'il faut y créer de l'humus, en y incorporant des fumures organiques abondantes par l'emploi des tourteaux. On peut ainsi rendre peu à peu le limon productif.

Voici, d'après M. Gastine, les résultats de l'analyse de l'eau de la Durance et du limon qu'elle tenait en suspension, le 15 novembre 1891, à Lamanon, dans le canal de Craponne, branche d'Arles.

Analyse sur un mètre cube.

Matières dissoutes.	217 gr.
Limon séché à 110°	1,300

Les matières dissoutes se composaient de :

Acide sulfurique	43^{gr},00
Chaux.	71 ,60
Magnésie	10 ,70
Potasse	1 ,40
Acide phosphorique	0 ,16
Chlore.	4 ,10
Silice	6 ,20
Acide nitrique	0 ,57
Ammoniaque.	0 ,17
Acide carbonique, soude et corps non dosés. . .	79 ,10
Total	217^{gr},00

Analyse physique sur 100 de limon.

Gros sable	Siliceux	5.03	9.72
	Calcaire	4.34	
	Débris organiques.	0.35	
Impalpable . . .	Siliceux	37.04	89.48
	Calcaire	38.44	
	Argile.	14.00	
	Humus	0.00	
Humidité			0.80
			100.00

Analyse chimique sur 100 de limon sec.

Partie soluble dans les acides bouillants.	Acide phosphorique.	0.102	
	Acide sulfurique	traces	
	Potasse.	0.260	
	Chaux	23.750	30.959
	Magnésie	0.833	
	Oxyde de fer.	3.570	
	Oxyde de magnésie	0.014	
	Alumine	2.430	
Partie attaquée par l'acide fluorhydrique.	Potasse.	1.173	
	Magnésie	1.363	
	Chaux	0.136	45.375
	Alumine et traces de fer.	8.450	
	Silice et corps non dosés	84.253	

Acide carbonique, eau des hydrates, matières organiques et
substances non dosées. Azote = 0.073 p. 100 . . . . . . 23.666

100.000

Quelquefois les eaux de la Durance sont claires et ne contiennent que fort peu ou pas du tout de matières minérales en suspension. La composition du résidu fixe qu'elles laissent, après évaporation, varie, comme les limons qu'elles tiennent en suspension, avec les époques de l'année, mais elle ne varie que dans certaines limites.

Ainsi, M. A. Müntz y a trouvé, en 1891, par mètre cube :

Matières dissoutes.

Poids total . . . . 240 gr.

Contenant :

Azote nitrique	$0^{gr},285$	
Azote ammoniacal.	0 ,010	$0^{gr},435$
Azote organique	0 ,140	
Acide phosphorique	0 ,034	
Potasse	3 ,120	
Chaux	82 ,000	
Magnésie	19 ,000	
Acide sulfurique	66 ,500	

Matières en suspension.

Poids total. 55ᵍʳ,900

    Contenant :

Azote organique	0 ,112
Acide phosphorique.	0 ,074
Potasse (attaquable par les acides). . .	0 ,072
Chaux.	12 ,630
Magnésie	0 ,049

En me basant sur ces chiffres et admettant que, du 1ᵉʳ avril au 30 septembre, l'irrigation d'un hectare de prairies emploie 15,000 mètres cubes d'eau, je trouve que cet hectare aura reçu par l'eau de la Durance :

Azote	8ᵏᵍ,105
Acide phosphorique	1 ,620
Potasse.•.	47 ,880
Chaux	1.419 ,450
Acide sulfurique	997 ,500

« La caractéristique des eaux de la Durance, a déjà dit Paul de Gasparin, est la présence des sulfates de chaux et de magnésie, surabondamment expliquée par la constitution géologique du bassin qui contient des formations gypseuses très étendues. » Sous ce rapport, elles peuvent être utiles aux prairies. Mais elles ne leur fournissent qu'en très minimes quantités les éléments dont elles ont le plus besoin, parce que ces éléments manquent également dans le sol de la Crau. Cela est particulièrement vrai pour l'acide phosphorique.

Ce calcul confirme complètement les conclusions du rapport que M. Grandeau a fait pour la Compagnie agricole du colmatage de la Crau, rapport à la suite duquel le projet primitif de colmatage a été abandonné. Pour faire connaître ce projet et les modifications que la Compagnie a été autorisée à apporter dans son exécution, je ne peux mieux faire que reproduire quelques extraits d'une excellente note de M. A. Dornés, le regretté directeur de la Compagnie :

« Les résultats obtenus depuis trois siècles par l'emploi des eaux plus ou moins limoneuses de la Durance, ayant démontré de toute évidence la possibilité de transformer ces déserts arides de la Crau en terres cultivables et particulièrement en prairies arrosées, la question de la fertilisation générale de la Crau resta constamment à l'étude, et en 1853, M. de Gabriac, ingénieur des ponts et chaussées à Arles, présenta un projet très rationnel de fertilisation de la Crau par la création de nouveaux canaux destinés à amener les eaux de la Durance dans toutes les parties de cette plaine dont il chercha, mais en vain, à syndiquer les propriétaires pour la mise à exécution de son projet. Une dizaine d'années plus tard, Nadault de Buffon reprit ce projet de fertilisation générale de la Crau, mais transforma la solution de la question en se plaçant au point de vue exclusif du *colmatage*. Il proposa l'exécution d'un canal devant avoir le débit énorme de 80 mètres cubes par seconde, *ne prenant en Durance que les eaux de crues*, c'est-à-dire les plus chargées de limons.

« Les limons charriés par les eaux de ce canal devaient servir à *colmater*, c'est-à-dire à recouvrir d'une couche de limon plus ou moins épaisse (de $0^m,20$ à $0^m,30$ en moyenne) non seulement toute la surface de la Crau, mais encore toute celle des marais de Fos, qui en sont limitrophes et dont le sol devait se trouver ainsi exhaussé. Comme complément de cette dernière opération, le plan d'eau de ces marais devait être abaissé au moyen de puissantes machines d'épuisement.

« Ce projet, approuvé par l'administration supérieure après enquêtes et instruction administratives, a donné lieu à une concession pour la mise en œuvre de laquelle a été constituée, en 1882, une compagnie dite : *Compagnie agricole du desséchement des marais de Fos et du colmatage de la Crau,* au capital de 6 millions de francs.

« Les concessionnaires commencèrent par faire un plan coté de cette immense surface de près de 30,000 hectares, formée par la Crau et les marais de Fos, et par dresser un projet général du colmatage de la première et du desséchement des seconds. L'estimation de la dépense de ces travaux était évaluée à 12 millions pour les canaux de colmatage et de colature et de 6 millions pour les travaux de desséchement des marais, y compris les machines d'épuisement.

« Toutefois l'étude de ces projets et un examen plus approfondi de

l'œuvre à poursuivre avaient fait naître des doutes sur la réalisation
pratique de la mise en culture de la Crau et des marais de Fos dans
les conditions de l'avant-projet conçu par M. Nadault de Buffon et
qui, ainsi qu'on l'a vu, reposait sur le principe exclusif du colmatage,
c'est-à-dire du dépôt, à la surface du sol, d'une couche de limons
plus ou moins épaisse, destinée à constituer un sol cultivable pouvant
être alors facilement mis en valeur.

« Ce colmatage, en admettant même son efficacité, n'était, en effet,
qu'un des facteurs de la question ; l'autre facteur, et le plus important, résidait dans la possibilité de pourvoir ces terrains colmatés,
d'une manière régulière et en quantité suffisante, des eaux d'irrigation indispensables à leur mise en culture, car sous le soleil de la
Provence, en dehors de la vigne, les *cultures irriguées* peuvent,
seules, donner des résultats tant soit peu rémunérateurs.

« Or, *au point de vue de l'irrigation, le « projet Nadault de Buffon »
laissait fortement à désirer*. La concession accordait bien, il est vrai,
la possibilité de dériver de la Durance 80 mètres cubes d'eau par seconde, mais à *la condition d'en laisser toujours au moins 50 dans
le fleuve ;* par suite de cette réserve, le débit du canal de dérivation
devenait essentiellement irrégulier, et comme volumes et comme
époques. Cette réserve équivalait de plus à la suppression, à peu près
absolue, de toute disponibilité d'eaux pour arrosages pendant la période estivale, c'est-à-dire à l'époque où ces eaux sont le plus indispensables.

« Les analyses comparatives faites par M. Grandeau du sol de la Crau
à l'état vierge et de la Crau colmatée de longue date par le seul effet
des arrosages avec les eaux plus ou moins limoneuses provenant, soit
du canal de Craponne, soit de celui des Alpines, ont permis de se
rendre un compte exact des effets réels qu'on pouvait attendre du
colmatage proprement dit dans la Crau. Ces analyses ont démontré
d'une manière péremptoire, d'abord que le sol de la Crau vierge
était loin d'être absolument impropre *par lui-même* à toute culture,
comme on l'avait toujours prétendu jusque-là, et en second lieu,
que les qualités fertilisantes qu'on avait attribuées aux limons de la
Durance, tenaient moins à la nature même de ces limons qu'à l'action particulièrement bienfaisante de l'eau qui les charrie.

« En effet, si l'on examine la composition du sol de la Crau vierge, on reconnaît qu'il est constitué presque exclusivement de sable siliceux (66 à 70 p. 100) et d'argile (26 à 27 p. 100) ; qu'il est relativement pauvre en azote et en chaux, mais que ce qui lui fait surtout défaut, ce sont les éléments minéraux indispensables à toute culture intensive, c'est-à-dire l'*acide phosphorique* et la *potasse*.

« Or, les limons de la Durance, eux aussi, ne contiennent ni potasse, ni acide phosphorique et sont pauvres en azote, du moins maintenant que tous les versants de la vallée de la Durance ont été déboisés et dénudés par le ravinement des eaux.

« Ils sont surtout argilo-calcaires.

« La seule action *fertilisante* de ces limons sur le sol vierge de la Crau consiste donc à l'enrichir en calcaire ; par contre, leur addition à ce sol a pour effet d'augmenter de plus de 30 p. 100 sa teneur en argile au détriment de sa teneur en silice. Aussi, les terrains de la Crau colmatés ont-ils besoin de masses considérables d'eaux d'arrosage pour empêcher leur durcissement sous l'action du soleil.

« Si le sol naturel de la Crau était dépourvu d'argile ou seulement pauvre en cette substance, rien n'aurait pu remplacer le colmatage avec des limons argileux pour lui donner le *corps* dont il aurait besoin. Mais ce n'est pas le cas, comme on vient de le voir, puisque ce sol vierge en contient de 26 à 27 p. 100. L'enrichissement en calcaire eût donc été à peu près le *seul* bénéfice qui serait résulté pour la Crau du colmatage proprement dit.

« Or, l'apport rapide dans le sol de la Crau de la quantité de chaux nécessaire à la végétation (c'est-à-dire 2 à 3 p. 100) rentre dans les opérations culturales faciles à réaliser. Même sans chaulage, cet apport de chaux peut se faire sans frais, par l'importation des phosphates de chaux, qui sont en tous cas nécessaires pour augmenter la teneur en acide phosphorique des terres de Crau.

« L'expérience est venue, d'ailleurs, consacrer ces prévisions théoriques, car un grand propriétaire, M. Jullien, a pu créer, en pleine Crau, une centaine d'hectares de magnifiques prairies irriguées, au moyen d'eaux puisées par des pompes à vapeur dans le sous-sol et en quantités suffisantes pour pourvoir à l'arrosage de ses prairies. Ces prairies prospèrent ainsi dans d'excellentes conditions avec des eaux d'arrosage ne contenant *aucune trace de limons*. Cet arrosage a été, bien entendu, complété par l'emploi d'engrais chimiques (super-phosphates, sels de potasse et azote).

« Il est donc bien démontré que le colmatage est loin d'être indispensable pour la création de cultures irriguées dans la Crau et en particulier de prairies.

« Restait à résoudre la question de savoir si le colmatage permettrait au moins la création dans la Crau de cultures non irriguées.

« Or, l'expérience des siècles a démontré que dans la Crau, en fait de cultures non irriguées, la vigne pouvait seule donner des produits rémunérateurs.

« Il s'agissait donc de savoir si le colmatage était indispensable pour permettre la reconstitution de vignobles mis à l'abri du phylloxéra. Nadault de Buffon le pensait, car il n'avait en vue que la submersion comme moyen préservatif contre le phylloxéra. Il comptait que le colmatage, en diminuant notablement la perméabilité du sol de la Crau, tout en augmentant l'épaisseur, rendrait efficace ce mode de protection des vignobles, qui, d'ailleurs, eût été facilement réalisable en automne au moyen des eaux de crues qui ne font jamais défaut à cette époque de l'année.

« Mais, outre qu'il est loin d'être démontré qu'un colmatage, même de $0^m,30$ d'épaisseur, eût rendu imperméable le sous-sol de la Crau, les expériences de ces dernières années, faites par la Compagnie et par d'autres propriétaires, ont démontré, au contraire, que les vignes américaines greffées en plants français prospéraient parfaitement dans le sol naturel de la Crau et résistaient très bien au phylloxéra, sans qu'il soit besoin d'avoir recours à la submersion [1].

« Le colmatage n'aurait apporté à cette culture aucun élément de fertilisation spécial.

« Il aurait pu, il est vrai, augmenter quelque peu l'épaisseur du sol arable, mais cet avantage eût été bien minime par rapport à la dépense correspondante, d'autant plus que la modification de compo-

---

1. Les cépages américains qui paraissent le mieux réussir dans la Crau sont : les Jacquez, les Riparia, les Solonis et les Rupestris, et, en les greffant avec des plants français d'Alicante-Henri Bouschet, de Cinsaut, de Carignane et d'Espar, on obtient des vins de première qualité analogues aux vins de Saint-Georges.

sition physico-chimique de la terre naturelle de la Crau, qui eût été la conséquence du colmatage, eût certainement nui à la prospérité de la vigne et surtout à la qualité du vin. Quant à créer par voie de colmatage un sol profond, on n'y pouvait songer ; l'opération eût été plus que séculaire.

« D'ailleurs, avant l'invasion du phylloxéra, il existait déjà plusieurs milliers d'hectares de vignes plantées dans *le sol naturel de la Crau* ; ces vignobles donnaient un vin de qualité exceptionnelle très connu et très apprécié, mais en assez faible quantité.

« Il n'était donc pas besoin de colmatage pour créer des vignes en Crau.

« Pour toutes ces raisons on en est arrivé à cette conclusion, que ce n'était pas dans la voie du colmatage qu'il fallait poursuivre la réalisation de la mise en valeur de la Crau et que le meilleur moyen pour arriver à ce résultat était d'avoir simplement recours à l'arrosage, autant que cela sera possible, en complétant les cultures irriguées (qui ne peuvent évidemment qu'occuper une surface restreinte de cette immense plaine) par la création de vignobles mis à l'abri du phylloxéra en plantant des cépages américains, greffés ensuite en cépages français, l'emploi méthodique d'engrais chimiques convenablement appropriés permettant d'ailleurs d'assurer le succès de ces deux cultures principales.

« L'administration supérieure et le Parlement ont, d'ailleurs, reconnu la réalité et l'exactitude de cette conception nouvelle de la mise en valeur de la Crau, et une loi récente (26 avril 1889) est venue modifier la concession primitive en ce qui concerne la question de colmatage auquel a été substituée une concession éventuelle d'eaux d'arrosage.

« Si, en effet, comme cela paraît certain, on arrive, soit par des concessions nouvelles, soit par des combinaisons avec les canaux existants, à doter la Crau d'eaux d'irrigation prises en Durance ou prélevées sur les concessions non utilisées jusqu'ici, on pourra facilement gagner à la culture plusieurs milliers d'hectares de terres en friche de cette plaine, par la création de prairies et de vignes.

« C'est donc dans cette voie et non dans celle du colmatage que l'on trouvera la vraie solution de la fertilisation de la Crau.

« La Compagnie a, d'ailleurs, déjà commencé la mise à exécution de ce nouveau programme dans la mesure possible à réaliser actuellement.

« Elle se trouve, en effet, propriétaire de plus de 7,000 hectares de terrains de la Crau (acquis en conformité des termes de sa concession primitive) et, après avoir, pendant les premières années, poursuivi des essais de mise en culture pour s'assurer des meilleures méthodes à suivre, elle a commencé, dès 1885, la transformation de celles de ses propriétés susceptibles d'être immédiatement mises en valeur, c'est-à-dire de celles possédant déjà d'anciennes concessions d'eaux d'irrigations inutilisées ou mal utilisées.

« Cette mise en valeur consiste à créer des centres d'exploitation comportant chacun de 30 à 50 hectares de vignes et une surface de prairies irriguées suffisante pour pourvoir au moins à la nourriture des bêtes de somme nécessaires à l'exploitation. Dans la région de la Crau voisine des marais, les prairies créées dans ceux-ci pourront, d'ailleurs, permettre l'alimentation facile d'exploitations ne comportant que des vignes.

« La Compagnie a déjà ainsi fondé cinq centres d'exploitation (quatre dans la Haute-Crau et un dans la Basse-Crau), qui ont donné lieu à la création de 280 hectares de vignes et de 50 hectares de prairies qui, venant s'ajouter aux 30 hectares de prairies déjà existantes dans ces divers domaines, constituent des exploitations complètes. »

Souhaitons que, sous cette sage direction, la Compagnie agricole mène à bonne fin son entreprise[1]. La Crau est aux portes de Marseille : sur cet important marché elle pourra vendre facilement ses fourrages et trouver des matières fertilisantes de toutes sortes. M. de Montricher, fils de l'éminent ingénieur qui a amené à Marseille les eaux de la Durance, veut compléter l'assainissement de la ville en employant ses vidanges à la fertilisation de la Crau. M. de Montricher espère, par le feutrage que les vidanges produiront dans la terre de la Crau, pouvoir y créer des prairies qui pourront donner des bons produits avec un litre d'eau par hectare et par seconde, comme les

---

1. Nous parlerons du desséchement des marais de Fos dans un autre chapitre.

vieux prés arrosés par le canal de Craponne, tandis que les nouvelles prairies en exigent 3 à 4 litres.

A l'est de la Crau, entre Miramas et Istres, nous pouvons citer comme modèle de bonne culture et de direction intelligente, le *domaine de Sulauze* que M. Paul, de Marseille, a acheté il y a une dizaine d'années. Sa superficie totale est de 12,000 hectares, mais il ne se trouve pas tout entier en terrain de Crau ; une partie de la propriété s'étend sur les collines de mollasse qui la séparent de l'étang de Berre.

Ce qu'il y a de plus caractéristique dans l'exploitation de M. Paul, c'est que, laissant de côté les branches qui lui semblaient trop aléatoires et trop peu compatibles avec les conditions locales, il a su se borner aux cinq qui, au contraire, convenaient le mieux : la vigne, le troupeau, la prairie, les amandiers et les oliviers.

C'est dans la région des coteaux de mollasse que se trouve le vignoble. Il comprend aujourd'hui plus de 30 hectares, dont 25 en rapport, se compose en grande partie de vignes françaises franc de pied traitées au sulfure de carbone ; les vignes greffées sur pied américain occupent environ 10 hectares ; elles sont en grande partie sur Jacquez qui, jusqu'à présent, est un des meilleurs porte-greffes pour la majeure partie des terres du département des Bouches-du-Rhône. En 1889-1890, il a été planté 30,000 racinés de Rupestris, Solonis et Jacquez qui ont été greffés, en 1890, en Alicante-Bouschet, Aramon, Carignane, Clairette et quelques Morvèdre ; en ce moment, la plantation comprend 128,800 pieds.

Toutes ces vignes sont superbes de végétation et chargées de raisins, soit greffées, soit franc de pied. L'Alicante-Bouschet, dont les mérites sont contestés aujourd'hui, porte de fort belles grappes et en quantité ; si ce cépage se comporte mal en plaine, il est, pour les coteaux, un des plus précieux pour la quantité et la beauté de son vin.

Les vignes françaises sont sulfurées à la dose de 250 kilogr. par hectare.

Les vieux pieds de grenaches plantés en oullières selon le vieux système provençal, quoique bien affaibli par le phylloxéra, n'étaient pas encore morts quand M. Paul a commencé à sulfurer. Aujourd'hui, ces vignes, complètement restaurées, sont très vigoureuses et chargées de raisins. Toutes ces vignes sont montées sur échalas et fortement attachées pour résister au mistral, dont les ravages sont à craindre dans cette région.

En 1890, il a été vendu 160,000 kilogr. de raisins, au prix moyen de 20 fr. les 100 kilogr. Les frais annuels de la culture sont de 10,000 fr.

Logé à Sulauze, en 4 bergeries, le troupeau paît du 1er novembre au 20 juin dans la Crau, dans les collines de Sulauze, et consomme les regains des 90 hectares de prairies. Le départ pour la montagne a lieu à la fin juin. Placé sous la garde de 2 bayles et de 6 bergers, il se compose de 1,800 à 2,300 bêtes.

Outre le pacage, le troupeau absorbe environ 80,000 kilogr. de bas fourrages.

La litière des quatre bergeries est fournie par les 1,438 ballots de bauque achetés au Coussoul à raison de 1 fr. 15 c. le ballot.

Dans le dernier exercice il a été vendu :

    751 agneaux de lait ;

    197 agneaux d'un an, mâles et femelles ;

    293 vieilles brebis, vieux moutons ;

3,224 kilogr. laines, à 185 fr. les 100 kilogr. ;

    412 kilogr. laines agnelins, à 1 fr. 80 c. le kilogr.

Diverses peaux et autres, soit un produit total de 29,000 fr.

Les bêtes jeunes et vieilles se vendent sur les marchés environnants de Salon, Arles, Aix.

L'exploitation annuelle a coûté 19,044 fr.

Dans ce coût se trouvent compris :

Le montant des 80,000 kilogr. fourrages, à 6 fr. les 100 kilogr.	4,800 fr.
Le montant des herbes d'hiver.	2,000
Les intérêts à 3 p. 100 du capital de 20,000 fr., représentant la valeur du troupeau	1,200
Usure du matériel.	150
	8,150 fr.

Le chapitre troupeau se solde donc par un bénéfice net de 10,000 francs.

Bien que la récolte en soit assez aléatoire, l'amande constitue le revenu le plus sérieux des terres arides du département. A Sulauze, les plus anciennes plantations sont en coteaux ; en revenant vers Miramas, on trouve un important plantier d'environ 4,000 pieds fait récemment en pleine Crau.

La région montueuse comprend 7,000 pieds environ, les variétés cultivées sont les coques tendres dites princesses, les rondes qui produisent la qualité dite à la dame, les races qui sont les mollières du commerce, et les flots qui donnent les amandes à dragée ; il y a aussi parmi les vieux pieds quelques cagnes, cette variété est aujourd'hui abandonnée ; elle se vend ordinairement en vert.

La récolte des amandes sèches se fait du 15 août au 30 septembre, suivant la qualité ; les amandes sont abattues au moyen de gaules ; elles sont transportées à la ferme où le décorticage a lieu immédiatement, puis, séchées sur des fleuriers (toile) ; l'écorce dite calagne est réservée pour le troupeau. On les vend sur les marchés d'Aix, de Salon et de Miramas.

La taille est faite par des spécialistes ; dans le courant de l'été, tous les arbres sont repassés pour l'enlèvement des gourmands. Les amandiers en Crau sont greffés très tard, il faut attendre que le sujet soit fortement raciné pour éviter les accidents du mistral. On mélange les variétés dans une même plantation ; il est reconnu que ce système est favorable à une bonne fécondation.

La récolte de 1890 a été de 1,229 doubles de sèches et 6,600 kilogr. de fraîches.

Les oliviers sont au nombre de 6,200. Ils reçoivent tous les ans un ou deux labours ; ils sont taillés par des spécialistes tous les deux ans ; les rameaux sont conservés pour le troupeau.

Actuellement, il y a à Sulauze 90 hectares de prairies, soit 40 hectares de luzerne, 40 de foin et 10 de mélange ; 50 hectares ont été créés en Crau en 1888 et ont coûté 30,000 fr., soit 550 fr. par hectare : dans le coût est compris le labourage à la vapeur et tous les frais d'installation, achat de graines et frais de toutes sortes.

Le labourage à la vapeur est plus expéditif, mais plus onéreux que le défoncement au treuil. Il entre pour 150 fr. l'hectare dans le coût de l'établissement de la prairie.

Les 34 hectares de prairies anciennes sont arrosés par le canal de Grignan à raison de 12 fr. par hectare et par an.

Les 56 hectares de prairies nouvelles en Crau sont arrosés par le canal des Martigues ; la surface est divisée en 14 calans, allant du nord au sud, de 50 mètres de largeur sur 800 de longueur, l'irrigation se fait par 14 canaux secondaires, chaque partie reçoit au moins un arrosage complet tous les huit jours.

Le foin donne 3 coupes, qui sont faites par faucheuses mécaniques Wood et Pilter, actionnées par deux mulets; chaque faucheuse fait 2 hectares par jour ; les regains sont mangés par le troupeau.

La luzerne donne 5 coupes; la première, de qualité inférieure, est utilisée par le troupeau qui la mange sur place.

La récolte, en 1890, a été de :

334,000 kilogr. vendus à divers ;

70,000 kilogr. utilisés dans la ferme ;

80,000 kilogr. utilisés par le troupeau ;

10,000 kilogr. déchets.

Soit une moyenne de 5,500 kilogr. à l'hectare, qui sera augmentée quand les jeunes prairies seront en pleine production ; elles devront donner alors 8,000 à 10,000 kilogr. à l'hectare.

Pour l'expédition, une presse confectionne les balles qui sont chargées directement sur les wagons de la Compagnie P.-L.-M.

C'est en 1887 que M. Paul a commencé à exploiter pour son compte cette propriété.

Les bénéfices nets se sont élevés, pour l'année 1890, à 25,000 fr., non compris une somme de 9,000 fr., représentant l'intérêt des améliorations récentes et l'usure du matériel [1].

Le développement des centres de culture, comme celui de Sulauze et ceux que la Compagnie agricole a commencé à créer dans la Crau, est proportionnel à la quantité d'eau dont ils disposeront pour l'irrigation. La Durance pourra-t-elle leur en fournir ?

En attendant, on fera bien d'avoir recours également, dans la limite du possible, aux plantations de bois pour donner à la plaine de la Crau les abris dont elle a si grand besoin, pour conserver la

---

1. *Le Bas-Rhône*, 1893.

terre que le mistral emporte et en diminuer la sécheresse. Il faut chercher à augmenter, d'un côté, les centres d'irrigation et, de l'autre, les centres de reboisement qui existent déjà, et chercher ainsi à diminuer peu à peu la Crau « aride et inculte ».

E. — *Alluvions anciennes et modernes des vallées du Rhône et de la Durance.*

Les alluvions anciennes occupent une large place sur les bords du Rhône, disposées en étages dans sa partie supérieure ; mais, à mesure que la vallée s'élargit et que son niveau s'abaisse, les différences qu'il y avait entre ces étages tendent à s'effacer et il devient de plus en plus difficile de distinguer les alluvions quaternaires, d'un côté, des alluvions pliocènes et, de l'autre, des alluvions modernes. Nous réunirons donc toutes ces alluvions pour donner la description de leurs caractères agricoles ; nous ne ferons exception que pour la Camargue qui forme une contrée à part et dont nous nous occuperons dans le chapitre des alluvions modernes.

Il faudrait appliquer à toutes les alluvions la distinction que Fontannes a proposé de faire entre les alluvions anciennes du Rhône (*alluvions rhodaniennes*), qui se composent de matériaux amenés des Alpes centrales, et les alluvions de ses confluents (*alluvions régionales*), qui en ont charrié d'autres, empruntés aux roches des montagnes où ils ont pris naissance. Ces fragments sont plus ou moins divisés, plus ou moins roulés, plus ou moins décomposés ; tantôt ce sont des cailloux, tantôt du sable, tantôt des limons argileux ou calcaires.

Dans le nord du département de Vaucluse, de Pierrelatte à Bollène, autour de Piolène, puis d'Orange à Jonquières et Bédarrides et jusqu'à la hauteur d'Avignon, on trouve, sur la rive gauche du Rhône, des bas plateaux d'une étendue considérable couverts de graviers ou de sables rougeâtres, quelquefois de limons. Quand ces limons ont une assez grande épaisseur, ces plateaux sont fertiles, mais toujours disposés à souffrir de la sécheresse, parce que leur sous-sol est caillouteux. Quand il n'y a pas de limons, ce sont en général des *garrigues* ou *terres hermes* qui peuvent fournir au printemps de maigres pâtures pour les troupeaux, et sur lesquels poussent, par-ci par-là, quelques bouquets de chênes verts. Là seule culture qui y réussit est celle de la vigne. Pour toutes les autres, l'irrigation est indispensable.

Dans le voisinage immédiat du Rhône, dans les vallées de l'Eygues et de l'Ouvèze, on trouve des alluvions modernes composées d'un limon argileux, quelquefois accompagné de cailloux roulés.

Sur les bords de la Durance, ces alluvions forment également, depuis les environs d'Oyon et de Cavaillon jusqu'à sa jonction avec le Rhône, une large plaine couverte d'un sol profond, grisâtre, composé de grains très fins.

Voici, d'après M. Joulie, la composition chimique p. 1,000 de la terre fine de quelques alluvions anciennes du département de Vaucluse :

LOCALITÉ et ÉTAT DE LA TERRE.	AZOTE.	CHAUX.	MA-GNÉSIE.	PO-TASSE.	ACIDE phosphorique.
Pierrelatte. — Terre rouge. Sol	0.86	18.14	3.40	1.87	0.48
— — Sous-sol	0.91	112.54	3.40	1.54	0.614
— — Sol	1.45	122.54	6.80	2.38	0.278
— — Sous-sol	1.29	168.68	5.40	1.91	0.193
Courtezon	0.96	251.85	9.77	1.07	0.50
—	0.85	228.58	7.79	1.21	0.35
Joncquières.	1.80	363.84	4.26	1.48	1.03
Avignon. — Vigne	0.89	237.26	10.82	2.85	1.01
— —	1.14	229.26	10.62	1.87	0.78

Au pied des collines de mollasse qui entourent les calcaires des monts de Vaucluse, aux environs de l'Isle-sur-Sorgues, les terres des vallées se composent d'alluvions marneuses, de couleur brune, qui sont très fertiles et qui, en effet, contiennent, d'après M. Joulie, des quantités d'acide phosphorique et de potasse tout à fait exceptionnelles. En voici quelques exemples :

TABLEAU.

	AZOTE.	CHAUX.	MA-GNÉSIE.	PO-TASSE.	ACIDE phospho-riquo.
	p. 1,000.	p. 1,000.	p. 1,000.	p. 1,000.	p. 1,000.
Prairie. Sol.	4.87	288.96	9.93	4.35	3.92
— Sous-sol	3.97	294.84	8.98	3.72	3.75
— Sol.	5.21	262.08	8.21	3.53	3.15
— Sous-sol	5.36	294.84	6.49	3.83	2.64
Terre de vigne	0.92	338.52	7.55	2.79	3.91
—	1.38	283.92	12.27	4.16	3.51
—	1.18	294.84	5.45	4.78	3.65

Ces terres font partie de la propriété du Bosquet, près l'Isle-sur-Sorgues, qui appartient à M. Joulie ; les analyses ont été faites en 1885, au moment où il en a pris possession, et alors, dit-il, elles n'avaient jamais reçu aucun engrais chimique. Dans les sols de prairies, le dosage d'azote, également très élevé, provient évidemment de la végétation elle-même. En 1885, elles rendaient environ 6,000 kilogr. de foin médiocre à l'hectare. Avec une addition d'engrais chimiques, M. Joulie les a portées à 9,500 kilogr. en 1887, et à 9,600 kilogr. en 1888.

Ces terres, si riches au point de vue chimique, reposent sur un sous-sol de marne compacte. Le phylloxéra y a détruit les cépages français et la reconstitution des vignes par les plants américains y est très difficile, parce que les plants américains y prennent presque tous la chlorose et tous, sans exception, lorsqu'ils ont été greffés. Cependant quelques hybrides, essayés depuis peu d'années, paraissent s'adapter assez bien.

A l'ouest de ces alluvions marneuses, le long d'une série de collines au pied desquelles se trouvent Bédarrides, Vedènes, Gadagne et Caumont, s'étend, depuis les environs de Monteux, non loin de Carpentras jusqu'à la Durance, la plaine des *Paluds* ou *Paluns*, qui fut si célèbre par ses cultures de garance. Elle a été autrefois un vaste marais où se dispersaient les eaux de l'Ouvèze, de l'Ouzon, de la Nesque, de la Sorgues. Sa surface, aujourd'hui desséchée, se compose d'une terre sablonneuse et légère qui a l'apparence de la cendre quand elle est sèche, et qui repose, à une faible profondeur, sur une couche tourbeuse.

Une analyse d'un échantillon de cette terre de Paluds, pris aux environs de l'Isle, a été faite par Berthier, à l'époque où l'on ne dosait ni l'azote, ni la potasse, ni l'acide phosphorique. Il y a trouvé :

Sable quartzeux, un peu micacé	34.00
Sable calcaire.	26.00
Carbonate de chaux invisible (*sic*).	21.50
Argile	11.00
Oxyde de fer	3.50
Eau et matières organiques	4.00
	100.00

Dans 4 échantillons de terres de demi-Paluds et de Paluds, dont la troisième se couvre de croûtes cristallines, recueillies à Saint-Saturnin-lès-Avignon et Althen-des-Paluds, MM. Joulie et Paul de Gasparin ont dosé :

	AZOTE.	CHAUX.	MA-GNÉSIE.	PO-TASSE.	ACIDE phospho-rique.	CHLORE.
Saint-Saturnin-lès-Avignon.	p. 1,000.	p. 1,000.	p. 1,000.	p. 1,000.	p. 1.000.	p. 1,000.
Terre de Paluds	1.53	438.94	10.88	0.43	0.45	?
Terre de demi-Paluds	1.48	382.44	13.48	1.29	0.86	?
Paluds à croûtes cristallines	2.60	467.36	4.22	0.63	0.60	3.82
Althen-des-Paluds.						
Terre de Paluds	?	494.60	5.05	0.62	0.54	?

Voilà des terres qui sont pauvres en potasse, pauvres en acide phosphorique, et cependant elles se louaient 300 fr. l'hectare à l'époque où la culture de la garance y était florissante. C'est que leurs propriétés physiques convenaient très bien à cette culture ; ce qui leur manquait au point de vue chimique, on le leur donnait abondamment sous forme de tourteaux de graines oléagineuses. De plus, la terre était facile à travailler et, par un défoncement prati-qué au commencement de chaque rotation, on mélangeait les éléments du sous-sol à ceux de la surface. Enfin, et c'est là le point capital, une nappe d'eau souterraine, arrêtée au niveau du desséchement, à 1 ou 2 mètres de profondeur, fournissait constamment à la végétation l'humidité si nécessaire dans ce climat d'extrême sécheresse.

Comme on le sait, la culture de la garance fut importée dans le département de Vaucluse, en 1763, par le Persan Jean Althen, mais c'est seulement à partir de 1816 qu'elle prit un grand développement et surtout dans les Paluds, parce que les racines qu'on y récoltait étaient de qualité supérieure. En général, on employait ces terrains tour à tour pendant deux ans à la production de la garance, puis venaient un blé et une avoine, quelques années de luzerne et enfin encore deux céréales pour terminer l'assolement avant de revenir à la garance. Quelquefois l'alternement n'avait lieu qu'entre la garance et les céréales.

La culture de la garance occupait, en 1862, dans le département de Vaucluse, plus de 13,000 hectares et rapportait 15 à 16 millions de francs par année. Malheureusement cette source de richesse a disparu devant la concurrence de l'alizarine artificielle, que l'on tire aujourd'hui des produits de distillation de la houille ; cette ruine a coïncidé à peu près avec la maladie des vers à soie, qui a considérablement diminué les revenus donnés par les mûriers, et elle a été bientôt suivie de la destruction des vignes par le phylloxéra. Comme ces trois cultures occupaient beaucoup de bras, il en est résulté une forte émigration ; les statistiques ont constaté que, dans le département de Vaucluse, comme dans tous les départements du Midi dont les vignobles ont été anéantis, la population avait diminué, mais elle tend à revenir à son ancien chiffre, et la nouvelle évaluation des propriétés non bâties, faite en 1880 par l'administration des contributions directes, a établi que la valeur des terres y est restée à peu près la même qu'en 1851.

Le département de Vaucluse doit ce résultat consolant aux irrigations, qui lui ont permis de développer la culture des fourrages, et surtout celle des fruits et des légumes, que le climat du Midi et les chemins de fer lui permettent d'envoyer comme primeurs sur les marchés de Paris et du centre de l'Europe.

Sous le climat sec et chaud de la Provence, les irrigations sont très utiles et souvent indispensables par l'eau qu'elles fournissent pour les besoins de la végétation. Dans quelles limites peuvent-elles également être bienfaisantes par les matières que cette eau tient en dissolution ou en suspension? Les excellentes analyses que M. A. Müntz a faites des eaux du Rhône, de la Sorgues et de la Durance peuvent nous éclairer là-dessus. En voici les résultats par mètre cube :

Matières en dissolution.

	RHÔNE.	SORGUES.	DURANCE.
Poids total des matières dissoutes . . .	185 gr.	160 gr.	240 gr.
Contenant :			
Azote nitrique .	$0^{gr},828$	$0^{gr},104$	$0^{gr},285$
Azote ammoniacal.	0 ,130 $\Big\}1^{gr},188$	0 ,036 $\Big\}0^{gr},270$	0 ,010 $\Big\}0^{gr},435$
Azote organique	0 ,230	0 ,130	0 ,140
Acide phosphorique. . . .	0 ,332	0 ,026	0 ,034
Potasse	2 ,980	3 ,740	3 ,120
Chaux	84 ,000	90 ,600	82 ,000
Magnésie . . .	9 ,300	8 ,700	19 ,000
Acide sulfurique	22 ,300	traces.	66 ,500

Matières en suspension.

Poids total . .	$40^{gr},3$	$2^{gr},100$	$55^{gr},9$
Contenant :			
Azote organique	0 ,080	0 ,004	0 ,112
Acide phosphorique	0 ,080	0 ,003	0 ,074
Potasse attaquable par les acides.	0 ,124	0 ,007	0 ,072
Chaux.	6 ,186	0 ,410	12 ,630
Magnésie . . .	0 ,370	0 ,016	0 ,049

Si nous admettons que l'irrigation d'une prairie naturelle ou d'un jardin consomme 15,000 mètres cubes d'eau par hectare, du

1ᵉʳ avril au 1ᵉʳ octobre, l'eau du Rhône fournira par an à cet hectare 18 kilogr. d'azote, 6ᵏˢ,18 d'acide phosphorique, 45 kilogr. de potasse et de fortes quantités de chaux et de magnésie.

On voit que ces apports d'engrais complémentaires ne manquent pas de valeur. Les terrains qui sont arrosés ou qui pourront être arrosés par le canal de Pierrelatte, qui prend ses eaux dans le Rhône, en ressentiront les bienfaits.

D'après une analyse de M. Paul de Gasparin, l'eau du Rhône prise à Tarascon, après avoir été filtrée à travers du gravier, contient par litre :

	milligrammes.
Silice	7,80
Acide phosphorique	traces.
Acide sulfurique	70,95
Acide chlorhydrique	28,60
Acide carbonique	197,80
Chaux	141,70
Magnésie	24,20
Soude	27,50
Potasse	24,30
	522,80

Comme on le voit, les eaux du Rhône contiennent, près de Tarascon, beaucoup plus de matières minérales que dans la partie supérieure du fleuve. Le sulfate de magnésie, qui s'y trouve en quantité notable, provient des apports de la Durance. Le chlorure de sodium y est également assez abondant ; il y est amené par les sources basses de la vallée, qui sont la plupart assez riches en sel, parce qu'elles ont passé par des terrains qui, eux-mêmes, en contiennent des dépôts. Ces mêmes terrains renferment du gypse ; de là l'abondance du sulfate de chaux. Ces eaux, employées à l'irrigation, peuvent aussi fournir aux plantes toute la potasse dont elles ont besoin. L'acide phosphorique seul y fait défaut.

Quant aux eaux de la Sorgues, les matières minérales qu'elles portent avec elles sont insignifiantes. Celles de la Durance ne le sont pas autant, mais les cultivateurs, dont les terres sont irriguées par les canaux qui en proviennent (canaux des Alpines, de Carpentras, etc.), ont bien raison d'user largement du fumier de ferme, de la *trouille* (tourteaux de graines oléagineuses) et des engrais chimiques. Dans sa propriété du quartier de Meyras, commune de Loriol, M. Eydoux, juge de paix à Carpentras, fait alterner la luzerne et la vigne. Il arrose sa luzerne tous les quinze jours, soit deux fois pour chaque coupe, mais il ne la fume pas. Il a constaté que son produit augmente jusqu'à la cinquième ou sixième année, puis diminue peu à peu. Cela provient de ce que cette luzerne succède à des vignes qui ont été bien fumées ; peu à peu les provisions d'engrais qui y avaient été accumulées s'épuisent.

Avec les engrais, le soleil de la Provence, l'eau et, n'oublions pas le quatrième facteur, le travail, on arrive aux résultats merveilleux qu'obtiennent, par exemple, les cultivateurs de Cavaillon, dont le territoire est arrosé par les canaux de Saint-Julien et de Fugueyrolles, dérivés de la Durance. M. Émile Niel en a donné récemment, dans un rapport à la Société d'agriculture de Vaucluse, une description à laquelle j'emprunte les détails suivants :

« Le canal Saint-Julien date de 1171. Il se développe sur environ 24 kilomètres, et ses filioles secondaires ont un parcours de 60 kilomètres. Irréprochablement aménagé et entretenu dans ses moindres ouvrages, il est ordonné par un simple règlement de police, qui laisse les arrosants libres d'user de l'eau à leur gré, sous la garantie d'une pratique traditionnelle, qui est la meilleure de toutes les lois. Aucune ou très peu de contestations entre arrosants, grâce au parfait aménagement des tables ; — pas de gaspillages. — Avec une concession d'environ 4,000 litres, le territoire irrigué compte aujourd'hui plus de 3,300 hectares, — soit une utilisation de 85 p. 100 de l'eau concédée.

« N'avons-nous point raison d'appeler ce canal un modèle d'organisation ?

« Quant au territoire de Cavaillon, il se comporte ainsi : des 3,300 hectares composant sa surface exploitable, la presque totalité est irriguée, les deux tiers sont en jardins maraîchers. Sauf les 500 ou 600 hectares de prés, vignes ou vergers, tout le reste est occupé par une culture intensive poussée aux dernières limites.

« Les produits sont infiniment variés. Après toute récolte de cé-

réales et même de pommes de terre, on pratique une seconde culture dérobée en haricots, carottes, choux-fleurs ou salades. — Certaines terres donnent chaque année, soit deux récoltes de melons,
tomates, navets, aubergines, etc., soit trois ou quatre récoltes en
épinards ou haricots verts.

« Le sol absorbe des monceaux de fumier et rend à l'hectare
une richesse marchande de 3,000 à 4,000 fr., qui va parfois à
6,000 ou 7,000 fr. pour certains produits maraîchers (melons, épinards).

« Des soins incessants, des procédés ingénieusement variés, un la-
beur intelligent et obstiné ont fini par donner à la terre une valeur
foncière considérable, qui peut aller jusqu'à 9,000 et 10,000 fr.
l'hectare.

« On peut juger par ces données de l'activité des affaires, de l'af-
fluence des marchés, de l'importance considérable des trafics.

« Cette situation donne aussi des résultats très importants, bons à
noter dans l'ordre économique et social.

« Le morcellement du territoire de Cavaillon est extrême. Sur les
1,700 exploitations rurales qui forment la commune, une seule est
supérieure à 30 hectares, moins de 100 présentent des surfaces supérieures à 1 hectare, plus de 1,600 ont une surface inférieure.

« De ces 1,700 exploitations, plus de 1,000 sont cultivées par les
propriétaires mêmes ou par leur famille, 650 par des fermiers.

« Cette aisance de bon aloi, cet attachement fidèle à un sol, à un
climat qui répondent si largement à l'effort du travailleur, ont pour
conséquence une progression lente, mais constante et continue dans
l'accroissement de la population. Ce n'est point la grande ville qui
double le nombre de ses habitants en quelques années, promettant
un bien-être trompeur à ceux qui y courent ; mais c'est la campagne,
amenant le pain de tous les jours au travailleur qui ne doute jamais
de cette grande nourrice : la terre.

« A Cavaillon, il y a un siècle, le nombre des habitants était de
5,000 ; il approche aujourd'hui du double. Il vient d'augmenter de
300 dans l'intervalle des deux derniers recensements de 1882 et de
1887. »

Sur un hectare ou deux, une famille vit, grandit et prospère. En voici deux exemples, que Barral a cités dans son rapport sur les irrigations du département de Vaucluse :

« Le canal de Fugueyrolles arrose en entier le petit domaine exploité par M. Denis Fourniller et situé sur le territoire de Cavaillon. La contenance de ce domaine n'est que de 24 éminées (2 hectares 11 ares), et il suffit néanmoins pour assurer une aisance, modeste sans doute, mais présentant tous les caractères du bonheur dans le travail, à une famille composée du père et du fils, de la mère et de la bru, tous quatre occupés à faire fructifier la métairie, et de deux enfants|appartenant au jeune ménage. L'aspect de la maison, située au milieu des champs dont la végétation est luxuriante, indique une prospérité certaine. Il y a dix ans que la famille en est propriétaire. Le prix d'achat a été de 550 fr. par éminée, soit 6,250 fr. l'hectare. La rente payée au canal pour droit d'arrosage est annuellement de 2 fr. par éminée ; M. Fourniller déclare qu'il a autant d'eau qu'il lui en faut, et toujours selon les besoins de ses cultures, qui sont assez variées ; il arrose par planches successives. Au moment de notre visite, le domaine se divise ainsi qu'il suit :

Luzerne	4,5 éminées.
Pommes de terre.	6,0 —
Melons	4,0 —
Tomates et autres jardinages.	2,0 —
Blé	6,0 —
Bâtiments, cours, verger.	1,5 —
Total	24,0 éminées.

« Après la moisson du blé, la moitié de la sole a été immédiatement ensemencée en haricots arrosés, sur un simple déchaumage, et l'autre moitié soumise aux labours nécessaires pour préparer une melonnière.

« Pour obtenir les fortes récoltes qui vont être indiquées, M. Fourniller a à sa disposition le fumier que lui donnent d'abord 2 bêtes de trait, 1 cheval et 1 mulet, qu'il emploie pour ses labours et ses transports, et ensuite 30 bêtes ovines engraissées durant 4 à 5 mois, 3 porcs et 4 nichées de lapins. En plus, il achète chaque année de la trouille pour 700 ou 800 fr. ; le tourteau qu'il préfère est celui de sésame, qu'il paie 13 fr. les 100 kilogr. Il emploie donc par hectare 2,200 à 3,000 kilogr. de tourteaux, ou pour 350 à 400 fr.

« La luzerne est très belle ; la deuxième coupe a été faite le 10 juin, elle a donné en tout 1,200 kilogr. : la première avait rendu 1,000 kilogr. M. Fourniller estime la coupe sur pied entre 1,600 et 1,700 kilogr. et, par l'expérience des années précédentes, il assure que la quatrième et la cinquième donnent au moins 1,000 kilogr. chacune, le tout sur 4 éminées et demie ou 39 ares 53 centiares ; c'est environ 15,000 kilogr. à l'hectare. Une partie du foin est vendue, l'autre partie consommée sur le domaine. Cette année, 2,000 kilogr. ont été livrés au prix de 9 fr. les 100 kilogr.

« Le produit des pommes de terre est estimé à 150 fr. au minimum, par éminée ; celui des melons à 200 fr. C'est aussi au moins le produit des tomates et autres cultures jardinières, telles que celle de l'ail qu'il fait assez souvent sur une éminée, et qui lui fournit 40 douzaines de tresses à 5 fr. l'une ou 200 fr. L'ensemble de toutes les ventes dépasse 3,000 fr., et la famille vit dans une abondance relative, en n'ayant pas besoin de payer ou d'acheter pour plus d'un millier de francs tant en engrais qu'en semences et autres produits divers. »

Autre exemple :

« M. Joseph Gros exploite, dans divers quartiers de Cavaillon, des pièces de terre assez éloignées les unes des autres et qui ont en tout une étendue de 72 éminées (6 hectares 36 ares). Il est propriétaire de 37 éminées et il en tient 35 en fermage. Il paie une cotisation totale annuelle de 150 fr. aux deux syndicats de Saint-Julien et de Fugueyrolles pour arroser le tout. Il mène sa culture avec le concours de sa femme, de deux fils âgés de vingt-sept et dix-neuf ans, d'une fille âgée de vingt-deux ans. Toute la famille paraît s'occuper avec zèle de tous les travaux, et il se fait aider, en outre, par quelques journaliers, ce qui lui constitue une dépense de 200 fr. par an. Il emploie deux chevaux pour ses labours et ses transports ; il entretient d'ailleurs 30 moutons durant quatre mois, 3 porcs toute l'année, ainsi que 80 lapins. Au fumier que lui fournissent ces animaux domestiques il ajoute 10,000 kilogr. de trouille par an ; il fait venir ses tourteaux de Lyon ou de Marseille ; il donne la préférence aux tourteaux de sésame blanc.

« Les cultures sont ainsi divisées :

Luzerne	14 éminées.
Pré	1 éminée.
Blé, dans lequel on sème des haricots après la moisson	16 éminées.
Melons.	10 —
Pommes de terre	8 —
Artichauts	3 —
Tomates	2 —
Aubergines	1 éminée.
Haricots en première récolte.	1 —
Ail	6 éminées.
Sainfoin	2 —
Garance	4 —
Vignes.	2 —
Mûriers, cours, bâtiments, etc.	2 —
Total	72 éminées.

« M. Gros fait dans ses luzernes cinq coupes et quelquefois six ; le rendement est, en général, par éminée de 100 kilogr. pour la première coupe, de 150 pour la deuxième, de 300 pour la troisième de 150 pour la quatrième, de 100 pour la cinquième, et du même poids pour la sixième lorsqu'elle a lieu : soit en tout 800 à 900 kilogr. par éminée, ou bien 9,000 à 10,000 kilogr. par hectare. Il ne les fume pas ; il donne une bonne fumure aux melons, leur fait succéder un blé, et dans le blé il sème la luzerne qu'il fait durer cinq ans ; il prend un blé et une avoine après le défrichement de la luzerne, et enfin il recommence la culture des melons ou des pommes de terre ou d'autres jardinages. Le foin de luzerne est consommé dans l'exploitation.

« Le pré est fumé tous les ans avec du terreau. L'herbe est consommée en vert, par les lapins principalement.

« Le blé donne une récolte moyenne de 15 à 16 doubles décalitres par éminée, 34 à 36 hectolitres par hectare. Dans les haricots qu'il prend en récolte dérobée, il sème du trèfle à raison de 1 kilogr. et demi de graine par éminée et il fait deux coupes de trèfle ; il mêle le foin de ce dernier fourrage à celui de la luzerne pour l'alimentation de ses chevaux.

« M. Gros cultive les melons sur une grande échelle, comme le prouve le chiffre de 10 éminées qui leur sont consacrées ; il fait les melons rouges ou de Cavaillon à écorce verte et les melons verts. L'éminée des melons donne lieu à une vente de 100 à 300 fr., selon les années, soit de 1,130 à 3,590 fr. par hectare.

« Les pommes de terre produisent en moyenne 2,000 kilogr. par éminée, soit 22,000 kilogr. par hectare. M. Gros ne fait pas les pommes de terre pour primeur, comme les autres cultivateurs du pays ; il fait ses plantations avec la pomme de terre d'Orléans, à raison de 100 kilogr. par éminée ; il paie les pommes de terre de semence 13 fr. le quintal métrique.

« Sur les 3 éminées d'artichauts il y a 2,000 pieds qui donnent un produit de 600 fr., soit 2,270 fr. par hectare. Il compte 200 pieds de tomates ou pommes d'amour sur 2 éminées et 600 pieds d'aubergines sur 1 éminée ; il estime le produit de chaque pied entre 0 fr. 40 c. et 0 fr. 50 c., soit de 2,700 fr. à près de 4,000 fr. par hectare.

« La culture de l'ail a de l'importance sur l'exploitation de M. Gros, puisqu'il en fait sur 6 éminées, soit 53 ares environ, qui produisent 200 douzaines de tresses, à 5 ou 6 fr. la douzaine, soit pour 1,000 à 1,200 fr. Il entre 24 têtes dans chaque tresse. Les femmes qui font ces tresses doivent avoir une grande habileté pour bien parer la marchandise. Nous avons vu une belle et forte fille occupée à ce travail ; elle est payée à la tâche à raison de 0 fr. 30 c. par douzaine ; elle tresse par jour de 12 à 15 douzaines, mais elle travaille de 4 heures du matin à 7 heures du soir, en accordant environ 3 heures pour les repas et le repos. M. Gros garde 5 douzaines de tresses pour la semence de chaque éminée qu'il se propose de consacrer à cette culture.

« La culture de la garance sera désormais abandonnée sur l'exploitation de M. Gros ; elle est, dit-il, tombée à un prix tel qu'elle ne vaut plus la peine d'être arrachée. Les vers à soie, à cause de la gelée du 14 avril, ont complètement manqué cette année ; c'est une grande perte pour ce cultivateur, car il est établi pour mettre chaque année 10 onces de graine à l'éclosion. »

Dans la riche plaine qu'arrosent les canaux dérivés de la Durance, chaque commune pour ainsi dire a ses spécialités de culture. Au Plan-d'Orgon, ce sont les pommes de terre hâtives et les melons, comme à Cavaillon. A Albins et à Mallemort, ce sont les tomates dont on fait des conserves très renommées ; à Noves, les fraises en planches abritées par des rideaux de roseaux (cannes de Provence) et des graines de légumes (carottes, oignons, céleri, etc.); près de Saint-Remy, les cardères ou chardons à foulons, les fleurs (œillets, balsamines, etc.). Aux environs de Barbentane et de Châteaurenard, dont les marchés d'exportation sont devenus très importants, on cultive les tomates, les oignons, les aubergines, les choux et surtout les haricots verts.

Dans les terrains dont le sous-sol n'était pas trop perméable, le voisinage des canaux d'irrigation a permis d'employer la méthode de la submersion hivernale pour conserver les vignes françaises. M. Faucon est considéré comme l'inventeur de cette méthode, qu'il a appliquée, dès 1869, sur sa propriété du mas de Fabre, près de Tarascon. A peu près à la même époque, le Dr Seigle s'est servi de la submersion pour sauver ses vignes de Rosty, commune de Thor (département de Vaucluse).

Il y a, près d'Avignon, une École pratique d'agriculture et d'irrigations qui, fort bien dirigée par M. Allier, rend de grands services. Voici quelques détails sur les terres de cette école et sur les expériences que le directeur y a faites.

Sous la couche arable, dont l'épaisseur varie de 0^m,80 à 1^m,20, s'étendent des lits de sable associés à du gravier sur une profondeur de plus de 15 mètres.

La Durance est à 800 mètres de l'école. En été, ses eaux s'abaissent à 0^m,80 ou 1 mètre au plus au-dessous de la surface du sol, mais en hiver elles montent souvent plus haut que cette surface et l'inondent.

L'analyse de la couche superficielle de 0^m,20 de terrain a donné à M. Allier les résultats suivants :

Cailloux ne passant pas au tamis à mailles de 0^m,01.

Calcaires. . . . . : . .	41^{gr},0	
Non calcaires.	44 ,0	85 gr.

Graviers ne passant pas au tamis de 0^m,002.

Calcaires.	3^{gr},0	
Non calcaires.	3 ,0	6

Sables ne passant pas au tamis de 0^m,0005.

Calcaires.	12^{gr},0	
Non calcaires.	20 ,0	32

Terre fine.

7.5 p. 100 de matière organique . .	65^{gr},8		
36.4 — de calcaire pulvérulent. .	316 ,6	877	
30.9 — de sable fin	271 ,0		
25.5 — d'argile	223 ,6		
Total	1,000 gr.		

Analyse chimique de la terre fine.

Azote total	1.44 p. 1,000
Acide phosphorique total.	0.85 —
Potasse	1.50 —
Magnésie	3.29 —
Chaux.	204.25 —

Ces chiffres, réduits dans la proportion de 877 à 1,000, donnent :

Azote total	1,23
Acide phosphorique.	0,74
Potasse.	1,31

Dans ce terrain, M. Allier a fait, en 1890-1891, d'intéressantes expériences sur la culture des céréales. Après betteraves et pommes

de terre fumées au fumier de ferme, il a semé son blé avec 400 kilogr. à l'hectare de superphosphate, 200 kilogr. de scories de
déphosphoration et 100 kilogr. de sulfate de potasse. Puis, au printemps, dans les premiers jours de mars, il y a répandu en couverture 200 kilogr. de nitrate de soude.

Une partie de ces blés, semés sur planches bordées, disposées
pour l'irrigation par submersion, a reçu trois arrosages en avril
et mai.

Voici les rendements qu'il a obtenus par hectare :

Le blé Richelle blanche de Naples, non arrosé, 24 quintaux 35 de
grains, et 64 quintaux 72 de paille ;

Le blé Richelle blanche de Naples, arrosé, 32 quintaux 95 de
grains et 73 quintaux 05 de paille ;

Le blé de Rimpau, non arrosé, 31 quintaux 85 de grains et 80
quintaux 04 de paille ;

La Saisette de Provence, arrosée, 32 quintaux 53 de grains et
110 quintaux de paille.

Si les crues de la Durance et du Rhône font du mal à certaines
terres en leur donnant trop d'humidité, elles font souvent, au contraire, beaucoup de bien à d'autres par les limons qu'y déposent les
inondations et même par les sels qu'elles y amènent en dissolution.
Ces terrains submersibles s'appellent *terrains d'Ile* dans la vallée du
Rhône et *ségonnaux* près des embouchures. Comme exemple de terrain d'Ile, Paul de Gasparin a cité sa propriété du Bordelet, située au
confluent de l'Ardèche et du Rhône. Grâces aux inondations périodiques de l'Ardèche, c'est un terrain d'une fertilité extraordinaire, et
cependant l'analyse n'y décèle que 0.32 p. 1,000 d'acide phosphorique avec 1.90 de potasse et 98.62 p. 1,000 de chaux.

Une des cultures nouvelles qui viennent d'être introduites dans
les terrains d'alluvions du département de Vaucluse, est celle de la
betterave à sucre. C'est M. Verdet qui l'essaya pour la première fois
en 1885.

Le rendement cultural varie de 12,000 à 50,000 kilogr. par hectare, selon la qualité du terrain, et la richesse en sucre est considérable, 13 à 15 p. 100. En 1890, la maison Jean et Peyrusson, de
Lille, construisit une sucrerie à Beauport et, peu de temps après, on

en établit une seconde dans le Gard, en face de Beauport. En 1891, il y avait déjà 1,200 à 1,500 hectares de betteraves à sucre dans le voisinage de ces deux fabriques.

D'un autre côté, MM. Pagnon ont essayé avec succès la production de la graine de betterave dans les terres de paluds des environs de Velleron et de Saint-Saturnin-lès-Avignon. Ils évaluent le rendement à 3,000 kilogr. à l'hectare, et le produit net à 500 fr.

§ 5. — Le Bas-Languedoc.

(DÉPARTEMENTS DU GARD ET DE L'HÉRAULT.)

Dans la région moyenne des départements du Gard et de l'Hérault, les terrains tertiaires forment, à côté des plateaux jurassiques et néocomiens qui entourent les Cévennes, des collines mamelonnées ou des plaines qui s'abaissent peu à peu jusqu'aux terrains quaternaires et aux alluvions des bords de la Méditerranée.

A. — *Éocène*.

Dans les Corbières et la Montagne-Noire, qui séparent le Bas-Languedoc du Haut-Languedoc et le bassin de la Méditerranée de celui de l'Océan Atlantique, les terrains éocènes ont à peu près les caractères que nous leur avons trouvés dans les Alpes et que nous aurons encore l'occasion de décrire, dans le chapitre XVI, avec les Pyrénées et le département de l'Aude ; ce sont des calcaires à nummulites, dépôts formés dans la vaste Méditerranée qui couvrait la plus grande partie du sud de l'Europe au commencement de l'époque tertiaire. Le *causse* du Minervois en fait partie.

Mais, autour du plateau central, il y avait à cette même époque un pays de collines néocomiennes et de grands lacs plus ou moins saumâtres, et les sédiments qui se sont formés dans ces lacs ressemblent à ceux des environs d'Aix-en-Provence.

Dans le Gard, ces dépôts forment un assez vaste bassin qui commence déjà au sud de l'Ardèche, près de Vagnas, entoure Alais et se divise ensuite en deux branches, dont la plus petite s'avance à l'ouest jusqu'aux environs d'Uzès et de Remoulins, tandis que l'autre descend au sud, vers Sommières, et pénètre dans l'Hérault, où elle passe au nord de Montpellier.

1° *L'étage inférieur de l'éocène* du Gard (que M. Parran appelle *lacustre rouge,* que les feuilles du Vigan et d'Avignon de la carte géologique détaillée nomment *sables et poudingues d'Euzet,* dont Émilien Dumas[1] a fait son *étage uzégien* et M. de Rouville[2] son *sous-étage marno-caillouteux*) est essentiellement composé de sables fins, siliceux, rougeâtres, violets ou jaunâtres, alternant d'une manière confuse avec des marnes argileuses colorées des mêmes nuances, mais où le rouge est cependant toujours la couleur principale. Il résulte de cette variété de composition que c'est l'élément sablonneux qui domine sur d'assez grands espaces, tandis qu'ailleurs c'est l'élément argileux.

Quelquefois aussi les sables sont cimentés de manière à former des couches de grès, en général très peu consistants. Dans quelques localités, on observe aussi des cailloux roulés, formant des masses lenticulaires plus ou moins considérables intercalées au milieu des argiles; ces cailloux, souvent agglutinés, constituent alors de véritables poudingues. Quand ces poudingues se désagrègent, leurs cailloux couvrent de vastes surfaces; par exemple, sur la colline d'Aiguelongues, non loin de Montpellier, les champs cultivés en sont remplis et plus d'une fois on les a confondus avec les galets du pliocène ou du quaternaire.

Les argiles rouges contiennent souvent du gypse en masses assez considérables, comme à Laval-Saint-Roman, ou en petits filets comme à Salavas. Quelquefois les grès eux-mêmes sont injectés de sulfate de chaux. Mais, en général, dans le Gard et l'Hérault, la formation lacustre est loin d'être aussi riche en gypse que dans les Bouches-du-Rhône.

Les assises marneuses renferment aussi quelquefois, vers leur partie supérieure, des couches de lignites, mais ordinairement ces

---

1. *Statistique géologique du Gard.*
2. *Description géologique des environs de Montpellier,* 1853.

couches sont peu épaisses et donnent un combustible de mauvaise qualité, qui ne peut être employé que pour la fabrication de la chaux. Leur exploitation, souvent essayée, a toujours été abandonnée.

Dans les lignites de Saint-Gély-du-Fèze (Hérault), on a trouvé des restes de *Palæotherium.*

2° Le deuxième étage de l'éocène (*lacustre blanc* de M. Parran, *étage sextien* d'E. Dumas, *marnes et calcaires à striatelles* d'*Arpaillargues* de la feuille d'Avignon de la carte géologique détaillée) est constitué principalement par des calcaires blancs ou blanc jaunâtre. Dans la partie inférieure de l'étage, ces calcaires sont marneux et contiennent souvent des silex. Ils se décomposent facilement lorsqu'ils sont exposés à l'air. Ils répandent, quand on les brise, une odeur bitumineuse, et cette odeur particulière se fait aussi sentir lorsqu'une petite pluie succède à de fortes chaleurs. Ces calcaires marneux ont quelquefois une structure schistoïde et se divisent en minces feuillets à la manière des ardoises. Quelquefois aussi ils deviennent oolithiques. Plus rarement, les marnes sont très argileuses, grisâtres et susceptibles d'être employées dans la fabrication des briques ou des poteries, comme à Brignon et Saint-Laurent-Lavernède.

Les silex pyromaques se trouvent, au milieu de ces marnes lacustres, en plaques ou rognons aplatis, dont la couleur varie du jaune blond au brun noirâtre. Ils sont très abondants à Salinelles et à Aspères, près de Sommières, dans l'arrondissement d'Alais, à Rivière, Saint-Hippolyte-de-Caton, et dans celui d'Uzès, à Garrigues, à Aubussargues, etc.

Quelquefois ces silex forment des couches ou rognons lenticulaires qui sont percés de petites cavités et passent ainsi au silex meulière, ce qui a donné l'idée de les exploiter pour en faire des meules de moulins, par exemple à Arpaillargues et sur la montagne du Patis-de-Salazac, près de Pont-Saint-Esprit.

Les marnes et calcaires à striatelles forment, entre autres, le plateau de Blauzac-Arpaillargues, où se trouve un domaine appartenant à M. A. Hérisson, professeur de mécanique et d'hydraulique à l'Institut agronomique.

D'après une analyse que j'ai faite avec M. Collomb-Pradel de la terre marneuse de ce domaine, elle est ainsi composée :

Analyse physique.

Poids de l'échantillon	1,560 gr.
Terre fine.	1,320
Cailloux et sable	240
Matière organique	traces.

Analyse chimique de la terre fine.

p. 1,000.

Carbonate de chaux	422.000
Acide phosphorique	0.442
Azote total.	0.684
Potasse par acide nitrique concentré	5.151
Potasse procédé Schlœsing	1.819
Acide sulfurique.	0.583

Voici, d'après M. Chauzit, les résultats de l'analyse chimique d'une terre de l'éocène de la commune de Gajan, dans laquelle les cépages américains réussissent bien. Elle contient p. 1,000 :

Pierres.	50.00
Terre fine.	950.00
Azote.	1.20
Potasse.	0.91
Acide phosphorique.	1.01
Chaux	60.11
Fer	51.20
Magnésie	10.10

Dans l'Hérault, dit M. de Rouville, la partie supérieure de l'étage sextien se compose de calcaires de couleur blanchâtre, jaunâtre, ou quelquefois rosée, à stratification plus épaisse et moins nette, à texture plus compacte, à grains plus fins que les calcaires marneux des couches inférieures. Il s'en distingue également par les larges sillons creusés sur ses surfaces, par les blocs détachés des couches et gisant en masses irrégulières sur les plateaux. Du reste, ces calcaires varient beaucoup dans leur aspect, tantôt bréchiformes, comme à la Soucarède et à Valflaunès, tantôt grenus, jaunâtres, chargés de lamelles spathiques, comme dans les environs des Matelles, souvent siliceux ou remplis de rognons de silex. On les exploite, comme moellons, sur les hauteurs de la route de Saint-Gély, au-dessus de Valmaillargues.

Sur certains points, cet étage calcaire est le seul représentant de la formation lacustre, et il repose immédiatement sur les terrains secondaires, comme aux Quatre-Pilas. Ailleurs, on trouve les deux étages superposés. Ils se présentent sous forme d'abrupts calcaires supportés par des talus marneux et grésiques. D'autres fois, le relief de la formation lacustre est plus confus à cause de la prédominance de l'élément calcaire et de son étroite liaison avec les roches jurassiques; c'est ce qui a lieu au nord de Saint-Martin-de-Londres. Ailleurs, au contraire, comme dans les bassins de Montferrier, de Thomassy, la prédominance des couches marneuses et grésiques lui imprime des formes arrondies, largement découpées par les eaux pluviales; la couleur rouge de ses marnes contraste de loin avec les roches grises du néocomien et avec les tons blanchâtres des étages supérieurs du terrain jurassique, d'où il résulte une triple zone, qui dénote à l'observateur un triple horizon géognostique.

Les abrupts que forme le calcaire lacustre sont la plupart couverts de pins. « Les talus, ajoute M. de Rouville [1], et les bas-fonds marneux fournissent à peu près l'unique sol arable et cultivable de notre région; l'abondance de l'élément marneux, si favorable aux eaux stagnantes, et qui constitue ce que nos paysans appellent les *terres moulengues*, entraîne, comme conséquence, la nécessité du drainage, réduit encore à sa forme la plus simple, celle des fossés ratiers. Quand les marnes alternent avec des couches perméables, elles donnent lieu à des sources abondantes : celles de Clapier, de Viviers, de Grabels, de Fontfroide, et enfin celle de Saint-Clément, qui fournit de l'eau à la ville de Montpellier, et dont le dernier jaugeage, exécuté le 20 mars 1852, évalue l'écoulement à 1,140 mètres cubes d'eau par 24 heures, témoignent, dans nos environs, des

---

1. *Description géologique des environs de Montpellier*, 1853.

conditions hydrographiques qui seraient assez favorables, si les pluies étaient plus abondantes ; mais nos collines complètement dépourvues de bois, exposées durant des mois entiers aux ardeurs du soleil du Midi, rayonnent assez de chaleur dans l'espace pour faire évaporer et dissiper les nuages, ces nappes d'eau aériennes qu'un sol boisé arrêterait dans nos contrées, pour les absorber en vapeurs ou en pluies. »

Dans la commune de Montarnaud, à 18 kilomètres de Montpellier, les collines de calcaire lacustre ont été reboisées en chêne vert.

Sur les garrigues on trouve le thym, le buis, le romarin, la lavande, les cystes. Le buis s'emploie comme engrais pour la vigne.

3° *Étage alaisien* d'E. Dumas ou *lacustre jaune* de M. Parran.

Ém. Dumas compte, dans sa formation lacustre du Gard, un troisième étage qu'il appelle *alaisien,* mais que la plupart des géologues rattachent au miocène. Il le divise en *mollasse lacustre* et *conglomérat lacustre.*

A la base de la mollasse, on trouve souvent des argiles de couleurs variées, mais le plus souvent rouges, quelquefois grises et très plastiques, comme à Montferré. Cette assise est très épaisse à Montagnac. La mollasse elle-même est un grès à ciment argilo-calcaire, ordinairement jaunâtre (Alais, Saint-Christol, la Fare, bassin de Pérignan, etc.) et quelquefois grisâtre, comme à Célas, près Mons. Ses couches sont stratifiées et se délitent facilement. Elles contiennent souvent des nodules de chaux carbonatée ou de fer sulfuré.

Quant au *conglomérat lacustre,* c'est un poudingue formé de cailloux la plupart calcaires (jurassiques ou néocomiens), quelques-uns de grès vert, reliés entre eux par un ciment marneux. Autour de la ville d'Alais, cette assise, connue sous le nom d'*Amenla,* forme plusieurs collines.

La ferme de Saint-Christol, une de celles qui ont le plus contribué au progrès agricole dans le département du Gard, est située à quelques kilomètres au sud d'Alais, en partie sur les terrains tertiaires, en partie sur les alluvions de la vallée du Gardon, « Saint-Christol était déjà un domaine modèle sous Louis XVI, dit M. Doniol ; dès 1784, un Destremx le faisait entrer dans ces voies d'économie rurale qui érigèrent alors en vertu civique l'amour du progrès agricole ; il attirait à lui les petits cultivateurs en les intéressant dans le travail des terres, il les encourageait chaque année dans les concours publics qu'il avait fondés. Il cherchait à améliorer l'homme par la terre, et la terre par l'homme.

« Plus tard, durant la phase de renaissance agricole ouverte par Mathieu de Dombasle, Émile Destremx remplit un des premiers, de toute manière, le rôle d'initiateur dans ce département. Quand on ne croyait aucune production possible en dehors du mûrier et qu'on souffrait trop souvent, par suite des accidents des saisons, il eut les forts labours, les grandes soles fourragères, le bétail de rente (vaches suisses et savoyardes pour fournir du lait à la ville d'Alais) et les masses de fumier qui font la bonne culture céréale ; il donna l'exemple d'une valeur foncière accrue de près de moitié en 23 ans, de revenus nets qui avaient égalé en 19 années la valeur primitive. » Aujourd'hui, son fils, M. Léonce Destremx, fidèle aux traditions de famille, continue à rester à la tête des progrès agricoles dans ces contrées.

Le domaine de Saint-Christol a 200 hectares, et sa partie supérieure appartient à la mollasse lacustre ou étage alaisien d'E. Dumas. Ce sont des marnes argileuses recouvertes çà et là de cailloux, qui proviennent de la décomposition du conglomérat lacustre. Le reste se trouve dans les alluvions de la vallée du Gardon.

Les terres du haut, naturellement fortes et froides, ont été beaucoup améliorées par des défoncements à $0^m,50$ ou $0^m,60$ de profondeur, et M. Destremx y suit un assolement de 4 ans, composé de : 1° jachère fumée ; 2° blé ; 3° vesces et avoine pour fourrage ; 4° blé. Dans celles du bas, plus légères, mais également assez riches en calcaire, M. Destremx a établi un assolement de 20 ans, basé sur de fréquentes cultures sarclées, betteraves ou pommes de terre, et des luzernes qui durent 6 ans. Mais la plus grande partie de ces alluvions (103 hectares) est couverte de prairies qui sont arrosées au moyen d'eaux dérivées du Gardon et d'un petit ruisseau voisin, l'Alzon.

La vigne prospère bien dans la plupart des assises de la formation lacustre, et parmi les cépages américains qui y conviennent le

mieux, on cite le Jacquez, le Solonis, le Riparia et l'Othello. Dans
les sols argilo-siliceux, profonds, on peut cultiver aussi l'Herbemont.

B. — Miocène.

Le miocène est représenté dans le Gard et dans l'Hérault, comme
dans le bassin du Rhône, par la *mollasse marine (Helvétien)* qui a,
d'après Ém. Dumas, environ 100 mètres de puissance. Sa partie inférieure se compose de *mollasse coquillière jaunâtre.* C'est elle qui
fournit les pierres de taille les plus estimées, que l'on exploite
dans les carrières de Beaucaire et, près de Sommières, dans celles
de Souvignargues, d'Aujargues, de Junas, de Vergèze et de Mus. Les
beaux ponts romains du Gard et de Sommières ont été construits
avec cette mollasse coquillière.

Dans le bassin du Vidourle, elle occupe la plus grande surface :
elle y forme une bande qui s'étend du nord au sud sur une longueur
de plus de 12 kilomètres, depuis la commune de Souvignargues jusqu'au Grand-Callargues et à Mus, où elle disparaît sous le terrain
pliocène.

Au nord de la vallée du Vidourle, la mollasse couvre tout le plateau, appelé *Plan-de-Montpezat,* qui forme la séparation entre le
bassin du Gardon et celui du Vidourle.

En certains endroits, cette mollasse passe à un poudingue composé des galets généralement calcaires et arrondis, reliés par un ciment souvent sableux et peu consistant, mais quelquefois aussi très
solide et très résistant.

Au-dessus de cette mollasse inférieure, on trouve une assise de
marnes bleues, dont l'épaisseur est faible à Uzès et à Beaucaire,
mais qui deviennent très épaisses sur la montagne de la Coustourelle
qui domine Sommières (50 mètres, et qui prennent un grand développement dans le département de l'Hérault, autour de Montpellier,
de Pézenas et de Béziers. Elles constituent la plupart des terres
fortes du pays et y sont connues sous le nom vulgaire de *Tap bleu.*
Quelquefois elles sont verdâtres et tendent à devenir jaunes dans leurs
parties supérieures. Elles contiennent du carbonate de chaux et quel-

quefois des cailloux isolés de calcaire. Elles sont comme partagées en assises régulières par des veines très étroites de grès assez dur et renferment beaucoup de fossiles, surtout des Ostracées. On les exploite pour la fabrication de briques, de tuiles et de poteries grossières. L'épaisseur de ces argiles est variable et difficile à déterminer à cause des filtrations d'eau qui empêchent de creuser jusqu'à leur base. Elles forment, en effet, un niveau d'eau qui produit de nombreuses sources.

Ces marnes bleues forment le sous-sol des plaines fertiles qui s'étendent, au sud-ouest de Montpellier, entre Saint-Georges-d'Orques, Pignan et Saussan, et plus loin, entre Montbazin, Gigean et Poussan. Elles sont couvertes par des *marnes bariolées* à *Ostrea crassissima* et nourrissent des vignes à végétation puissante et à grande production, mais les vins qu'on y récolte ne sont pas aussi bons que ceux des coteaux caillouteux du pliocène.

L'étage miocène est terminé, dans le Bas-Languedoc, par des *marnes jaunes* ou par le *calcaire-moellon*. « Ces deux formes, disent MM. Lagatu et Semichon dans une excellente étude qu'ils viennent de publier sur les terrains de l'arrondissement de Béziers, sont considérées comme contemporaines par les géologues qui, au point de vue stratigraphique, les confondent habituellement. Au point de vue agronomique, nous devrons distinguer non seulement les marnes jaunes du calcaire-moellon, mais aussi, parmi les marnes jaunes, plusieurs variétés. Ces subdivisions sont nécessaires surtout pour l'adaptation des plants américains, subordonnés, comme on le sait, à la quantité de calcaire soluble, c'est-à-dire, dans une large mesure à son état de division. Les marnes contiennent une quantité de calcaire voisine de celle qui détermine la chlorose; de faibles variations peuvent changer totalement les terres à ce point de vue, soit que l'état de division soit plus avancé, soit qu'il y ait infiltration d'eaux calcaires. »

Leur richesse en acide phosphorique est assez variable, mais quelquefois très satisfaisante; généralement elles ne contiennent pas beaucoup de potasse. Souvent leur couleur est plutôt blanche ou grise que jaune, et on leur donne alors, dans le pays, le nom de *terres blanches*. Elles sont plus ou moins sableuses, mais presque toujours leur sous-sol est imperméable et maintient, autour des racines de la vigne, un milieu d'autant plus humide, qu'elles sont superposées aux marnes bleues ou bariolées.

Le calcaire-moellon forme, en se décomposant, des terres qui contiennent beaucoup de calcaire, souvent plus que les marnes jaunes; mais, comme ce calcaire ne s'y trouve pas à l'état pulvérulent, il est peu dangereux pour la vigne, qui y souffre rarement de la chlorose.

Les marnes jaunes se trouvent au sommet du plateau de la Gaillarde, près de Montpellier, où est située l'École nationale d'agriculture. Mais elles n'y forment qu'une couche de faible épaisseur. Au-dessous d'elles les marnes bleues du miocène affleurent sur le

Fig. 2. — Coupe de la Gaillarde à Font-Couverte et au bois de la Colombière (environs de Montpellier), d'après M. de Rouville.

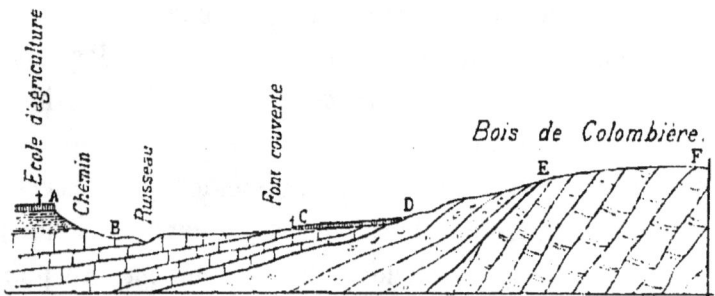

A, marnes sableuses jaunes avec moules de coquilles; AB, marnes bleues; BC, calcaire lacustre blanc; CD, tuf quaternaire; DE, poudingue lacustre; EF, calcaire jurassique gris, en gros bancs.

penchant de la colline et reposent elles-mêmes sur le calcaire lacustre blanc. C'est sur ces terrains, parmi lesquels les marnes bleues occupent la plus large place, que se trouve le vignoble de l'École. C'est dans ce vignoble que MM. Foëx, Viala, etc., ont fait leurs célèbres expériences. C'est de l'École d'agriculture de Montpellier, successivement si bien dirigée par Camille Saint-Pierre et M. Foëx, qu'est parti ce grand mouvement qui, à la suite de la destruction des vignes françaises par le phylloxéra, les a si rapidement reconstituées au moyen des plants américains.

Le *calcaire-moellon* est composé d'une infinité de petits débris de coquilles et de polypiers unis par un ciment calcaire cristallin qui lui donne beaucoup de solidité. Les Romains l'ont déjà exploitée jadis à Vernhac, près de Nîmes. C'est elle qui couronne le plateau de Villevieille, près de Sommières, et celui où est bâtie la ville d'Uzès. Dans le département de l'Hérault on l'exploite, par exemple, dans les carrières de Saint-Jean-de-Védas et de Castries, près de Montpellier, dans celles de Brégines, près de Béziers, dans celles de Nésignan-l'Évêque, près de Pézenas, etc...

Voici, d'après les analyses de M. Chauzit, la composition chimique de quelques terrains du miocène du Gard. 1,000 parties contiennent :

	PIER-RES.	TERRE fine.	AZOTE.	PO-TASSE.	ACIDE phospho-rique.	CHAUX.	FER.	MA-GNÉSIE.
Aubais	450	550	0.28	0.26	0.045	400.72	23.3	1.6
Aiguesvives . . .	40	960	1.01	0.90	0.112	301.64	21.0	2.1
Gallargues. . . .	10	990	1.31	0.96	0.120	214.27	41.2	4.1

Dans les deux premiers, les plants de vignes américaines ne réussissent pas du tout ; dans le troisième, ils ne s'adaptent qu'incomplètement.

Ce sont des terres pauvres en potasse. On fera bonc bien d'ajouter des sels de potasse aux tourteaux que l'on y emploie alternativement avec le fumier de ferme. Les terres ont aussi grand besoin d'acide phosphorique.

C. — *Terrains pliocènes et quaternaires.*

D'après M. Viguier[1], le terrain pliocène des environs de Montpellier se compose de bas en haut de :

Plaisancien (couches marines à Fora- minifères).	1° Sables marins à *Pristiphora, Rhinoceros leptorhinus, Mastodon brevirostris, Ostrea undata, Spondylus crassicosta,* etc., 40 mètres.	Horizon des couches à *Nassa semistriata* et *Cerithium vulgatum.*
	2° Marnes sableuses de la Gaillarde à *Potamides Basteroti, Ophicardelus Serresi, Oph. Brocchii, Melampus myotis,* 2 mètres.	Horizon des couches à *P. Basteroti,* du groupe de Saint-Ariès.
Astien (couches d'eau douce).	3° Marnes de la vallée de la Mosson à *Triptychia sinistrosa, Helix, Lymnées,* 1 mètre.	
	4° Argiles du Palais de Justice à *Semnopithecus Monspessulanus, Helix quadrifasciata,* etc., 2 mètres.	Horizon des marnes d'Hauterive.
	5° Poudingues calcaires et marnes, 40 mètres.	
Arnusien (couches d'eau douce).	6° Poudingues et graviers à *Elephas meridionalis.*	

Les sables marins à *Ostrea undata,* ont 30 à 50 mètres d'épaisseur à Montpellier ; de là, ils s'étendent au sud jusqu'aux étangs qui bordent la Méditerranée.

Ils sont calcaréo-siliceux, micacés, généralement jaunes et quelquefois blanchâtres. Les sablonnières des environs de Montpellier se composent de lits de sables de couleurs et de grains différents, avec des intercalations de grès appelées *rocs de sables,* en concrétions

---

1. *Comptes rendus de l'Académie des sciences,* mai 1888.

Géologie Agricole III

ÉCOLE NATIONALE D'AGRICULTURE DE MONTPELLIER

D'après une photographie de M   Charnet

arrondies et irrégulières. Au-dessus de ces sables, en superposition immédiate et concordante, quelquefois aussi en couches alternantes avec les assises supérieures, on trouve des marnes argileuses blanchâtres et des marnes jaunes qui contiennent des *Helix* et des *Clausilia*. Dès 1829, Marcel de Serres a constaté sur la route de la Gaillarde, dans une même couche, à la fois des coquilles marines et des coquilles d'eau douce. Dans les fondations du Palais de justice, il a trouvé :

1 à 12 mètres de marnes jaunes ;

1 à 1^m,50 de marnes blanchâtres ;

0^m,50 de sables et graviers fluviatiles ;

0^m,50 de poudingue calcaire ;

2 à 2^m,50 de limon rougeâtre, avec galets calcaires, quelques-uns siliceux.

En certains points, ces marnes sont couronnées par un poudingue à cailloux calcaires impressionnés.

De cet ensemble il résulte des terres qui varient passablement dans leurs propriétés physiques.

M. A. Müntz a fait, comme on le sait, des études très intéressantes sur les vignobles de la France. Il a bien voulu me communiquer celles qui concernent deux domaines situés aux environs de Montpellier, celui de Verchaut, où se trouvent des terres formées par les sables jaunes, et celui de Labrousse, où se trouvent des terres formées par la décomposition des poudingues qui suivent immédiatement ces sables.

Domaine de Verchaut, commune de Castelnau-le-Lez, près Montpellier (Hérault). — La propriété est répartie à peu près par moitié entre les coteaux et la plaine.

Les *coteaux* sont formés par le diluvium alpin ; les crêtes lavées par les eaux n'ont conservé qu'un sol très caillouteux, et la terre est d'autant moins caillouteuse et d'autant plus fertile qu'on descend plus bas dans les vallons ou vers la plaine. L'échantillon n° 1 a été pris presque au pied d'un coteau exposé au sud. Il représente la meilleure partie des terres de coteau ou de diluvium.

Il a la composition suivante :

	1,000 de terre sèche contiennent :			1,000 de terre fine sèche contiennent :						En rapportant à la terre naturelle, c'est-à-dire avec le mélange de cailloux qui existe normalement, 1 kilogr. sec contient, dans les éléments fins :					
	TERRE FINE.	CAILLOUX		AZOTE.	ACIDE phosphorique.	POTASSE.	CARBONATE de chaux.	MAGNÉSIE.	OXYDE DE FER.	AZOTE.	ACIDE phosphorique.	POTASSE.	CARBONATE de chaux.	MAGNÉSIE.	OXYDE DE FER.
		Siliceux.	Calcaires.												
Sol. . . .	496.07	503.93 roulés	traces	0.68	0.51	1.01	4.56	1.19	12.97	0.34	0.25	0.50	2.26	0.59	6.43
Sous-sol . .	600.94	399.06 roulés	»	0.37	0.55	0.86	4.66	0.93	13.48	0.23	0.33	0.52	2.81	0.56	8.12

L'échantillon nº 2, au contraire, pris sur une crête, représente la moins bonne partie du diluvium, avec la composition suivante :

	1,000 de terre sèche contiennent :			1,000 de terre fine sèche contiennent :						En rapportant à la terre naturelle, c'est-à-dire avec le mélange de cailloux qui existe normalement, 1 kilogr. sec contient, dans les éléments fins :					
	TERRE FINE.	CAILLOUX		AZOTE.	ACIDE phosphorique.	POTASSE.	CARBONATE de chaux.	MAGNÉSIE.	OXYDE DE FER.	AZOTE.	ACIDE phosphorique.	POTASSE.	CARBONATE de chaux.	MAGNÉSIE.	OXYDE DE FER.
		Siliceux.	Calcaires.												
Sol. . . .	207.17	792.83	»	1.02	1.21	1.80	16.85	1.13	17.85	0.21	0.25	0.23	3.49	0.23	3.60
Sous-sol . .	238.83	761.17	»	0.80	0.94	1.05	7.83	0.95	17.89	0.19	0.22	0.25	1.87	0.23	4.27

La *plaine* est formée par les sables pliocènes de Montpellier, mais sur une surface de quelques hectares ils sont recouverts par les éléments fins du diluvium qui ont été amenés par alluvionnement. Ce mélange donne une terre franche, qui fournit les meilleurs rendements de la propriété.

L'échantillon nº 3 a été pris à un endroit où les sables sont à peu près purs. Il représente une qualité moyenne pour les terres de plaine. Il a présenté cette composition :

	1,000 de terre sèche contiennent :			1,000 de terre fine sèche contiennent :						En rapportant à la terre naturelle, c'est-à-dire avec le mélange de cailloux qui existe normalement, 1 kilogr. sec contient, dans les éléments fins :					
		CAILLOUX														
	TERRE FINE.	Siliceux.	Calcaires.	AZOTE.	ACIDE phosphorique.	POTASSE.	CARBONATE de chaux.	MAGNÉSIE.	OXYDE DE FER.	AZOTE.	ACIDE phosphorique.	POTASSE.	CARBONATE de chaux.	MAGNÉSIE.	OXYDE DE FER.
ol.	887.9	107.32	4.78	0.64	0.77	1 »	6.81	1.74	12.43	0.57	0.68	0.89	6.05	1.54	11.02
ous-sol . .	885.81	114.19	traces	0.42	0.48	0.97	5.93	1.09	16.32	0.37	0.42	0.86	5.25	0.97	14.46

Domaine de Labrousse, commune de Montpellier (Hérault). — Les vins qu'il fournit appartenaient originairement au type des vins de demi-montagne à rendement moindre, mais d'un degré alcoolique assez élevé. Mais, par la culture intensive et l'apport de fortes fumures, on les a rendus similaires aux vins de plaine à gros rendement et à degré alcoolique moins élevé.

La propriété est entièrement en coteaux. La plus grande partie est constituée par le diluvium alpin. La nature du sol a paru assez homogène pour ne nécessiter qu'une prise d'échantillon dans ce terrain, sur un flanc de coteau peu déclive, exposé au nord et pouvant représenter la moyenne.

Sur une surface moins étendue, également en coteaux, le sol est formé aux dépens d'un poudingue qui surmonte les sables de Montpellier et qui arrive jusqu'à 0^m,30 à 0^m,20 de la surface du sol, en certains points, mais se maintient sur la plus grande partie de cette surface à 0^m,50 à 0^m,60 de profondeur. Un échantillon a été pris sur un flanc de coteau exposé au nord : on a rencontré la roche à 0^m,50.

N° 1. — Les échantillons du sol et sous-sol pris dans cette formation (diluvium) sont moins caillouteux que ne l'est généralement le diluvium, et la proportion de terre fine est relativement élevée. Dans le sol, ces cailloux sont surtout siliceux ; dans le sous-sol où, d'ailleurs, ils sont beaucoup plus abondants, ils sont en majeure partie calcaires :

	1,000 de terre sèche contiennent :			1,000 de terre fine sèche contiennent :						1,000 de terre naturelle sèche contiennent, dans les éléments fins :					
	TERRE FINE.	CAILLOUX		Az.	Pho^5.	Ko.	Cao Co^2.	Mgo.	Fe^{2}O^3.	Az.	Pho^5.	Ko.	Cao Co^2.	Mgo.	Fe^{2}O^3.
		Siliceux.	Calcaires.												
Sol. . . .	795.45	185.32	19.23	0.98	0.84	2.18	16.05	1.40	30.16	0.78	0.67	1.97	12.77	1.11	23.99
Sous-sol . .	538.69	178.55	182.76	1.84	1.49	2.41	93.12	0.96	36.19	0.72	0.80	1.90	50.16	0.52	19.49

N° 2. — Pris sur les poudingues :

	1,000 de terre sèche contiennent :			1,000 de terre fine sèche contiennent :						1,000 de terre naturelle sèche contiennent, dans les éléments fins :					
	TERRE FINE.	CAILLOUX		Az.	Pho^5.	Ko.	Cao Co^2.	Mgo.	Fo^{2}O^3.	Az.	Pho^5.	Ko.	Cao Co^2.	Mgo.	Fe^{2}O^3.
		Siliceux.	Calcaires.												
Sol	852.68	144.46	2.86	0.80	0.51	2.34	10.94	1.31	38.81	0.68	0.43	1.99	9.33	1.12	33.09
Sous-sol . .	519.28	176.08	304.64	0.75	1.07	2.11	205.40	1.02	35.19	0.39	0.56	1.09	106.70	0.53	18.27

Dans le département du Gard, autour de la colline de néocomien et de mollasse miocène qui porte le village de Théziers, les dépôts pliocènes qui couvrent la vallée du Gardon comprennent, d'après M. Depéret[1] :

1° *Un horizon à congéries,* qui a environ 2 mètres d'épaisseur et se compose d'une base grossière de galets calcaires surmontés d'une marne grisâtre avec *Congeria simplex,* etc. ;

2° Des marnes plus fines, jaunâtres, à *Ostrea cochlear,* etc. ;

3° Puis une assise puissante de marnes jaunâtres (*marnes plaisanciennes*), qui forme, à partir de la chapelle Saint-Amand, toute la plaine cultivée de Théziers.

A la colline de Vacquières, cette assise est composée de :

a) Marnes marines, bleuâtres, ou jaunes par altération ;

---

1. *Bulletin des services de la carte géologique de la France,* 1890.

b) Marnes bleuâtres gypsifères avec faune plus saumâtre que celle de *a*), entre autres *Potamides Basteroti ;*

c) Un niveau sableux jaunâtre avec débris d'*Ostrea* roulés ;

d) Un deuxième niveau de marnes à faune saumâtre ;

e) Un banc gréso-caillouteux ;

f) Une masse de sable jaune, avec petits lits gréseux intercalés et stratification de rivière par petits lits obliques (formation fluviatile) ;

g) Un cailloutis à éléments calcaires et de quartzite, d'origine alpine, de pliocène supérieur.

A Saint-Gilles, près du Rhône, on trouve à la base du pliocène une marne bleue à fossiles subapennins, puis des sables jaunes à *Ostrea undata,* qui sont recouverts par un poudingue analogue à celui de la Crau. Il paraît y avoir symétrie entre la constitution de la Crau et celle de la *Costière,* plaine élevée, en grande partie couverte de vignobles, qui s'étend sur la rive droite du Rhône, au sud du département du Gard et, dans l'Hérault, jusqu'aux environs de Montpellier.

Les marnes, sables et graviers du *terrain pliocène ou subapennin,* dit Émilien Dumas, varient souvent très brusquement d'une localité à une autre, et elles paraissent se remplacer mutuellement lorsqu'une assise vient à dominer et que l'autre ne se montre qu'à l'état rudimentaire. Cependant ces divers dépôts se retrouvent toujours avec les mêmes caractères, caractères qui sont les suivants :

Marnes argileuses. — Leur couleur est toujours le gris blanchâtre et, dans leur partie supérieure, par une oxydation plus ou moins prononcée, le gris passe au jaunâtre. Quelquefois elles sont micacées.

Elles sont friables quand elles sont sèches, mais très plastiques quand elles sont humides. Elles conviennent à la fabrication des tuiles et des briques. Elles ne sont pas calcaires elles-mêmes, mais aux environs du Grand-Gallargues, d'Aiguesvives et de Mus, ajoute E. Dumas, elles contiennent dans leur partie supérieure des nodules abondants de marne blanche intercalés au milieu d'une argile jaunâtre sablonneuse. Ces nodules de marne blanche renferment, d'après MM. Frémy et Terriel, 53.48 p. 100 de chaux.

MM. Lagatu et Semichon ont constaté également l'existence de ces rognons calcaires, blancs et pulvérulents, dans les marnes pliocènes du département de l'Hérault. Tandis que la chlorose de la vigne est rare dans les marnes elles-mêmes, comme en général dans tout le pliocène du Bas-Languedoc, MM. Lagatu et Semichon ont montré qu'elle est générale partout où ces rognons se trouvent à moins de $0^m,60$ de profondeur, et d'autant plus intense que les rognons sont plus abondants.

« Quand il n'y a pas de poudingue au-dessus des marnes, par exemple à Maugio, Valergues, Lansargues et Candillargues, disent-ils, ces marnes présentent souvent, surtout quand on se rapproche des étangs, un aspect tout spécial et beaucoup moins dangereux, que les gens du pays ont désigné sous le nom de *taparas*. Ce sont des bancs plus ou moins continus de calcaire dur, concrétionné, semblable à celui que déposent les sources incrustantes ; çà et là on voit seulement quelques ceps de vignes qui jaunissent, sans pour cela empêcher la culture. Enfin, en plusieurs points, notamment à Candillargues, nous avons trouvé des morceaux de taparas pulvérulents à la surface et des rognons pulvérulents ayant un noyau compact, ce qui indiquerait que l'une des deux formes est la transformation de l'autre[1]. »

Voici les résultats de l'analyse que MM. Lagatu et Semichon ont faite d'une marne à rognons calcaires pulvérulents dans laquelle la chlorose est intense. Elle provient du domaine des Barettes, commune d'Agde, qui appartient à M. Audouard.

Le sol est formé par une roche argileuse brune mélangée de grains siliceux, mais le sous-sol appartient aux marnes à rognons blancs, que les géologues considèrent comme un dépôt fluviatile ; elles affleurent à $0^m,40$.

La pièce porte du Terret-Bourret sur Riparia, greffé en 1884. Mais beaucoup de souches ont été remplacées par du Jacquez. Écartement des souches : $1^m,40$. Défoncement à $0^m,40$ ou $0^m,50$, suivant la profondeur de la marne. La pièce a reçu, l'année dernière, le fumier d'un troupeau de moutons, à raison de 10 à 12 kilogr. par souche.

---

1. Lagatu et Semichon, *La Chlorose dans le terrain pliocène de l'Hérault*. Extrait du *Progrès agricole et viticole*. Montpellier, 1893.

La chlorose est intense sur les parties, analogues à l'échantillon, où le calcaire est à une faible profondeur. Le Riparia est tué ; le Jacquez résiste un peu mieux. Mildiou abondant : il faut au moins trois traitements à la bouillie bordelaise.

Rendement faible.

Analyse mécanique du sol.

	Dans 1,000 gr. de terre fine.		Dans 1,000 gr. de terre complète.	
Cailloux	»		83.00	
Gravier.	»		125.00	
Sable	193.00		152.00	
Calcaire : sableux . . .	117	315.00	92	249.00
pulvérulent . .	198		157	
Parties fines.	492.00		391.00	

Analyse chimique du sol.

	Dans 1,000 gr. de terre fine.	Dans 1,000 gr. de terre complète.
Azoté	0.78	0.62
Acide phosphorique	0.82	0.65
Acide sulfurique.	0.24	0.19
Potasse	1.21	0.96
Chaux du calcaire	176.40	129.71

Analyse mécanique du sous-sol.

	Dans 1,000 gr. de terre fine.		Dans 1,000 gr. de terre complète.	
Cailloux	»		37.00	
Gravier.	»		83.00	
Sable	96.00		84.00	
Calcaire . . sableux. . . .	174	784.00	153	690.00
pulvérulent . .	610		537	
Partie argileuse	120.00		106.00	

La constitution physique de cette terre indique un excès de calcaire dans le sol et surtout dans le sous-sol. La chlorose nous paraît expliquée par la forte teneur du sous-sol en calcaire total (69 p. 100) et surtout en calcaire fin (54 p. 100).

Le sol est pauvre en azote, pauvre en acide phosphorique et assez pauvre en potasse.

Quand ces argiles sont couvertes par les dépôts supérieurs, sables, graviers ou poudingues, comme aux environs de Saint-Gilles et tout le long de la falaise qui s'étend de Beaucaire à la Tour-d'Anglas, près d'Aigues-Mortes, elles forment un niveau d'eau qui fournit des sources abondantes et, sur les plateaux, c'est ce même niveau qu'il faut atteindre en passant à travers le sable et le poudingue, pour obtenir des puits intarissables. .

A l'ouest de Saint-Gilles, en suivant le bord méridional de la Costière, cette nappe d'eau produit les *Laurons*, sources d'eau douce qui surgissent au milieu des marais saumâtres de la côte. Il est même probable qu'elle a contribué à la réussite des vignobles qui résistent si bien au phylloxéra dans les sables qui couvrent les marnes bleues entre Aigues-Mortes et Cette.

Sables et grès. — Les sables sont, en général, jaunâtres et micacés. On les désigne en Costière et dans le bassin du Vistre par le nom local de *Pouparasse*. Mais quelquefois ils sont réunis par un ciment argilo-calcaire et forment des grès, qui sont régulièrement stratifiés (*Saffre*) ou que l'on trouve isolés au milieu de la masse sableuse en concrétions de formes bizarres.

Souvent ces sables contiennent aussi des nodules blancs de marne calcaire qui, en se délitant, se mélangent à la terre végétale et lui fournissent de la chaux.

Au sud de Nîmes, les sables pliocènes forment le sous-sol de la plaine fertile du Vistre. On les rencontre également sur les plateaux de la Costière, plus ou moins recouverts par une couche de diluvium.

L'*Ostrea undata* est leur fossile caractéristique. Quelquefois on y trouve aussi des troncs d'arbres silicifiés, par exemple, à Saint-Laurent-des-Arbres, qui tire probablement son nom de là. Près de Saint-Gilles, au quartier des Loubes, ils renferment des sortes de *géodes ferrugineuses,* dont l'intérieur est creux et contient un noyau mobile d'argile durcie. On appelle dans le pays ces géodes des *œtites* ou *pierres d'aigle,* et Émilien Dumas raconte que, de nos jours encore, dans quelques localités montagneuses, on les trouve dans le sac que les bergers pendent au cou de leur mouton favori.

Graviers et poudingues. — Au-dessus des marnes, on trouve ordinairement des graviers, tantôt libres ou mélangés de sable, tantôt reliés entre eux par un ciment calcaire et formant ainsi des poudingues très solides. D'après Ém. Dumas, un tiers environ de ces galets est formé de calcaires gris compacts, qui paraissent provenir de la formation jurassique; les deux autres tiers sont des roches anciennes, gneiss, leptynite, quartz blanc laiteux, etc.

Mais, dans les couches supérieures, il n'y a plus du tout de cailloux calcaires et, par contre, beaucoup de quartzites jaunâtres, entourés d'une terre ocreuse qui ne contient également pas de carbonate de chaux. E. Dumas distingue ce dépôt supérieur des graviers et poudingues sous-jacents et le considère comme un diluvium quaternaire. Il est probable que, dans la Costière comme dans la Crau, ils sont en général de la même époque, mais le passage des eaux de pluie, chargées d'acide carbonique, a peu à peu dépouillé les couches supérieures de leur calcaire, et c'est précisément ce calcaire qui a servi de ciment pour transformer les graviers et sables du fond en poudingues et en grès.

Cependant, dans le voisinage des plateaux de néocomien ou d'urgonien qui entourent la Costière, et qui formaient déjà à l'époque pliocène les côtes du golfe où se sont déposés les graviers alpins, il y a proportionnellement plus de cailloux calcaires.

Il faut distinguer, comme Fontanes l'a recommandé pour les alluvions anciennes de tout le bassin du Rhône, les alluvions *rhodaniennes* ou diluvium alpin, et les alluvions *régionales*, dont les matériaux proviennent des bassins des rivières qui traversent la Costière. Scipion Gras lui-même a signalé, au milieu des dépôts quaternaires des communes d'Estezargues et de Donazan, ainsi que sur le plateau diluvien qui s'étend de Redessan aux montagnes de Beaucaire, des cailloux de phonolithe verte, qui doivent provenir du Mézenc. D'après le même géologue, les cailloux de basalte sont très abondants dans le diluvium de Villeneuve-lès-Avignon et du Pujaut; il y en a jusqu'à Vauvert, mais moins.

Ce sont évidemment des matériaux que les glaces et les eaux ont amenés du plateau central et des Cévennes, matériaux qui se trouvent sur certains points mêlés à ceux des Alpes, et qui sont d'autant plus abondants que ces points sont plus rapprochés de ces montagnes.

M. Cazalis de Fondouce dit que ce diluvium des Cévennes peut se distinguer de celui des Alpes, en ce que le premier contient des cailloux de quartz blanc, tandis que dans le deuxième ils sont ordinairement jaunâtres ou roux.

La puissance de ce dépôt de galets ou poudingues varie beaucoup d'une localité à une autre. Ainsi, tout le long de la falaise qui s'étend de Beaucaire jusqu'au delà de Saint-Gilles, il a une épaisseur de plus de 20 mètres, tandis que du côté de Générac et de Beauvoisin, les sables dominent et, dans les communes d'Aigues-Vives et de Mus, ces sables paraissent reposer directement sur les marnes inférieures.

La grosseur des cailloux diminue à mesure qu'on s'éloigne du centre de la vallée du Rhône vers l'ouest. Dans la plaine du Vistre, il n'y a plus que de rares galets épars au milieu des sables et des alluvions et, dans la commune d'Aimargues, ils disparaissent à peu près complètement.

M. A. Müntz a bien voulu me communiquer les études suivantes sur quelques terres de vignobles de l'Hérault et du Gard :

Domaine de Saint-Georges-d'Orgues (Hérault). — Nom de la parcelle : Les Serres.

Type des vins de Saint-Georges.

Coteau exposé sud-ouest, faiblement déclive.

L'échantillon de terre a été obtenu en faisant deux prises : l'une, dans la moitié inférieure, où l'on a rencontré la roche à $0^m,60$, et l'autre, vers le sommet, où la roche arrive à $0^m,38$ de la surface.

Cette roche est formée par le mélange d'argile rouge et plastique et de cailloux, qui caractérise le diluvium.

Ces cailloux se présentent à Saint-Georges sous forme de silice poreuse. Dans le pays on les appelle des « Charveyrons ».

L'échantillon présentait la composition suivante :

	1,000 de terre sèche contiennent :			1,000 de terre fine sèche contiennent :						1,000 de terre complète contiennent par kilogr. sec, dans les éléments fins :					
	TERRE FINE.	CAILLOUX Siliceux.	CAILLOUX Calcaires.	AZOTE.	Pho^5	POTASSE.	$Cao\ Co^3$	Mgo.	$Fe^2 C^3$	AZOTE.	Pho^5	POTASSE.	$Cao\ Oo^3$	Mgo.	$Fe^2 O^3$
Sol. . . .	333.91	666.09	tr. peu	0.91	0.87	0.98	13.77	1.01	19.55	0.30	0.29	0.33	4.60	0.34	6.52
Sous-sol . .	247.77	752.23	traces	0.63	0.73	1.04	5.76	1.25	25.74	0.16	0.18	0.26	1.43	0.31	6.38

Ces coteaux de *grès* (*Teraïré dé Grès*) étaient, avant l'invasion du phylloxéra, plantés en Carignane et Clairette, et fournissaient les vins délicats de Saint-Georges (*vi dé Grès*). Le titre alcoolique de ces vins était 12°, et ils se vendaient en moyenne 25 fr. l'hectolitre. Le rendement était de 50 hectolitres à l'hectare, en sorte que le produit brut des vignes s'élevait à 1,250 fr. par hectare.

Dès 1876, on a commencé à reconstituer les vignes détruites et l'on a eu soin de greffer les anciens cépages sur les Riparias et les Rupestris, qui réussissaient fort bien dans ces terrains de cailloux mêlés d'argile rouge. On a conservé ainsi la qualité des vins, tout en augmentant leur quantité. Il est vrai qu'on a soin de planter après un défoncement à $0^m,50$ ou $0^m,60$ et de fumer tous les deux ans, à raison de 4 à 5 kilogr. par souche.

Domaine de Bellevue, commune de Gallician (Gard). — La propriété est presque entièrement située en pente régulière sur le versant sud de la Costière de Vauvert.

Le sol est entièrement formé de diluvium alpin, qui atteint dix mètres d'épaisseur dans le puits foré au mas de Bellevue. Il est formé à la surface de gros cailloux roulés qui constituent ce que les gens du pays appellent le « Gress ou Grès ». Puis, à une certaine profondeur, ces cailloux sont cimentés par une argile rouge et plastique constituant le « Gapan ».

Ces terrains appartiennent au type des terrains pauvres du diluvium alpin.

Le sol étant très uniforme, on n'a pris qu'un seul échantillon moyen de sol et de sous-sol, qui a présenté la composition suivante :

	1,000 de terre sèche contiennent:			1,000 de terre fine sèche contiennent:						1,000 de terre naturelle sèche contiennent, dans les éléments fins:					
	TERRE FINE.	CAILLOUX		Az.	Pho^5	Ko.	$Cao\ Co^3$	Mgo.	Fe^2O^3	Az.	Pho^5	Ko.	$Cao\ Co^3$	Mgo.	Fe^2O^3
		Siliceux.	Calcaires.												
Sol.	229.31	770.69	traces	0.79	0.28	0.94	5.56	1.39	15.10	0.18	0.08	0.22	1.27	0.32	3.46
Sous-sol . .	168.30	831.70	traces	0.80	0.19	1.06	2.62	1.45	16.77	0.05	0.08	0.18	0.44	0.24	2.83

La plupart des plants américains prospèrent dans ces terrains de diluvium alpin. Parmi les vignobles reconstitués en employant ces cépages comme porte-greffes, on peut citer ceux de Mme la duchesse de Fitz-James, à Saint-Bénézet, près de Saint-Gilles, et ceux de M. Lugol, président de la Société d'agriculture de Nîmes, à Campuget, commune de Manduel, département du Gard.

Voici la description que donnait de ces derniers, en 1887, M. Aurran, rapporteur du jury des prix culturaux dans le Gard :

Parmi les grands propriétaires dont les noms sont connus de tous comme ayant montré le plus d'esprit d'initiative dès le début de la lutte contre le fléau de la vigne, M. Lugol doit être considéré comme un de ceux dont les exemples et les expériences ont exercé une influence réelle et salutaire dans le mouvement de reconstitution. Il prit, en 1870, la direction du vaste domaine de Campuget. Peu après, le phylloxéra fit son apparition. La destruction très rapide d'un vignoble de 132 hectares donnant en moyenne 3,000 hectolitres de vin, en laissant le nouveau propriétaire en présence de grandes surfaces, composées en majeure partie de cailloux siliceux du diluvium alpin, terres ingrates et impropres à toutes les autres cultures, lui créait évidemment une situation des plus difficiles. Pour ne pas céder au découragement devant une crise pareille, il a fallu tout le courage et toute l'intelligence de M. Lugol. Il a eu de suite confiance dans les cépages exotiques et a commencé ses premières plantations dès 1874. Plus tard, les ventes de boutures et de vastes pépinières, établies annuellement sur son domaine, sont venues lui apporter de précieux revenus. Aidé par ces ressources bien méritées, le concurrent avait montré au jury de 1880, 48 hectares reconstitués, pour lesquels un objet d'art lui a été décerné.

Un des points les plus remarquables, signalé à cette époque, était la façon dont tous les plants américains, presque sans exception, s'adaptaient à son sol siliceux et ferrugineux ; les moins résistants s'y maintenaient relativement bien. Néanmoins il a fallu procéder peu à peu par élimination en adoptant les cépages reconnus, comme les meilleurs au point de vue de la résistance et du greffage, et plus de 20 hectares sur les 48 ont dû être replantés de nouveau. Les Clintons, Concords et Cuninghams cèdent la place aux Jacquez et Riparias sélectionnés. En juin 1887, le jury a pu voir 95 hectares replantés à Campuget et 35 à la propriété de Sainte-Olympe, voisine de la première, soit un total de 130 hectares (superficie équivalente au vignoble qui existait avant 1870). Sur ces 130 hectares, 60 peuvent être considérés comme en production aujourd'hui. Les 95 hectares de Campuget, représentant, d'après les comptes de M. Lugol, une avance en capital de 83,516 fr. jusqu'à la mise à fruit, sont, pour la plupart, échelonnés comme dates de plantation de 1880 à 1887.

On y trouve, comme producteurs directs, des Jacquez, Herbemonts et Othellos, et, comme porte-greffes, des Jacquez, Riparias, Vials et Solonis portant avec plus ou moins de vigueur, suivant la nature des sols très variables à Campuget, des Aramons, hybrides Bouschet, Espars, Cinsauts et diverses autres espèces. Si quelques points se ressentent encore un peu des tâtonnements inévitables au début, il y a cependant dans cet ensemble de fort belles vignes.

Nous citerons surtout deux grands carrés de 8 à 9 hectares des meilleures terres, près du château : Aramons sur Jacquez et Aramons sur Riparias.

M. Lugol considère le Jacquez comme un excellent porte-greffe quand le terrain lui convient. Suivant lui, les soudures y sont souvent meilleures, et si le Riparia pousse très vigoureusement son sujet à la première et deuxième année, la marche sur Jacquez serait plus régulière, plus normale, quoique avec des rendements moindres peut-être au début. Il adopte de préférence le Riparia tomenteux.

Désirant mettre à profit son expérience et créer un vignoble de toutes pièces avec choix des meilleures espèces et des meilleures méthodes, M. Lugol a repris, en 1883, des mains d'un fermier ne payant pas, sa terre de Sainte-Olympe, achetée en 1879, d'une contenance de 66 hectares. Après le nettoyage nécessaire d'un sol envahi par le chiendent, 35 hectares ont été plantés en Jacquez et Riparias, de 1884 à 1887. Les cépages français greffés sur américains y sont l'Aramon et les hybrides Bouschet. A en juger par sa bonne tenue et les réussites de greffages, le vignoble de Sainte-Olympe, qui représente, comme frais de création, une somme de 43,109 fr., est incontestablement un vignoble d'avenir.

La superficie totale de Campuget et Sainte-Olympe est de 381 hectares de terres silico-argileuses, pouvant se classer ainsi : 1° 20 hectares de bonnes terres ; 2° 100 hectares passables, et le reste, terres caillouteuses du diluvium alpin dans lesquelles toute autre culture que la vigne est bien précaire.

Les cultures y étaient ainsi divisées en 1887 : vignes, 130 hectares ; pépinière de vignes, 3 ; céréales, 47 ; luzernes et sainfoins, 36 ; herbages pâturés, 37 ; fourrages verts (vesce et avoine), 24 ; olivettes, 10 ; mûriers, 8 ; jardins, 2 et demi ; étang (grand marais collecteur), 21 ; bois, garrigues (terres en friches), 69.

Un printemps sec et froid succédant à un hiver exceptionnellement pluvieux, le défaut d'écoulement du grand étang collecteur dont les eaux avaient envahi plusieurs parties de terre, ont été des conditions défavorables, ayant nui d'une façon sensible à beaucoup de cultures que nous venons d'indiquer, et le jury a dû en tenir compte.

La dépense moyenne annuelle d'exploitation pendant sept années, de 1880 à 1887, a été de 43,028 fr. Les recettes, naturellement très variables pendant cette période de création, comprennent le grain, le produit d'un troupeau de 400 brebis, huile, plants américains, et enfin le vin qui, dans les recettes de 1886 (recettes de 66,000 fr.), figure pour 1,200 hectolitres vendus à plus de 30 fr. l'hectolitre (moyenne de 20 hectolitres à l'hectare sur 60 hectares en rapport).

Dans le bassin du Gard comme dans la Costière, M. Cazalis de Fondouce a constaté que le diluvium quaternaire renferme des éléments qui proviennent du plateau central. Voici ce qu'il en dit [1] :

---

1. *Mémoires de l'Académie du Gard,* 1871.

On a cru longtemps que notre massif glaciaire central avait échappé, grâce à sa plus faible altitude, aux rigueurs de l'époque glaciaire ; mais, depuis les travaux de Ch. Martins et de M. A. Jullien, on sait qu'il n'en a pas été ainsi ; et si les traces de ces anciens glaciers sont moins visibles que celles des Alpes ou des Pyrénées, cela tient uniquement à la nature des roches qui, plus facilement altérables, ont perdu tout caractère, les unes de transport erratique, les autres de frottement ou de polissage glaciaires. Autour des deux sommités d'où descendent les Gardons, l'Aigoual et le mont Lozère, qui sont à 1,683 et 1,587 mètres, on peut reconnaître encore des traces de ces anciens glaciers. M. Ch. Martins a signalé naguère celles qui se voient dans la vallée de Palhères, au nord de Villefort, et j'en ai pu moi-même reconnaître d'aussi sensibles dans celles de Trépidoux et de Brèze, sous l'Aigoual. Ces vallées sont, il est vrai, tributaires, la première de la Crèze, les autres du Tarn, et non du Gardon, et les hautes vallées de ce dernier bassin ne remontent pas, comme elles, jusqu'aux cimes les plus élevées de la Lozère et de l'Aigoual. Elles remontent pourtant jusqu'à des altitudes de 1,300 mètres, et, si l'on tient compte des dénivellations et des érosions qui se sont produites pendant l'époque quaternaire, on ne pourra se refuser à admettre que, pendant le creusement de ces vallées, le bassin du Gardon n'ait eu aussi ses glaciers et ses nappes d'eaux boueuses. Les eaux de cette période avaient commencé à creuser légèrement les vallées, lorsque les climats de la période glaciaire commencèrent à s'adoucir. La quantité de glace fondue annuellement dépassant alors celle des neiges tombées, les glaciers, au lieu de s'accroître ou de se maintenir, diminuèrent d'étendue et commencèrent à abandonner les plaines pour se retirer dans les montagnes. Par suite de cet excès de fusion, les cours d'eau sortant des glaciers devinrent plus considérables, et, comme ils rencontraient sur leur passage les moraines abandonnées, ils les démolissaient et emportaient leurs matériaux, qu'ils étendaient ensuite dans les vallées inférieures. Cette première nappe de cailloux alpins, composée principalement de ces quartzites roux qui sont bien connus comme constituant la Crau d'Arles, est à une altitude d'environ 149 mètres au nord d'Esterzargues et s'abaisse vers le sud à 117 mètres, et au nord-est de Thé-

ziers, pour venir au plateau de Pazac et sur le Mardicuil, à 80 mètres; ce qui représente une pente d'un mètre sur 200 mètres environ,
ou de 0ᵐ,005[1].

« Pendant ce temps, le Gardon, également grossi par la fusion des
glaciers cévenols, arrivait à son confluent charriant aussi des cailloux
roulés provenant des sommités où il prenait naissance. Comme les
cailloux du Rhône, ceux du Gardon étaient des quartzites, mais qui
se différenciaient des premiers par leur nature autant que par leur
origine. Ils étaient, en effet, *blancs* au lieu d'être roux, ce qui permet de reconnaître aujourd'hui, à première vue, le domaine des
deux cours d'eau. »

D. — *Basaltes et tufs volcaniques.*

On trouve, dans le département de l'Hérault, des éruptions basal-
tiques qui paraissent avoir une origine assez récente (tertiaire ou
quaternaire) et qui sont disséminées sur une ligne de pente N.-N.-E.,
allant de la montagne d'Agde vers les volcans du plateau central.
Ces éruptions sont surtout développées aux environs de Lodève, mais
il y en a un certain nombre près de Pézenas, de Servians, etc., et
quelques pointements à Maguelone et à Montferrier, près de Montpellier.

Les produits de leur décomposition se mêlent aux terres qui les
entourent et augmentent leur fertilité. Au Riège, près de Pézenas, à
l'Estang, près de Péret, à la Bégude et à Saint-Adrien, sur la route
de Pézenas à Béziers, ils sont mêlés à des roches diverses qui ont
formé avec elles une sorte de tuf volcanique (*Tuffa*), qui se désa-
grège facilement à l'air.

---

1. Outre ceux qui proviennent des moraines terminales ou profondes, ces cours d'eau
ont aussi charrié des matériaux pris aux roches sous-jacentes, et notamment aux poudingues de la période tertiaire. Les cailloux de quartzites, bien que venant des parties
les plus reculées des bassins, ont dû arriver seuls à l'extrémité du cours des rivières,
protégés par leur dureté contre l'action destructive du frottement, qui a vite raison
des cailloux calcaires. Un grand nombre de ces cailloux présentent une forme prisma-
tique, avec des arêtes arrondies, qui annoncent qu'ils ont été roulés dans des eaux
courantes, et des faces planes et polies, qui témoignent de leur premier transport glaciaire.

§ 6. — Le Roussillon et la Cerdagne.

(DÉPARTEMENT DES PYRÉNÉES-ORIENTALES.)

Sur le versant méridional de la grande chaîne des Pyrénées, à une centaine de kilomètres des côtes de la Méditerranée et à une hauteur de 1,300 à 1,500 mètres, au milieu des terrains primitifs, des schistes siluriens et des calcaires dévoniens dont se composent le pic d'Eyne, le Puigmal, le pic Nègre et le pic Carlite, on trouve un petit bassin tertiaire qui s'appelle *la Cerdagne* et dont une partie appartient à la France. D'après MM. Ch. Déperet et L. Rérolle[1], c'est un terrain lacustre, qu'ils classent dans le miocène supérieur et qui se compose, de bas en haut :

1° D'argiles grasses avec couches de lignites, qui sont exploitées à Estavar. Elles contiennent des débris assez nombreux de mammifères (*Sus major*, *Mastodon*) et des mollusques d'eaux douces ;

2° Dix mètres de limon ou d'argiles sableuses, de composition assez variable et colorées en brun noirâtre par des matières bitumineuses. Elles contiennent des empreintes végétales et, à Estavar, elles sont riches en sulfures et en carbonate de chaux (17 à 18 p. 100);

3° Vingt mètres de limons grossiers, sans fossiles, de couleur rouge vif ou orangé (*argilolithe rutilante* de Leymerie), en lambeaux discontinus et mal stratifiés, remplis de débris granitiques et schisteux.

Puis, au-dessus de ce miocène, on rencontre une nappe presque continue de 8 à 10 mètres d'épaisseur de *terrains quaternaires*, cailloutis grossier, schisteux et granitique, mêlé de terre argilo-sableuse.

Pendant cinq mois, la Cerdagne française est couverte de neige et la température n'y permet que la culture du sarrasin, de l'orge, du seigle, de l'avoine et des pommes de terre. Mais, en revanche, elle est très riche en fourrages et en bétail. Les neiges abondantes qui l'entourent fondent peu à peu au printemps et remplissent des

---

1. *Bulletin de la Société géologique de France*, 1885.

lacs ou alimentent des ruisseaux qui permettent d'irriguer les prairies pendant tout l'été.

La Cerdagne est renommée pour ses chevaux, qui tiennent de la race andalouse, et pour ses mulets, qui sont très recherchés par les Espagnols. On y élève aussi beaucoup de moutons ; pendant l'été, ils vont pâturer sur les montagnes. Mais on cherche autant que possible à les remplacer par des vaches, dont le lait sert à fabriquer du beurre dans des fruitières par association.

Au nord de la Cerdagne on trouve, au milieu des granites et des schistes siluriens, le *Capcir*, qui appartient au bassin de l'Aude. Il est encore plus froid que la Cerdagne, mais également bien arrosé et couvert de prairies.

Tout le reste des Pyrénées-Orientales forme un amphithéâtre de montagnes, qui entoure la plaine fertile du Roussillon, dominé par la masse imposante du Canigou et fermé, au nord, par les Corbières, et, au sud, par les Albères. Il est traversé par trois grandes rivières, l'Agly, la Têt et le Tech, qui se réunissent dans la plaine et l'ont couverte des alluvions amenées des montagnes.

> . . . . . .Cette terre,
> Les eaux l'ont dévalée des cimes grain à grain ;
> Les pierres de la plaine sont les ossements de la montagne.

> . . . . . .Aqueixa terra,
> Dels cims la devallera les aygues de gra à gra ;
> Les pedres de la plana son ossos de la serra.

> (VERDAGUER. — *Canigo*, chant VI.)

A l'époque pliocène, la mer formait, sur l'emplacement de cette plaine, un golfe qui s'avançait jusqu'à Céret, dans la vallée du Tech, et un peu au delà de Millas, dans celle de la Têt. Elle y a laissé, comme témoins de sa présence, des dépôts d'argiles bleues et de sables jaunes, que M. Déperet a étudiés dans les falaises souvent découpées en colonnettes verticales (*orgues d'Ille*), qui se voient sur la rive gauche de la Têt, entre Millas et Ille. Il y a signalé, de bas en haut :

1° 25 mètres de cailloutis et brèches grossières ;

2° 20 mètres .
{
d'argiles compactes à *Pestunculus glycimeris ;*
d'argiles bleues micacées à *Nassa semistriata ;*
et d'un calcaire marneux à *Janira benedicta* ou
d'argile à *Nassa mutabilis ;*
}

3° 12 mètres de sables jaunes et bleus à *Potamides Basteroti* et *Ostrea cucullata ;*

4° 18 mètres de graviers gris grossiers ;

puis, au-dessus de cet étage marin, vient un étage d'eau douce, qui est composé de :

5° 7 mètres d'argiles charbonneuses ;

6° 25 mètres de sables siliceux gris à *Mastodon arvernensis ;*

7° Des marnes concrétionnées ;

8° 5 mètres d'argiles de couleur claire.

On a reconnu sur les bords du Tech, près du Boulou et de Banyuls-des-Aspres, des couches marines analogues à celles de Millas et d'Ille et il est probable qu'elles s'étendent sur toute la plaine du Roussillon.

Quant aux dépôts de l'étage supérieur, ravinés par les eaux qui résultèrent de la fonte des glaciers à la fin de l'époque pliocène et à l'époque quaternaire, plus ou moins mêlés aux moraines de ces glaciers, ils émergent au-dessus du niveau général de la plaine, en collines couvertes de terres graveleuses et rougeâtres. Perpignan est bâti sur une de ces collines pliocènes, mais on les voit surtout au pied des montagnes qu'elles relient à la plaine, entre l'Agly et la Têt et, vers le sud, aux environs de Thuir et sur la rive droite du Réart jusqu'au Tech, où elles forment le district appelé spécialement les Aspres. Près de la montagne, ce sont souvent encore des guarrigues incultes où ne poussent que des cystes et des ajoncs, mais plus bas elles portent de nombreux vignobles dont quelques-uns sont très renommés, par exemple, ceux du mas de Misery et de Terrats.

Les terrains quaternaires forment dans les vallées, sur le bord des rivières, des terrasses composées de cailloux et de sables. Mais peu à peu ces terrasses s'abaissent à mesure qu'elles se rapprochent de la mer, et elles finissent par s'étendre en nappes horizontales, se couvrir de limon et se confondre avec les alluvions modernes.

On distingue dans le Roussillon les *arrosages* ou terres *à l'arro-*

sage, la plupart alluvions quaternaires ou modernes dont le niveau permet d'y amener les eaux d'irrigation, et les terres *aspres* ou terres non arrosables. Ces dernières comprennent les terrains pliocènes et une partie des terrains quaternaires. Quant aux alluvions modernes, plus ou moins imprégnées de sel, de la région basse qui s'étend le long de la mer et particulièrement celles qui sont en aval de Perpignan, on leur donne le nom de *Salanques.*

L'Agly sort d'un bassin crétacé qui fait partie des Corbières et des petites Pyrénées. Aussi les terres qu'il a déposées aux environs de Rivesaltes sont-elles assez riches en calcaire, tandis que les dépôts amenés par la Têt, le Réart et le Tech des massifs granitiques et siluriens qui entourent le Canigou n'en contiennent presque pas.

M. A. Müntz a fait l'analyse de terres des vignobles du Mas-Déous et de Sainte-Eugénie, qui appartiennent à M. Auguste Dreyfus.

Le Mas-Déous est situé dans la commune de Trouillas, sur des coteaux à pentes très douces, qui s'étendent jusqu'à la petite rivière du Réart. Les terres contiennent beaucoup de cailloux de quartz, granites et schistes siluriens et conservent la même composition sur une grande profondeur. Mais, sur quelques points, il y a des affleurements de marnes dont le n° 3 donne la composition chimique. Elles ne sont pas irriguées (terres aspres) et produisent des vins.

TERRES.	1,000 de terre brute sèche contiennent :			1,000 de terre fine contiennent :				1,000 de terre naturelle sèche contiennent dans les éléments fins :			
	TERRE FINE.	Siliceux.	Calcaires.	AZOTE.	ACIDE phosphorique.	POTASSE.	CARBONATE de chaux.	AZOTE.	ACIDE phosphorique.	POTASSE.	CARBONATE de chaux.
		CAILLOUX									
N° 1. — Peu fertile . . .	183.50	816.50	»	0.60	0.39	1.24	traces	0.11	0.07	0.23	traces
N° 2. — Fertile	850.40	149.60	»	0.81	0.54	2.19	traces	0.69	0.46	1.86	traces
N° 3. — Marne	924.20	48.80	27.00	0.53	0.42	1.39	211.00	0.49	0.39	1.28	195.01

Comme on le voit, la terre n° 1 est pauvre en tout. La terre n° 2 est riche en potasse et, sans être abondants, l'azote et l'acide phosphorique n'y manquent pas ; il n'y a que des traces de chaux ; mais l'abondance de ses récoltes provient sans doute de ce que les racines de la vigne peuvent s'y développer à de grandes profondeurs, et suppléer par le volume de terre dont elles disposent à la modicité de sa richesse.

L'autre domaine, celui de Sainte-Eugénie, se trouve dans la commune du Soler. Les vignes, composées en majeure partie de Carignane, donnent de grandes quantités de vins dont la richesse alcoolique est néanmoins supérieure à celle des produits de la Salanque. Les terres de Sainte-Eugénie sont des alluvions profondes et fertiles. En quelques endroits cependant, le sous-sol, à une profondeur d'environ 0^m,50, est constitué par une argile noire imperméable qui empêche l'écoulement des eaux. Certaines parties, surtout celles qui sont les plus rapprochées de la rivière de la Têt, sont assez cailouteuses.

Le domaine est traversé par plusieurs canaux d'irrigation et les vignes, comme toutes les cultures du voisinage, sont soumises à l'arrosage.

Voici les résultats obtenus par M. Müntz :

TERRES.	1,000 de terre brute sèche contiennent :		1,000 de terre fine et sèche contiennent :				1,000 de terre naturelle sèche contiennent dans les éléments fins :			
	TERRE FINE.	CAILLOUX Siliceux.	Calcaires.	AZOTE.	ACIDE phosphorique.	POTASSE.	CARBONATE de chaux.	AZOTE.	ACIDE phosphorique.	POTASSE.	CARBONATE de chaux.
N° 1	811.20	188.80	»	1.35	1.34	2.51	10.20	1.09	1.08	2.04	8.15
N° 2	797.10	202.90	»	0.85	0.76	2.56	traces	0.68	0.60	2.04	traces
N° 3	892.90	137.10	»	0.56	0.63	3.15	traces	0.48	0.54	2.72	traces
N° 4	949.90	50.10	»	0.43	0.42	3.76	traces	0.41	0.39	3.57	traces
N° 5	571.80	428.20	»	0.73	0.28	1.88	traces	0.42	0.16	1.07	traces

La terre n° 1 est celle où la vigne montre la végétation la plus vigoureuse et, en effet, c'est une terre tout à fait complète, comme composition chimique.

La terre n° 2, sans être aussi fertile que n° 1, laisse peu à désirer. Celle du n° 3 est assez fertile, mais dans les terres n° 4 et n° 5, la végétation, dit M. Müntz, est peu vigoureuse.

Comme ce sont des terres arrosées, il faudrait connaître aussi la composition chimique des eaux d'irrigation pour apprécier exactement ce que la vigne peut y trouver et ce que les engrais doivent leur donner pour les compléter. Il est probable que ces eaux, provenant du même bassin géologique que les terres, contiennent comme elles peu de chaux et encore moins d'acide phosphorique. Par conséquent, les engrais donnés à ces terres devront contenir des phosphates de chaux.

Sous le climat chaud et souvent très sec du Roussillon (le vent du nord-nord-ouest, la *tramontana*, y produit à peu près les mêmes effets que le mistral en Provence), les irrigations agissent surtout par l'eau qu'elles fournissent à la végétation. Il y a 250 canaux d'une longueur totale de 1,200 kilomètres, et le périmètre arrosable est de 48,700 hectares. Plus de 25,000 hectares sont irrigués régulièrement. Mais l'eau manque quelquefois en été. Son abondance dépend surtout de la quantité de neige qui est tombée pendant l'hiver sur les montagnes. « Quand le Canigou est couvert de neige dès le mois de novembre, disent les agriculteurs de la plaine, nous sommes sûrs d'avoir de l'eau pendant tout l'été. »

Aux environs de Perpignan et dans tout le *Riveral*, la plaine du Roussillon est un vaste jardin, une *huerta* française, où les plantes trouvent à la fois le climat de l'Espagne et les eaux d'irrigation que leur amènent les canaux dérivés de la Têt. Les orangers y croissent en pleine terre. Des haies de grenadiers et d'agaves entourent les champs. A mesure que l'on remonte la vallée, on peut observer successivement toutes les zones de végétation. L'olivier prospère jusqu'à 420 mètres ; la vigne cesse à 550 ; le châtaignier s'arrête à 800 ; les rhododendrons commencent à 1,320 pour disparaître à 2,540 ; les pommes de terre ne dépassent pas 1,650 ; le sapin, 1,950 ; le bouleau, 2,000 ; le genévrier seul, rabougri et couché sur le sol, monte presque jusqu'au sommet du Canigou, d'où l'on contemple un immense panorama, qui embrasse les rives de la Méditerranée, de Montpellier à Barcelone [1].

Dans le pêle-mêle où les glaces de l'époque quaternaire et les ri-

---

1. Adolphe Joanne, *Géographie des Pyrénées-Orientales*.

vières de l'époque moderne ont déposé les matériaux descendus des montagnes, il y avait souvent, à côté d'îlots de graviers trop secs, des fonds trop humides pour être cultivés. Depuis longtemps les cultivateurs du Roussillon ont fait de grands travaux pour régulariser les eaux et amener peu à peu leur plaine à l'état de prospérité où elle se trouve aujourd'hui.

D'après M. Brutails, les plus anciens desséchements connus ne remontent pas au delà du XIIe siècle. Les Templiers du Masdeu paraissent s'être occupés activement d'assainir la plaine du Roussillon et notamment les terroirs, si riches aujourd'hui, entre Elne et Thuir. Non loin de Bajes, au nord-ouest de cette localité et au pied des collines que couronne le château ruiné du Réart, s'étendait un vaste étang, dont les Templiers achetèrent la moitié en 1191 ; le roi d'Aragon les autorisa à dessécher la partie qui était sa propriété et qu'il leur abandonna en 1205. Ils acquirent dans le même but l'étang dit de Bajoles, qui n'était séparé du précédent que par un chemin.

Sur le territoire de Nyls, ils payèrent fort cher l'étang Sabadell et la permission de conduire les fossés d'écoulement sur les propriétés riveraines.

Mais des étangs qu'ils ont mis en culture, le plus considérable, si l'on en juge par les sommes qu'il leur a coûté, est celui de Caraig, au territoire de Ponteilla, près de la commune actuelle de Canohès[1].

Malgré tant d'efforts, la plaine du Roussillon n'a été complètement assainie que de nos jours.

L'ancienne ferme-école de Germainville, qui a eu la prime d'honneur du département en 1862, peut nous fournir un exemple de ces améliorations. Germainville se trouve entre Thuir et le Soler, dans la contrée si renommée par sa fertilité qui s'étend au-dessus de Perpignan. Le domaine avait, depuis 1424, une charte de *plein arrosage*, signée par un roi d'Aragon (concession d'eau *pour l'arrosage en entier de toutes les terres qui peuvent l'être*). « Néanmoins, quand M. Cuillé l'acheta en 1844, les torrents, dit M. Doniol, rapporteur du jury de la prime d'honneur, débordaient sur sa surface comme

---

1. Brutails, *Étude sur la condition des populations rurales du Roussillon au moyen âge.*

dans un lit réservé à leur trop-plein ; les terres qu'ils ne noyaient pas, ils les couvraient de graviers et de cailloux ; ils les avaient ravinées, dénivelées entièrement, et l'on eût en vain essayé d'y chercher avec quelque fruit les bénéfices du plein arrosage auquel on avait droit. Dans les meilleures pièces d'aujourd'hui, il n'y avait que joncs, eaux stagnantes, pacages mouvants et malsains. Les 100 hectares qui formaient alors le domaine s'affermaient net 35 fr. l'hectare, ce qui ne faisait pas beaucoup plus du double de l'impôt et des taxes d'arrosage. »

Il fallut isoler la propriété des eaux qui l'envahissaient en l'entourant de fossés qui n'ont pas moins de 8,000 mètres de développement, et pour écouler ensuite ces eaux suivant le thalweg, creuser un canal de 1,500 mètres de longueur et de 4 mètres de largeur. Puis il fallut rétablir partout les niveaux et les pentes pour que les irrigations pussent se faire, etc.

Le domaine présentait deux natures de terrains : une partie, environ 40 hectares, était argilo-siliceuse, passant sur quelques points à une alluvion profonde ; dans le reste, c'étaient des sables et des graviers. Sur ces derniers, M. Cuillé planta des vignes et ne conserva que dans une faible portion l'assolement biennal, mais l'assolement biennal amélioré avec blé et cultures dérobées suivant une plante sarclée bien fumée, sans compter les luzernes et les sainfoins hors sole. Sur les terres plus fortes et plus profondes, il établit un assolement de 5 ans : 1° féveroles sur défoncement avec 45,000 kilogr. par hectare de fumier ; 2° blé avec semis de trèfle ; 3° trèfle ; 4° avoine ; 5° fourrages de printemps (orge et vesces). De plus, il donna beaucoup d'extension à la culture des légumes et des arbres fruitiers. Il amena ainsi, en 18 ans, son domaine, qui lui revenait à 200,000 fr., à lui donner un produit net de plus de 20,000 fr. par an. Certes, une telle ferme méritait bien de servir de modèle et d'école.

Au commencement de notre siècle, on suivait encore, dans la plûpart des *Aspres* ou terres à l'aspre, l'assolement biennal avec jachère complète. En hiver, des moutons utilisaient cette jachère comme pâture et, en été, ils étaient emmenés dans la montagne. Le blé, malgré cette jachère, ne rendait que 10 à 12 hectolitres par hectare. Mais un tel système ne pouvait pas être conservé et, peu à peu, il fut remplacé par la culture de la vigne, qui donna, sur ces coteaux caillouteux, des produits de qualité supérieure. Elle a été attaquée par le phylloxéra, mais elle lui résiste sur beaucoup de points, grâce à l'emploi simultané du sulfure de carbone et des fumures énergiques. D'ailleurs, les plants américains réussissent fort bien sur ces aspres granitiques, comme sur la costière du Bas-Languedoc, et plus de 30,000 hectares ont déjà été replantés en Riparias ou Rupestris greffés avec les anciennes variétés françaises, les Carignane et les Mataro, cépages qui donnaient autrefois les meilleurs vins du Roussillon.

Dans la plaine arrosée, on obtient 4 récoltes et quelquefois 5 en 2 ans. Ainsi, aux environs de Prades, on fait la première année des pommes de terre ou des haricots, quelquefois entremêlés de maïs, bien fumés et bien sarclés, puis la 2ᵉ année du froment, qui est moissonné à la fin de juin, et immédiatement après du maïs quarantin qui se récolte à la fin de novembre. De plus, dans l'intervalle des lignes de maïs, on sème, au mois d'août, ou du lupin ou du trèfle incarnat, qui prennent un grand développement dès que le maïs est enlevé et fournissent du fourrage vert au troupeau pendant l'hiver et le printemps.

On donne de l'eau au blé généralement 3 fois. On arrose au moment de semer le maïs, et quelquefois une quinzaine de jours après ; on suspend ensuite jusqu'au 15 août. Les haricots semés fin avril après lupin sont arrosés du 1ᵉʳ mai au 15 juillet et les haricots semés au 1ᵉʳ juin en place du trèfle incarnat reçoivent l'eau de la première quinzaine de juin au 15 août.

On suit un assolement analogue dans la *Salanque* (terre salée), partie basse de la plaine qui s'étend en aval de Perpignan jusqu'à la mer. Mais une des cultures qui y rapporte le plus avec celle de la vigne, est celle de la luzerne ; elle donne ordinairement cinq fortes coupes par an.

Depuis l'établissement des chemins de fer (1858), le Roussillon a, comme la Provence, donné beaucoup d'extension à la culture des légumes primeurs.

CHAPITRE XVI

§ 1. — Le département de l'Aude.

Le département de l'Aude faisait autrefois partie du Languedoc, qui avait Toulouse pour capitale et s'étendait jusqu'à l'Armagnac ; c'était le Haut-Languedoc, tandis que le Bas-Languedoc avait, comme nous l'avons vu, ses limites sur les bords du Rhône. Mais, au point de vue orographique, le département de l'Aude est plutôt une barrière qui sépare le Bas-Languedoc de l'Aquitaine et le bassin de la Méditerranée de celui de l'Océan Atlantique.

Comme climat, le Bas-Languedoc diffère aussi beaucoup de l'Aquitaine ; la région du mistral et des oliviers se termine au couloir étroit dans lequel est située la ville de Carcassonne et que le canal du Midi traverse entre les Corbières et la montagne Noire. En général, on considère cette dernière comme une sorte de promontoire qui appartient au Plateau central. Mais il me semble que, par sa constitution géologique et par l'époque de son soulèvement, ou du moins de son dernier exhaussement, elle ressemble bien plus aux Corbières. Dans tous les cas, elle forme avec elles la série de montagnes qui relie les Pyrénées au Plateau central et qui est interposée entre le bassin de la Méditerranée et celui de l'Océan Atlantique.

A. — *Éocène.*

C'est seulement à la fin de la période éocène que les montagnes des Pyrénées ont atteint leur relief actuel et, comme les Alpes, elles ont soulevé autour d'elles les dépôts formés au commencement de cette période dans la mer nummulitique qui réunissait encore la

Méditerranée à l'Océan Atlantique. Ces dépôts nummulitiques se trouvent aujourd'hui surtout dans les petites Pyrénées, qui sont parallèles à la grande chaîne, ainsi que dans les Corbières et la montagne Noire.

Dans les Corbières, les couches nummulitiques reposent sur le garumnien rutilant et le calcaire lacustre à *Physa prisca* (groupe d'Alet), qui terminent la série crétacée. D'Archiac y a distingué 3 étages :

1° L'étage inférieur, composé de calcaires compacts et remarquables par l'abondance des miliolites et des alvéolines qu'ils contiennent. Ces calcaires, en bancs recourbés, forment une sorte de cirque autour de la petite ville de Lagrasse ;

2° L'étage moyen, constitué par des marnes bleues ou grisâtres, est très riche en fossiles à Couiza, au-dessus de Limours, dans la vallée de l'Aude, etc. (*Operculina granulosa,* etc.) ;

3° L'étage supérieur est formé de calcaires jaunes ou gris, de marnes et de grès brunâtres et jaunâtres, dont les fossiles caractéristiques sont *Ostrea multicostata* et *Nummulites Leymerii,* et qui sont couronnés par les *poudingues de Palassou,* vaste dépôt formé, suivant M. Marcel Bertrand, par les torrents qui descendaient des Pyrénées à la fin de la période éocène, pendant que leur relief s'accentuait de plus en plus.

Dans la montagne Noire, les calcaires nummulitiques ne sont séparés que par des calcaires garumniens blancs (calcaires de Montolieu) des terrains dévoniens et siluriens ou des gneiss et micaschistes qui en forment le noyau central. Ces calcaires nummulitiques se rencontrent autour du massif, depuis le Minervois au sud-est jusqu'au-dessus d'Alzonne. Ce sont partout des guarrigues ou causses très sèches et très arides, qui se distinguent à première vue par la teinte rouge de la terre mêlée aux plaquettes qui se forment par la désagrégation de la roche calcaire. Ces champs pierreux sont peu cultivés et peu boisés ; on n'y trouve que des bouquets épars de chênes blancs, chênes verts, chênes kermès et beaucoup de buis. Cependant ils conviendraient bien à la végétation forestière [1].

---

1. Rousseau, *Notice forestière sur le département de l'Aude,* 1890.

Dans le bassin de Carcassonne et autour de la montagne Noire, l'éocène supérieur est représenté, au-dessus du calcaire nummulitique, par un système lacustre qui comprend :

1° Le *calcaire lacustre de Ventenac*. On le rencontre, par exemple, en descendant du village de Moussolens vers la plaine par la route de Carcassonne. Au bas de la côte, il se fait reconnaître par une terre argileuse de couleur verdâtre, à laquelle est associé un calcaire mat, quelquefois assez compact, habituellement blanchâtre, parfois aussi d'un gris sombre et contenant alors des indices de coquilles lacustres.

On trouve ce calcaire en morceaux épars sur le sol, où les cultivateurs le ramassent et en forment des tas, parce qu'il gêne les travaux. Près de Ventenac, il prend un assez grand développement. D'après Leymerie, c'est un intermédiaire entre le calcaire nummulitique et les grès d'Issel et de Carcassonne ;

2° Le *grès d'Issel,* que l'on peut considérer comme synchronique des poudingues de Palassou des Pyrénées et comme la partie inférieure du grès de Carcassonne ou grès carcassien. C'est un grès grossier, très caractérisé dans la localité d'Issel, devenue célèbre par les nombreux débris de *Lophiodon,* de tortues et de crocodiles qu'elle a fournis ;

3° Une *mollasse gypsifère,* qui est exploitée à Castelnaudary ;

4° Une lentille de *calcaire lacustre,* qui n'est qu'un accident local au milieu de la mollasse gypsifère. Elle est très connue par les *Palœotherium* et les autres mammifères du gypse parisien que l'on y a trouvés à Villeneuve-la-Comptal et au Mas-Saintes-Puelles ;

Enfin, 5° le *grès de Carcassonne,* sorte de mollasse ou grès à ciment calcaire, qui passe quelquefois au poudingue et qui varie surtout beaucoup de couleur : du jaune au brun ou au rouge. Les bancs de grès ou de poudingues sont souvent séparés par des couches de marnes bariolées. Ils donnent, en se décomposant, des terres sablonneuses ou graveleuses dont les teintes diverses, tantôt jaunes, tantôt brunes, tantôt rouges, montrent sur les coteaux des bandes régulières, parallèles aux bancs de roches qui les ont fournies. Ces grès et ces marnes forment, au sud de la vallée de Castelnaudary et de Carcassonne, un pays de collines que l'on appelle quelquefois les

Corbières occidentales. Aux environs de Limoux, son nom local est le *Razés* et près de Chalabre le *Chalabrais*. Ces *grès carcassiens* ou grès de Carcassonne forment la plus grande partie des terres cultivées dans toute la partie élevée (*Pays-Haut*) et occidentale du département de l'Aude.

L'obélisque de Naurouze, qui a été érigé en 1825, en souvenir de Pierre-Paul de Riquet, l'ingénieur qui a construit le canal du Midi, est placé sur trois grands quartiers de rochers en poudingue tertiaire à l'endroit où ce canal reçoit les eaux que la rigole de la plaine lui amène du bassin de Saint-Ferréol. Ces *pierres de Naurouze* ne sont autre chose que des témoins de la couche de grès et de poudingues qui, autrefois, se prolongeait d'un côté de la vallée à l'autre. Ces rochers, à peine isolés les uns des autres, ont été déchaussés tout autour par les eaux diluviennes qui ont creusé la vallée. Peut-être même ce départ des parties friables a-t-il été continué pendant les temps historiques par l'action des eaux pluviales, circonstance qui aurait fait naître l'idée assez répandue que ces pierres de Naurouze poussent.

Voici, d'après Leymerie, la coupe du pays de Castelnaudary à Mirepoix :

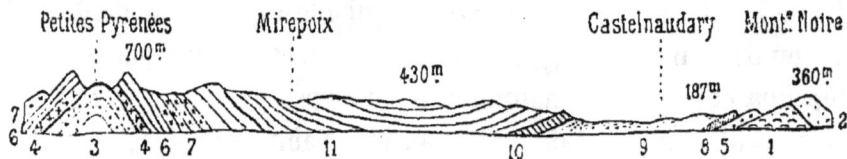

La plupart des grès carcassiens sont tellement friables et si facilement désagrégés par les agents atmosphériques, qu'ils peuvent rarement servir aux constructions. Dans toute la contrée, les empierrements de routes se font avec les cailloux provenant des poudingues ou avec les calcaires lacustres de Villeneuve-la-Comptal.

Les eaux de pluie ravinent les marnes et dénudent les hauteurs, quand elles ne sont pas protégées par des bois, ce qui est malheureusement le cas le plus fréquent.

Suivant que la pente est plus ou moins forte, la terre arable a une profondeur de 0^m,30, 0^m,40, quelquefois 0^m,50. On trouve au-dessous, soit les *rocs morts*, grès ou poudingues, soit des marnes bariolées. Souvent le drainage peut y être utile ; à défaut de drainage, les défoncements facilitent l'égouttement des terres, en rompant cette couche imperméable. Partout ils permettent aux racines de se développer à une plus grande profondeur, en sorte que les plantes sont moins exposées à souffrir, non seulement des excès d'humidité dans les temps pluvieux, mais des excès de sécheresse dans les saisons chaudes. L'Aude est un des départements de la France où les défoncements, généralement faits par des entrepreneurs, ont pris le plus d'extension. C'est une opération qui coûtait 300 à 400 fr. par hectare jusqu'à ces derniers temps et, en général, on ne la fait que pour l'établissement des nouveaux vignobles. Elle serait tout aussi bienfaisante pour la luzerne, pour les racines, même pour les céréales ; mais il faut toujours, en agriculture, subordonner les questions techniques aux conditions économiques et proportionner les dépenses d'amélioration à la valeur marchande des produits bruts qu'elles permettent d'obtenir[1].

La plupart des terres formées par la décomposition du grès de Carcassonne sont assez riches en chaux, mais toujours elles sont pauvres en acide phosphorique et quelquefois en potasse.

M. Pierre Castel, ancien président de la Société d'agriculture de l'Aude, a bien voulu me transmettre les renseignements suivants sur son domaine de Paretlongue, situé aux environs de Carcassonne, en partie dans les alluvions de la vallée du Fresquel, en partie sur les coteaux de grès de Carcassonne qui la dominent.

Des échantillons moyens ont été prélevés sur toute la couche superficielle des terres jusqu'à une profondeur de 0^m,50 et ont été analysés par M. Grandeau :

---

1. Avec le treuil Guyot à vapeur, on a réussi à diminuer dans de fortes proportions le prix de revient des défoncements.

DÉSIGNATION DES TERRES.	ANALYSE MÉCANIQUE.		ANALYSE CHIMIQUE P. 1,000 DE TERRE FINE.			
	Terre fine.	Cailloux.	Azote.	Acide phosphorique.	Potasse.	Chaux.
Terres de coteau	98.8	1.2	0.89	0 89	0.65	217.80
—	99.1	0.9	0.89	0.89	1.00	185.20
—	100.0	»	0.57	0.57	0.58	179.60
Terre de vallée	100.0	»	1.34	1.02	2.31	96.40

« Il résulte de mes expériences, dit M. P. Castel, que les terres d'alluvion de mon domaine de Paretlongue sont très peu sensibles à l'action des sels de potasse ; on peut les ajouter ou les supprimer dans les fumures sans qu'il en résulte des variations notables dans la production des céréales.

« Les terres de coteaux du domaine, terres formées par la décomposition du grès de Carcassonne, se trouvent au contraire fort bien de l'emploi des sels de potasse ; ces terres sont actuellement plantées en vignes.

« Sur toutes mes terres, l'acide phosphorique, sous forme de superphosphates minéraux, me donne d'excellents résultats.

« Dans mes terres de vallée, voici la fumure que j'emploie pour les blés et qui me donne des récoltes moyennes de 30 hectolitres à l'hectare. Dans les premiers jours d'octobre, je répands, avant les semailles, 400 kilogr. par hectare de superphosphate minéral dosant 14 à 15 p. 100 d'acide phosphorique. Puis, au mois d'avril, au moment où les céréales commencent à monter, j'y sème à la volée 200 kilogr. de nitrate de soude par hectare. Il ne faut pas dépasser cette dose de nitrate de soude, c'est-à-dire 30 kilogr. d'azote par hectare. Toutes les fois que j'ai employé des doses d'azote plus élevées, je n'ai obtenu que des augmentations de récoltes insignifiantes comparativement à l'augmentation du coût des engrais. »

B. — *Oligocène et miocène.*

Les terrains oligocènes ne se rencontrent que dans la région de Narbonne, sur les pentes de la Clape et le versant oriental des chaînes de Montpezat et de Fontfroide. D'après M. Matheron[1], les couches oligocènes du bassin de Narbonne et d'Armissan reposent transgressivement, quelquefois avec intercalations de poudingues, sur les calcaires du crétacé inférieur ou du jurassique de la Clape et des collines de Fontfroide, et elles se composent de bas en haut de :

1° Couches marneuses et bitumineuses avec débris de lignites (conifères) et *Planorbiscornu, Lymnæa cornea ;*

2° Couche de calcaire de 8 mètres d'épaisseur en dalles qui sont célèbres par leurs empreintes végétales (fougères, séquoya, pins, etc.). Brongniart et M. de Saporta les ont décrites ;

3° Gypses du Lac et de Portel ;

4° Calcaires marneux, grès et argiles avec planorbes et lymnées ;

5° Couches marines avec cérites et *Paludestrina Dubuissoni ;*

6° Groupe calcaire à *Helix Ramondi* des fours à chaux de Narbonne ;

7° Argiles rouges supérieures avec grès et poudingues subordonnés, couronnant la formation gypsifère de Narbonne.

Quant au *miocène,* il est représenté dans la région de Narbonne par des couches marneuses ou des calcaires grossiers et de poudingues qui appartiennent à l'helvétien et se trouvent, en lambeaux isolés, sur les argiles rouges dont nous venons de parler.

M. Viguier pense qu'il faut rattacher au miocène tout à fait supérieur (tortonien) les couches lacustres à *Dinotherium giganteum* d'Argeliers, au nord de la plaine de Narbonne.

C. — *Terrains quaternaires et modernes.*

Les *alluvions anciennes* des divers cours d'eau de la montagne Noire et des Corbières atteignent, dans la partie haute et moyenne

---

1. *Bulletin de la Société géologique française*, 2° série, t. XX, et 3° série, t. IV.

de chaque vallée, des hauteurs considérables au-dessus du lit actuel. Les alluvions vont ensuite s'étendre dans la plaine de Narbonne et il est possible, dit M. Viguier[1], qu'une partie de ces dépôts appartienne à l'époque pliocène.

Les *alluvions modernes* recouvrent le lit majeur de la plupart des cours d'eau et s'étendent dans les plaines de leurs vallées basses où elles deviennent de plus en plus pauvres en éléments cailouteux.

A la fin de la période quaternaire et au commencement de l'époque actuelle, les étangs et les lacs étaient beaucoup moins cantonnés qu'aujourd'hui dans le voisinage du cordon littoral de la Méditerranée. Il y en avait sur plusieurs points des vallées hautes et moyennes de l'Aude.

Ainsi, au-dessous de Castelnaudary, autour de Pexiora, on trouve, à côté du canal tracé par Riquet, des alluvions qui, évidemment, sont dues aux dépôts d'un ancien lac. Ce sont des terres noires, très riches en humus. Elles sont légères, mais elles ne s'en crevassent pas moins en été pendant les grandes chaleurs ; et en hiver elles regorgent d'eau, parce qu'elles reposent, à une profondeur moyenne de $0^m,40$, sur une couche horizontale de *caoussanel*, poudingue composé de petits graviers réunis par un ciment calcaire. Ce poudingue n'a que $0^m,20$ d'épaisseur, et la meilleure manière d'assainir ces terres, c'est de rompre le caoussanel, en les défonçant de $0^m,65$ à $0^m,75$ au treuil ou à la vapeur.

C'est ce qu'a fait M. Barrié, membre du conseil général de l'Aude, dans son domaine du Pinchénier, situé près de Villasavary, au sud de la plaine de Pexiora et au pied des collines de Laurac-le-Grand. La plus grande partie de cette propriété appartient au terrain lacustre de la plaine. Au-dessous du *caoussanel* de son sous-sol, on trouve, soit les grès tendres, dits *Rocs morts,* soit les marnes argileuses et bariolées de l'étage carcassien. Ces mêmes grès ou marnes forment au haut du Pinchénier la base des collines de Laurac. Ils y ont quelques mètres de puissance et supportent des calcaires de Vil-

---

1. Viguier, *Esquisse géologique du département de l'Aude.* Feuille des jeunes naturalistes, 1889.

leneuve-le-Comptal, calcaires que l'on emploie à l'empierrement des routes.

Autrefois on suivait au Pinchénier l'assolement triennal : jachère, blé, maïs. Mais, depuis qu'il a défoncé ses terres, M. Barrié a pu y établir un assolement libre dont de magnifiques luzernes forment la base et dans lequel le blé vient après maïs, betteraves ou vesces. Ses luzernes lui donnent 10,000 kilogr., et ses blés 38 hectolitres à l'hectare.

M. Joulie a dosé dans les terres du Pinchénier :

Azote	1.336 p. 1,000.
Acide phosphorique	0.430 —
Potasse	3.430 —
Chaux	45.480 —
Magnésie	6.380 —

D'après cette analyse, il semblerait que ces terres n'ont pas besoin de potasse. Cependant M. Barrié y emploie pour ses blés par hectare 120 kilogr. de sulfate d'ammoniaque, 400 kilogr. de superphosphate de chaux, 50 kilogr. de chlorure de potassium et 30 kilogr. de plâtre ; et il a remarqué que ses blés sont moins beaux, quand il supprime la potasse.

Le Minervois se trouve sur la rive gauche de l'Aude, à partir de Trèbes et à cheval à la fois sur les deux départements de l'Aude et de l'Hérault.

Il se compose d'une partie montagneuse et d'une plaine dans laquelle se trouvait un étang salé d'environ 2,000 hectares, l'étang de Marseillette. Cet étang fut vendu en 1798 par l'État à charge de desséchement, et en 1813, les ingénieurs, chargés de la surveillance des travaux, déclarèrent que ce desséchement était fait. On y eut alors des récoltes énormes de blé, mais peu à peu ces terres d'alluvion se couvrirent d'efflorescences salines qui empêchèrent de continuer à les cultiver, et l'insalubrité reparut en même temps dans les environs. M. Sourdon, directeur d'une compagnie qui en fit l'acquisition, a réussi à en compléter l'assainissement et à dessaler les terres au moyen d'eaux prises dans l'Aude, près de la ferme de Millegrand. Dans ses parties basses, on cultive du riz sur 100 hectares. Dans les parties moyennes, il y a des prés, qui sont limités par de petits fossés et qui donnent un foin médiocre, mais abondant. Dans les parties élevées, qui sont pourtant encore submersibles, on a fait environ 200 hectares de vignes, qui rendent souvent jusqu'à 150 hectolitres à l'hectare.

La montagne de la Clape était, il y a quelques siècles, une île séparée du continent ; un bras de mer occupait l'espace où s'étend aujourd'hui la plaine de Narbonne, de Coursan et de Salles-d'Aude. Narbonne, aujourd'hui dans l'intérieur des terres, était encore, en 1320, un des principaux ports de mer de la Méditerranée ; l'Aude débouchait dans la mer à Fleury. Cette rivière, dont les eaux sont toujours très chargées de limons, a formé, par ses alluvions, la fertile plaine qui existe aujourd'hui. Avant 1320, l'Aude passait sous les murs de Narbonne ; mais, à cette époque, dit M. Joanne[1], la rivière brisa le grand barrage établi à Sallèles-d'Aude, pour dévier sa direction et se fraya un chemin direct vers la mer.

Dans ces riches alluvions, on avait depuis longtemps réussi à établir des vignes à grands rendements. Mais sur certains points le sel remontait à la surface et faisait périr les ceps. Puis vint le phylloxéra. Depuis 1880, l'administration des ponts et chaussées a créé de nombreux canaux qui ont permis, non seulement de conserver les anciennes vignes, mais d'en créer beaucoup de nouvelles, en les soumettant au régime de la submersion hivernale.

Ces vignes sont situées entre le canal du Midi et la rivière d'Aude, de Villedubert à Béziers d'une part, et le long du canal de la navigation, désigné sous le nom de Robine de Narbonne, d'autre part.

La compagnie fermière du canal du Midi a consenti à laisser passer gratuitement dans ce canal l'eau nécessaire aux submersions. Cette eau est donc conduite par le canal du Midi, du point où elle est recueillie au point où elle est employée, ce qui, en évitant la construction de « têtes mortes », a permis de réaliser une très notable économie.

De différents points du canal du Midi partent des canaux qui se répartissent en milliers de branches, rigoles, etc.

---

1. A. Joanne, *Géographie de l'Aude.*

Une loi du 3 avril 1880 a déclaré l'utilité publique des travaux à entreprendre, et a décidé qu'ils seraient exécutés aux frais de l'État. L'entretien et l'exploitation des canaux et la perception des redevances, dont une partie est destinée à rembourser l'État des avances qu'il a faites en travaux, sont confiés à des syndicats formés des propriétaires intéressés.

Huit canaux de submersion ont été exécutés en vertu de cette loi, ce sont ceux du Sommail, de Saint-Marcel, de Pezetis, de Pincherie-Laredorte, d'Homps, de Raounel, ou des basses plaines de Narbonne, dans l'Aude, et de Malpas, dans l'Hérault. La superficie dominée par ces canaux est de 4,460 hectares.

Les travaux reviennent à 560 fr. environ par hectare submersible et sauvegardent un revenu supérieur à ce chiffre. L'État est remboursé de ses avances par une redevance annuelle [1].

Trois autres canaux de submersion, ceux de Luc-sur-Orbieu, de Canet et de Cuxac-Lespignan, ont été terminés il y a quelques années. Un quatrième, celui de Fabrezan, est projeté.

Dans les terrains qui contiennent encore trop de sel, on peut combiner les arrosages avec le dessalement, en y plaçant des drains à 3 mètres ou $4^m,50$ de distance. La rigole d'irrigation se fait entre les lignes de drains. C'est ainsi que M. Gaston Gautier a créé le magnifique vignoble de Craboules, près de Narbonne, pour lequel il a eu la prime d'honneur du département en 1884.

---

1. Note de la direction de l'Hydraulique agricole (*Annales agronomiques,* 1891).

Rocher et collines de mollasse, à Wartenfluhe, près Lucerne.

s'étend parallèlement à la grande chaîne à travers les départements de l'Ariège, de la Haute-Garonne et des Hautes-Pyrénées.

Cet éocène se compose des assises suivantes :

1° 60 mètres de calcaires blancs à miliolites ;

2° 120 mètres de calcaires marneux à *Ostrea uncifera*.

3° 150 à 200 mètres de marnes à *Operculina granulosa* et de couleur rousse. Leur partie supérieure est entrecoupée de bancs de grès où abondent les nummulites.

4° Enfin, le *poudingue de Palassou* qui sert en quelque sorte, dit Leymerie, de chapeau à la montagne d'Ausseing, comme à toute la chaîne des Petites Pyrénées.

Ce poudingue se compose de fragments plus ou moins volumineux ou de cailloux roulés de diverses grosseurs, presque tous calcaires. Ils sont impressionnés et faiblement cimentés par une matière terreuse grossière qui passe quelquefois soit au grès, soit à la marne.

Les cailloux de ces poudingues ont sans doute été amenés, à la fin de la période éocène, par les torrents qui descendaient des Pyrénées. Les grès du carcassien, qui en sont contemporains et qui sont composés des mêmes éléments, se retrouvent dans le département de l'Ariège, aux environs de Mirepoix, avec les mêmes caractères que dans le département de l'Aude. Nous n'y reviendrons donc pas.

B. — *Miocène.*

Lorsqu'un montagnard descend des Pyrénées pour se rendre dans l'Aquitaine, il dit qu'il va dans la *plaine*. En effet, cette vaste région déprimée qui s'étend vers le nord n'offre aucune protubérance remarquable et, pour un observateur placé sur le versant français de la chaîne pyrénéenne, elle produit l'effet d'une plaine. Mais, en réalité, c'est une série de plateaux dont l'ensemble offre une double pente du sud au nord et de l'est à l'ouest et qui sont séparés par des vallées rayonnantes, généralement divergeant assez peu de part et d'autre d'une direction méridienne [1].

---

1. Leymerie.

Quelle est la constitution géologique de ces plateaux? Comment ont-ils été formés? c'est ce que nous allons tâcher d'expliquer aussi clairement que possible.

Au commencement de l'époque miocène, les terrains crétacés et éocènes qui couvraient le bassin de l'Aquitaine avaient subi l'influence du soulèvement des Pyrénées; leurs couches présentaient des ondulations parallèles à ce soulèvement et d'autant plus prononcées qu'elles en étaient plus rapprochées. Ces ridements, servant en quelque sorte de digues aux eaux descendues des montagnes qui entouraient le bassin, y produisirent d'immenses lacs, et des dépôts se formèrent les uns fluvio-lacustres, les autres lacustres. Les premiers sont les argiles plus ou moins calcaires, plus ou moins sableuses, les sables libres, les grès tendres ou durs que l'on est convenu de désigner par le nom collectif de *mollasse d'eau douce*, mais dont les couches sont très variables dans leur ordre de superposition comme dans leur ordre de continuité, tout en restant toujours horizontales avec une légère inclinaison dans la direction générale du cours de la Garonne. Les autres se composent de *calcaires compacts*, en bancs plus ou moins épais qui apparaissent comme des lentilles dont les bords amincis se fondent peu à peu dans la mollasse. Dans l'Ariège et dans la Haute-Garonne, on ne trouve aucun de ces îlots de calcaire lacustre. Dans le département du Gers, ils n'apparaissent que dans les arrondissements de Condom et de Lectoure au nord de la protubérance que forme le terrain crétacé entre Cézan et Roquefort. Mais ils prennent beaucoup plus de développement, comme nous le verrons plus loin, sur la rive droite de la Garonne, dans les départements de Lot-et-Garonne et Tarn-et-Garonne, du Tarn et du Lot.

Voici, d'après M. Jacquot, la succession des étages que l'on trouve dans le miocène de l'Aquitaine :

1° *Étage de l'Agenais* ou *calcaire blanc de l'Agenais*. — Cet étage, qui est très puissant aux environs d'Agen, ne se montre que sur de faibles surfaces dans la partie du département de Lot-et-Garonne qui est sur la rive gauche de la Garonne et dans le nord du département du Gers. On ne le trouve que dans les parties basses des vallées qui sillonnent cette région, composé, comme dans l'Agenais, d'une alternance de mollasses et de marnes souvent remplies de nodules calcaires et surmontées d'une masse rocheuse de calcaire grenu qui passe au marbre et est extrêmement carié.

2° *Assise à « Ostrea crispata ».* — Au-dessus du calcaire blanc de l'Agenais on trouve une assise qui a peu d'épaisseur et peu d'importance au point de vue agricole, mais qui est intéressante au point de vue géologique, parce qu'elle sépare nettement cet étage de celui de l'Armagnac. Elle est facile à reconnaître à un banc de 1 mètre à 1^m,50 d'épaisseur presque entièrement composé d'une huître à test épais, à talon allongé : l'*Ostrea crispata.* Il est accompagné d'un *calcaire lacustre gris* à odeur bitumineuse, assise qui prend une assez grande importance sur les bords de la vallée de la Garonne, sous le nom de *calcaire gris de l'Agenais.*

3° *Étage inférieur de l'Armagnac.* — Le Gers est divisé, par une ligne partant de Condom, dirigée sur Vic et aboutissant à Riscle, en deux régions naturelles assez bien définies, dans lesquelles l'orographie, la constitution du sol, la nature de la terre végétale et les cultures offrent des différences. A l'est et au sud de cette ligne s'étend le Haut-Armagnac ; quant au Bas-Armagnac, il comprend la partie nord-ouest du département[1]. Le Haut-Armagnac est formé presque exclusivement par des terrains lacustres d'époque miocène dans lesquels M. Jacquot a distingué 2 étages : *l'étage inférieur de l'Armagnac et l'étage supérieur de l'Armagnac.*

L'étage inférieur de l'Armagnac est surtout développé dans le Haut-Armagnac. Il y forme les parties inférieure et moyenne de toutes les collines. Il commence à paraître, dans cette région, vers l'altitude de 90 mètres et il s'élève, aux environs d'Auch, jusqu'à 220 à 230 mètres, de telle sorte que sa puissance moyenne peut être évaluée à 135 mètres. Dans le Bas-Armagnac, où il a été profondément raviné, il constitue les fonds de toutes les vallées et quelques pointements isolés à la surface des plateaux occupés par la mollasse marine. L'étage inférieur de l'Armagnac recouvre dans le Gers un peu plus de 43 p. 100 de la surface du département. Toutefois, s'il peut être suivi d'un bout à l'autre du département, il s'en faut

---

1. E. Jacquot, *Description géologique et agronomique du département du Gers.*

de beaucoup que sa composition reste constante dans toute cette
étendue. Il y a, à cet égard, des différences notables qui résultent
du développement des lentilles calcaires sur certains points, de l'accumulation des couches de mollasses sur d'autres.

Aux environs de Condom et de Lectoure, il y a quatre masses
calcaires principales réparties dans l'étage à des niveaux qui varient
peu. Ces masses calcaires, dit M. E. Jacquot, donnent lieu, aux environs de Lectoure et de Condom, à autant de plateaux rocheux très
nettement accusés dans la configuration du sol de la contrée. Ces
terrasses étagées, terminées par des escarpements aux arêtes vives,
donnent à cette partie de l'Armagnac une physionomie particulière,
bien distincte de celle qui est propre au sud, où dominent les roches
tendres et où toutes les collines présentent des contours arrondis et
mamelonnés.

La plus élevée de ces lentilles calcaires a 15 à 20 mètres d'épaisseur sur beaucoup de points. Elle est très constante au nord de la
protubérance crétacée de Cézan; elle forme la plus grande partie du
plateau élevé par lequel l'Armagnac se relie à l'Agenais et les escarpements rocheux que l'on aperçoit au sommet de tous les coteaux
dans la partie basse des vallées de la Losse, de la Baïse, du Gers, de
l'Auroue et de l'Arrats. Marneuse et gélive en certains endroits, elle
est, en général, assez bien agrégée pour fournir du moellon. Elle
donne lieu à de nombreuses exploitations dans cette partie du Gers.
De plus, reposant sur une couche marneuse, elle recèle à sa base
un des niveaux d'eau les plus importants du département, circonstance qui, jointe aux avantages qu'elle présente comme position dé-
fensive naturelle, a déterminé les populations à s'établir à sa surface. Aux environs de Lectoure et de Condom, les principaux groupes
d'habitations sont presque tous placés vers le haut de l'étage inférieur de l'Armagnac.

Ces calcaires lacustres ne pourraient former par eux-mêmes, en
se décomposant, que des terres peu fertiles, comme certaines landes
couvertes de pierrailles calcaires que l'on rencontre encore sur les
hauteurs des environs d'Auch.

Mais, sur les terrasses du nord du département du Gers, les calcaires lacustres, aussi bien les calcaires blancs de l'Agenais que les

calcaires de l'étage inférieur de l'Armagnac, sont recouverts par un dépôt superficiel qui en est complètement indépendant. Il se rattache probablement aux phénomènes qui ont produit la dénudation du sol et donné à la contrée son relief. Il ne contient pas de carbonate de chaux ; il est brun noirâtre, argilo-sableux, rempli de matières organiques et de petits grains arrondis d'hydroxyde de fer. Dans les nombreuses carrières auxquelles il est superposé, on voit ce dépôt singulier entamer profondément la roche calcaire et y pénétrer sous forme de poches sinueuses qui la traversent quelquefois de part en part, comme on peut en juger par la figure ci-jointe :

Coupe d'une carrière à Toutens, près de Lectoure.

M. E. Jacquot compare ce dépôt aux terres noires de la Russie et, en effet, les terres qu'il forme sont considérées, lorsqu'elles ont de la profondeur, comme les plus fertiles du département du Gers. Mais elles ne sont pas composées uniquement de ce dépôt brun noirâtre ; au contraire, ce qui domine en elles, et le nom qu'on leur donne dans le pays, les *Peyrusquets*, l'indique bien, ce sont les pierres calcaires formées par la désagrégation de la roche lacustre. Mêlées à cette matière noire riche en humus, en oxyde de fer, en argile et en potasse, ces pierres leur donnent le calcaire et la perméabilité sans lesquels elles seraient loin d'avoir la même fertilité.

D'après M. E. Jacquot, le dépôt brun, tel qu'on le trouve au fond des poches qu'il remplit, se compose de sable quartzeux mêlé à de petits grains arrondis d'oxyde de fer, d'argile dont une partie est attaquable par l'acide chlorhydrique et d'une matière organique brune qui est intimement liée à l'argile et qui se dissout dans les alcalis. Il ne contient par lui-même pas de chaux, mais presque toujours on y trouve mêlés des fragments de la roche encaissante.

Des échantillons que nous avons pris, M. Hitier et moi, dans deux carrières des environs de Lectoure, nous ont donné à l'analyse pour mille parties :

	Nᵒ 1.	Nᵒ 2.
Chaux	52,24	28,24
Magnésie.	1,72	1,90
Potasse.	7,69	4,83
Acide phosphorique	0,99	1,04
Azote	1,25	1,24
Acide humique	15,40	4,00

Au-dessus de ces carrières, la terre cultivée se composait d'une grande quantité de pierres calcaires de toutes dimensions mêlées à une terre jaunâtre très friable, terre qui contenait pour mille :

	Nᵒ 1.	Nᵒ 2.
Chaux	199,64	111,80
Magnésie	2,66	1,58
Potasse.	4,42	4,62
Acide phosphorique	1,55	1,12
Azote	1,34	1,14
Acide sulfurique	0,75	0,56

Les résultats donnés par ces deux analyses expliquent bien la grande fertilité que montrent ces terres : elles renferment en fortes proportions tous les éléments nécessaires à la végétation ; ce sont des terres *complètes*.

La partie du bassin d'eau douce qui se trouve sur le versant septentrional du pointement crétacé de Cézan ne diffère pas seulement de celle qui s'étend sur le revers opposé par le rôle qu'y jouent les assises calcaires ; on y rencontre encore d'assez nombreux gisements de gypse qui ne se retrouvent plus dans cette dernière. Ces gîtes sont composés de rognons lamellaires disposés par lits au

milieu de marnes jaunâtres ou maculées de gris et de jaune clair.
Ils forment deux bandes alignées parallèlement à l'axe de la protubérance crétacée de Cézan ; l'une, située dans son voisinage immédiat, s'étend de Cassaigne à Bajonnette sur une longueur d'environ
9 kilomètres ; l'autre, placée à 15 kilomètres plus au nord, va de
Ligardes à Sempesserre et de Gazaupouy à Castéra-Lectourois. A
Sansan, petit village situé dans la vallée du Gers, à 14 kilomètres
au sud d'Auch, Lartet a découvert un gîte ossifère qui est devenu
célèbre et qui caractérise bien l'étage inférieur de l'Armagnac. Ce
dépôt est très riche en restes de pachydermes, reptiles, oiseaux,
poissons, etc. On trouve beaucoup d'autres gîtes de ce genre dans
les mollasses du Haut-Armagnac et M. E. Jacquot en a conclu que
le phosphate de chaux doit être disséminé, en proportions plus ou
moins fortes, dans tous les sols qui sont formés par la désagrégation
de ces mollasses. On verra plus loin que nos analyses justifient bien
cette prévision.

4° *Étage supérieur de l'Armagnac.* — La limite entre les deux
étages lacustres de l'Armagnac est marquée par un poudingue à ciment calcaire qui empâte du gravier siliceux et des noyaux calcaires
empruntés aux roches sous-jacentes.

Au-dessus de ce poudingue, l'étage supérieur de l'Armagnac
commence à se montrer dans le Gers vers l'altitude moyenne de
215 mètres et il s'élève jusqu'à 400 mètres environ sur le plateau
de Lannemezan dans le département des Hautes-Pyrénées. Au nord
du pointement crétacé de Cézan, on ne le trouve que sur un seul
point, au sommet de la chaîne de collines élevées de Casteron, qui
sépare le bassin de l'Arrats de celui de la Gimone. Il est, au
contraire, très étendu au sud de ce pointement. On commence à
l'apercevoir, de ce côté, entre Lavardens et Auch, formant quelques
protubérances isolées et même de petites chaînes de collines continues à la surface du plateau occupé par l'étage inférieur de l'Armagnac. A mesure qu'on s'avance vers le sud, on le voit prendre un
développement superficiel de plus en plus considérable et, sur les
confins des Hautes-Pyrénées, on remarque qu'il s'étend déjà depuis
la base jusqu'au sommet des collines de cette région. Cette extension
progressive de l'étage supérieur de l'Armagnac vers le midi est la

conséquence naturelle et nécessaire de l'exhaussement général du sol dans cette direction.

A mesure qu'on s'avance vers le sud ou vers l'est, les lentilles calcaires qui existent au nord du département du Gers s'atrophient ; les mollasses sableuses se développent de plus en plus et bientôt le calcaire ne s'y présente plus que sous forme de nodules ou grumeaux disposés dans le sens de la stratification par lits peu réguliers. On appelle ces grumeaux *têtes de chats*. Ils ont généralement une forme ovoïde, un peu aplatie, et sont formés de couches concentriques. Quelques-uns d'entre eux ont pour noyau un petit grain de sable ; ils sont alors complètement pleins. Mais il arrive aussi souvent qu'ils contiennent, en creux, des moules externes de grandes mulettes, à valves unies ou plissées.

Dans la région de Mirande et de Lombez, on utilise les bancs de mollasse les mieux agrégés comme matériaux de construction.

A la hauteur d'Auch, la coupe des collines entre lesquelles la vallée du Gers est encaissée comprend déjà les deux étages d'eau douce de l'Armagnac. D'après M. E. Jacquot, elle présente les assises suivantes, à partir du bas :

1. Étage inférieur de l'Armagnac.

a) Marnes sableuses grises ou légèrement rosées, en nombreux lits de nodules calcaires de même couleur, empâtant quelques moules d'hélices.

b) Banc de mollasse, bien agrégé, avec petit gravier siliceux gris, jaunâtre ou noir.

c) Assise puissante de marnes jaunes maculées de gris verdâtre, avec quelques lits de calcaire rognonneux (têtes de chats).

d) Banc peu épais de mollasse.

e) Masse calcaire inférieure ayant de 8 à 10 mètres de puissance, terminée, vers le haut, par des parties rognonneuses qui renferment quelques moules d'hélices.

f) Marnes jaunâtres avec quelques nodules calcaires.

2. Étage supérieur de l'Armagnac.

g) Poudingue à ciment calcaire empâtant du gravier siliceux et des noyaux calcaires empruntés aux roches sous-jacentes.

h) Masse calcaire supérieure ayant de 5 à 6 mètres de puissance, rognonneuse vers le haut, avec moules d'hélices.

i) Mollasses sableuses, brunes, avec têtes de chats de même couleur.

L'école pratique d'agriculture du département a été établie dans le domaine de la Hourre, sous la direction de M. Decker-David, ancien élève de l'Institut agronomique et aujourd'hui député du Gers. Ce domaine est situé à peu de distance d'Auch sur un coteau de mollasses et marnes de l'étage supérieur de l'Armagnac. Voici les résultats des analyses d'un certain nombre de terres de la Hourre faites dans mon laboratoire par M. Gaston Malet :

Terres du domaine de la Hourre, près Auch (Gers).

N° 1. — Vignes de Petit Bouschet. Un tiers du coteau.
2. — Vignes d'Aramon, taches phylloxérées. Deux tiers du coteau.
3. — Vignes de Jurançon. Sommet du coteau.
4. — Vignes du Grand-Soulan. Bas du coteau.
5. — Prairies récentes.
6. — Terre de Lartigue. Sous-sol exploité pour la fabrication des tuiles et briques.

NUMÉROS.	ANALYSE PHYSIQUE.				ANALYSE CHIMIQUE SUR 1,000 DE TERRE FINE.						
	POIDS de l'échantillon.	PARTIE FINE.	CAILLOUX. (Gros sable.)	PARTIE FINE p. 1,000.	AZOTE.	CHAUX.	ACIDE phosphorique.	MAGNÉSIE.	POTASSE.	ACIDE sulfurique.	ALUMINE et oxyde de fer.
	gr.	gr.	gr.	gr.	gr.	gr.	gr.	gr.	gr.	gr.	gr.
1. .	845	730	115	863	0.483	127.05	0.683	0.300	1.156	0.343	94.375
2. .	667	513	154	760	1.012	166.25	0.702	0.600	1.292	0.360	91.25
3. .	705	527	178	747	0.641	158.55	0.493	3.000	1.343	0.514	82.60
4. .	752	665	87	884	1.202	227.50	0.836	0.550	0.986	0.771	81.25
5. .	765	735	30	960	0.809	6.412	0.754	1.000	1.02	0.308	99.375
6. .	720	580	140	805	0.159	145.95	0.806	0.65	0.850	0.206	81.25

Si, du département du Gers, nous passons vers l'est dans celui de la Haute-Garonne, les grandes lentilles calcaires que nous avons trouvées dans le terrain miocène du Haut-Armagnac s'amincissent peu à peu et disparaissent bientôt complètement. Les plateaux de la Lomagne, sur la rive gauche de la Garonne, ceux du Volvestre qui s'avancent en pointe entre la Garonne et l'Ariège et ceux du Lauraguais, situés entre la vallée de l'Ariège et celle du Tarn et traversés par l'Hers à côté du canal du Midi, se composent d'argiles plus ou moins calcaires et plus ou moins sableuses, appelées *argerènes* par Leymerie, de marnes impures veinées ou maculées de calcaires en grumeaux, de mollasses et de sables libres ou *sables de mine*. Ces dépôts offrent dans leur ensemble une stratification horizontale, mais il est rare d'y voir de véritables couches bien continues et disposées dans un ordre régulier. Leurs éléments s'entremêlent à la surface des champs, par suite des labours ou des glissements qui se produisent naturellement sur les pentes des coteaux et c'est leur mélange qui varie dans certaines limites, mais dans lequel la mollasse et la marne prédominent, que les cultivateurs de la Lomagne, du pays toulousain et du Lauraguais, comme ceux de l'Armagnac, appellent *terre-fort* ou *terro-hort*.

J'ai fait avec M. Collomb-Pradel l'analyse de quelques terres de la propriété de M. E. Caze, député, à Toutens, canton de Caraman, dans le département de la Haute-Garonne. Cette propriété se trouve sur la ligne de coteaux qui part de Toulouse se dirigeant à l'est vers la Montagne-Noire et séparant la vallée de l'Hers de la vallée du Girou. Ces coteaux sont formés, comme ceux de l'Armagnac, de miocène lacustre.

Les nᵒˢ 1 et 2 sont le sol et le sous-sol d'un coteau exposé au midi. La récolte de 1886 avait été du blé.

Les nᵒˢ 3 et 4 sont le sol et le sous-sol d'un autre coteau en plein midi. La récolte de 1886 avait également été du blé.

Les nᵒˢ 5 et 6 sont le sol et le sous-sol d'un plateau ; vignes de 3 ans.

Les nᵒˢ 7 et 8 représentent une terre très argileuse et pauvre avec son sous-sol. Exposition nord. Terre de bois.

Les nᵒˢ 9 et 10 une terre très riche, noire et meuble avec son sous-sol. Coteau exposé au nord.

Le n° 11 est de la mollasse sur laquelle reposent toutes ces terres.

NUMÉROS.	I. — ANALYSE PHYSIQUE.		PARTIE FINE p. 1,000.	GROS SABLE et pierres.	II. — ANALYSE CHIMIQUE p. 1,000 de partie fine.			
	POIDS DE L'ÉCHANTILLON.				CARBO-NATE de chaux.	ACIDE phospho-rique.	POTASSE atta-quable à l'acide ni-trique.	AZOTE total.
			gr.	gr.	gr.	gr.	gr.	gr.
1	Sol	1,450	1,415	35	108.00	1.470	3.910	1.076
2	Sous-sol	707	702	5	95.50	1.284	3.486	0.717
3	Sol	720	642	38	71.75	1.000	3.400	0.662
4	Sous-sol	820	816	4	50.75	0.700	2.941	0.640
5	Sol	800	794	6	73.00	0.960	3.281	0.850
6	Sous-sol	850	847	3	89.10	0.890	3.536	0.756
7	Sol	720	715	5	11.00	0.560	2.023	0.786
8	Sous-sol	740	718	22	10.45	0.520	1.901	0.563
9	Sol	1,650	1,622	28	46.85	1.550	3.434	1.242
10	Sous-sol	900	868	32	47.00	1.466	2.890	1.112
11	Mollasse.	1,600	1,215	385	172.50	1.220	3.944	0.300

Les résultats de l'analyse de la mollasse sur laquelle reposent toutes les terres de Toutens me semblent fort intéressants. La mollasse contient en proportions élevées tous les éléments d'une terre fertile, sauf l'azote qui pourra lui être donné, lorsqu'elle sera exposée à l'air, remuée par la charrue et surtout cultivée en légumineuses.

En effet, toutes les terres de la ferme de M. Caze ont une composition très satisfaisante, sauf la terre 7 et 8 qui est probablement un dépôt pliocène ou quaternaire superposé à la mollasse, comme on en trouve souvent dans le Lauraguais, principalement au côté nord des collines les plus élevées qui séparent la vallée de l'Hers-Mort de celle du Girou.

Voici, d'un autre côté, des échantillons de terre que j'ai recueillis avec M. Hitier dans la propriété de M. Gèze, au Pin-Balma, dans la partie du Lauraguais la plus voisine de Toulouse :

N° 1. Terre marneuse de vigne prise à l'entrée du domaine à côté de l'avenue.

N° 2. Terre marneuse prise sous des pins à l'entrée du domaine à côté de l'avenue.

N° 3. Terre marneuse avec quelques paillettes de mica prise sur le coteau de l'église ; le sainfoin y vient bien, mais le trèfle n'y réussit guère.

N° 4. Terre prise dans une tranchée de la route au-dessus de Pin-Balma.

N° 5. Sous-sol de la terre 4. Sable mollassique.

N° 6. Terre de limon brunâtre prise sur le plateau au nord de Pin-Balma à côté de l'église, dans un champ où le trèfle réussit bien.

NUMÉROS.	GROS SABLE.	TERRE FINE.	COMPOSITION CHIMIQUE de 1,000 parties de terre fine.					
			CHAUX.	POTASSE.	MA-GNÉSIE.	ACIDE phospho-rique.	AZOTE.	ACIDE sul-furique.
1	5	95	24,04	5,25	1,90	1,02	1,13	»
2	4	96	22,08	5,45	»	1,40	1,29	»
3	»	»	60,00	4,44	2,59	1,29	0,94	0,99
4	7	93	35,92	4,30	»	1,29	1,08	»
5	57	43	13,61	2,47	5,25	1,24	0,302	»
6	»	100	24,04	5,25	1,90	1,02	1,13	»

On voit que toutes ces terres ne laissent rien à désirer comme composition chimique. Dans le Lauraguais, les défoncements (pelver-sages) qui sont en usage depuis longtemps mélangent le sous-sol à la terre de la surface et la culture des légumineuses (luzerne, sain-foin, trèfle) contribue à ramener dans les couches supérieures les provisions d'acide phosphorique que contient le sous-sol. Ces ana-lyses expliquent parfaitement bien le fait que beaucoup d'agricul-teurs de la région, entre autres M. le baron d'Encausse, à Gardouch, et M. de Malafosse m'ont signalé, c'est que ces terres sont insensi-bles aux engrais phosphatés et que cependant elles sont renommées par leur aptitude à produire du maïs et des *blés lourds*.

Dans les terrains miocènes de la Haute-Garonne, où les pelver-sages et les cultures de légumineuses ne sont pas en usage, les analyses constatent souvent une plus grande richesse d'acide phos-

phorique dans le sous-sol que dans la terre superficielle. Cette dernière a été épuisée par la culture jachère-blé-maïs qui y a été prati-
quée depuis les plus anciens temps ; mais il est inutile d'acheter des
phosphates ; il suffit de faire un défoncement.

Dans ces cas, le défoncement peut, non seulement ramener à la
surface une partie des phosphates du sous-sol, mais permettre aux
racines de la luzerne, du sainfoin, du trèfle et même à celles du
blé de se développer à une plus grande profondeur et d'y trouver
ainsi l'acide phosphorique dont ils ont besoin. Ainsi le défoncement
équivaut à une fumure, indépendamment de ses effets utiles au point
de vue physique.

M. Aubin, directeur du laboratoire de la Société des agriculteurs
de France, a trouvé également beaucoup plus d'acide phosphorique
dans le sous-sol que dans le sol d'une propriété située près de Montauban, dans les coteaux miocènes qui terminent de ce côté le Lauraguais :

PROPORTION DE TERRE FINE.	ANALYSE DE LA TERRE FINE POUR 1,000.				
	AZOTE.	ACIDE phosphorique.	POTASSE.	CHAUX.	MAGNÉSIE.
p. 100.					
Sol 89.23	0.45	0.45	1.31	0.70	1.0
Sous-sol 87.09	0.29	4.66	1.22	0.81	1.0

Un échantillon de marne du miocène que j'ai pris près de Calmont dans une carrière située au bord de la vallée du grand Lhers
contenait pour mille :

Carbonate de chaux 8.65
Acide phosphorique 2.402
Azote . . . .   »
Potasse soluble dans l'acide nitrique concentré. . .   3.485
Potasse assimilable (procédé Schlœsing) 1.666
Acide sulfurique 0.686

C'est, comme on le voit, une marne très pauvre en calcaire, mais assez riche en acide phosphorique et en potasse. Elle est très argileuse et sert à l'amendement des terrains caillouteux des vallées du grand Lhers et de l'Ariège.

Toutes les terres du Lauraguais, de la Lomagne et de la Gascogne qui sont formées par la décomposition des mollasses ou marnes du miocène ne sont pas aussi riches en acide phosphorique que celles des domaines de M. Caze et de M. Gèze, soit parce qu'elles ne l'ont jamais été, soit parce que les cultures de céréales ont épuisé leur couche arable et que l'acide phosphorique du sous-sol n'y a pas été ramené par le pelversage ou par la culture des légumineuses à racines profondes. Ainsi un échantillon de terre que j'ai recueilli dans un champ soumis à la culture usuelle du pays et situé sur le coteau de Calmont, au-dessus de la carrière d'où provenait la marne dont il vient d'être question, renfermait pour mille :

Carbonate de chaux.	15.350
Acide phosphorique.	0.429
Azote total	0.653
Potasse soluble dans l'acide nitrique concentré . .	1.989
Potasse assimilable (procédé Schlœsing)	1.428
Acide sulfurique	0.583

C. — Pliocène.

Dans le Bas-Armagnac, le pliocène est représenté par des formations marines : 1° les *sables fauves* ou *mollasse marine* dont les fossiles caractéristiques sont l'*Ostrea crassissima* et la *Cardita Jouanetii*, et 2° les *glaises bigarrées*.

1° Les *sables fauves* se composent de sables quartzeux, à grains fins, légèrement micacés, et colorés d'une manière à peu près uniforme en brun clair ou fauve par la présence d'une petite quantité d'hydroxyde de fer qui leur communique en même temps une certaine consistance ; quelquefois même ils forment dans leur partie supérieure de véritables grès ferrugineux que les gens du pays appellent *marboucs*. De plus, ce dépôt sableux renferme, à différents niveaux, des masses pierreuses à ciment calcaire, sortes de mollasses qui sont, en général, peu épaisses et peu suivies ; ce ne sont le plus souvent que de simples pierres plates disposées par lits rapprochés au milieu de l'assise sableuse, tantôt des bancs de grès terminés par des surfaces irrégulières, recouvertes de nombreux débris de fossiles, tantôt enfin des calcaires grossiers, à texture spathique, tout criblés de cavités provenant de la destruction des tests des coquilles qui y étaient empâtées. De là le nom de *mollasse marine* que l'on donne souvent à cet étage. Il a 30 à 40 mètres d'épaisseur.

2° « Dans toute l'étendue de cette région, ajoute M. E. Jacquot, on remarque au-dessus des sables fauves, vers l'altitude de 160 à 175 mètres, une assise qui n'a pas au delà de 5 à 6 mètres d'épaisseur et qui est composée uniquement de *glaises bigarrées*, magnésiennes, savonneuses, extrêmement coulantes, grises, veinées de rouge-sang de bœuf, de rouge violacé ou de jaune. On y trouve, sous forme de grenailles, de l'oxyde de fer rouge, argileux, et des concrétions d'oxyde de manganèse en telle abondance, que les détritus de ces roches s'accumulent en tas au pied de toutes les tranchées où les glaises paraissent. » Outre la magnésie, ces glaises renferment un peu de chaux. Dans le Bas-Armagnac elles occupent généralement la surface des plateaux.

Dans la partie septentrionale du département du Gers, la mollasse marine apparaît déjà de loin en loin, à partir des environs de Lectoure, et de plus en plus à mesure que l'on s'avance vers l'ouest, sous forme d'îlots de sable quartzeux, assez grossier, jaunâtre ou jaune veiné de gris.

Dans le Bas-Armagnac, on trouve des marnes d'eau douce (miocènes) dans toutes les vallées et sur leurs flancs jusqu'à une certaine hauteur, puis les sables fauves à mi-hauteur et enfin les glaises bigarrées à la surface des plateaux qui dépassent rarement l'altitude de 180 mètres. Cette disposition si simple, dit M. Jacquot, est interrompue, de loin en loin, par quelques pointements des marnes à faciès lacustre qui dépassent le niveau général du plateau et qui paraissent superposées aux glaises, mais ce ne sont en réalité que les sommets de massifs plus ou moins considérables de terrains d'eau douce que la dénudation a respectés.

Cet ensemble de terrains : *marnes et calcaires miocènes* qui apparaissent principalement dans le fond des vallées, *sables fauves* qui forment la masse principale des coteaux et *glaises bigarrées* qui couvrent leurs parties supérieures, donne au *Bas-Armagnac* ou *Armagnac noir* une physionomie spéciale qui diffère beaucoup de celle du *Haut-Armagnac* ou *Armagnac blanc* et qui correspond à des modifications importantes dans les systèmes de culture. Le Bas-Armagnac forme la transition entre le Haut-Armagnac et la plaine des Landes ; la culture de la vigne occupe les parties les plus élevées ; les prairies couvrent le fond des vallons ; entre deux, cultures de maïs et de blé ; souvent des landes ou *touyas* dont les ajoncs et les fougères fournissent de la litière au bétail et, de plus en plus à mesure que l'on se rapproche du département des Landes, des bois de chênes et de pins dont la sombre verdure a sans doute fait donner à cette région le nom d'*Armagnac noir*. C'est un pays très pittoresque et il est resté plus prospère que le Haut-Armagnac, parce que les vignes y ont mieux résisté au phylloxera, parce que ses eaux-de-vie se vendent bien depuis qu'elles remplacent celles de Cognac, et enfin parce qu'il trouve dans ses prés et dans ses *touyas* les moyens de bien nourrir son bétail et de faire beaucoup de fumier. La partie du département des Landes qui confine à celui du Gers, aux environs de Villeneuve-de-Marsan, et la *Challosse*, transition entre les Basses-Pyrénées et la plaine des grandes Landes, lui ressemblent à la fois par la constitution géologique, l'aspect général de la contrée et le mode de culture.

D. — *Alluvions anciennes des plateaux.*

Sur les points culminants des plateaux tertiaires de l'Aquitaine, on trouve quelquefois des dépôts qui ont sans doute été formés à une époque antérieure au creusement des vallées, soit par les glaciers, soit par les eaux qui descendaient du plateau central et des Pyrénées et qui s'étalaient sur le bassin encore uni ou faiblement accidenté que le miocène lacustre avait couvert de ses mollasses et de ses marnes. Ce sont tantôt des limons plus ou moins sableux, tan-

tôt des argiles ou des sables purs, quelquefois des couches caillouteuses d'une assez grande étendue. Les cailloux se composent de
quartz, de quartzites, de diorites, d'amphibolites, de gneiss, de
grès rouge, très rarement de granites et encore plus rarement de
calcaires; les plus abondants sont les cailloux de quartz blanc ou
gris. Toutes ces roches paraissent provenir les unes du plateau central, les autres des Pyrénées. Dans le nord du département de la
Haute-Garonne, ces dépôts se trouvent à une altitude qui varie autour de 250 à 300 mètres. Cette altitude diminue à mesure que l'on
descend vers l'Océan, mais elle augmente, au contraire, lorsqu'on
remonte vers les Pyrénées ou vers le Plateau central.

On rencontre quelques-uns de ces dépôts sur les plateaux qui séparent la vallée du Tarn de celle de la Garonne, dans le canton de
Fronton, près de Montjoire. Mais il y en a beaucoup plus encore sur
la rive gauche de la Garonne, dans la Lomagne et particulièrement
dans le canton de Cadours, aux environs de Cox. « Ce canton, dit
Leymerie, généralement élevé, est remarquablement découpé en collines pour la plupart couronnées par de petits plateaux caillouteux
boisés. Il est naturel de penser que cette partie du département cons-
tituait dans l'origine un plateau général qui aurait été morcelé postérieurement par l'érosion des eaux diluviennes. Le canton de Cadours, la zone de Cox surtout, que caractérise la présence des dépôts
caillouteux sur les collines, est encore remarquable sous un rapport
d'un autre genre et qui n'est toutefois qu'une conséquence de la
constitution que nous venons de décrire. Je veux parler de l'abondance des eaux.

« Ce petit pays est, en effet, très arrosé par de nombreux ruisseaux,
dont quelques-uns peuvent être regardés comme de petites rivières,
et on y voit sourdre l'eau en beaucoup de points. Cette richesse en
eau s'explique par la superposition de nappes caillouteuses perméables à un sol capable de retenir l'élément liquide. Les cailloux
sont imparfaitement ou partiellement arrondis. Leur nature essentiellement quartzeuse et l'état comme lavé et mat de leur surface les
fait nettement distinguer de ceux du diluvium de la Garonne. Leur
couleur est le blanc sale, nuancé de rouge ou de gris. Quelques-uns
sont noirs et rappellent la lydienne. Ils se trouvent rassemblés dans

une terre couleur de rouille, veinée de blanc, et affectent une grossière stratification.

« Ces cailloux sont généralement à la surface du dépôt ou recouverts par une terre argilo-sableuse, maculée, et alternent même avec des terres argileuses qui dominent vers le bas et qui sont exploitées comme matières premières pour les tuileries et fabriques de poteries de Cox. Quant à la puissance du terrain, elle ne paraît pas dépasser 15 mètres si l'on s'en rapporte aux puits de Cox, où l'on trouve un niveau aquifère à cette profondeur. »

Dans la masse du terrain tertiaire, il n'y a pas de nappe d'eau continue ; ses éléments sont trop variables. Il n'y a que des sources faibles et irrégulièrement disséminées. La plupart des fermes s'alimentent au moyen de puits ; et ces puits doivent être poussés jusqu'à une certaine profondeur pour fournir une quantité d'eau un peu notable par la réunion des suintements qui se produisent sur leurs parois.

Cependant, les dépôts d'alluvions pliocènes dont nous avons signalé les restes sur les sommets de quelques collines de mollasses sont composés d'argiles et de graviers qui peuvent amener la formation de sources à leur point de contact avec les marnes tertiaires, surtout s'ils sont boisés, comme cela devrait toujours être.

A Toulouse, il tombe en moyenne 644 millimètres d'eau par an. Mais il y a fort rarement de la pluie en juillet et août. La végétation des fourrages s'arrête alors et les ruisseaux formés dans les petits vallons par la réunion des sources sont à sec. Les prairies qui occupent ces vallons donnent rarement du regain.

E. — *Terrains quaternaires.*

A la fin de l'époque pliocène et pendant l'époque quaternaire, les eaux qui descendaient du plateau central et des Pyrénées creusèrent peu à peu dans la surface primitive des terrains miocènes les vallées que nous y trouvons aujourd'hui. Depuis l'Adour jusqu'à la Garonne, ces vallées partent comme les rayons divergents d'un éventail autour d'un centre qui est le plateau de Lannemezan. Il suffit de jeter les yeux sur une carte pour être frappé de cette disposition.

En même temps les eaux amenèrent des graviers, sables et limons dont les dépôts disposés en terrasses sur les bords des vallées montrent la largeur et la hauteur que leurs courants ont successivement occupées. Dans la vallée de la Garonne, la plus haute et la plus ancienne de ces terrasses est à 50 à 60 mètres au-dessus du fleuve actuel et, sur certains points, elle a une largeur de plus de 15 kilomètres. La seconde terrasse est moitié moins haute.

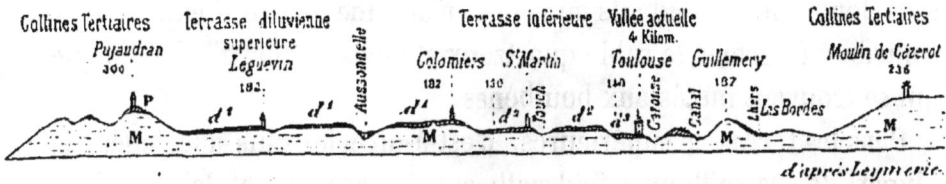

| Collines Tertiaires | Terrasse diluvienne | | Terrasse inférieure | Vallée actuelle | | Collines Tertiaires |
| Pujaudran 300 | supérieure Leguevin 182. | Aussonnelle | Colomiers 182 St Martin 130 | 4 Kilom. Toulouse 140 Guillemery 137 | Las Bordes | Moulin de Cézerot 236 |

d'après Leymerie.

d¹ Alluvions et dépôts de comblement du fond des vallées.
d² Terrasse inférieure | Diluvium quaternaire de la vallée
d¹ Terrasse supérieure | de la Garonne.
P Dépôts tertiaires cailloteux et autres des hauteurs.
M Miocène lacustre du bassin sous-pyrénéen.

Coupe géologique de la vallée de la Garonne à la hauteur de Toulouse.

Ce qu'il y a de remarquable dans les vallées de la Garonne et des rivières qui, descendant des Pyrénées, coulent vers elle du sud au nord, c'est que ces dépôts quaternaires se trouvent toujours sur la rive gauche, jamais ou très rarement sur la rive droite. Le côté gauche est faiblement incliné ou disposé en terrasses, tandis que le côté droit de la vallée, celui qui regarde l'ouest, est abrupt et montre à nu les assises successives du terrain tertiaire, rongées par les eaux. On a cherché à expliquer ce fait par la rotation de la terre qui, tournant vers l'est, tend à porter les eaux de ce côté, mais on pourrait faire beaucoup d'objections à cette théorie.

Les agriculteurs de la région appellent ces dépôts quaternaires des *boulbènes*, *boubées* ou *bolvènes* et, à leurs yeux, leur caractère distinctif est leur pauvreté en chaux, tandis que les *terreforts* des plateaux tertiaires contiennent toujours une assez grande quantité de calcaire. Les boulbènes sont composées de sables et de limons rougeâtres, mêlés à une proportion variable, mais toujours assez grande de cailloux.

Ces cailloux, régulièrement arrondis, sont d'autant plus gros qu'ils sont moins éloignés de leur lieu d'origine, les montagnes des Pyrénées. Les roches qui les composent sont des quartzites, puis des grauwackes dures et des schistes siliceux noirs (lydiennes), des conglomérats quartzeux du grès rouge pyrénéen et des granites en décomposition plus ou moins avancée. Les cailloux granitiques étaient sans doute plus abondants autrefois, mais une partie d'entre eux a contribué à former le sable quartzeux et micacé et l'argile kaolinique qui se trouvent mêlés aux boulbènes.

Dans les terrasses supérieures, c'est-à-dire les plus anciennes, la plupart de ces cailloux à feldspath ont disparu et ont laissé à leur place des argiles. On appelle ces terres *boulbènes battantes* ou *boulbènes froides* parce qu'elles sont plus compactes et plus tenaces que celles des terrasses inférieures. On trouve aussi quelque peu de ces boulbènes battantes dans les terrasses inférieures, mais celles-ci se composent surtout de *boulbènes légères* ou de *boulbènes franches*. A une certaine profondeur, on rencontre dans les boulbènes caillouteuses des vallées sous-pyrénéennes une matière ferrugineuse qui a cimenté entre eux les graviers et les a transformés en un conglomérat solide d'un brun foncé, connu dans le pays sous le nom de *grepp*.

Les analyses suivantes, faites par M. Hitier, donnent la composition chimique d'un certain nombre de terres du domaine de Lachor, domaine qui appartient à M. le Dr Labarthe et qui est situé dans la commune d'Aiguetinte, canton de Valence, département du Gers. Les unes sont des *boulbènes* plus ou moins fortes, les autres des *marboucs,* suivant le terme local, sols de couleur rouge avec taches noires, composés de cailloux ou de sables agrégés fortement par de l'hydroxyde de fer manganésifère.

Le n° 1 est un de ces marboucs; il est signalé comme très compact et presque impénétrable aux racines de la vigne.

Le n° 2 est une boulbène, terre blanche où le blé réussit très bien. A la moindre pluie, il y a de la boue, mais elle se ressuie très vite.

N° 3. Boulbène, bonne pour la vigne, mais avide de fumier qui s'y consomme rapidement.

N° 4. Bonne terre pour la vigne, facile à travailler.

N° 5. Marbouc, convient peu à la vigne.

N° 6. Boulbène forte, difficile à cultiver, mais bonne pour la vigne.

N° 7. Boulbène bonne pour la vigne.

N° 8. Boulbène blanche ; la vigne a dû y être arrachée.

N° 9. Marbouc.

N° 10. Terre de prairie, mais elle donne peu de foin.

N° 11. Sous-sol du n° 10.

NUMÉROS.	ANALYSE physique.			ANALYSE CHIMIQUE DE LA PARTIE FINE p. 1,000.							
	POIDS de l'échantillon.	PARTIE FINE.	CAILLOUX et gros sable.	HUMIDITÉ.	ACIDE phospho-rique.	PO-TASSE.	AZOTE.	CARBO-NATE de chaux.	MAGNÉSIE.	FER.	ACIDE sul-furique.
1	1,000	725	275	57	0.36	1.69	1.96	9.90	0.15	65	traces.
2	1,000	990	10	21	0.70	1.49	1.60	3.00	0.72	23	»
3	1,000	995	5	37	0.55	0.84	0.50	3.00	0.63	24	»
4	1,000	985	15	32	0.43	1.01	0 90	1.35	0.59	25	»
5	1,000	990	10	41	0.46	1.01	1.05	1.85	0.34	28	»
6	1,000	996	4	45	0.75	2.11	3.81	3.15	0.90	31	»
7	1,000	975	25	42	0.70	1.77	1.45	4.00	0.90	32	traces.
8	1,000	965	35	26	0.27	0.93	1.16	0.90	0.45	19	»
9	1,000	970	30	28	0.32	1.20	1.23	0.50	0.63	22	»
10	1,000	995	5	36	0.60	0.93	4.00	1.85	0.09	22.6	traces.
11	1,000	980	20	34	0.45	1.32	1.82	1.00	0.14	22	»

La plupart des boulbènes sont encore plus pauvres en calcaire que celles du domaine de Lachor. Les nombreuses analyses de M. E. Jacquot montrent que souvent elles n'en contiennent pas du tout.

Le limon jaune qui en forme la base, dit-il dans sa *Description géologique du Gers,* est un mélange, dans des proportions qui varient peu d'un point à l'autre, de sable quartzeux, d'argile et d'hydroxyde de fer manganésifère. Le quartz est en grains imparfaitement émoussés de diverses grosseurs, mais qui dépassent rarement le volume d'une tête d'épingle ; il est translucide, blanc laiteux ou rougeâtre et toujours associé à quelques rares paillettes de mica. L'argile n'est

attaquable qu'en très petite quantité par l'acide chlorhydrique ; l'analyse y signale la présence d'une petite quantité de potasse. Quant à
l'hydroxyde de fer, il forme non seulement la matière colorante du
limon, il s'y trouve encore à l'état de concrétions agglutinant la
masse sableuse et lui donnant une certaine consistance. La proportion pour laquelle il y entre descend rarement au-dessous de 6 et ne
s'élève guère au delà de 10 p. 100. Une petite quantité d'oxyde noir
de manganèse est constamment associée à l'hydroxyde de fer. Le
limon jaune, enfin, est absolument dépourvu du principe calcaire ;
c'est là ce qui différencie les *boulbènes* des *terreforts*. »

Ce sont des terres froides, compactes, souvent à sous-sol imperméable. Elles sont sujettes, tantôt à se battre par la pluie, tantôt à
se durcir sous l'influence de la sécheresse. Le marnage les rend plus
faciles à travailler ; il les améliore au point de vue physique tout en
les complétant au point de vue chimique.

On cite des communes, par exemple, celles de Daux et de Merville
dans la Haute-Garonne, où des boulbènes qui ne produisaient que
15 hectolitres de blé à l'hectare en ont donné le double après avoir
été marnées. Il est vrai qu'en y permettant la culture des trèfles et
des autres légumineuses, le marnage y a en même temps augmenté
la masse des engrais disponibles.

Ce sont les calcaires lacustres qui fournissent la marne aux boulbènes. Dans le voisinage des Pyrénées, où les boulbènes recouvrent
de vastes espaces sur tous les versants des principales vallées qui
font face à l'est, la marne est exploitée dans les revers opposés qui
présentent un flanc constamment abrupt et montrent à découvert les
couches du terrain tertiaire. On rencontre également quelques gisements de marnes sur les revers où se trouvent les boulbènes ; ils sont,
en général, situés dans les parties fortement déclives du sol où le diluvium n'a pu se déposer. Mais ce qu'il importe de faire connaître
aux agriculteurs de cette région, c'est que la marne existe également
partout au-dessous des boulbènes, et le plus souvent à des profondeurs tellement peu considérables qu'on pourrait l'exploiter dans les
terrains mêmes à amender. Le diluvium ne forme, en effet, dans la
plupart des cas, qu'une pellicule de quelques mètres d'épaisseur à
la surface du terrain calcaire. On obtiendrait ainsi la marne à pied

d'œuvre et on pourrait la répandre en supprimant presque complètement les frais de transport.

Une fois la marnière ouverte et déblayée des terres qui la recouvraient, on fait extraire la marne par des ouvriers à la tâche qui reçoivent, pour paiement, de 0 fr. 20 c. à 0 fr. 25 c. par mètre cube. Le transport, d'après les distances, coûte de 1 fr. à 2 fr. le mètre cube. Si l'on n'est point possesseur de la marnière et qu'il faille acheter la marne, on paye de 0 fr. 20 c. à 0 fr. 25 c. le mètre cube. La quantité à répandre varie d'après la richesse de la marne en carbonate de chaux, ou bien d'après le plus ou moins de durée que l'on veut donner aux effets du marnage. Si la marne n'a que de 30 à 40 p. 100 de carbonate de chaux, et si l'on veut faire ce que l'on appelle un *plein marnage,* il faut 300 mètres cubes par hectare. Si la marne a une teneur de carbonate de chaux de 50 à 80 p. 100, la moitié de la quantité ci-dessus est plus que suffisante. Enfin, si l'on ne veut donner aux effets du marnage qu'une durée de 15 à 20 ans, on restreint les proportions que nous venons d'énoncer d'un tiers à la moitié. La durée ordinaire d'un marnage complet, c'est-à-dire à haute dose, est de 30 à 40 ans.

Comme M. E. Jacquot a eu soin de le remarquer, les quantités de marnes employées par hectare dépendent, non seulement de la proportion de carbonate de chaux qu'elles renferment et de la durée qu'on veut donner à leurs effets, mais de la facilité plus ou moins grande avec laquelle elles se délitent sous l'influence des agents atmosphériques et par suite de l'égalité avec laquelle on peut les répartir. Pour les boulbènes qui sont trop éloignées des gisements de marnes, par exemple, pour celles de la plaine de l'Adour, on emploie de la chaux, ordinairement à raison de 60 hectolitres à l'hectare. Ainsi amendées, les boulbènes acquièrent une valeur vénale presque égale à celle des meilleures terreforts. Mais on pourrait encore les améliorer toutes deux, d'abord en y laissant plus de place aux fourrages artificiels, trèfle, luzerne et esparcette, ce qui augmenterait la masse de fumier disponible pour le blé et le maïs, ensuite en leur donnant, par des engrais complémentaires, l'acide phosphorique et l'acide sulfurique qui leur manquent souvent.

Autour de Toulouse, il existe de nombreuses tuileries où l'on confectionne des briques, des carreaux et des tuiles, et ces fabriques s'alimentent presque toujours dans le limon diluvien, bien que les argiles tertiaires se trouvent aussi utilisées, soit seules (*pisé*), soit associées à des cailloux et à la brique crue ou cuite, dans une foule de constructions rurales. Les parties les plus sableuses de ce même élément diluvien peuvent servir dans la fabrication des mortiers comme sable. Quant aux cailloux, on les fait entrer dans les constructions grossières avec la terre diluvienne ; on les dispose en rangées, ou on leur donne une inclinaison alternative d'une rangée à l'autre : entre ces rangées, on intercale de distance en distance des lits de briques.

L'usage principal des cailloux roulés consiste dans leur emploi comme pavé.

Dans les environs de Toulouse, dit Leymerie, le sol des plateaux de boulbènes est par sa nature assez perméable, au moins en certaines parties, largement disséminées. Aussi les eaux pluviales et autres trouvent-elles souvent à s'y infiltrer : comme le fond tertiaire sur lequel ce dépôt repose est ordinairement de nature argileuse, ces infiltrations s'y trouvent arrêtées et s'accumulent dans la partie inférieure du terrain diluvien et forment là une nappe souterraine qui alimente les puits et les sources. C'est dans ces conditions que se trouvent ces sources abondantes que l'on voit jaillir au bord du plateau de Lardenne et de Saint-Simon, sources qu'on avait eu l'idée de capter pour les conduire à Toulouse où elles auraient alimenté un certain nombre de fontaines. Les puits de cette région trouvent presque toujours une eau abondante à une profondeur de 3 à 5 mètres. Les mêmes considérations s'appliquent à la vallée proprement dite. Ces eaux sont claires et saines en général ; le volume est assez variable, suivant les saisons, mais elles ne manquent jamais. Dans les temps pluvieux, elles montent quelquefois jusqu'à la surface et deviennent alors nuisibles.

F. — *Terrains d'alluvions modernes.*

Dans le fond des vallées, les terres se composent d'alluvions, mélanges de boulbènes, de graviers et d'éléments empruntés aux collines tertiaires qui les bordent. Il en résulte des terres de diverses natures, quelquefois graveleuses, mais souvent aussi très heureusement équilibrées, des *terres franches* ou des *terres bâtardes* dans lesquelles l'élément calcaire ne manque pas.

Dans les cailloux de la vallée, on retrouve les mêmes roches que dans ceux des terrasses, mais les granites et leurs variétés (pegmatite, leptynite), au lieu d'être plus ou moins décomposés, sont presque toujours intacts. De plus, on y rencontre des ophites, porphyres et eurites qui sont très rares dans les dépôts plus anciens. Le limon de la basse plaine est aussi plus brun et plus riche en calcaire que celui des terrasses.

Quelquefois le sable et les cailloux prédominent, ce sont alors de pauvres terres de culture ; le maïs n'y réussit guère. Il faudrait pouvoir les irriguer et en faire des prés. Mais souvent c'est du limon ou de la terre franche formée par le mélange des détritus les plus fins des roches pyrénéennes avec un dépôt argilo-calcaire emprunté aux terrains tertiaires des collines du voisinage.

La Garonne a les allures d'un torrent dans la partie de son cours qui traverse les départements de la Haute-Garonne et de Tarn-et-Garonne. Elle change souvent de lit, enlevant des terres d'un côté pour porter ailleurs soit des graviers infertiles, soit des limons féconds. Les riverains cherchent à la fois à défendre leur domaine et à faire déposer le limon sur les graviers, en ralentissant le courant des eaux par des obstacles de toute nature, principalement des plantations de saules (*saussaies*). Quand le niveau du sol est arrivé à une hauteur qui excède les inondations, on coupe les têtards de saule entre deux terres et les alluvions sont converties en prairies. Dans les parties qui restent marécageuses, on conserve les saules ou l'on plante des peupliers.

D'après M. Ed. de Planet, la Garonne charrie à Toulouse par an 20 millions de mètres cubes de limon, c'est-à-dire de quoi couvrir d'une couche de limon de 1 centimètre d'épaisseur une surface de 200,000 hectares [1]. Si la partie inférieure du fleuve en reçoit autant au-dessous de Toulouse, cela fait 40 millions de mètres cubes de

---

1. *Mémoires de l'Académie de Toulouse*, 6e série, tome II.

limon par an, dont sans doute une grande partie s'en va dans les fonds de l'Océan, car dans les très fortes crues la vitesse de l'eau augmente et entraine même des sables fins.

On ne peut pas admettre que l'épaisseur des couches de limon formées dans une vallée soit rigoureusement proportionnelle au temps pendant lequel ces couches se sont déposées. Ainsi, d'après M. Edmond de Planet, les limons qui se déposent aujourd'hui près de Toulouse sont composés de strates de faible épaisseur dont chacun correspond à une crue de la Garonne et qui montrent tous à la base une couche de molécules grossières et plus haut du vrai limon fin, d'où une nuance rubanée dans ces terrains.

Mais au-dessous de Toulouse, sur la rive gauche du canal de Saint-Pierre, on trouve, immédiatement au-dessus de la mollasse tertiaire, environ 3 mètres de cailloux roulés, mêlés d'un peu de sable, puis une couche de $2^m,40$ de limon compact, homogène, qui évidemment a été déposé en une seule fois à la suite du séjour prolongé dans la vallée d'une masse d'eau bourbeuse très considérable, mais qui, probablement, couvrait jusqu'à plus de 100 mètres les collines voisines.

Dans la vallée de la Garonne, la fertilité naturelle des terres d'alluvion varie beaucoup, suivant que les débris de roches des Pyrénées qui en forment la base ont été réduits en particules très fines ou seulement à l'état de sables et de graviers et suivant qu'ils ont été plus ou moins couverts par les limons descendus des plateaux voisins ou répandus par les inondations périodiques du fleuve.

Beaucoup de ces terrains auraient besoin d'irrigation et le canal de Saint-Martory, dérivé de la Garonne près de Saint-Gaudens, a été destiné à leur en fournir. Ce canal a été concédé pour une durée de cinquante ans à une compagnie anonyme par un décret en date du 16 mai 1866.

La longueur du canal principal est de 70 kilomètres ; sa dotation est de 12 mètres cubes. Il domine un périmètre de 36,000 hectares, dont 12,000 seulement sont arrosables. Cette surface est divisée en quinze zones qui seront desservies par un réseau de 175 canaux secondaires d'un développement total de 425 kilomètres.

Le canal principal a été achevé en 1877. Il reste encore aujourd'hui à construire un certain nombre de canaux secondaires et de rigoles de distribution, de sorte que l'eau ne peut être actuellement utilisée que sur 2,106 hectares.

La compagnie concessionnaire, n'ayant pas trouvé assez d'adhésions et, par suite, n'ayant pas rempli les obligations qui lui incombaient, a été mise en déchéance par arrêté ministériel du 27 novembre 1882. Le canal a été adjugé, le 24 février 1888, à la Compagnie générale des eaux qui travaille actuellement à son achèvement.

Souhaitons que la Compagnie générale des eaux ait plus de succès que sa devancière. Ce serait déplorable que les propriétaires riverains du canal ne voulussent pas profiter des eaux mises à leur disposition, quand ils ont sous les yeux des exemples des bénéfices qu'ils pourraient en retirer. Ils peuvent trouver ces exemples chez M. Gèze, chez M. de Papus, à Martres-Tolosane, et surtout chez M. le marquis de Palaminy, à Gazères.

La terre de Palaminy, disait en 1885 M. Duffourc-Bazin, rapporteur du jury de la prime d'honneur, est située sur d'anciens lits de la Garonne et offre dans sa composition physique et chimique de très grandes et très fréquentes différences ; les sols siliceux, très superficiels, renferment jusqu'à 20 p. 100 de galets et le sous-sol qu'ils recouvrent 50 p. 100 de la même matière. Les terrains silico-argileux sont généralement profonds et reposent aussi sur des galets ; dans l'un et dans l'autre cas, ces divers terrains, disposant d'une fraîcheur convenable, sont d'un travail facile, mais ils se dessèchent presque tous très rapidement en été, se tassent fortement par les pluies et opposent alors une résistance fâcheuse à l'action des instruments agricoles.

M. le marquis de Palaminy prit, en 1863, la direction de ce domaine, d'une contenance totale de 176 hectares, et dont la culture annuelle était ainsi organisée : 60 hectares céréales, 15 hectares prairies naturelles et artificielles, 23 en herbages pâturés, 17 hectares vignes, et la différence en landes et jachères.

Aujourd'hui, à la suite de transformations successives et de vingt années de travaux (drainages sur certains points, nivellements, labours profonds, création de luzernières et de vignes nouvelles, etc.), l'exploitation de Palaminy se compose de : 43 hectares de terres la-

bourables, 46 de prairies naturelles irriguées, 52 de vignes, 6 de
bois, 2 de pépinières, 17 de pâturages (*ramiers*) et 10 hectares de
bords de rivières.

Dans les terres arables, l'assolement est triennal : première année,
plantes sarclées fumées (pommes de terre, betteraves et maïs) ;
deuxième année, céréales avec engrais chimiques (blé, avoine et
orge) ; troisième année, fourrages verts (trèfle incarnat, jarosses
d'hiver et de printemps). La luzerne est hors d'assolement.

Pour donner une base solide à son exploitation, M. le marquis de
Palaminy consacra tous ses efforts à la création de 46 hectares de
prairies irriguées au moyen des eaux du canal de Saint-Martory. Il
mit ainsi sa production fourragère à l'abri de tous les inconvénients
qui résultent d'un climat très variable et d'autant plus redoutable
que la composition physique du sol est loin d'atténuer les effets de la
sécheresse.

Le prix de revient de l'établissement des prairies et des irrigations
est de 435 fr. par hectare ; le rendement, pour la même étendue,
s'élève à 8,000 kilogr. de foins et regains, plus les pâturages. On
comprendra d'autant mieux la portée des améliorations réalisées
sous ce rapport à Palaminy, lorsqu'on saura que, jadis, les prairies
sèches fournissaient à peu près un quart du revenu actuel.

L'existence du phylloxera dans la Haute-Garonne a engagé M. le
marquis de Palaminy à établir un vignoble sur souches américaines.
Les soins les plus minutieux président à cette opération délicate ;
2 hectares de pépinières, en terre d'alluvion, servent à la reproduc-
tion, par la graine et la bouture, des cépages les plus en faveur pour
la reconstitution du vignoble français. Les greffes sont exécutées sur
place ou en pépinière par des femmes : les primes importantes accordées pour les réussites, qui sont nombreuses, assurent la qualité
du travail en stimulant le zèle des opératrices. Rien n'est négligé,
d'ailleurs, pour mener à bien une entreprise dont la réalisation doit
avoir des conséquences très heureuses en ce qui touche le domaine
qui nous occupe et le pays qui profitera, quoi qu'il advienne, de l'expérience qui se poursuit. En définitive, l'œuvre viticole de M. de
Palaminy est sérieusement conduite et donne des résultats qui se
chiffrent par 22,500 fr. de produits bruts.

Les spéculations animales ont pour point de départ et pour branche principale une vacherie peuplée de 57 sujets de race normande, dont 37 vaches produisant annuellement 85,767 litres de lait et 2,575 kilogr. de beurre. Une porcherie, composée de 20 animaux de divers âges, profite des résidus de la laiterie ; 150 moutons consomment une partie des pâturages et des regains ; 16 bœufs de travail, de race gasconne, et 7 chevaux, viennent compléter le cheptel vivant de la ferme ; l'état en est des plus satisfaisants. N'oublions pas le poulailler, dirigé avec succès par Mme de Palaminy.

Le choix des vaches laitières est judicieusement fait : les soins journaliers sont appliqués avec méthode, les rations de stabulation sont complétées par le pâturage quotidien sur les prairies et le ramier, de façon à obtenir le maximum de production en lait et beurre ; il en découle un bénéfice qui, en y comprenant la valeur du petit-lait consommé par les porcs, s'élève annuellement à 9,708 fr. 07 c.

Les 45,000 kilogr. de bétail entretenus sur le domaine de Palaminy produisent annuellement 586,000 kilogr. de fumier répartis sur les terres assolées ou hors d'assolement ; cette fertilité, très considérable, vient s'augmenter par des composts fabriqués spécialement pour les vignes et les prairies.

M. de Palaminy a du reste fait analyser son terrain et s'est ainsi rendu compte des éléments chimiques qu'il était nécessaire d'associer au fumier naturel pour en compléter l'action. De là un usage très correct des engrais auxiliaires employés soit au printemps, soit à l'automne, suivant les indications fournies par l'analyse et la végétation.

Une comptabilité, déjà très ancienne et bien tenue, donne jour par jour les dépenses et les recettes de l'exploitation et indique le mouvement des capitaux engagés depuis 1863. La valeur du capital foncier était à cette époque de. . . . . 371,560 fr.

Elle atteint aujourd'hui le chiffre de . . . . . 534,299 fr.

Plus-value. . . . . 162,739 fr.

En 1863 le capital d'exploitation s'élevait à. . . 13,851 fr.

L'inventaire de 1883 en élève la valeur à . . . 84,616 fr.

Les dépenses annuelles, non compris les travaux d'amélioration, sont, en 1883, de 31,517 fr. 85 c. et le revenu brut de 62,707 fr. 09 c. d'où un net de 31,189 fr. 24 c.

La période des grosses améliorations touche à sa fin, ajoutait le rapporteur, et le vignoble qui en est plus particulièrement l'objet en ce moment viendra incessamment augmenter, dans des proportions qu'il est aisé de prévoir, le revenu général du domaine.

Voici, d'après M. Carré, les résultats de l'analyse des terres des champs de démonstration de Noé et de Carbonne, situés dans les alluvions de la vallée de la Garonne.

	NOÉ.	CARBONNE.
Oxyde de fer hydraté	42,274	38,045
Chaux	3,028	1,939
Magnésie	4,000	5,371
Potasse	1,710	1,275
Acide phosphorique	0,703	0,722
Azote	1,134	1,259
Matières organiques moins azote .	14,889	21,083

Les petites vallées tributaires de la vallée principale offrent, en général, dans le pays toulousain, un fond de terre franche très profonde, mélange heureux d'argile, de sable fin et de calcaire. Les cailloux y manquent ou ne s'y trouvent que rarement et d'une manière accidentelle (vallées de l'Hers, du Girou, du Touch...). Ces vallées paraissent être des sillons creusés secondairement en partie dans le dépôt diluvien, et leurs alluvions essentiellement terreuses ont été formées très probablement aux dépens du terrain tertiaire et diluvien lui-même et doivent être considérées comme ayant été amenées et déposées après coup, pour ainsi dire, à la place qu'elles occupent maintenant.

Agriculture de la Haute-Garonne. — « En partant du Limousin pour se diriger vers le sud, dit Arthur Young dans son *Voyage en France*, on remarque que les jachères ne cessent qu'au moment où on rencontre le maïs et qu'ensuite cette plante devient la préparation du sol pour le froment dans la rotation suivante : 1° maïs ; 2° froment » ; et, plus loin : « De Calais à Cressensac, en Quercy, les jachères ne vous quittent pas, mais vous n'êtes pas plus tôt dans le climat du maïs que la jachère est abandonnée, excepté dans les plus pauvres terres : c'est une remarque fort curieuse. La ligne du maïs peut passer pour la séparation de la bonne exploitation du sud et de la mauvaise du nord du royaume. Jusqu'à ce que vous le rencontriez, des sols très riches sont laissés en jachère, jamais ensuite : peut-être est-ce la plante la plus importante à introduire dans un pays dont le climat lui convient. Sa récolte est plus assurée que celle du froment, son rendement propre à la nourriture de l'homme est tellement considérable, que la population d'un pays doit varier beaucoup selon sa présence ou son absence ; c'est en même temps une riche prairie, à l'été; les feuilles que l'on coupe pour les bœufs leur fournissent une nourriture grasse et succulente, expliquant ainsi l'origine de la bonté du bétail dans le midi de la France.... Ainsi un pays capable de supporter cette rotation : 1° maïs, 2° froment, est peut-être celui qui donne le plus de nourriture à la fois pour l'homme et le bétail[1]. »

Léonce de Lavergne était loin de partager l'enthousiasme d'Arthur Young pour la culture du maïs. « On n'est pas bien sûr, dit-il, qu'elle ne coûte pas plus qu'elle ne rapporte. Elle ne devrait entrer dans l'assolement qu'à des intervalles assez éloignés, car elle dévore le sol et la déplorable habitude qui, dans les meilleures parties du sud-ouest, la fait succéder au froment sans interruption ne saurait être trop condamnée.

« Le maïs donne en moyenne chez nous 30 pour 1 ; c'est beaucoup en apparence, ce n'est pas assez en réalité pour payer les frais qu'il entraîne. Comme la quantité de semence qu'on emploie par hectare n'est que d'un demi-hectolitre, ou le quart environ de ce qu'on sème en froment, il ne produit pas à surfaces égales beaucoup plus que le froment, ou 15 hectolitres par hectare, et il ne le vaut pas comme aliment. Partout où il ne rapporte pas au moins 50 pour 1, il devrait être abandonné comme récolte céréale ; au-dessous de ce rendement il n'a de valeur que comme culture sarclée ayant pour but de nettoyer le sol, et comme fourrage vert. Il a dû s'introduire en France vers la fin du quinzième siècle, en même temps que la soie, et venir comme elle d'Italie après la campagne de Charles VIII. Trouvant l'assolement

---

1. Arthur Young, *Voyage en France*. Traduction par M. Lesage.

biennal établi, il s'est logé dans la deuxième sole, et il a fait là plus de mal que de bien à l'agriculture méridionale. »

En effet, si l'on admet que l'assolement biennal produit en moyenne 15 hectolitres de froment et 25 hectolitres de maïs, il consomme par hectare et par an 16 kilogr. d'acide phosphorique, soit en un siècle 1,600 kilogr. Il a bien pu *dévorer* dans les terres où il s'est maintenu depuis 2 ou 3 siècles toute la provision d'acide phosphorique contenue primitivement dans la couche où se développent les racines du blé et du maïs ou y faire descendre la proportion d'acide phosphorique de 1 à 1/2 pour mille, comme l'ont constaté les analyses que nous avons citées plus haut. Voilà pourquoi il n'a pu se conserver que dans des terres exceptionnellement fertiles, dans les alluvions les plus riches des vallées, dans les endroits où les inondations ramènent de temps en temps des limons qui empêchent l'épuisement des champs et dans le voisinage des fermes qui lui consacrent le meilleur de leurs engrais[1]. Souvent, même dans ces bonnes terres, le maïs est remplacé par des fèves, des pommes de terre, des haricots, etc.

Du reste, cet assolement biennal est généralement proscrit dans les baux à ferme et il tend à diminuer de plus en plus à cause du bas prix des céréales ; les terres où on le pratiquait sont transformées en prairies ou en luzernières.

Dans la Haute-Garonne, dans la plus grande partie du Gers et dans les cantons de l'Ariège et des Hautes-Pyrénées qui appartiennent à la plaine de l'Aquitaine, l'assolement type de toute la région est un assolement triennal avec jachère : 1° blé, 2° maïs ou avoine, 3° jachère. D'après la statistique agricole de 1882, il y a encore 48,843 hectares de jachères dans le département de la Haute-Garonne et 64,692 dans celui du Gers, soit environ 10 p. 100 du territoire agricole.

Dans les terres peu fertiles ou d'un travail très difficile, la jachère est pure et on lui donne 4, même quelquefois 5 façons. Dans les autres terres, la jachère est remplacée par un fourrage annuel, tel que vesces ou trèfle incarnat (*farouch*), souvent aussi par une culture sarclée : pommes de terre, fèves, haricots, etc. La fumure est appliquée soit im-

---

1. Nous le retrouverons dans les Basses-Pyrénées, mais il n'y est possible que grâce aux landes (*touyas*), qui fournissent de la litière et du pâturage pour le bétail.

médiatement avant de semer le blé, soit avant de planter les pommes de terre ou les fèves. Il est rare que le maïs soit directement fumé.

Cet assolement se modifie suivant les circonstances. Dans les terres très mauvaises ou très éloignées de la ferme, le blé est parfois suivi de deux années de jachères et on ne fait pas de maïs.

Culture des terreforts. — C'est dans le Lauraguais que la culture du maïs occupe le plus de surface et cela provient de l'usage général que les propriétaires y suivent de donner à leurs gagistes ou *brassiers* (domestiques à l'année) la moitié de la récolte de maïs de 1 hectare 14 ares. Ces gagistes reçoivent en outre 100 fr. par an, du bois pour leur affouage et un logis. Intéressés ainsi à faire produire au champ de maïs le plus possible, ils emploient une partie de l'hiver et de la morte saison à le *pelleverser* [1].

Les *solatiers*, ouvriers à la tâche chargés de sarcler le blé, de le couper à la faucille et de le battre au fléau, reçoivent aussi comme paiement 1/8 de la récolte et il est intéressant de voir, avec M. Théron de Montaugé, comment leur rémunération a augmenté depuis 1785 avec les perfectionnements et les progrès de la culture :

De 1785 à 1790, l'ouvrier gagnait	9^{hl},59 de blé qui valaient	162^{f}43^c	
De 1820 à 1830, —	— 15 ,19 —	— 265 70	
De 1830 à 1840, —	— 14 ,61 —	— 265	
De 1840 à 1850, —	— 15 ,08 —	— 291	
De 1850 à 1860, —	— 16 ,06 —	— 348	
	(plus la moitié de maïs.)		
De 1860 à 1866, —	—	356 82	

---

1. Le pelleversoir dont on se sert dans le Lauraguais, nommé en patois languedocien *anduzac*, se compose d'une pelle plate, tranchante par en bas, amincie sur les côtés et surmontée d'une douille prise dans le même morceau de fer, douille destinée à recevoir un manche droit en bois. Un autre morceau de fer, formant hoche-pied, en patois languedocien *marcadouro*, embrasse la douille à environ 0^m,02 au-dessous de son sommet. La pelle a en bas, en moyenne, quand elle est neuve, 0^m,16, en haut 0^m,21 de largeur. La hauteur est de 0^m,23 pour la pelle et 0^m,13 pour la douille. Le fer de la pelle est renforcé en forme de pointe de lance dans le prolongement inférieur de la douille, verticalement jusqu'aux deux tiers de sa hauteur. Le manche en bois a, au-dessus de la douille, en moyenne, 0^m,90 de long. Sa longueur varie un peu suivant la taille de l'ouvrier. Le hoche-pied a 0^m,10 de long à partir de la douille.

On emploie cet instrument pour approfondir le labour après le passage d'une charrue, pour faire les fossés d'écoulement des eaux, directement pour travailler la terre dans les pièces dont la forme ne se prête pas bien aux mouvements de la charrue. On s'en

Quelques renseignements donnés en 1809 par le *Journal des propriétaires de la Haute-Garonne* nous apprennent en quoi ont consisté les progrès réalisés par l'agriculture du Lauraguais :

« Depuis longtemps, dit-il, l'assolement triennal, blé, maïs, jachère, est en usage dans l'arrondissement de Villefranche, dans la partie de l'arrondissement de Toulouse qui est située sur la rive droite de la Garonne et dans la partie de celui de Muret qui s'étend sur la gauche du fleuve. Partout ailleurs la rotation biennale est en vigueur et la jachère intervient après chaque récolte de blé ou de seigle. »

Mais on avait peu de bétail et, pour le nourrir, on n'avait que les dépaissances, les jachères et le foin des prés, souvent peu productifs à cause de la sécheresse.

En fait de moutons, on avait déjà la race du Lauraguais, race inférieure pour l'engraissement, mais très rustique, supportant une nourriture souvent très maigre et un climat sous lequel les races du Nord succomberaient. Les brebis donnent 3 agneaux en deux ans et jusqu'à 50 litres de lait par an. On vend de ce lait à Toulouse pour le consommer en nature ou sous forme de caillé.

Comme bêtes à cornes, on n'avait, au commencement de notre siècle, que des bœufs de travail. Les meilleurs venaient de la Gascogne et du cours inférieur de la Garonne. Mais souvent le typhus contagieux ou le charbon faisaient périr une partie de ce bétail. En 1784 et 1785, la sécheresse fut telle et le fourrage si rare que les cultivateurs furent obligés d'abattre une partie de leurs bêtes et de laisser des champs en friche.

L'espèce porcine se nourrissait dans les dépaissances, sous la

---

sert aussi pour faire des défoncements à deux et trois fois la hauteur de l'instrument. On appelle cela défoncer à deux *pointes* (environ 0m,35) et à trois *pointes* (environ 0m,50). C'est un très bon travail mais très coûteux, de 350 fr. à 550 fr. l'hectare, suivant la nature du terrain et la facilité d'avoir des ouvriers. Aussi n'emploie-t-on ce moyen que pour de petits espaces, où la charrue défonceuse ne pourrait pas évoluer facilement.

Autrefois on faisait avec cet instrument ou avec la *fourche* beaucoup de simples labours, pour préparer pendant l'hiver les terres qui devaient être semées en maïs au printemps, mais depuis une trentaine d'années ce travail a été remplacé par le travail de la charrue, moins bon mais moins coûteux.

(*Note de M. L. Gèze.*)

conduite du pâtre communal. Puis on engraissait les porcs avec de la farine de maïs et de seigle.

La volaille ne manquait pas et l'oie de Toulouse était déjà célèbre.

Sur 7 communes du canton de Montastruc il y avait :

	En 1773. Têtes.	En 1869. Têtes.
Moutons	1,635	4,430
Bêtes à cornes.	805	2,450
Chevaux	146	458

La quantité de bétail nourrie sur la même surface a triplé.

Pour alimenter ces animaux, on commença par faire soit sur une partie de la jachère, soit sur une pièce spéciale située près des bâtiments et appelée la *fourragère* (*la ferrachero*) des fourrages verts : vesces, trèfle incarnat, avoine et blé pacagé par les agneaux et surtout maïs semé à la volée (*millargou*) et donné en vert aux bêtes à cornes.

Puis peu à peu, depuis 50 à 60 ans, la culture du trèfle et celle de l'esparcette furent introduites dans la rotation et l'on se mit à suivre une sorte d'assolement triennal redoublé ou assolement de six ans : 1° blé ; 2° maïs ; 3° jachère ou fourrages verts (vesces, farouch, maïs-fourrage) ou fèves, haricots ; 4° blé ; 5° trèfle ou esparcette ; 6° trèfle ou esparcette.

Le trèfle vient bien dans la plupart des terres du Lauraguais ; dans d'autres, et particulièrement dans celles où il y a des veines de calcaire pulvérulent, l'esparcette réussit mieux que le trèfle.

En même temps, la culture de luzerne que l'on nomme *sainfoin* dans le pays toulousain, prit de plus en plus d'extension, mais en dehors de l'assolement ; on la met de préférence dans les terres de limon que l'on trouve souvent sur les pentes nord des plateaux ou coteaux du Lauraguais ou dans les fonds que l'on a améliorés par le pelleversage.

Pour toutes les légumineuses fourragères, l'emploi du plâtre réussit fort bien.

La surface occupée par les prairies artificielles augmente progressivement dans le département de la Haute-Garonne : en 1830, elle ne couvrait encore que 10,000 hectares, en 1848, c'était 36,000 hectares et en 1882 plus de 42,000 hectares. Il y a, en outre, 13,000 hectares environ de fourrages annuels et 21,370 hectares de prés et herbages. Ce n'est pas encore un total bien considérable de fourrages pour 214,000 hectares de céréales. Néanmoins ils ont augmenté la masse du fumier que l'on pouvait consacrer au blé et au maïs et le produit du froment s'est accru peu à peu, de 5 pour 1 de semence en. · 1772

A 6 1/4 pour 1 (12 hectolitres par hectare) en . . 1852

A 8 1/4 pour 1 (15 hectolitres par hectare) en . . 1862

Et à 17,21 hectolitres par hectare en 1882

Dans son domaine de Gardouch, M. le baron d'Encausse a sur deux métairies de fertilité ordinaire un assolement de 9 ans composé de : 1° blé; 2° maïs; 3° fourrages annuels, le plus souvent vesces; 4° blé; 5° maïs; 6° jachère ou fèves; 7° blé; 8° esparcette ou trèfle; 9° esparcette ou trèfle. La fumure est appliquée en 6e année sur la jachère avec addition de scories de déphosphoration et labour profond (de 30 centimètres au moins). En outre, un dixième de la surface de ces deux métairies est occupé par une prairie et une luzernière, de sorte que la moitié des terres est consacrée aux fourrages et l'autre moitié aux céréales. Depuis l'année dernière, M. d'Encausse fait de l'avoine dans la première sole sur les défrichements de trèfle ou d'esparcette à la place du blé qui verse facilement.

Les prés naturels sont rares dans le Lauraguais. On n'en a qu'au fond des vallons, mais la plupart sont acides et ne donnent qu'un fourrage de qualité inférieure. D'après M. de Malafosse, on peut les améliorer beaucoup par le plâtrage.

Les bois sont rares également. On trouve qu'ils rapportent trop peu. Cependant il y a quelques taillis sur les pentes au nord.

Autrefois il n'y avait pas de vignes du tout dans les terrains du miocène du Lauraguais, sans doute parce qu'au siècle dernier on les trouvait trop bons pour cela. On sait que, dans le but d'augmenter la culture des céréales, on avait prohibé la plantation des vignes. Cette défense était déjà en vigueur dans plusieurs généralités, entre autres celles de Montauban et celles de Bordeaux, quand un arrêt du conseil, en date du 5 juin 1731, l'étendit à la France entière. En conséquence, les propriétaires durent se résigner à ne plus planter de vignes à moins d'obtenir une permission expresse que l'intendant ne devait accorder qu'après avoir acquis la certitude que le terrain fût impropre à tout autre usage.

Aujourd'hui il y a quelques vignobles dans l'arrondissement de Villefranche, mais la plupart sont établis sur les boulbènes et non sur les terreforts.

Les variétés de blé les plus cultivées dans la région sont la bladette de Puylaurens, le blé bleu de Noé et le blé de Bordeaux ; ce sont les seules qui, mûrissant avant la fin de juin, réussissent ordinairement à échapper à l'échaudage ou à la rouille.

Si, du Lauraguais, nous passons sur la rive gauche de la Garonne, nous rencontrons d'abord la vaste plaine ou plutôt les terrasses formées par les boulbènes quaternaires et puis une série de collines tertiaires qui s'étend jusqu'au département du Gers au cœur de la Gascogne. Les terreforts y ressemblent à ceux du Lauraguais, mais quelquefois et notamment dans le canton de Cadours ils sont couverts par-ci par-là de lambeaux de pliocène, graviers et argiles pauvres en calcaire.

Une petite monographie, empruntée à M. Paul Dirat, peut nous donner une idée de la culture suivie dans cette région. Il s'agit de la commune de Brignemont, située précisément dans le canton de Cadours, à 45 kilomètres de Toulouse, sur les limites du Gers et de Tarn-et-Garonne.

Les métairies ou borderies sont éparses dans la campagne, construites sur des plateaux étroits d'où l'œil embrasse les récoltes étalées sur les versants d'alentour ; au-dessous du plateau, une source, celle d'un ruisseau qui est à sec en été et, le long de ce ruisseau, dans l'étroit vallon qu'il parcourt, un pré avec une bordure de saules ; sur la lisière des champs, quelques chênes : voilà la disposition de la plupart des domaines.

Le naissant de la source indique l'affleurement des argiles ou marnes argileuses au-dessus desquelles se trouvent les graviers et les sables qui forment les terres du haut.

Il n'y a pas dans le pays de pierres qui puissent servir de matériaux de construction. Les vieux bâtiments sont en bois et en pisé ;

aujourd'hui on les fait en briques. Les terres cultivées se trouvent
sur les pentes. La plupart ont un sous-sol compact, tantôt de marne,
tantôt d'argile où la chaux fait défaut. Le sol est quelquefois, suivant
la pente, assez profond ; ailleurs il n'a que quelques centimètres
d'épaisseur.

On suit l'assolement triennal : *première année*, blé ; *deuxième année*,
dans les terres médiocres, avoine après un seul labour, dans les
bonnes terres, maïs après un labour à la pelle, si on le peut ; *troisième
année*, jachère avec 5 ou 6 labours successifs de 15 centimètres de
profondeur. On y ajoute une maigre fumure.

Voici, par exemple, une borderie de 30 hectares de terres de labour
et 3 hectares de prés. Il y a 4 bœufs de travail, 4 vaches et 6 jeunes
animaux, avec des porcs et des volailles.

Avec l'ancien système de culture, M. P. Dirat obtenait de ses
33 hectares cultivés par un métayer ce qui suit :

Les 10 hectares de blé rendaient en moyenne 1,250 kilogr. à l'hectare, soit ensemble 12,500 kilogr., dont il y avait à déduire 1/8, soit
1,560 kilogr. pour les estivandiers, chargés de faire la moisson et le
battage et 1,240 kilogr. pour la semence. Sur le reste, 9,700 kilogr.,
le métayer prélevait un tiers et le propriétaire deux tiers, ou 6,467 kilogr. qui, à 25 fr. les 100 kilogr., valaient . . . .   1,640 fr.

La récolte de maïs était consommée par les porcs
et les volailles sur lesquels le propriétaire avait droit
à la moitié . . . .   250 fr.

Il avait, en outre, la moitié du profit fait sur le
bétail . . . .   200 fr.

Il recevait donc au total. . . . .   2,090 fr.

Mais là-dessus il avait à payer les impôts . . . .   375 fr.

Il lui restait donc . . . .   1,715 fr.

par an pour les 33 hectares, soit 52 fr. par hectare. Mais, depuis que
le blé est tombé à 19 fr. les 100 kilogr., cela n'aurait plus fait que
1,300 fr., soit 39 fr. 40 c. par hectare, bien faible revenu pour des
terres qui valaient il y a 15 ou 20 ans encore 2,000 à 2,500 fr. l'hectare. Aujourd'hui elles ne se vendent plus qu'à 1,000 à 1,200 fr.
Que faire ? — M. Paul Dirat a compris que le défaut capital de la

culture de la Lomagne et de presque toute la Gascogne est l'absence
de fourrages artificiels. Pourquoi l'esparcette ne réussirait-elle pas
sur les terreforts de la rive gauche de la Garonne aussi bien que sur
ceux de la rive droite, du Lauraguais? Il proposa à son métayer d'a-
dopter les cultures suivantes :

1/4 soit 7 hectares et demi en esparcette.

—   7 hectares et demi en blé.

—   7 hectares et demi, moitié en maïs, moitié en avoine.

—   7 hectares et demi, moitié en jachère, moitié en légumes
(fèves, etc.).

Mais le métayer s'y refusa et, n'en trouvant pas d'autres qui voulussent suivre ses conseils, il fut obligé de cultiver à sa main avec
des maîtres valets payés, suivant l'usage du pays, en nature. Ses esparcettes ont fort bien réussi et lui ont permis de porter à 16 ou 17
le nombre des bêtes à cornes qu'il nourrit ; il a augmenté également
le nombre des porcs et des volailles et, la quantité de fumier s'étant
accrue, le blé, au lieu de donner 1,250 kilogr. à l'hectare, en donne
aujourd'hui 1,560 kilogr., c'est-à-dire 11,700 kilogr. pour ses
7 1/2 hectares. En déduisant de ce chiffre 1/8 pour les estivandiers,
1,170 kilogr. pour la semence et 2,808 kilogr. que reçoivent les
maîtres valets, il lui reste 5,262 kilogr. qui, à 19 fr. les 100 kilogr.,
valent environ. . . . .   1,000 fr.

Il a, de plus, 50 hectolitres d'avoine à 9 fr. . . .   450 fr.

la moitié des porcs et volailles. . . . . . .   350 fr.

la moitié du profit sur le bétail . . . . . .   300 fr.
                                                    _____
              Total. . . . .   2,100 fr.

C'est-à-dire, à peu près le même produit qu'à l'époque où le blé
se vendait 6 fr. de plus par 100 kilogr. L'amélioration des méthodes
de culture compense la baisse du prix du blé.

La luzerne ne réussit que dans les meilleurs fonds. Le trèfle vient
bien, mais souvent la sécheresse lui fait du tort. M. Dirat emploie le
plâtre pour ses esparcettes, mais les superphosphates ou phosphates
de chaux n'ont guère produit d'augmentation de récoltes dans ses
terreforts. Il est probable que les défoncements lui donneraient des
résultats aussi satisfaisants que ceux du Lauraguais.

Culture des boulbènes. — Dans les terrains quaternaires qui se trouvent déposés en larges terrasses le long des vallées de la Garonne et de ses principaux affluents, il faut distinguer les *boulbènes battantes* ou *boulbènes froides* et les *boulbènes légères*. Elles sont toutes pauvres en chaux, mais dans les premières c'est l'argile qui domine, tandis que dans les deuxièmes c'est le sable ou le gravier.

Ces boulbènes froides caractérisent tout particulièrement la terrasse supérieure qui a 20 kilomètres de largeur aux environs de Toulouse et environ 50 à 60 mètres d'altitude au-dessus du fleuve actuel. Cette terrasse est la plus ancienne et c'est pour cela que les débris de roches des Pyrénées y ont atteint un degré de décomposition plus avancée que dans les autres terrasses ; les feldspaths que ces débris contenaient se sont transformés en argiles.

Il se trouve aussi des boulbènes battantes dans la deuxième terrasse, dit M. de Malafosse, mais elles sont loin d'avoir la compacité de celles de la terrasse supérieure. Du reste, la grosseur des éléments qui constituent les boulbènes varie beaucoup à des distances souvent très rapprochées. A des graviers plus ou moins décomposés, succèdent des terres sableuses ou des sables mélangés à des limons fertiles. Sur de vastes espaces, le sous-sol se compose d'un poudingue que l'on appelle *grep* dans la Haute-Garonne et *guif* dans le Tarn.

Ce grep est d'épaisseur variable et repose généralement sur le sol tertiaire, plus ou moins ondulé. Très souvent il est imperméable et oppose un grave obstacle aux cultures, en arrêtant les eaux pluviales et en ne se laissant pas pénétrer par les racines. Mais par les défoncements on réussit à le disloquer et ses débris, riches en fer, ont formé des terres propices à la vigne, surtout à la vigne américaine. Quant à l'arrêt des eaux, il peut être combattu en perforant le grep et y creusant des puisards qui conduisent ces eaux dans les graviers sous-jacents.

Tous ces terrains de transport, à base plus ou moins arénacée, qui forment les terrasses de la Garonne et de ses affluents, avaient naguère une valeur moins grande que les *terreforts*. On les laissait en bois et, lorsqu'on les cultivait, on ne pouvait y faire que du seigle alternant avec une jachère. Mais les marnages les ont beaucoup améliorés. Ils ne manquent ordinairement pas de potasse, mais il faut leur donner de l'acide phosphorique et de la chaux. La vigne y réussit bien et les plants américains s'y adaptent beaucoup mieux que dans les terrains calcaires du miocène.

Dans la deuxième terrasse qui se trouve à environ 25 à 30 mètres au-dessous de la première, la décomposition des cailloux de granite est moins avancée et la formation du grep plus restreinte. Les *boulbènes légères* ou *franches* y sont plus répandues et y portent de belles cultures. Les phosphates de chaux y font merveille, dit M. de Malafosse, et, quand même les terres contiennent déjà passablement de potasse, le chlorure de potassium semé à la volée en avril dans les vignes en augmente le produit d'une façon surprenante [1].

Ainsi, pour ce qui concerne l'emploi des phosphates ou superphosphates de chaux dans le département de la Haute-Garonne, il faut bien avoir soin de distinguer les boulbènes des terreforts. Dans les premières, ils sont presque toujours utiles ; dans les deuxièmes, ils le sont rarement, surtout lorsqu'on y a fait des défoncements et des cultures de légumineuses qui ont ramené dans la couche arable une partie de l'acide phosphorique du sous-sol.

La plaine qui s'étend entre l'Ariège et l'Hers-de-Pamiers, près de Cintegabelle, comprend deux terrains différents. La *boulbène*, terre argilo-siliceuse à sous-sol imperméable, qui occupe la plaine ou terrasse supérieure, et la *grausse*, terre caillouteuse et perméable, qui constitue la seconde terrasse ; l'une et l'autre sont dépourvues de chaux.

Quand on fait un puits dans la boulbène, on rencontre à une trentaine de centimètres au maximum, le plus souvent déjà à vingt-cinq centimètres, le sous-sol imperméable appelé *tartier* par les gens du pays. Il est très dur et composé de cailloux quartzeux et granitiques, agglutinés par un ciment ferrugineux. Les cailloux y sont assez friables, tandis que ceux de la boulbène et de la grausse sont très durs. Près de la surface, ils sont de petites dimensions, et ce tartier convient admirablement pour faire des chemins et des aires battues ; il

---

1. De Malafosse, *Bulletin mensuel du syndicat agricole de la Haute-Garonne.* 1886.

se prend en masse aussi résistante que du béton. Mais, à mesure que l'on creuse, les cailloux du tartier augmentent de volume et en même temps le ciment ferrugineux qui les agglutine devient de plus en plus sableux et de moins en moins consistant ; c'est ainsi qu'à 1^m,50 de profondeur, on commence à trouver le tartier moins dur ; à 2^m,50, il y a déjà beaucoup de sable et les cailloux sont très gros. La proportion de sable continue à s'accroître ainsi jusqu'à ce qu'on trouve l'eau qui est à 5 mètres environ.

Il est probable, d'après M. A. Hérisson, que tout d'abord l'Ariège a érodé profondément les terrains quaternaires ou boulbènes et que plus tard elle a comblé de nouveau ce qu'elle avait creusé, en apportant des terrains d'alluvion presque de même nature que ceux qu'elle avait mis à nu, débris plus ou moins roulés et plus ou moins décomposés des roches pyrénéennes.

Ces deux sortes de terrains se trouvent, entre autres, au Tor, propriété de M. Albert Hérisson, professeur à l'Institut agronomique, située dans la vallée de l'Ariège, à environ 5 kilomètres de Saverdun. M. Colomb-Pradel en a fait l'analyse et voici les résultats qu'il a obtenus :

	PROPOR-TION de terre fine p. 100.	COMPOSITION DE LA TERRE FINE POUR 1,000.						
		AZOTE.	ACIDE phospho-rique.	PO-TASSE.	ACIDE sul-furique.	CAR-BONATE de chaux.	MAGNÉ-SIE.	FER et alumine.
Boulbène. Sol . . .	85	0.89	0.69	1.44	1.19	1.40	0.45	40.0
— Sous-sol .	18	0.77	0.83	1.56	0.58	1.25	0.55	51.5
Grausse. Sol	69	0.89	1.30	2 21	1.26	0.75	0.35	62.5
— Sous-sol . .	38	0.85	1.14	1.87	1.11	0.40	0.45	69.0

Les échantillons du sol ont été pris à la profondeur de 0 à 20 centimètres et les échantillons du sous-sol de 20 à 40 centimètres. Comme on le voit, la grausse contient passablement de potasse et d'acide phosphorique, mais la boulbène est plus pauvre. Suivant l'usage général de la contrée, ces terres ont été toutes marnées il y a environ quarante ans; avant le marnage, on ne pouvait y faire ni blé, ni sainfoin, ni luzerne. M. Hérisson a essayé de marner de nouveau au moyen d'une marne de Calmont dont nous avons donné l'analyse à la page 241, mais cette marne a produit peu d'effet apparent, sans doute parce qu'elle n'est pas riche en calcaire. Aussi M. Hérisson a-t-il préféré avoir recours à des chaulages répétés tous les quatre ans à raison de 3,000 kilogr. à l'hectare.

Voici l'assolement qu'il suit dans ses boulbènes : 1° jachère, ou maïs avec fumure; 2° blé; 3° pâture d'avoine pour le troupeau; 4° blé fumé; 5° avoine d'hiver avec sainfoin ou trèfle semé au printemps; 6° sainfoin ou trèfle; 7° sainfoin ou trèfle; 8° avoine ou blé; 9° vesces et avoine pour fourrage. Tous les blés reçoivent 400 kilogr. de superphosphate de chaux à 15 p. 100 après le fourrage vesces et avoine; et avant la jachère qui ouvre l'assolement, on fait un défoncement avec une charrue Brabant attelée de six bœufs. Quand c'est possible, on fait ce défoncement immédiatement après l'enlèvement du maïs-fourrage. Quand on n'a pas le temps de défoncer, on sème le maïs-fourrage sur un simple labour et l'on défonce après l'enlèvement de cette récolte ou pendant l'hiver. Le maïs-fourrage est toujours fait en lignes espacées de 80 centimètres de manière à pouvoir travailler l'intervalle avec une houe à cheval et à détruire le *Raphanus raphanistrum* qui en général envahit les terres après les défoncements.

En dehors de cet assolement de 9 ans, M. Hérisson a des luzernières et des prairies sèches qu'il conserve pendant 8 ou 10 ans et qu'il resème, après avoir fait sur leur défrichement quelques récoltes de blé mélangé d'avoine et une ou deux récoltes de betteraves. Il a même essayé de semer une prairie sur un défrichement de luzerne, et cet essai a parfaitement réussi.

Les rendements sont en moyenne de 26 hectolitres pour le blé et de 35 à 40 pour l'avoine.

Dans la *grausse*, il n'y a pas d'assolement fixe. On fait blé, haricots ou pommes de terre, puis maïs ou sainfoin et trèfle mélangés, enfin blé, et l'on revient aux haricots et pommes de terre qui souvent alternent plusieurs fois de suite avec des céréales.

Du reste, M. Hérisson diminue de plus en plus la culture alterne dans les terres de grausse. Il y plante des vignes et des bois d'acacias.

Comme vignes, il a commencé par planter de l'Othello, puis il y a renoncé et, depuis quelques années, il a adopté le Gamay greffé sur Riparia.

Pour faire des taillis d'acacias, on met des plants de deux ans à 2m,50 de distance en carrés. Au bout de deux ans, on coupe au pied, mais en général on n'obtient que trois tiges par arbre à la suite de ce premier recépage. Pour que le bois soit en plein rapport, il faut qu'il y ait en moyenne cinq tiges par arbre et, pour les avoir, il faut faire un deuxième recépage deux ou trois ans après le premier. Le deuxième recépage rapporte 50 fr. par hectare. La première coupe se fait dix ans après la plantation, puis on la renouvelle de six en six ans et chacune d'elles se vend environ 600 fr. par hectare.

La culture de la luzerne est généralement bien faite dans le département de la Haute-Garonne. On la prépare au moyen d'un défoncement ou de labours profonds et ordinairement on la fait précéder par une plante sarclée bien fumée. Au lieu de répandre, comme on le fait dans le Nord, la graine de luzerne dans une céréale, on la sème seule vers la fin d'avril ou au commencement de mai. Loin de protéger la jeune luzerne contre la sécheresse, comme bien des cultivateurs le croient encore, la céréale qui la couvre, déjà plus vigoureuse qu'elle, lui enlève le peu d'humidité qui reste dans la terre et l'empêche de se développer aussi rapidement que si elle était seule. Avec quelques hersages pratiqués au printemps pour l'empêcher de s'enherber, on peut la conserver six ou huit ans, et même plus, si l'on a soin d'y ajouter quelques engrais chimiques bien appropriés au sol. Dans la Haute-Garonne, on a l'habitude de la plâtrer. Du superphosphate de chaux, mêlé au plâtre, vaudrait encore mieux.

C'est la culture de la luzerne associée à l'esparcette, qui a été le moyen principal d'amélioration employé par M. Henri de Saluqué, lauréat de la prime d'honneur du département en 1868, sur son domaine de Rangueil, près Toulouse. Ce domaine, de 97 hectares, est situé dans la plaine qui s'étend du coteau de Pech-David au canal du Midi et se compose de boulbènes, argileuses sur certains points, sablonneuses sur d'autres. Quoiqu'ils remontent à une vingtaine d'années, il est bon de rappeler les succès que M. Henri de Saluqué y a obtenus pour montrer, à notre époque de bas prix des céréales et des vins, ce qu'il est possible de faire dans le Midi avec une production de fourrages et d'animaux bien dirigée. Le bénéfice net, qui était en 1861 de 102 fr. par hectare, s'était élevé en 1866 à 307 fr. par hectare.

L'école pratique d'agriculture du département de la Haute-Garonne a été établie il y a quelques années sur un domaine de 70 hectares, le domaine de Tournasson, situé dans la commune d'Ondes, au confluent de la Garonne et du Lhers-Mort, à 3 kilomètres environ de la petite ville de Grenade. Ses terres appartiennent toutes aux alluvions de la grande vallée, mais elles varient beaucoup, soit comme constitution physique, soit comme composition chimique ; elles n'ont qu'un caractère commun, c'est qu'elles sont toutes pauvres en acide phosphorique. Dans la partie nord du domaine, elles ne contiennent presque pas de chaux, mais celles qui se trouvent au sud dans le voisinage plus immédiat de la Garonne se composent d'un limon qui ne manque pas de calcaire. Voici les résultats des analyses qui ont été faites de ces dernières (sol et sous-sol) par M. Vincens, professeur de chimie à l'école.

La terre, séchée à l'air, contient avec un peu de gravier :

Analyse mécanique.

	SOL.	SOUS-SOL.
	p. 100.	p. 100.
Gros sable siliceux	50.62	62.23
Gros sable calcaire	5.76	6.32
Impalpable siliceux	26.00	18.00
Impalpable calcaire	4.21	4.10
Argile.	8.90	6.55
Matières humiques.	0.34	0.29
Humidité	4.65	4.25

Analyse chimique de la terre fine.

	P. 1,000.	P. 1,000.
Azote.	0.683	0.561
Acide phosphorique.	0.908	0.908
Potasse	2.202	1.989
Chaux.	50.543	30.800
Oxyde de manganèse.	0.430	0.400

A une certaine profondeur, on trouve une couche très dure, presque impénétrable pour les racines des plantes et imperméable pour les eaux, mais, comme cette couche repose sur des lits de graviers, on a pu, en y perçant des puits perdus, dans les endroits les plus bas, y amenant des drains placés en étoiles autour d'eux, et les remplissant au moyen de cailloux roulés de la Garonne, obtenir un desséchement parfait.

Le domaine de Tournasson avait appartenu autrefois à M. du Ramel, maître de poste à Toulouse, qui l'avait mis dans un état excellent en y menant, pendant 15 ans, tout le fumier produit par ses chevaux.

Mais ensuite vint un nouveau propriétaire ; il sema partout des luzernes qui donnèrent de beaux produits pendant un certain nombre d'années, mais qui finirent par ne plus rien rapporter du tout, parce qu'on prenait toujours à la terre sans jamais rien lui rendre. L'acide phosphorique y diminua de plus en plus et la pauvreté du sol amena la ruine du propriétaire. Le Crédit foncier s'empara de Tournasson et c'est à lui que le département l'acheta pour y établir son école pratique d'agriculture. M. Tallavignes, ancien élève de l'École forestière de Nancy et de l'Institut agronomique, en devint à la fois le fermier et le directeur et, sous son intelligente gestion, principalement grâce aux défoncements et à l'emploi des phosphates de chaux, les terres ne tardèrent pas à montrer des aptitudes productives qu'elles n'avaient jamais eues, même sous le régime des fumiers abondants de la poste de Toulouse.

M. Tallavignes défonça tout le domaine à 50 centimètres de profondeur au moyen du treuil Guyot à vapeur, ce qui lui coûta 100 fr. par hectare. « C'est une amélioration fondamentale pour tout le Midi, dit-il, c'est le meilleur moyen de lutter contre les sécheresses qui trop souvent surprennent toutes les récoltes. »

Cependant il peut arroser une partie de ses terres et, grâce à ces irrigations et aux fumiers additionnés de phosphates qu'il emploie, il a obtenu en 1893 80,000 kilogr. de maïs-fourrage et 70,000 kilogr. de betteraves à l'hectare.

Tout près d'Ondes, sur le territoire de Grenade, il y a, à quelques mètres au-dessous de la plaine principale, une plaine secondaire d'une fertilité proverbiale. Elle a 1,200 mètres environ de largeur moyenne, sur à peu près 3 kilomètres de longueur développée sur les bords du fleuve. Sa largeur est divisée en deux parties sensiblement égales, mais soumises à des systèmes très différents de culture. La partie plus facilement submersible qui borde la Garonne sert de défense à l'autre contre les courants rapides et destructeurs des inondations. Dans ce but, elle est sillonnée par un système de digues formant une sorte d'échiquier dont chaque case est plantée de peupliers. Sur ces alluvions riches et fraîches, ces arbres atteignent, en peu d'années, un développement considérable.

L'autre partie de cette plaine, adossée au coteau qui la domine, est cultivée en produits de toute espèce, mais principalement en plantes sarclées, telles que maïs, millet à balai, haricots, pommes de terre, et en plantes potagères. Tandis que sur la partie qui borde la Garonne les herbages sont acides et par suite de mauvaise qualité, probablement à cause de l'ombrage des plantations et d'un excès de fraîcheur, ils sont aussi savoureux qu'abondants dans la partie cultivée qui, privée d'arbres, laisse prendre à toutes les cultures l'aération et la lumière qui leur sont nécessaires.

Si l'on fait abstraction des désastres comme celui de 1875, qui pourraient être complètement évités par des barrages établis dans les montagnes, les inondations ordinaires, dont la périodicité a des termes variant de cinq à dix années, suffisent pour entretenir, par le limonage, le haut degré de fertilité dont jouit ce sol privilégié. L'eau, dont le courant est déjà bien amorti par les digues et les plantations, n'arrive dans les champs en culture qu'à la faveur de méandres dont les débordements progressifs et lents permettent le dépôt du limon fertilisant. Quand le fleuve rentre dans son lit, l'excédent de l'eau non absorbée par le sol s'écoule par des conduits qu'on ouvre ou qu'on ferme à volonté suivant les exigences de niveau [1].

Le canton de Grenade est le plus renommé pour la beauté et la pureté de race des *oies de Toulouse* qu'on y élève et l'importance des affaires que cette branche de l'industrie agricole fait réaliser. Grenade est une petite ville de 1,200 habitants, baignée par la Save et située

---

1. Petit, *Engrais et amendements.*

sur la rive gauche de la Garonne à environ 25 kilomètres en aval de Toulouse dont elle n'est séparée que par une plaine inférieure de riches alluvions, la Hille, vis-à-vis d'Ondes. Dans la Lomagne, les métairies (*bordos*) et les petits hameaux disséminés dans la campagne sont nombreux. Cela provient de ce que les sources ou les mares sont également nombreuses, conséquence de la nature du terrain et du climat assez pluvieux du bassin de la Garonne. Or, l'élevage des oies est également une conséquence de ces deux faits. L'élevage des oies ne se fait pas en grand, mais en petit. Chaque ménage de campagne a un groupe composé d'un mâle (le *jars*) et de quatre femelles. L'accouplement ne se fait que sur l'eau, que ce soit une rivière, un ruisseau ou une simple mare. Chaque femelle pond un œuf tous les deux jours; cela fait environ 15 œufs par mois, 45 à 50 par saison, 180 à 200 œufs par groupe. Ce sont généralement des dindes qui sont chargées de couver ces œufs. Quand les oisons sont éclos, on les nourrit au moyen de chardons finement découpés et mélangés avec du son de froment additionné d'eau. A la fin de juin, quand les blés et les avoines sont moissonnés, on les conduit au pacage sur les chaumes. Après les vendanges, ils vont dans les vignes; ils y trouvent, outre les grappes oubliées sur les sarments ou répandues sur le sol, toute une collection d'herbes dont ils font leur profit.

Agriculture du département du Gers. — Dralet a donné dans les premières années de notre siècle une description de l'agriculture du département du Gers qui nous permettra de la comparer avec son état actuel et de chercher à quelles causes nous devons l'attribuer[1].

D'après les relevés de cadastres qu'il avait faits dans un assez grand nombre de communes, il estimait qu'il y avait alors :

1/30 de la surface du département en habitations et dépendances, routes et chemins, cours d'eau et eaux stagnantes.

19/30 en terres labourables.

3/30 en prés.

4/30 en vignes.

---

1. Mémoires publiés par la Société d'agriculture du département de la Seine. T. II, an IX.

2/30 en bois.

1/30 en terres incultes.

Il n'est pas fait mention dans cet état, dit-il, des prairies artificielles, parce qu'elles sont si rares dans la plus grande partie du département, qu'elles pourraient à peine être évaluées. Cependant il n'est pas une contrée dans la République où l'on trouve autant de facilité pour ce genre de culture. Jamais le droit de parcours, ni celui de vaine pâture n'y ont été établis, et les possessions rassemblées autour de l'habitation du propriétaire, lui laissent tous les moyens d'en varier les productions à son gré.

Il résulte de tout ceci, que l'habitant du Gers, que la nature du sol semblerait avoir destiné à être pasteur par-dessus tout, n'est, à quelques exceptions près, que mauvais laboureur ou mauvais vigneron.

Nos prés en général sont peu productifs, attendu qu'on a rarement les moyens de les amender. Comme les rivières sont profondément encaissées, et qu'elles tarissent une partie de l'année, la ressource des irrigations est à peu près nulle pour les cultivateurs de ce département, si on en excepte le petit nombre de ceux qui possèdent des eaux vives dans leur propriété. La manière la plus avantageuse d'utiliser ces eaux, est de les faire passer sur des trous remplis de fumier ou de marne, que l'on a soin de remuer souvent.

Tout le monde sait combien il est utile de défricher les vieux prés et de leur faire produire une couple de récoltes en avoine ou en blé, pour ensuite les rendre à leur ancien état. Mais la trop grande étendue de nos terres labourables demande un travail qui absorbe tout le temps du cultivateur; il ne lui en reste point pour les améliorations.

Le peu d'étendue de nos prairies, la médiocrité de leurs produits font déjà présumer qu'ils sont insuffisants pour la nourriture, pendant toute l'année, du peu de bétail que nous possédons. En effet, dès le mois de germinal tous les fourrages secs sont épuisés, et l'on est obligé de faire dépaître une portion de pré que l'on réserve dans chaque métairie pour cet usage et que l'on nomme *péchédé*.

Dans cet état de choses, qui croirait que quelques propriétaires sont assez mauvais calculateurs pour détacher de leurs métairies certaines pièces de prés, que l'on appelle de réserve, pour en vendre les foins? Ils préfèrent le mince avantage de se procurer de l'argent après la fauchaison, à celui de pouvoir nourrir une plus grande quantité de bestiaux, de multiplier leurs engrais, et d'augmenter conséquemment la valeur des terres de leur domaine.

La même raison qui fait établir un péchédé dans chaque métairie, engage les métayers à semer en automne quelques décalitres de seigle et d'avoine, pour être coupés au printemps. C'est encore dans les mêmes vues que l'on sème, dans certains cantons, une petite quantité de luzerne, de sainfoin, ou de trèfle de Roussillon, connu sous le nom de *farouch*.

Ce sont à peu près les seules prairies artificielles qui soient connues dans le département du Gers. La plupart des cultivateurs n'en formeraient aucune, si les prés fournissaient du foin en assez grande quantité pour nourrir le petit nombre de leurs bestiaux jusqu'au moment où on les lâche dans les prairies après qu'elles ont été fauchées. Cela est si vrai, qu'il n'y a peut-être pas dix personnes dans chaque arrondissement, qui fassent sécher même une petite quantité de luzerne ou de sainfoin.

Les terres du département du Gers sont divisées en deux soles. Tandis que l'une est ensemencée, l'autre repose. Il faut cependant excepter quelques bonnes pièces de terre, auxquelles on fait porter, presque sans interruption, une année de maïs, et l'année suivante du blé, ainsi de suite. Ces derniers terrains, dans lesquels les jachères sont ainsi supprimées, peuvent être évalués au sixième de chaque labourage.

Dans les campagnes qui sont dépourvues de landes, c'est-à-dire dans toutes celles du département, les environs de Nogaro exceptés, le fumier employé dans chaque exploitation se compose uniquement des pailles qui s'y amassent et de la fiente des bestiaux, c'est-à-dire du produit de la litière. On la laisse séjourner deux ou trois mois sous les pieds des bêtes à cornes; et quelquefois plus de six mois sous les bêtes à laine.

Le fumier sorti des écuries est entassé dans un trou, sans que l'on prenne aucune précaution, soit pour le garantir de la trop grande humidité, soit pour le mettre à l'abri de la trop grande sécheresse.

Il n'y a qu'un petit nombre de bons cultivateurs qui aient l'attention utile d'en alterner les couches avec de la terre d'une nature différente de celle qui doit être amendée. Les fumiers restent ainsi près des écuries, savoir : ceux d'hiver jusqu'au moment où on les répand sur les terres prêtes à recevoir les semences du printemps ; et ceux d'été jusqu'à l'approche des semences de l'automne.

Quelle que soit l'époque à laquelle le fumier est employé, les métayers, pour abréger les transports, ont la condamnable habitude de le répandre chaque année sur les pièces de terre les plus voisines des écuries, surtout sur celles qui sont destinées à être semées au printemps ; et il y a dans chaque métairie des pièces éloignées qui ne reçoivent pas de fumier une fois dans dix ans.

On juge déjà par là que la quantité du fumier est loin d'être suffisante pour couvrir chaque année le terrain destiné à être ensemencé. Dans le fait, on n'en couvre pas moitié ; mais ce qui est plus malheureux, c'est que pour pouvoir répandre du fumier seulement sur le tiers des guérets, il faut l'espacer au point que l'on n'en met qu'un tombereau, contenant environ les deux tiers d'un mètre cube, sur environ trois ares et demi de terre ; tandis que dans les pays où la culture est bien entendue, on met chaque année le double de cette quantité de fumier sur la totalité des guérets.

Il résulte de là qu'à l'exception des environs de Nogaro, on ne fait pas dans ce département le quart du fumier qui serait nécessaire aux terres en culture. Si l'on ajoute à cela que le produit de la plupart de nos terres légères augmente de plus de moitié lorsqu'elles sont convenablement fumées, on conviendra aisément qu'il n'est de bons cultivateurs que ceux qui, par tous les moyens possibles, s'occupent de la multiplication des engrais.

Le fumier est surtout nécessaire dans les terres boulbènes. Comme elles sont absolument dépourvues de parties calcaires, elles ne produisent presque rien sans engrais ; et les récoltes y sont superbes, lorsqu'elles sont convenablement fumées. Mais le fumier n'y produit d'effets sensibles que pendant une seule année, tandis qu'il opère pendant deux ou trois ans sur les terreforts.

Le fumier des bergeries étant plus chaud et plus actif que celui des bêtes à cornes, s'emploie préférablement sur les terres dépourvues de calcaire, telles que la boulbène. Un tombereau de ce fumier y fait plus d'effet que deux tombereaux de fumier de bêtes à cornes.

La guerre d'Amérique ayant donné une grande valeur aux liqueurs fortes, quelques particuliers du canton d'Eauze plantèrent une grande quantité de vignes blanches, dans la vue d'en convertir les vins en eau-de-vie. Les plus heureux succès ont couronné leurs entreprises; et leurs exemples se sont propagés dans la majeure partie de l'ouest du département. C'était dans ces contrées que devait se borner cette spéculation, parce qu'elles sont les plus à portée des débouchés, et qu'elles produisent assez de bois pour la distillation et pour le fût des eaux-de-vie qui se renouvelle chaque année.

Par les raisons contraires, on ne doit s'occuper que de la culture de la vigne rouge dans les autres parties du département. On s'y en occupe en effet, mais depuis quelque temps elle se multiplie avec excès et il est à craindre que dans peu on ne soit obligé d'arracher une partie des vignes que l'on plante de toute part.

La cherté actuelle des vins a dû diriger les travaux du cultivateur vers la culture des vignes; cette cherté vient de ce que d'une partie de nos vins est convertie en eau-de-vie, de la grande consommation qui est due à la guerre actuelle, et surtout à l'aisance qu'a acquise la partie peu fortunée du peuple depuis la Révolution.

Mais si l'on observe que les vignes, pour être bien tenues, demandent des travaux plus multipliés que les autres productions, et que cependant le fléau de la guerre diminue tous les jours le nombre de nos bras; si, d'un autre côté, l'on remarque que la consommation du vin sera moins forte, lorsqu'une paix heureuse aura tari la source de nos maux, on conviendra que tout doit porter l'agriculteur qui spécule, à améliorer les vignes existantes, et non à en négliger la culture, pour faire des plantations dont les produits sont éloignés et le succès au moins douteux. C'est surtout en agriculture qu'il est vrai que conserver et améliorer vaut mieux qu'acquérir et négliger.

Tandis que (je continue à citer Dralet) le cultivateur du Gers dirige tous ses travaux vers l'agrandissement de ses guérets et de ses vignobles, il s'occupe peu des engrais et des pâturages qui en sont la source.

Aussi a-t-il un petit nombre de bestiaux de race avilie et mal nourris ; ses pâturages sont rares et mal soignés : et les bois dont les besoins de la société, la nourriture des animaux et la conservation des terrains en pente réclament si impérieusement la multiplication, les bois, sont encore tous les jours extirpés.

En 1783, la circulation des grains fut permise dans l'intérieur de la France. Peu de temps avant cette époque, des grandes routes avaient été tracées, pour la première fois, dans la généralité d'Auch. Ces moyens d'exportation donnèrent aux denrées une valeur qu'elles n'avaient point encore eue jusqu'alors. Le cultivateur fut assuré de trouver dans leur vente la récompense de ses travaux, et bientôt l'intérêt donna à ses efforts une nouvelle activité ; mais au lieu de se livrer à l'amélioration des terres cultivées, on s'occupa d'en augmenter l'étendue par le défrichement des plus mauvais terrains. On ne s'en tint pas là : les bois qui couronnaient les coteaux, tombèrent sous la cognée, et leur sol fut sillonné par la charrue. Ceux qui, les premiers, donnèrent ces funestes exemples, ne manquèrent pas d'avoir des imitateurs. Lorsque l'on défriche un bois, les frais de première culture sont couverts par le produit de sa dépouille ; et un terrain que les grands végétaux ont successivement enrichi de leurs débris, produit, pendant quelques années, des récoltes abondantes ; mais par ces extirpations, on sacrifie à l'intérêt du moment des jouissances solides et durables. La terre végétale, après avoir perdu son appui, est entraînée par les eaux pluviales, et le terrain, successivement appauvri, finit par ne pas même rendre la semence qui lui est confiée.

Cependant l'empire de l'habitude est tel que le cultivateur, qui a vu labourer une pièce de terre par son père, continue à la labourer, et ne cherche même pas à savoir si, en donnant à un bon terrain les soins qu'il prodigue à une terre inerte, il en doublerait la fécondité.

La médiocrité de nos récoltes vient de ce que nous avons trop de terres labourables.

On peut presque en dire autant des vignes de plusieurs parties du département.

Dans une métairie de quarante-cinq hectares, de la semence de cent cinquante myriagrammes de grains, et où l'on emploie trois charrues, il faudrait au moins trois hommes occupés au labourage, une jeune personne pour la garde des bestiaux, et une ménagère, tandis qu'un grand nombre de métairies de cette espèce sont cultivées par trois ou quatre personnes, dont une ou deux seulement sont capables de supporter des travaux pénibles.

La population est donc insuffisante pour l'étendue de nos terres ; elle l'est surtout dans les contrées pauvres, comme celles des environs de Mirande où une étendue de terrain donnée y contient un tiers d'habitants de moins que dans l'arrondissement de Condom. Ici les faits se trouvent parfaitement en harmonie avec ce grand principe posé par l'ami des hommes : « La mesure de la subsistance est la population. »

Cependant, quels que soient, sous ces rapports, les avantages de l'arrondissement de Condom, le nombre des cultivateurs n'y suffit pas aux grands travaux qu'exige dans quelques cantons la culture de la vigne, et l'on n'y supplée qu'à l'aide des habitants des Pyrénées. Lorsque les neiges ont rendu les montagnes inaccessibles, ce peuple pasteur se répand dans les pays voisins ; il s'y livre aux travaux de la terre jusqu'au moment où la belle saison lui permet de reprendre sa houlette.

Dans l'état actuel des choses, les différentes natures de terre se vendent à peu près comme avant la Révolution, et dans les cantons de médiocre bonté, ajoute Dralet, on peut estimer :

Le bois taillis. . . . . 7 fr. » c. l'are.

Au premier degré.

La terre labourable	10	50	—
La vigne.	14	»	—
Les prés.	21	»	—

Ces prix sont sans doute plus considérables dans les arrondissements de Condom, Lombès et Lectoure : ils le sont moins dans celui de Mirande, et partout les terrains sont plus précieux à mesure qu'ils sont plus rapprochés des villes et villages, ou que, réunis en corps de bien, leur assortiment en fait un domaine agréable [1].

---

1. *Topographie du département du Gers,* par le c. Dralet. Mémoires publiés par la Société d'agriculture du département de la Seine, tome II, an IX.

D'après la statistique publiée par le ministère de l'agriculture, le département du Gers avait, en 1882, sur ses 628,031 hectares de superficie totale :

62,552 de prés et herbages.

124,783 de vignes.

53,623 de bois.

330,359 de terres labourables, dont :

33,212 en prairies artificielles et fourrages annuels.

8,512 en racines et tubercules.

221,914 en céréales et autres grains alimentaires.

64,692 en jachères.

Si les renseignements donnés par Dralet étaient exacts pour le commencement de notre siècle, la surface des prés et herbages n'a guère varié.

Il y a aujourd'hui 33,212 hectares de prairies artificielles et de fourrages annuels. Cela fait un total de 95,764 hectares de fourrages pour nourrir 170,549 bêtes à cornes, 118,686 bêtes à laine et 25,433 chevaux et fournir du fumier à 222,000 hectares de céréales et 124,000 hectares de vignes. Évidemment les animaux sont bien mal nourris et les terres bien maigrement fumées. C'est encore une pauvre agriculture ! Il n'y a guère eu de progrès depuis l'an X.

Et cependant tous les fourrages artificiels, trèfle, esparcette et luzerne, réussissent dans les terrains calcaires du miocène qui forment la plupart des coteaux du Haut-Armagnac et qui peuvent en même temps fournir de la marne aux boulbènes.

De plus, peu de régions, dit M. Jacquot, présentent autant de facilités pour l'irrigation que la grande plaine située aux pieds des Pyrénées. Les eaux qui descendent de la montagne ou de ses contreforts, parcourent cette plaine dans toute son étendue. Le Gers possède notamment un magnifique réseau de cours d'eau qui les sillonnent, sous forme d'éventail, dans la direction du sud au nord. Quelques dispositions très simples permettraient de faire servir ces eaux à l'arrosage du fond des vallées et des parties inférieures des coteaux.

Ces richesses naturelles de la plaine sous-pyrénéenne sont soigneusement aménagées dans le Roussillon par des travaux qui remontent, pour la plupart, à une époque reculée. L'irrigation s'est imposée dans cette région comme le correctif du climat. Dans le reste de la plaine, au contraire, l'irrigation est négligée.

Le Gers ne possède que deux canaux d'arrosage de peu d'étendue ; ils sont situés tous deux dans la partie de la plaine de l'Adour comprise entre Maubourguet et Riscle.

Le canal vulgairement connu sous le nom de *l'Alaric,* dont l'origine remonte, suivant la tradition, jusqu'aux Visigoths, est une dérivation de l'Adour. Il commence à Pouzac, un peu au-dessous de Bagnères-de-Bigorre, et se termine au nord de Préchac, dans le Gers. Son étendue dans ce département est d'environ 8 kilomètres.

Dans ces derniers temps, M. Granier de Cassagnac a relié l'Adour à l'Arros par un canal qui débouche à Plaisance dans cette dernière rivière et produit la force motrice d'un moulin. Ce canal est en même temps destiné à arroser la plaine dans l'angle formé par les deux cours d'eau.

Le Gers ne possède donc pas au delà de 13 à 14 kilomètres de canaux d'irrigation. C'est peu eu égard aux ressources qu'offrent, pour l'extension de cette pratique, les rivières qui sillonnent le département, et aux avantages qu'on pourrait en tirer. Aussi bien des progrès sont encore à réaliser dans cette voie [1].

Une loi du 3 mai 1849 avait affecté une somme de 6 millions à la construction des réservoirs et de rigoles dérivées de la Neste, dans le but d'améliorer la navigation des diverses rivières partant du plateau de Lannemezan, et d'augmenter la quantité d'eau susceptible d'être affectée aux irrigations des territoires traversés par ces rivières.

Mais par suite des difficultés financières et des événements politiques, on dut en 1852 renoncer à améliorer la navigabilité des rivières en question et se borner à augmenter la quantité d'eau disponible pour les arrosages.

On construisit, en conséquence, de 1852 à 1862, un canal dérivé de la Neste, sur lequel devaient venir s'embrancher les rigoles d'alimentation de chaque rivière et on projeta dans la haute vallée de la

---

1. E. Jacquot, *Description géologique et agronomique du département du Gers.*

Neste une série de réservoirs destinés à assurer en tout temps au canal un débit de 7 mètres cubes par seconde. Un seul de ces réservoirs, celui d'Orédon, a été construit jusqu'ici et l'on n'a pu en conséquence doter le canal de la Neste que d'un volume de 4 mètres cubes par seconde.

L'alimentation des rivières par les eaux de la Neste donnait lieu à de nombreuses contestations qui soulevaient des difficultés incessantes.

Un décret en date du 27 juillet 1889 a mis fin à ces contestations.

Ce décret a réparti le débit de 7 mètres cubes prévu pour le canal de la Neste entre les 19 rivières qui descendent du plateau de Lannemezan, mais comme ce débit n'est seulement, pour le moment, que de 4 mètres cubes, ce volume n'est réparti qu'entre onze rivières en question.

On étudie en ce moment les projets de nouveaux réservoirs destinés à permettre de parfaire la dotation de 7 mètres cubes du canal de la Neste [1].

En attendant que ces projets soient réalisés, l'eau manque souvent aux nombreuses rivières qui traversent le département du Gers. Au lieu de prendre leurs sources dans les montagnes des Pyrénées, comme l'Adour et la Garonne, et d'être alimentées pendant l'été par la fonte des glaciers, les rivières proviennent la plupart des ruisselets qui sillonnent le plateau de Lannemezan, plateau couvert de landes (*Lannemezan* veut dire *lande du milieu*), complètement déboisé et d'une altitude trop faible (600 à 650 mètres) pour que les pluies et les neiges puissent y être abondantes.

Les collines qui séparent les vallées principales sont découpées par des vallons qui y aboutissent. « Chaque gorge a sa naïade, disait Dralet dans le langage mythologique qui était à la mode au commencement de notre siècle, mais cette naïade est très avare de ses eaux et ne les laisse échapper que pendant l'hiver et le printemps. » Les naïades pourraient sans doute être plus généreuses si leurs vallons et les coteaux qui les entourent étaient mieux ombragés. Le

---

1. Note de la direction de l'*Hydraulique agricole*. — *Annales agronomiques,* 1891.

Gers devrait avoir 15 à 20 p. 100 de sa surface en bois au lieu d'en avoir à peine 10; le débit des sources y serait plus régulier et les prés pourraient être mieux arrosés.

En même temps, les rideaux d'arbres interposés de loin en loin au milieu de ses cultures rendraient les orages moins dangereux et les ravages de la grêle moins fréquents.

Les marnes et mollasses du terrain miocène, qui forment la masse principale des coteaux et les boulbènes quaternaires qui les couvrent sur certains points ou qui sont disposées en terrasses le long des vallées, font de cette partie de l'Aquitaine (Gers, et parties septentrionales de la Haute-Garonne et de l'Ariège) une contrée dont la constitution géologique ressemble beaucoup à celle de la Suisse centrale et, ce qu'il y a de curieux, c'est qu'on y trouve une race de bêtes à cornes, la race gasconne, qui ressemble beaucoup, qui même, d'après M. Sanson, est parfaitement identique à la race de Schwytz. Au nord de cette région, dans la vallée de la Garonne, entre Toulouse et Bordeaux, et dans tout l'Agenais, ce n'est plus la même race, c'est la race garonnaise; au sud, dans les vallées des Pyrénées, et à l'ouest, dans les Landes, ce sont les diverses variétés de la race béarnaise et, dans la partie du département de la Gironde la plus voisine du Gers, la race bazadaise qui est probablement le résultat d'un croisement entre les races garonnaise et béarnaise.

La race gasconne est donc bien celle de la mollasse miocène dans le sud-ouest de la France, comme la race de Schwytz est celle de la mollasse miocène dans le nord de la Suisse. Mais, en Suisse, la vache de Schwytz est remarquable par ses qualités laitières, tandis que la vache gasconne nourrit à peine son veau. « Il ne vient à la pensée de personne, dit M. de Dampierre, de soigner, de perfectionner les facultés laitières de cette race, aussi susceptible qu'une autre de s'améliorer dans ce sens. Le lait et le beurre sont peu en usage dans le Midi. Par contre, les vaches y sont soumises aux plus rudes travaux. Elles ont moins de force que les bœufs, mais elles sont plus vives, plus légères à la marche et on leur réserve de préférence les charrois. Leur travail le plus pénible est de dépiquer le blé en tournant le rouleau sur l'aire de la métairie; l'été, par un soleil ardent, on n'y emploie pas les bœufs, qui maigriraient beaucoup; les vaches, qu'on ne ménage pas, et qui d'ailleurs ont une allure plus rapide et plus appropriée à ce travail, y sont seules occupées. »

C'est du côté de l'extension des vignes que l'effort principal des agriculteurs du Gers s'est porté ; de 1852 à 1882, ils en ont créé environ 30,000 hectares. Malheureusement le phylloxera est venu détruire presque toutes celles du Haut-Armagnac. Dans les environs de Miélan et de Mirande, il ne reste plus un seul vignoble qui ne soit atteint et plus des trois quarts ont péri entièrement. Leur reconstitution a d'abord marché lentement, parce que leurs malheureux propriétaires n'avaient pas le capital nécessaire pour la faire et souvent parce qu'ils ne savaient pas encore quels terrains ils devaient désormais réserver aux vignes, ni quels plants ils pourraient y introduire. Cependant les vignes nouvelles apparaissent de plus en plus nombreuses. On a essayé du Noah, de l'Herbemont, de l'Othello comme producteurs directs ; aujourd'hui c'est l'Othello que l'on semble préférer comme tels, mais on revient de plus en plus aux cépages français greffés sur Riparia, sur Rupestris ou sur Aramon-Rupestris. A tous ces cépages on réserve les meilleures terres, de préférence le fond des vallées. Cependant ils viennent très bien non seulement sur les boulbènes, mais aussi sur les terrains argilo-calcaires de la formation miocène que l'on trouve en général sur la rive droite des rivières.

C'est du moins ce que l'on peut voir dans la ferme de M. Mieussens, à Mirande, où des terrains incultes, jugés autrefois trop pauvres pour la culture de la vigne, portent aujourd'hui des Aramon-Rupestris et des Rupestris de toute beauté. Quoique ces terrains contiennent une dose totale de calcaire très élevée, la forme minéralogique sous laquelle se présente ce calcaire paraît lui enlever, à l'égard des plants américains, toute la nocuité qui le rend si redoutable dans les terrains crayeux. Il en est de même à la ferme-école de la Hourre, près d'Auch, dans les marnes jaunes avec lits abondants de têtes de chats qui constituent le sous-sol ; la terre végétale qui les couvre renferme 30 à 40 p. 100 de calcaire et néanmoins les plants américains n'y souffrent guère de la chlorose.

La plupart des vins produits dans le département sont employés pour la fabrication des eaux-de-vie d'Armagnac, les meilleures de

France après celles de Cognac, et leur valeur a beaucoup augmenté depuis que ces dernières sont devenues rares ; elle augmenterait sans doute encore plus, si les producteurs, au lieu de laisser une grande partie du bénéfice aux intermédiaires, savaient s'associer pour vendre directement aux consommateurs.

La qualité des eaux-de-vie est loin d'être la même dans tout l'Armagnac et depuis longtemps le commerce a classé le territoire en trois parties : le *Bas-Armagnac* (cantons de Cazaubon et de Nogaro dans le Gers, avec le sud et le sud-est du canton de Gabarret qui appartient au département des Landes) qui produit les premiers crus, la Ténarèze[1] (canton d'Eauze et sud du canton de Montréal avec une petite portion du département de Lot-et-Garonne jusqu'à Sos) qui fait des seconds crus, et le Haut-Armagnac pour les troisièmes crus.

Or, ce classement correspond assez exactement avec les différences de formations géologiques : la Ténarèze est un intermédiaire entre le Haut et le Bas-Armagnac pour ses eaux-de-vie comme par la constitution de ses terrains.

Tandis que, dans le Haut-Armagnac, les collines tout entières se composent de mollasses et marnes d'eau douce, plus ou moins recouvertes par les boulbènes quaternaires, ces marnes et mollasses ne paraissent plus, dans le Bas-Armagnac, qu'au fond des vallées et de loin en loin sous forme de pointements enveloppés de tous côtés par les sables fauves et les glaises bigarrées.

Dans la *Ténarèze,* on rencontre souvent des collines dont le versant Est est constitué par les calcaires lacustres de l'Armagnac et le versant Ouest par les sables fauves. Les terrains marins n'y sont pas superposés, mais juxtaposés aux terrains d'eau douce. Ces sables fauves sont des sables quartzeux très fins, colorés en jaune brun ou fauve par une petite quantité d'hydroxyde de fer. Par places et à des niveaux variables, ils sont agglutinés par un ciment calcaire et transformés ainsi en mollasses plus ou moins compactes. Ces bancs de mollasses contiennent ordinairement beaucoup de débris de fossiles : *Ostrea crassissima, Cardita Jouanneti,* etc.; quelquefois on trouve au

---

1. Le nom de Ténarèze provient, dit-on, d'une ancienne voie romaine, *iter Cæsaris,* qui traversait le pays.

milieu ou au-dessous de ces bancs de mollasses des faluns ou sables composés de coquilles brisées que l'on emploie avec succès comme amendement dans les terrains argileux des boulbènes ou des glaises bigarrées.

Pendant une excursion qu'il a faite récemment dans cette région, M. Boué, professeur d'agriculture à Vic-en-Bigorre, a constaté que, dans la Ténarèze, le phylloxera n'a pas encore fait beaucoup de mal et que jusqu'à présent il a respecté toutes les vignes qui se trouvent dans les sables fauves sur les versants des coteaux exposés au couchant.

Les vignobles couvrent dans la Ténarèze à peu près la moitié des terrains ; les céréales se partagent l'autre moitié avec les prés (1/5), les bois (1/10) et les *touyas* ou landes (1/10). On suit l'assolement triennal : jachère, blé, avoine ou maïs. Les prairies artificielles y sont à peine connues et cependant elles y réussissent fort bien, surtout le trèfle.

Comme dans la plus grande partie du département du Gers, les fermes n'ont guère d'autres animaux que ceux dont elles ont besoin pour le travail et quelques jeunes bêtes destinées à remplacer celles qui sont devenues trop vieilles. Si l'on avait des prairies artificielles, on pourrait nourrir plus de bétail et l'on aurait plus de fumier pour les vignes et pour les céréales.

En attendant, ce sont les *touyas* annexées à la plupart des fermes qui jouent le rôle de prairies artificielles. Elles fournissent à la fois du pâturage et de la litière pour le bétail. On estime qu'un hectare de touyas peut donner tous les 3 ans 150 à 200 quintaux métriques de litière formée d'environ parties égales de bruyères, ajoncs et graminées diverses.

Voici ce que Dralet disait des *touyas* au commencement de notre siècle :

« La partie occidentale du département est la seule qui possède un bon système d'agriculture. On y travaille peu de terrain, et on le travaille bien ; tandis qu'ailleurs on cultive tout et on cultive mal. Il n'est point de sacrifices que l'on ne fasse dans les environs de Nogaro et de Plaisance pour l'engrais des terres. Le principal et le mieux entendu de tous consiste à ne jamais ouvrir une certaine étendue de terrain attachée à chaque domaine, et connue sous le nom de *touya*.

« Ce terrain est destiné à produire de la fougère et du genêt épineux ; il est divisé en trois coupes, et s'exploite chaque année par tiers. Le produit est étendu dans les écuries, dans les étables, dans les basses-cours et sur les chemins, où il se convertit en un engrais d'autant plus approprié aux terres du pays, que leur compacité se trouve corrigée par les rameaux des arbrisseaux qui n'ont pu être décomposés par la fermentation putride. »

Dans la Ténarèze, l'étage des glaises bigarrées, formé d'argiles magnésiennes, grises, maculées de jaune ou de rouge, et rempli de grenailles d'oxyde de fer siliceux, n'apparaît que de loin en loin en îlots isolés au-dessus des sables fauves. Mais, dans le Bas-Armagnac, les glaises se montrent plus souvent au sommet des collines et elles y occupent des surfaces plus importantes. Tantôt elles ont 4 à 5 mètres d'épaisseur, tantôt elles ne forment qu'une couche de quelques décimètres ou se mélangent avec les sables fauves. Ces sables argileux deviennent ainsi imperméables et très difficiles à travailler. Au-dessous d'eux on rencontre souvent un banc de *marbouc*, sable rouge agglutiné par un ciment d'oxyde de fer. La plupart de ces terres rebelles à la culture restent en bois ou en *touyas*. Cependant on en a défriché une certaine quantité et, après les avoir amendées avec les calcaires des faluns ou de l'étage lacustre du miocène qui affleurent au fond des vallées voisines, après les avoir défoncées et quelquefois drainées, on a réussi à y établir de bonnes vignes.

La plus grande partie des vignobles du Bas-Armagnac se trouvent sur les sables fauves ou la mollasse coquillière, plus ou moins recouverts par un diluvium sablonneux. « Et les sols de cette nature, dit M. Boué, marquent la limite des atteintes du phylloxera. On peut les suivre sur la crête des collines entre les deux Midou et la Douze où ils vont jusqu'aux villages de Lasserrade et Saint-Pierre d'Aubezies. »

Partout c'est le Piquepoule ou Folle-Blanche qui est le plant dominant dans les vignes destinées à produire des eaux-de-vie. Le rendement est de 30 à 40 hectolitres de vin qui donnent 5 à 6 hectolitres d'eau-de-vie.

L'assolement qui est généralement suivi dans le Bas-Armagnac est l'assolement triennal : jachère, blé, maïs. Comme dans le reste du département, on ne fait guère d'autres fourrages artificiels qu'un peu de trèfle incarnat et de vesces. On tient peu de bétail et, pour le nourrir, on n'a que les touyas et le foin récolté dans quelques prairies naturelles situées dans les vallons au bord des cours d'eau. Le pays est prospère, grâce aux vignes que le phylloxera n'a pas encore attaquées et à la facilité avec laquelle se vendent les eaux-de-vie d'Armagnac depuis que celles de Cognac ont en grande partie disparu du marché. Néanmoins la situation actuelle pourrait encore s'améliorer et l'avenir s'assurer, si l'on suivait les exemples donnés par quelques hommes de progrès, comme M. Tropania, à Saint-Mont, près de Riscle. La propriété de M. Tropania se compose de 50 hectares de terres sablonneuses du côté de Riscle et marneuses sur le revers opposé du coteau où elle est située. Sur ces 50 hectares, il y en a 10 en prés, 15 en vignes, 15 en forêts et landes, et seulement 10 en terres labourables. Au lieu de suivre sur ces dernières l'assolement triennal usité dans le pays : jachère, blé, maïs, qui donne en moyenne 20 hectolitres de blé et 25 hectolitres de maïs à l'hectare, M. Tropania a adopté un assolement de 4 ans.

Première année : Pommes de terre, betteraves, maïs pour grain ou pour fourrage, avec fumier de ferme.

Deuxième année : Blé de Bordeaux, avec 400 kilogr. de super-phosphate de chaux et 100 kilogr. de nitrate de soude à l'hectare.

Troisième année : Trèfle.

Quatrième année : Avoine.

Le blé rend en moyenne 30 hectolitres et l'avoine 60 hectolitres à l'hectare. Le maïs-fourrage est ensilé dans une fosse creusée dans une pente naturelle du terrain. Ce silo des plus rudimentaires, où la terre extraite de la fosse permet d'établir la pression, donne d'excellents résultats.

Avec cet ensemble de fourrages, la ferme nourrit 2 chevaux, 4 bœufs de travail, 60 à 80 bêtes à laine et 20 vaches dont les veaux sont vendus et dont le lait sert à faire du beurre ; elles donnent en moyenne 1 kilogr. et demi de beurre par tête et par jour.

Les vignes sont la préoccupation principale du propriétaire. Elles sont fumées tous les deux ans, alternativement avec du fumier de ferme et du plâtre ou du superphosphate mélangé de tourteaux de sésame. Leur rendement est de 75 hectolitres à l'hectare[1].

§ 3. — Le Béarn et le pays basque.

(DÉPARTEMENT DES BASSES-PYRÉNÉES.)

Le département des Basses-Pyrénées est entouré au sud-est par un vaste et imposant cirque de montagnes dont un côté forme la limite de l'Espagne, tandis que l'autre se rattache au massif central des Hautes-Pyrénées. Les principaux sommets sont constitués par des granites entourés de schistes, de grès et de calcaires, qui appartiennent au silurien, au devonien, au carbonifère, au trias, etc.; et les dernières poussées, qui ont donné à la grande chaîne ses hauteurs définitives, ont soulevé autour d'elle des terrains crétacés qui forment la plus grande partie du pays basque, et plus loin, des terrains nummulitiques qui ont plus de 1,000 mètres d'épaisseur aux environs de Biarritz.

Terrains éocènes. — D'après M. Pellat[2], on peut y distinguer 2 divisions principales : *les marnes et argiles à Serpula spirulæa et les grès à Operculines.*

La première se partage en :

1° *Calcaires à Echinanthus* du moulin de Sopite, calcaires marneux et sableux, jaunes ou bleuâtres, très riches en fossiles;

2° *Calcaire du Goulet,* à *Ostrea rarilamella ;*

3° *Marnes à Turbinolia calcar;* marnes bleues et calcaires marneux de la longue falaise du Port-des-Basques avec *Orbitolites Fortisi, O. radians, Serpula (Rotulina) spirulæa,* etc.

La deuxième division que l'on trouve dans les falaises au nord de Biarritz est composée de :

1° Calcaires sableux à bancs pétris de *Nummulites intermedia, Euspatangus ornatus, Echinolampas subsimilis,* etc.;

---

1. Notes de M. Boué.
2. *Bulletin de la Société géologique de France.* Série II, t. XX.

2° Grès durs, calcarifères et sables gris et jaunes de la Chambre d'Amour à *Operculina ammonœa*, etc. ;

3° Plaquettes pétries d'*Operculina ammonœa* du sommet de la falaise de la Chambre d'Amour ;

4° Calcaires sableux à *Cytherea Verneuili*.

Des environs de Biarritz et de Bayonne, ces terrains éocènes s'étendent vers l'est, formant sur les deux rives de l'Adour et sur la gauche du gave de Pau une bande qui est très étroite près de Salies, mais qui reparait au sud de Pau dans les collines de Bosdarros, de Gan et de Jurançon, célèbres par leurs vignobles.

Ces terrains prennent un développement plus considérable entre le gave de Pau et l'Adour, dans la Chalosse, pays très accidenté et très pittoresque, qui forme en quelque sorte la transition entre les Pyrénées et la plaine des Landes.

Ophites. — Sur un assez grand nombre de points, les terrains crétacés et les terrains nummulitiques des Basses-Pyrénées ont été traversés par des pointements d'ophites, roches éruptives, de couleur verdâtre, riches en amphibole, pyroxène et feldspath, par conséquent, en potasse ; elles sont également riches en phosphates et lorsqu'elles se décomposent en écailles concentriques, elles fournissent aux sols qui les entourent des éléments précieux de fertilité. Aussi la végétation est-elle toujours très belle dans le voisinage de ces pointements. Souvent ils sont accompagnés d'argiles bigarrées de couleurs très vives, de dolomies grenues, de fer oligiste en petites paillettes brillantes, de gypse que l'on exploite pour les besoins de l'agriculture et de sel gemme ou du moins de sources salées, comme celles de Salies et de Briscous.

Terrains miocène et pliocène. — Les rivières et les lacs de l'époque miocène ont déposé dans la plaine qui s'étendait au nord des Pyrénées des *marnes et des mollasses* analogues à celles que nous avons décrites dans les départements du Gers et de la Haute-Garonne. Puis, à l'ouest, ces dépôts ont été ravinés par les eaux de la mer pliocène qui ont laissé, à côté d'eux, comme témoins de son envahissement, les *sables fauves* et les *glaises bigarrées* (voir le § 2).

Alluvions anciennes et terrains glaciaires. — Au milieu de tous

ces terrains, les glaces et les eaux descendues des montagnes ont
creusé des vallées qui se dirigent, en général, du sud-est vers le
nord-ouest ; en même temps, elles ont charrié des matériaux qu'elles
ont déposés principalement sur les points où elles débouchaient dans
la plaine. C'est ainsi qu'ont été formés le plateau de Lannemezan et
toute la série de dépôts erratiques qui s'étend depuis la rive gauche
de l'Adour, près de Tarbes, jusqu'aux landes de Pont-Long, aux environs de Pau.

Toute cette région basse du Béarn, qui s'étend au nord du gave
de Pau, se compose d'une série de plateaux plus ou moins élevés
et sillonnés de nombreuses vallées ; elle ressemble à la partie limitrophe du département du Gers.

Ses coteaux sont parsemés de blocs erratiques que les anciens
glaciers y ont amenés des montagnes des Pyrénées. Les boulbènes,
composées des mêmes roches, en fragments de plus en plus petits, à
mesure qu'on s'avance dans la plaine, graviers, sables, argiles ou
limons, mais souvent entremêlés sans aucun ordre, sont partout
pauvres en chaux et en acide phosphorique.

Comme dans les départements de la Haute-Garonne et du Gers,
les dépôts quaternaires se trouvent presque toujours sur la rive
gauche des cours d'eau ; ils y forment une pente douce, tandis que
le flanc droit de la vallée, rongé par la rivière, est abrupt et montre
à nu les marnes et mollasses miocènes qui en constituent la base.
Souvent les boulbènes ont assez d'étendue pour s'élever jusqu'au
sommet des coteaux et ils en couvrent toute la surface.

La plupart des fermes sont bâties sur ces plateaux et, au lieu
d'être groupées en villages ou hameaux, elles sont dispersées au
centre des terres qu'elles cultivent. Elles ont partout de l'eau de
source ou de puits. C'est un pays de petite propriété et le cultivateur béarnais tient à avoir, autant que possible, tous ses terrains
en un seul clos, ce qui facilite la surveillance et l'exécution des
travaux.

L'ensemble dépasse d'ailleurs fort rarement ce qu'une famille
peut cultiver : 20 à 30 hectares dont la moitié environ sont en bois
de chênes et surtout de châtaigniers, ou en *touyas*, landes qui servent de pâturage pour le bétail et lui fournissent en même temps

une abondante litière[1]. La culture proprement dite ne se compose que de 10 à 15 hectares dont 6 à 8 en champs, 1 à 2 en vignes et le reste en prés situés dans les parties les plus basses et les plus faciles à arroser.

Dans les boulbènes des coteaux qui ne sont pas marnées, il faut renoncer à la culture ou se borner à l'assolement biennal : 1° jachère ; 2° blé ou seigle, avec un peu de farouch ou trèfle incarnat. Le trèfle ordinaire y réussit mal, l'esparcette pas du tout. Quant à la luzerne, elle n'y dure pas longtemps ; elle est bientôt envahie par les mauvaises herbes qui foisonnent dans ces terres. Mais cette pauvre agriculture de l'ancien temps ne se voit plus guère. Il est facile de se procurer des marnes dans les couches de miocène qui affleurent au bas des coteaux sur la rive droite des ruisseaux, et qui se trouvent même partout au-dessous du diluvium qui les a recouvertes.

Sur les défrichements de landes, on emploie ces marnes à raison de 350 à 400 mètres cubes à l'hectare ; sur les terres depuis longtemps travaillées, on n'en met que 70 à 80 mètres cubes ; quelquefois, quand ces marnes ne sont pas assez riches en chaux, on complète leur action par des chaulages.

Grâces à ces amendements calcaires, on a pu adopter l'assolement triennal : 1° blé ; 2° maïs ; 3° jachère, qui est le plus général dans la contrée, ou dans un assez grand nombre de fermes : 1° blé ; 2° trèfle ; 3° maïs ; 4° jachère ; et, de progrès en progrès, on arrive aujourd'hui à supprimer la jachère ou du moins à en employer une partie à la culture des plantes sarclées ; l'assolement devient alors : 1° maïs ; 2° blé ; 3° trèfle, ou bien 1° maïs ; 2° pommes de terre, betteraves, etc. ; 3° blé ; 4° trèfle.

---

1. C'est l'ajonc (la *touye*) qui prédomine dans la flore des *touyas ;* il y remplit les fonctions de collecteur d'azote, comme le font toutes les légumineuses. Dans un bon sol, il végète rapidement ; on peut le couper tous les trois ans et il donne 200 à 250 quintaux métriques de litière à l'hectare. Il n'est alors accompagné que de quelques graminées, et surtout par la mélique bleue (en béarnais, *aoubiscou*), dont le chaume est quelquefois employé pour faire de petits balais. On appelle, par dérision, les cantons de Morlaas, Garlin et une partie de celui de Thèze, *pays des aoubiscous.* Dans les terrains marécageux, l'ajonc cède la place au jonc. Si le sol est trop sec et trop pauvre, la bruyère s'en empare. A l'ombre des chênes, la fougère se mêle à l'ajonc. *(Note de M. Boué.)*

La culture du maïs fut introduite dans le Béarn au commencement du xvi⁰ siècle par Henri d'Albret, le grand-père d'Henri IV, et
de là elle passa dans le comté de Bigorre qui est resté le pays classique du beau maïs. Nous avons déjà cité les opinions contradic-
toires d'Arthur Young et de Léonce de Lavergne au sujet de cette
culture qui occupe une place si importante dans l'économie rurale
du sud-ouest de la France. M. de Castarède, président de la Société
d'agriculture des Basses-Pyrénées, prend sa défense. Le maïs, dit-il,
dont plusieurs agronomes ont blâmé l'abus dans nos cultures, présente pourtant de sérieux avantages. Comme plante sarclée, il né-
cessite de nombreuses façons qui se pratiquent pendant l'été et pré-
parent la terre aux ensemencements de l'automne. Ces façons ne
suffisent pas toujours à débarrasser les champs des mauvaises herbes
qu'un sol ordinairement argileux et par cela même très frais, sous
un chaud soleil, engendre avec une déplorable fécondité. Les mauvaises herbes, qui poussent toujours si facilement, sont une des plaies
de notre agriculture et la culture du maïs nous oblige à les combattre sans relâche. Le maïs entre pour une part notable dans l'alimentation de l'homme et dans celle des animaux. Autrefois, dans
quelques parties du département, le paysan vendait son froment et
se nourrissait presque absolument d'un certain pain de maïs appelé
mesture, qui était lourd et peu digestif. Aujourd'hui le froment est
la base principale de l'alimentation rurale, mais on le mélange encore avec du maïs, qui le tient frais plus longtemps et le rend très
savoureux. La bouillie de maïs, la *broye,* est encore une des grandes
ressources de la famille rurale et mêlée soit avec du lait, soit avec
de la graisse, elle donne, surtout aux enfants, un aliment sain et
nourrissant.

Les animaux consomment presque tous du maïs quand on les prépare pour la vente. Les volailles engraissées au maïs sont excellentes.
Aux concours de la Société d'agriculture, on expose des oies et des
canards, qui sont des phénomènes d'engraissement. Que dira-t-on
donc du porc de la plaine de Nay, de sa finesse et du poids qu'il atteint, jusqu'à 330 kilogr., sous un volume relativement médiocre?

La mule préparée pour l'Espagne, le poulain destiné à la remonte,
mangent du maïs concassé : l'acheteur comme le vendeur s'en trou-

vent très bien. Le bœuf de boucherie n'est amené au fin gras qu'avec la farine de maïs.

Malgré l'emploi utile que fait du maïs le cultivateur des Basses-Pyrénées, il en exporte encore par le port de Bayonne une quantité notable. C'est ainsi que se justifie l'extension d'une culture qui occupait, en 1890, 62,940 hectares et donnait 1,007,040 quintaux métriques.

Dans les alluvions de la plaine de Tarbes et du gave de Pau, on obtient des récoltes de 40 à 45 hectolitres de maïs à l'hectare ; sur les boulbènes des coteaux du Bas-Béarn, on n'en fait guère que 15 à 20 hectolitres avec la fumure habituelle d'environ 20,000 kilogr. de fumier de ferme. Mais l'emploi des superphosphates de chaux et des scories de déphosphoration commence à se vulgariser dans ces boulbènes et, grâce à eux, on peut y porter le rendement du maïs à 30 ou 35 hectolitres.

M. L. de Dufourcq, secrétaire général de la Société d'agriculture des Basses-Pyrénées, a publié en 1885 une étude géologique et chimique sur les terres arables de ce département. Il y reproduit les résultats d'un grand nombre d'analyses faites par M. Aubin, directeur du laboratoire de la Société des agriculteurs de France, et pour montrer combien les expériences pratiques concordent avec ses résultats, il donne dans le tableau suivant les chiffres des récoltes obtenues en 1880 avec divers engrais dans une terre de boulbènes de la commune d'Arpagnon.

Les analyses de M. Aubin avaient montré que cette terre contient :

Analyse physico-chimique.

Eau	3.21
Sable siliceux	88.10
Argile	4.46
Calcaire.	0.37
Matière organique.	3.01
Acide humique.	0.85
	100.00

Analyse chimique de la terre fine p. 1,000.

Azote.	1.020
Acide phosphorique.	0.430
Chaux assimilable.	1.700
Magnésie assimilable.	0.450
Potasse assimilable	0.629
Potasse (par acide concentré).	1.173
Acide sulfurique	0.584

Comme on le voit, cette terre est moyennement riche en azote et en potasse, mais pauvre en acide phosphorique et le tableau des récoltes montre qu'en effet la suppression de la potasse dans l'engrais n'abaisse pas sensiblement le rendement du blé, tandis que les produits nets les plus élevés ont été obtenus soit par le superphosphate de chaux employé seul ou comme addition au fumier, soit par l'engrais chimique complet.

TABLEAU.

ESSAI COMPARATIF DES PRODUITS FOURNIS PAR DIVERS ENGRAIS.

Semence employée : Blé bleu de Noé, 150 kilogr. par hectare.

PLANCHES. Nos.	NATURE des ENGRAIS EMPLOYÉS.	DOSES D'ENGRAIS à l'hectare. kil.	ÉLÉMENTS UTILES CONTENUS DANS LES ENGRAIS. Azote. kil.	Acide phospho-rique. kil.	Potasse. kil.	Chaux. kil.	RENDEMENTS. Poids total. kil.	Paille. kil.	Grain. kil.	EXCÉDENT des récoltes obtenues par les engrais. Paille. kil.	Grain. kil.	VALEUR DE L'ENGRAIS. fr.	VALEUR DE L'EXCÉDENT. fr.	PERTE OU PROFIT. fr.
1	Terre sans engrais	»	»	»	»	»	4,000	2,700	1,300	»	»	»	»	»
2	Fumier de ferme	60,000	240	120	312	337 50	6,600	4,000	2,100	1,300	800	480	314	—168
3	Fumier de ferme	30,000	120	60	156	188 70	5,300	4,200	2,100	1,500	800	240	299	+59
4	Engrais complet	3,000	130	130	160	340	8,900	6,400	3,800	3,400	1,500	600	590	—10
5	Engrais complet	1,000	65	65	80	170	7,500	4,900	2,600	2,200	1,300	300	474	+174
6	Engrais sans azote	1,000	»	65	80	170	4,800	3,200	1,600	500	300	207	109	—98
7	Engrais sans potasse	1,000	65	65	»	170	7,000	4,800	2,200	2,100	900	292	357	+65
8	Engrais sans phosphate	1,000	65	»	80	170	5,800	3,900	1,900	1,200	500	294	200	—94
9	Engrais sans chaux	1,000	65	65	80	»	4,000	2,700	1,300	»	200	351	»	—351
10	Azote seul	1,000	65	»	»	»	4,800	3,300	1,500	600	200	207	66	—141
11	Superphosphate seul	1,000	»	120	»	»	6,100	4,000	2,100	1,300	800	120	289	+169
12	Superphosphate et fumier	500 { 2,000 {	0 { 80 {	60 { 40 {	0 { 104 {	135 { 112 50 {	6,900	4,600	2,300	1,900	1,000	220	375	+155

Les landes de Pont-Long s'étendent au nord de Pau sur un vaste plateau de formation glaciaire qui fait en quelque sorte pendant au plateau de Lannemezan situé de l'autre côté de l'Adour. Les troupeaux y pâturent en automne et au printemps après ou avant leur séjour à la montagne.

Les communes de la vallée d'Ossau, entre autres, y ont un droit de dépaissance qui leur a été concédé, dit-on, par Henri IV en récompense des services qu'elles avaient rendus à la cause royale.

La surface de ces landes se compose d'un terrain léger, sablonneux, souvent très riche en humus ; près du gave de Pau, il repose sur une couche épaisse de graviers, mais peu à peu, à mesure que l'on s'élève sur le plateau, ce gravier est remplacé par des argiles imperméables qui retiennent les eaux de pluie et forment des flaques marécageuses. On a fait depuis longtemps des tentatives pour mettre en culture une partie de ces landes.

Au commencement du siècle (an VIII), une ferme-école fondée par le comte de Castellane, alors préfet, ne put pas vivre, malgré les sacrifices de la Société d'agriculture.

Une puissante compagnie avait entrepris vers 1864 le défrichement d'un millier d'hectares dans une lande achetée à très bon compte au syndicat du Bas-Ossau. On essaya dans cette entreprise les instruments les plus perfectionnés, entre autres des charrues à vapeur dont les câbles cassaient vingt fois par jour. On couvrit les semailles de noir animal et avec tous ces efforts on n'obtint que quelques maigres récoltes d'avoine et quelques pâturages dont l'herbe acide ne profitait pas aux bestiaux. Au bout de peu d'années la compagnie fut mise en liquidation et en très peu de temps les terrains défrichés et cultivés, aussitôt qu'ils furent abandonnés à eux-mêmes, se couvrirent d'ajoncs et revinrent à l'état de landes[1].

Mais aujourd'hui la transformation de ces landes se produit peu à peu, en faisant tache d'huile autour de la ville de Pau. D'abord les bords du gave ont été assainis par la régularisation des nombreux ruisseaux qui y aboutissent. Puis la ville elle-même s'est étendue de proche en proche, couvrant les hauteurs voisines de villas, de mai-

---

1. De Castarède, *L'Agriculture des Basses-Pyrénées.*

sons groupées en hameaux, entourées de jardins, de massifs de bois et de fermes qui utilisent les fumiers de ses écuries pour enrichir les terres, cultiver des fourrages et nourrir des vaches dont le lait se vend à un prix très rémunérateur.

On trouve souvent dans la lande de Pont-Long l'argile à une profondeur assez faible au-dessous de la terre légère de la surface pour qu'on puisse facilement la mélanger avec elle ; quelquefois on réussit à le faire par un simple défoncement.

M. Aubin a fait l'analyse d'un échantillon de terre du domaine de Bézet, situé à 4 kilomètres de Pau, domaine qui faisait autrefois partie des landes de Pont-Long et qui porte aujourd'hui de riches cultures ; il y a trouvé pour mille :

Azote total. 1.959
Acide phosphorique 0.644
Potasse totale 1.241
Chaux assimilable 3.304

C'est une terre exceptionnellement riche en azote. Il ne lui manque qu'un peu d'acide phosphorique et, en le lui donnant sous forme de scories métallurgiques, on active en même temps la nitrification de l'azote organique.

Autrefois la propriété souffrait de l'humidité. Le fermier actuel, M. Mangin, l'a drainée au moyen de fossés à ciel ouvert. Sur 79 hectares, il n'en a que 27 en cultures de céréales (maïs, avoine et blé) ou betteraves. Tout le reste, sauf 1 hectare de bois, est en prairies naturelles et artificielles ou pâturages, et, avec ces abondantes ressources fourragères, il nourrit des vaches et obtient des vaches normandes 3,600 litres de lait par an, de celles de Lourdes 2,400 litres et de celles du pays 1,900 litres.

« La mise en culture des landes de Pont-Long, dit M. Boué, professeur d'agriculture à Vic-en-Bigorre, ne pourra se faire que peu à peu ; à mesure que l'on avance, il faut avoir soin de planter des rideaux d'arbres comme abris contre les vents qui, en pleines landes, sont souvent violents, desséchants en été et toujours très froids au printemps. Le manque d'abris a été la cause principale de l'échec des entreprises de défrichements faits en grand. » Du reste, le climat de cette région est favorable à la culture et tout particulièrement à celle des fourrages. D'après les observations que M. Piche a faites à Pau, la pluie y atteint une moyenne annuelle de 1,260 millimètres et elle se répartit dans les différentes saisons avec une régularité qui empêche à la fois les excès de sécheresse et les excès d'humidité.

Terrains d'alluvions. — Les terrains d'alluvions qui couvrent les grandes vallées du gave de Pau et du gave d'Oloron, ainsi que leurs vallées latérales, formés par les débris des roches des mêmes montagnes que les terrains quaternaires, ont à peu près la même composition minéralogique. Cependant, d'après les analyses de M. Aubin que M. de Duffourcq a publiées et discutées dans son rapport, elles paraissent être quelquefois moins pauvres en calcaire et souvent plus riches en azote, fait qui provient principalement de ce qu'elles sont mieux cultivées et plus abondamment fumées. En effet, ces terres de vallées sont partagées entre un nombre très grand de propriétaires qui leur consacrent tous leurs soins.

« En prenant la route de Pau à Moncins, écrivait déjà Arthur Young en 1787, je suis tombé sur une scène si nouvelle pour moi en France, que j'en pouvais à peine croire mes yeux. Une longue suite de chaumières bien bâties, bien closes et confortables, construites en pierres et couvertes en tuiles, ayant chacune son petit jardin entouré d'une haie d'épines nettement taillée, ombragé de pêchers et d'autres arbres à fruits, de beaux chênes épars dans les clôtures, et çà et là de jeunes arbres traités avec ce soin, cette attention quiète du propriétaire, que rien ne pourrait remplacer. De chaque maison dépend une ferme, parfaitement close, le gazon des tournières dans les champs de blé est fauché ras, et ces champs communiquent ensemble par des barrières ouvertes dans les haies. Les hommes portent des bonnets rouges comme les montagnards d'Écosse. Quelques parties de l'Angleterre (là où il reste encore de petits semainiers) se rapprochent de ce pays de Béarn, mais nous en avons bien peu d'égales à ce que je viens de voir dans une course de 12 milles de Pau à Moneins. Il est tout entre les mains de petits propriétaires sans que les fermes se morcellent assez pour rendre la population misérable et vicieuse. Partout on respire un air de propreté, de bien-être et d'aisance qui se retrouve dans les maisons, dans les étables fraîchement construites, dans les petits jardins, dans les clôtures, dans la cour qui précède les maisons, jusque dans les mues de volailles et les toits à porcs. Peu importe au paysan que son porc soit mal abrité, si son propre bonheur tient à un fil, à un bail de neuf ans. Nous sommes en Béarn, à quelques milles du berceau d'Henri IV. Serait-ce de ce bon prince qu'ils tiennent tant de bonheur? Le génie bienveillant de cet excellent monarque semble encore régner sur le pays : chaque paysan y a la poule au pot. »

Dans ces riches plaines, on suit l'assolement biennal le plus intensif et le plus épuisant que l'on puisse imaginer. La première année, « les tiges de maïs sortent de terre en fusées et leurs fortes feuilles chiffonnées retombent en panaches »; la seconde année, « les moissons de blé ondoient avec un reflet d'or rougeâtre[1] ». Le maïs donne en moyenne 40 hectolitres de grain et 3,000 à 4,000 kilogr. de fourrage vert à l'hectare ; souvent on sème avec lui des haricots et quelquefois on le remplace par des pommes de terre, suivies de lin. Le blé fait 25 à 30 hectolitres et, après lui, vient une récolte dérobée de raves, de sarrazin ou de *farouch* (trèfle incarnat). De plus, dans les mêmes champs, on a de la vigne en hautains soutenus par des tuteurs vivants, généralement des érables plus ou moins espacés et émondés chaque année. On fume toujours l'une des soles et les meilleurs cultivateurs en font autant pour la seconde.

Dans les environs immédiats de Pau, c'est la production des légumes qui prédomine et, dans les endroits trop humides pour la culture ou les plus favorables pour l'irrigation, il y a des prairies naturelles qui donnent toujours trois coupes par an.

On a souvent fait à l'agriculture des Basses-Pyrénées deux reproches : d'un côté, on a dit : les assolements que l'on y suit sont trop épuisants et, de l'autre, on a dit, en voyant les 224,580 hectares de landes qui couvrent encore les coteaux du département : c'est de la barbarie ; il faudrait défricher tout cela. Mais l'un de ces reproches annule l'autre et, quand on étudie sérieusement la question, on

---

1. Taine, *Voyage aux Pyrénées.*

ne tarde pas à reconnaître que les agriculteurs des Basses-Pyrénées
sont dans le vrai : ils ne considèrent un domaine comme bien constitué que s'il possède au moins un tiers de sa superficie en landes
ou touyas qui nourrissent en quelque sorte sans frais les terres
cultivées et les empêchent de s'épuiser par la production continue
de céréales à laquelle elles sont soumises. La végétation des touyas
se compose surtout d'ajoncs, appelés *garragou* dans la contrée, qui
fixent comme toutes les légumineuses l'azote de l'atmosphère et
qui en même temps y ajoutent, comme les fougères et les autres
plantes qui les accompagnent, les traces d'acide phosphorique, de
chaux et de potasse que leurs racines réussissent à absorber dans
les terres des coteaux. Il est même probable que ces terres ne sont
pas partout aussi pauvres en acide phosphorique et en chaux que les
terrains quaternaires du Bas-Béarn. Entre le gave de Pau et le gave
d'Oloron, entre ce dernier et la vallée de la Bidouze, il y a des plateaux formés de calcaires tertiaires et de crétacé, qui sont traversés
çà et là par des filons d'ophite et qui sont certainement plus riches
en phosphates que les boulbènes. Or, tous les deux ou trois ans, on
fauche ces ajoncs et l'on en fait une abondante litière pour les animaux nourris à la ferme. On obtient ainsi un fumier que l'on considère comme meilleur que celui de paille, parce que, dit-on, il est
moins rapidement dévoré par la terre.

Une touya donne tous les trois ans 200 à 250 quintaux métriques
de litière par hectare. Elle produit donc par an 67 à 83 quintaux,
en moyenne, 75 quintaux.

Si la *touye* est composée d'un tiers d'ajonc, un tiers de bruyères, et
un tiers de fougères, les 75 quintaux pourraient contenir et, par conséquent, apporter dans les engrais de la ferme, 100 kilogr. de potasse,
143 kilogr. d'azote et 17 kilogr. d'acide phosphorique. Dans une
ferme qui aurait 1 hectare de touyas, pour 2 hectares de terres en
culture [1], cela ferait par hectare de terre en culture un apport an-

---

1. L'ensemble du département des Basses-Pyrénées a 224,580 hectares de landes
pour 292,000 hectares de terres cultivables, dont 76,000 sont en prés naturels,
8,000 à 9,000 en fourrages artificiels et seulement 118,000 en céréales. En réalité,
les apports faits par les touyas aux terres arables peuvent être plus considérables que
je le suppose dans ce calcul ; il peut y avoir souvent 1 hectare de touya pour 1 hec-

nuel de 50 kilogr. de potasse, 71,5 kilogr. d'azote et 8,5 kilogr. d'acide phosphorique. Ce sont ces apports qui, avec ce que fournissent les prés, permettent aux terres arables de produire sans interruption maïs, blé et toujours maïs, blé.

Pour apprécier le système de culture des Basses-Pyrénées, il faut donc considérer l'ensemble formé par les terres à céréales, par les touyas et par les prairies, et cet ensemble est parfaitement bien adapté aux conditions économiques dans lesquelles le département se trouvait jusqu'à présent. Peut-être faudra-t-il le modifier, si les prix du froment et du maïs continuent à rester aussi faibles qu'ils le sont depuis quelques années, et développer quelques cultures plus lucratives dont les climats méridionaux ont la spécialité, par exemple, les légumes ou les fruits primeurs, les semences de choix, etc. Il sera également sage de faire plus de prairies artificielles.

D'un autre côté, les agriculteurs ont aujourd'hui à leur disposition des moyens d'enrichir leurs terres que l'on ne connaissait pas autrefois : ce sont les superphosphates de chaux et les scories de déphosphoration qui font merveille dans les terres d'alluvion des vallées des Basses-Pyrénées. Serait-ce un motif pour se passer désormais des touyas et pour les défricher ?

Depuis trente ans, on a fait de tels défrichements dans les localités où l'on pouvait se procurer facilement de la marne et surtout dans le voisinage des centres de population où il y avait des bras disponibles. Nous en avons cité un exemple dans les landes de Pont-Long.

Mais le bas prix des céréales tend à ralentir ce mouvement plutôt qu'à l'encourager et il est probable qu'au lieu de mettre les touyas en culture, on trouvera plus d'avantage à en transformer une partie en herbages par l'emploi des phosphates.

En effet, tout en fournissant de la litière aux fermes des vallées,

---

tare de terres cultivées. Dans ce cas, l'apport annuel des touyas serait de 17 kilogr. par hectare d'acide phosphorique.

D'après M. de Dufourcq, un arpent (38 ares) de touyas produit, tous les 3 ans, de 12 à 14 charrettes de 60 bottes d'environ 10 kilogr., soit par charrette 600 kilogr., qui valent 5 fr. Cela fait par arpent 40 à 50 fr., dont il y a lieu de déduire le prix du fauchage, 12 à 14 fr. par arpent.

les touyas rendent à l'économie rurale des Basses-Pyrénées un autre service qui est tout aussi important.

Elles servent de pâturage au bétail, quand il revient des montagnes et quand la provision de fourrages récoltés sur le domaine ne permet pas de le nourrir à la ferme. En moyenne, ce bétail passe à peu près 4 mois sur les hauts pâturages, 4 mois à la ferme et 4 mois sur les touyas. Grâce à ce concours, le département des Basses-Pyrénées est le département de la France qui a le plus de bétail relativement à sa surface cultivable. Il est vrai que ce bétail perd les deux tiers du fumier qu'il produit pendant cette transhumance continuelle ; et il est souvent obligé de se contenter d'une maigre nourriture.

C'est à ce régime que la race du Béarn doit sa rusticité, sa sobriété et l'énergie qui la rend si apte au travail. Une amélioration dans sa nourriture d'hiver par l'augmentation des prairies artificielles et par la transformation de quelques touyas en herbages développerait son aptitude à produire de la viande.

Dans les Pyrénées, comme dans la plupart des pays de montagnes, chaque vallée prétend avoir une race spéciale de bêtes à cornes : M. Sanson les considère comme appartenant toutes à la même race qu'il appelle *race béarnaise* et n'en formant que des variétés qui diffèrent plus ou moins suivant le sol et le climat où elles sont élevées. M. de Lapparent, inspecteur général de l'agriculture, en sépare la race d'Urt qui occupe les arrondissements de Bayonne et de Mauléon et pénètre dans celui des Landes. « Cette race d'Urt, dit M. A. de Castarède, est une race bonne pour le travail, suffisante pour le lait, excellente pour la boucherie. Quoiqu'elle soit de création récente, on n'en connaît pas l'origine et son beau pelage blanc déroute fort les chercheurs. On dirait des charolais diminués de volume, égarés dans les pâturages basques. Le pays lui-même n'a pu la créer par la raison qu'en 1814, lors de l'invasion de cette région par les armées alliées, tous les bestiaux furent réquisitionnés et mangés. D'après une légende du pays basque, il n'y serait resté que trois vaches dans la commune de Saint-Barthélemy. Seulement, comme l'armée anglaise payait bien ce qu'elle prenait, les cultivateurs purent acheter de nouveaux animaux qu'ils durent évidemment aller chercher un peu partout. C'est de là que date cette admirable race d'Urt qu'on ne saurait conserver avec trop de soin et qu'on ne doit chercher à améliorer que par la sélection, ce qui lui donnera la qualité qui lui manque encore, la fixité.

« Le nombre des moutons a diminué depuis 1862 dans les Basses-Pyrénées, mais il y en a encore 435,000 du poids moyen de 25 kilogr.

« Sur ce gros chiffre on compte 248,523 brebis que l'on rencontre aux mois de juillet et d'août sur les pics les plus élevés, à la limite des neiges éternelles, sur les bords des lacs glacés, broutant le serpolet et autres herbes parfumées sous la garde de leur grand pasteur, qui tricote philosophiquement son bas, appuyé sur son bâton, et sous la surveillance de ces beaux chiens des Pyrénées, qui font semblant de dormir sur des gros rochers, comme de grand'garde, mais dont le nez est toujours ouvert pour deviner l'approche de l'ours, sur lequel ils se ruent avec un courage sans pareil. Lorsque l'été décline, et cela arrive de bonne heure à ces altitudes, les troupeaux descendent et retrouvent sur les plateaux inférieurs un pâturage rajeuni pendant leurs excursions en haut lieu. Enfin, l'hiver approche, quelques bourrasques de neige se sont déjà abattues sur la montagne. Alors le berger charge son petit âne de sa batterie de cuisine et de son mobilier de campagne, ce n'est pas considérable ; il siffle ses labris, qui n'auront pas à combattre l'ours, mais à diriger le troupeau dans les rues des villages, dans la traverse des villes, à travers mille dangers, surtout pour les petits agneaux. Tout ce monde se met en route et tintant, cahotant, bêlant arrive aux quartiers d'hiver. En voilà jusqu'au printemps. Cette odyssée pastorale est fort pittoresque. Est-elle aussi rémunératrice ?

« On peut se le demander. Les grandes brebis de la vallée d'Ossau ont un mérite. Elles sont fort rustiques. Elles supportent les brusques changements de température qui se produisent fréquemment dans la montagne, où un tourbillon de neige succède sans transition à une forte chaleur. Mais elles ne donnent qu'une laine fort commune et leur lait sert à confectionner ces fromages, d'un goût piquant, fort appréciés dans le pays et dont l'exportation serait difficile. Il faut y avoir été habitué très jeune pour l'apprécier. La viande de ces brebis n'est pas bonne. Si l'on pouvait leur donner plus de finesse, sans diminuer leur force de résistance aux intempéries, rendre leur laine meilleure et leur chair plus délicate pour la boucherie, on aurait résolu un progrès énorme, on aurait augmenté de beaucoup la valeur de ce capital pastoral qui ne produit aujourd'hui qu'un mince intérêt. Le pays basque possède une race plus petite, qui fournit de très bons moutons pour la boucherie[1]. »

L'élevage du porc occupe une place importante dans l'agriculture des Basses-Pyrénées et le jambon de Bayonne a une juste réputation. A ce propos, je demande la permission de reproduire une page du *Voyage aux Pyrénées* de Taine :

« Pourquoi ne parlerais-je pas de l'animal le plus heureux de la création ! Un grand peintre, Karl Dujardins, l'a pris en affection ; il l'a dessiné dans toutes les poses, il a montré toutes ses jouissances et tous ses goûts. La prose a bien les droits de la peinture et je promets aux voyageurs qu'ils prendront plaisir à regarder les cochons. Voilà le mot lâché. Maintenant songez qu'aux Pyrénées ils ne sont pas couverts de fange infecte, comme dans nos fermes ; ils sont roses et noirs, bien lavés, et vivent sur les grèves sèches, auprès des eaux courantes. Ils font des trous dans le sable échauffé et y dorment par bandes de cinq ou six, alignés et serrés dans un ordre admirable. Quand on approche, toute la masse grouille : les queues en tire-bouchon frétillent fantastiquement ; deux yeux narquois et philosophiques s'ouvrent sous les oreilles pendantes ; les nez goguenards s'allongent en flairant ; toute la compagnie grognonne ; après quoi on s'accoutume à l'intrus, on se tait, on se recouche, les yeux se ferment d'une façon béate, les queues rentrent en place et les bienheureux coquins se remettent à digérer et à jouir du soleil. Tous ces museaux expressifs semblent dire fi aux préjugés et appeler la jouissance ; ils ont quelque chose d'insouciant et de moqueur ; le visage entier se dirige du côté du groin et toute la tête aboutit à la bouche. Leur nez allongé semble aspirer et recueillir dans l'air toutes les sensations agréables. Ils s'étalent si complaisamment à terre, ils remuent les oreilles avec de petits mouvements si voluptueux qu'on en

---

1. A. de Castarède, *L'Agriculture dans le département des Basses-Pyrénées.* 1892.

prend de l'humeur. O vrais épicuriens, si parfois en sommeillant vous daignez réfléchir, vous devez penser, comme l'oie de Montaigne, que le monde a été fait pour vous, que l'homme est votre serviteur et que vous êtes les privilégiés de la nature ! Il n'y a dans toute leur vie qu'un moment fâcheux, celui où on les saigne. Encore il passe vite et ils ne le prévoient pas. »

Un peu plus loin, Taine ajoute :

« Le sol, la lumière, la végétation, les animaux, l'homme, sont autant de livres où la nature écrit en caractères différents la même pensée. Si les cochons ont le poil net et rose, c'est que le granit bouillant et la mer poissonneuse ont pendant des milliers d'années accumulé et soulevé dix mille pieds de roche. »

Il me semble que cette réflexion est bien à sa place dans un livre de géologie agricole et, si c'est nécessaire, elle me servira d'excuse auprès du lecteur pour la description des cochons des Pyrénées que j'ai empruntée à notre grand écrivain.

§ 4. — La Chalosse.

On appelle *Chalosse* la partie méridionale du département des Landes. L'Adour la contourne au nord et le gave de Pau la sépare du pays basque. Entre ces deux grandes vallées se trouvent quelques vallées intermédiaires, celles du Luy de Béarn, du Luy de France, du Louts, du Gabas et du Bahus, qui coulent vers l'Adour, au milieu de fertiles alluvions, séparées par des collines de 100 à 220 mètres de hauteur et de formations géologiques très variées. On donne spécialement le nom de *Tursan* à l'extrémité orientale de la Chalosse qui se termine aux environs d'Aire ; elle est moins fertile que le reste et ressemble déjà au Bas-Béarn dont les vallées forment une sorte d'éventail autour de Pontacq, semblables aux vallées qui, de l'autre côté de l'Adour, partent du plateau de Lannemezan ; elle est également en grande partie couverte par les dépôts glaciaires des Pyrénées.

La Chalosse est un pays intermédiaire entre les Basses-Pyrénées et les Landes. Sa constitution géologique ressemble à celle du Bas-Armagnac, mais elle est beaucoup plus accidentée et plus variée. Les protubérances crétacées de la Chalosse sont les plus considérables de celles qui se sont formées à l'époque du soulèvement des Pyrénées, parallèlement à l'axe de la grande chaîne, et les nombreuses éruptions d'ophites, qui ont eu lieu plus tard, ont amené à jour autour d'elles jusqu'aux marnes irisées du trias, avec leurs gypses et leur sel gemme. Ces marnes irisées paraissent à l'ouest de Dax dans un chemin creux qui contourne le Pouy-d'Euze et dans la tranchée du chemin de fer de Dax à Puyoo. Ailleurs elles sont cachées par le diluvium et par les alluvions de la vallée de l'Adour, mais à Dax même leur présence a été reconnue, en 1862, par un sondage exécuté dans un des fossés de la place.

On compte dans la Chalosse quinze pointements d'*ophites* répartis autour de Dax et de Saint-Pandelon, entre Benesse et Mimbaste, près de Sainte-Marie-de-Gosse, de Saint-Laurent et entre Gaujacq, Bastennes et Bergouey. Ce sont des sortes de diorites grenues d'un noir verdâtre, qui se délitent en grosses boules à écailles concentriques et, comme elles sont riches en acide phosphorique et en potasse, les débris de leur décomposition fertilisent les terres auxquelles ils viennent se mêler.

Le *terrain crétacé* forme dans la Chalosse trois protubérances allongées suivant une direction parallèle à l'axe principale des Pyrénées : la première au sud de Saint-Sever, la deuxième près de Peyrehorade et la troisième au sud de Dax ; à cette dernière appartiennent les rochers pittoresques de Tercis que baignent les eaux de l'Adour [1].

Terrains tertiaires de la Chalosse.

A. Les assises du *terrain éocène* ou *nummulitique* reposent à stratification concordante sur celles du crétacé et sont, comme elles,

---

1. Le crétacé fournit des marnes (marnes grises de Cazenave) et des calcaires qui servent à fabriquer la chaux employée dans la culture des terrains tertiaires. Dans le danien des communes de Montsoué et Bahus, M. Dubalen a signalé une glaise qui enveloppe le calcaire et en garnit les crevasses et qui, bien qu'elle ne contienne que fort peu de chaux, produit des effets surprenants, dit-il, dans les sables fauves des coteaux voisins, particulièrement pour la culture du trèfle.

fortement relevées dans toutes les coupes que l'on trouve sur les flancs des collines et plateaux de la Chalosse. La feuille de Mont-de-Marsan de la carte géologique détaillée les divise en cinq parties :

1° *Le grès de Coudures et le calcaire à Oriolampas de Louer.* — Les grès siliceux à pavés de Coudures, avec les calcaires à alvéolines qui leur sont associés, constituent, en Chalosse, l'assise inférieure du terrain éocène. On les trouve à l'ouest de la protubérance crétacée d'Audignon, puis aux environs de Gamarde et de Louer dans la vallée du Louts, en bancs épais, à gros grains, intercalés entre deux assises de calcaire sableux et glauconieux, ayant chacun entre 2 et 6 mètres de puissance.

2° *Les marnes à crabes (Xanthopsis Dufourii) et à Orbitoïdes.* — Assise formant une masse d'une douzaine de mètres de puissance sans autre trace de stratification que celle qui résulte de son agrégation plus ou moins considérable. Elle est presque exclusivement composée de marnes sableuses et micacées, d'un gris bleuâtre, qui ont une tendance marquée à se déliter en fragments conchoïdaux et qui sont exploitées à Saint-Aubin, à Douzet, à Sainte-Colombe, à Coudures, etc.... Elles sont très riches en fossiles, surtout en crustacées. Les marnes à crabes sont surmontées d'une assise de calcaire marneux, blanc, remplie d'orbitoïdes.

3° *Marnes et calcaires à Nummulites complanata.* — Assise formée par un calcaire marneux, tendre, blanchâtre ou par des marnes de même couleur. Elle est très riche en nummulites, orbitoïdes et échinides.

4° *Marnes et calcaires à Serpula spirulæa.* — Calcaire marneux, tendre, grisâtre ou légèrement verdâtre qui couronne l'étage éocène sur une hauteur de 12 à 15 mètres aux environs de Montfort, de Nousse et de Louer.

Toutes ces marnes sont exploitées pour l'agriculture.

5° *Grès de Mugron.* — Ces grès se trouvent au bas de Mugron, et y sont exploités sur une hauteur d'environ 15 mètres. Ce sont des calcaires gréseux, brunâtres, à grains fins, en bancs assez épais avec quelques intercalations marneuses. On les rapporte tantôt à la partie supérieure de l'éocène, tantôt à la partie inférieure du miocène, comme équivalents des faluns de Gaas.

Les terrains éocènes de la Chalosse forment des collines où leurs couches sont inclinées dans des directions très différentes : Caignotte-Cazordite, près de Gaas, collines de Gibret, Montfort, Gamarde, Cassen, etc., près du Tuc du Saumon. C'est un sol très accidenté qui paraît avoir été bouleversé par des secousses nombreuses et prolongées, mais les dépôts subséquents, faluns et sables des Landes, semblent avoir complètement échappé à ces secousses et ils sont étendus horizontalement aux pieds des terrains nummulitiques ou crétacés dont ils contournent les sinuosités comme celles d'un rivage[1].

B. Le miocène de la Chalosse comprend :

1° *Les faluns bleus à Natica crassatina de Gaas*, que l'on retrouve sous forme de calcaire grossier à Lesperon, à l'ouest de Dax, ainsi qu'à Lacouture, à un kilomètre de l'église de Préchacq, au moulin de Pelette, à la tuilerie de Gousse, à la pointe ouest du Tuc du Saumon, enfin dans la vallée du Louts, au bas de Lourquen et de Lahosse. Dans cette dernière localité, ce sont des marnes sableuses bleuâtres, renfermant quelques lits de lignites et alternant avec des bancs irréguliers de calcaires gris.

2° *Mollasse lacustre de l'Agenais.* — Les marnes et les mollasses d'eau douce, jaunes, veinées de gris, qui constituent la base de l'escarpement terminal de la Chalosse, entre Banos et Cassen, et le fond de la vallée du Bahus, à la hauteur de Montgaillard, peuvent être considérées, d'après leur position, comme le prolongement occidental de l'étage d'eau douce des environs d'Agen.

3° *Faluns de Saint-Avit à Cerithium plicatum.* — Aux portes de Dax, d'Abesse à Saint-Paul et Cabannes, sur la rive droite de l'Adour, des faluns très riches en fossiles que le Dʳ Grateloup a étudiés représentent les faluns de Saint-Avit. Sur la rive gauche de l'Adour, ils se montrent au-dessous de la plaine de Pont-Long, à Arreyert et Lahouze, à l'est de Mimbaste et au moulin de Castillon, au sud-ouest d'Ozourt.

4° *La mollasse et le calcaire lacustre inférieur de l'Armagnac* se trouvent à la base de toutes les collines de la Chalosse, principa-

---

1. Tournouër, *B. S. G.*, 2ᵉ série, tome XX.

lement dans la partie orientale de la région où ils sont très développés.

5° Dans la partie occidentale, toutes ces assises marneuses manquent complètement et l'on voit des *faluns bleus* beaucoup plus récents (à *Cardita Jouannetti* et *Ostrea crassissima*) reposer sans intermédiaire sur le terrain éocène. Ce sont des marnes sableuses gris bleuâtre, qui occupent presque en entier les territoires de Saubrigues, de Saint-Jean-de-Marsacq et de Saint-Martin-de-Hinx et vont se perdre, du côté du nord-ouest, sous le sable des Landes, pour ne reparaître que dans le vallon du ruisseau de Soustons.

Au sud-est de Dax, l'assise du falun à *Cardita Jouanneti* est très développée sur les bords du Luy, à Haut-Narrosse, Sort et Garrey, et vient se montrer sur une grande épaisseur à Jean-Mouton, à 2 kilomètres au sud-ouest de Montfort, où elle fournit de la marne et du moellon.

C. *Pliocène.* — 1° Les *sables fauves,* que nous avons déjà appris à connaître dans le Bas-Armagnac, couvrent des surfaces importantes sur les collines et plateaux de la Chalosse. Ce sont des sables quartzeux, fins, colorés en jaune brunâtre par une petite quantité d'hydroxyde de fer. Par places et à différents niveaux, ils sont agglutinés par un ciment tantôt calcaire, tantôt ferrugineux. Dans les environs de Doazit et de Maylis, ils renferment, vers le haut, des masses lenticulaires d'hydroxyde de fer, remplies d'empreintes des fossiles caractéristiques de l'assise. Ils ont souvent 40 à 50 mètres d'épaisseur et forment un épais manteau qui ne laisse voir les terrains crétacés et éocènes que par quelques pointements isolés et le plus souvent l'existence de ces derniers n'est révélée que par les exploitations auxquelles elles donnent lieu pour le marnage des champs.

Ces sables fauves varient quelquefois de couleur ; ils passent au blanc, au gris, au rose, ou encore au noir quand ils sont imprégnés d'oxyde de manganèse. D'après M. Dubalen, ils ne contiennent pas trace de chaux.

Ils renferment des lits d'argile intercalés à diverses hauteurs, de nombreux galets de quartz blanc et des rognons de silex qui proviennent sans doute de la craie.

2° Au-dessus des sables fauves, les *glaises bigarrées* apparaissent

quelquefois à flanc de coteau. On les rencontre presque toujours
sous le diluvium qui couvre la surface des plateaux et elles contribuent à donner à la surface l'humidité qui souvent la caractérise. Il
n'y a pas de sable des Landes dans la Chalosse, d'après M. Dubalen,
mais

D. un mélange jaunâtre de sables et d'argiles, provenant du *diluvium quaternaire,* s'étend, sous forme d'une nappe mince, sur presque toute la contrée. Il renferme des concrétions ferrugineuses et
beaucoup de galets de roches quartzeuses qui ont souvent la grosseur du poing et deviennent de plus en plus volumineux à mesure
que l'on se rapproche des Pyrénées.

Les points où ce diluvium accumulé a le plus d'épaisseur sont les
moins fertiles et restent ordinairement en bois ou en *touyas.*

Les dépôts quaternaires forment, comme dans l'Armagnac, des
terrasses disposées sur la rive gauche des cours d'eau qui traversent
la contrée.

Quant à la partie inférieure de ces vallées, elle est couverte

E. d'*alluvions modernes,* mais il y a une grande différence dans
la composition minéralogique et la fertilité des alluvions des différentes vallées. M. Dubalen a constaté que celles du Bahus et du Gabas qui prennent leurs sources au pied du plateau glaciaire de Pont-
Long sont très pauvres en calcaire, tandis que celles de l'Adour sont
assez riches en chaux et l'on trouve sur ces dernières une flore cal-
cicole.

Quant à la vallée du gave de Pau, elle est aussi riche dans sa partie inférieure, aux environs de Puyoo, Peyrehorade, Cauneille,
Saint-Cricq, etc., que près de Pau et de Nay.

Le maïs, souvent associé aux haricots, et alternant toujours avec
le blé, y donne assez régulièrement des récoltes de 35 hectolitres à
l'hectare. Les terres se louent de 200 à 250 fr. l'hectare. Le produit
de la vigne y est également considérable.

Nous donnons ci-après les résultats de quelques analyses de terres
de la Chalosse faites par MM. Aubin et Joulie; elles contiennent pour
mille (voir page 317) :

Collines de la Chalosse.

D'après une photographie de M. Hitier.

LOCALITÉS.	AZOTE.	CHAUX.	MAGNÉ-SIE.	PO-TASSE.	ACIDE phospho-rique.	ANALYSÉ par :
Cauneille. — Terre noire. . . .	0.399	2.42	?	6.20	0.54	M. Aubin.
— Terre rouge. . . .	0.171	2.46	?	6.20	0.37	—
Beyries	1.08	3.84	1.25	1.19	0.05	M. Joulie.
Aire-sur-l'Adour. — Vigne, sol .	1.10	1.70	1.90	1.27	0.77	—
— — sous-sol.	0.81	1.48	1.72	1.40	0.59	—
Fleurus, près Saint-Sever. —						
Terre de labour, a	0.58	3.58	1.54	0.73	0.40	—
— — b	1.24	3.16	2.14	0.69	0.42	—
— — c	0.76	3.15	1.38	0.96	0.49	—
Montsoué. — Bois de chênes . .	1.09	2.21	1.16	0.46	0.27	—
Saint-Sever. — Terre à betteraves.	0.94	5.89	0.67	1.15	0.50	—

Tout cet ensemble de terrains, dont la nomenclature géologique est, comme on le voit, assez compliquée, constitue un pays ravissant : sur les coteaux, des bois de chênes ou des *touyas* dans lesquelles pâture le bétail ; sur les pentes, des champs de blé et de maïs cultivés avec soin, entrecoupés par des rangées de vignes en hautains et entourés de remblais de terre garnis d'arbres comme en Normandie ; au fond des vallées, des prairies bien arrosées, et de tous côtés, au milieu de ces nids de verdure, les maisons blanches des métayers ou les villas des propriétaires.

Ces champs séparés avec leurs fossés, leurs tertres et leurs haies font perdre beaucoup de terrain, mais les paysans chalossais aiment à être chez eux et ils ne consentiraient pas facilement à avoir de simples bornes comme démarcations entre leurs terres et celles de leurs voisins.

Les fermes ne sont, du reste, pas grandes : en moyenne elles n'ont que 6 à 8 hectares, dont un tiers à un demi-hectare de vignes, à peu près ce qu'une famille peut cultiver sans avoir recours à des ouvriers étrangers. Il y a, en outre, à peu près autant de *touyas* que de champs et de vignes ; et l'on considère ces touyas comme si utiles qu'elles se vendent presque aussi cher que les autres terres ; non seulement elles servent de pâturage pour le bétail, mais les ajoncs fournissent de la litière et du combustible pour les fours. Beaucoup de ces touyas sont d'ailleurs des sortes de sous-bois où la fougère pousse abondamment à l'ombre des chênes et des pins.

Un grand nombre de ces fermes sont cultivées par leurs propriétaires ; d'autres sont louées à des métayers.

Allons visiter une de ces métairies, celle de P..., dans la commune d'Arsague. Elle se compose de 14 hectares dont 7 hectares de terres labourables au centre desquelles se trouvent la ferme, 1 hectare de prairie naturelle et 6 hectares de *touyas* ou landes qui sont à environ 1 kilomètre de la ferme.

Cette ferme, construite suivant les anciens usages du pays, se compose d'un bâtiment principal qui est séparé par une cour assez grande des *loges* destinées aux volailles et aux porcs. Ces loges sont contiguës au four et, sur leur devant, un hangar abrite les gros ajoncs (*gabarres*) qui servent à le chauffer.

Le bâtiment principal, dont la façade est tournée à l'est, se compose d'une grange centrale, des étables qui se trouvent du côté nord, des chambres et de la cuisine qui sont au sud. Les murs sont faits en mottes d'argile séchées au soleil, mottes que l'on appelle *adoubes* et que l'on réunit au moyen de mortier, comme les moellons. Le sol de la cuisine et des chambres est en argile battue. Les charpentes sont en bois de chêne.

La famille du métayer se compose du père, de la mère et de deux fils, l'un de 30 ans, l'autre de 23 ans. Ils suffisent à la culture, sauf dans quelques cas exceptionnels, comme le battage des blés pour lesquels les métayers voisins ont la coutume de s'entr'aider mutuellement.

Le cheptel vivant se compose d'une paire de bœufs de 5 ou 6 ans et d'une autre paire de bœufs plus jeunes. Les terres étant fortes, il faut avoir des bœufs pour les labourer ; les mulets ne le pourraient pas, comme dans les sables des Landes. Il y a, en outre, une vache dont les veaux sont ordinairement vendus pour la boucherie ; on n'élève que de loin en loin une génisse.

La basse-cour se compose de poules, de canards et d'oies dont le nombre varie souvent, mais toutefois il dépasse rarement 20 poules, 30 oies et 25 canards. Deux porcs, nourris sur la ferme, sont destinés, l'un à être vendu, l'autre à être tué.

Le bétail et le mobilier représentent une valeur de 3,000 fr. environ.

Arsague est sur un plateau dont les terres sont en général fortes. Elles se composent d'un diluvium d'argile mêlée de cailloux reposant sur un sous-sol de glaises bigarrées de rouge. Pour assainir les champs, on les entoure de fossés à ciel ouvert, appelés *rigoles*. À côté de ces rigoles, on laisse une *malle*, bordure de 1 mètre à 1^m,50 de large, sur laquelle sont plantées des vignes en hautains soutenus par des cerisiers sauvages ou par des piquets.

L'eau se trouve partout; les puits ne dépassent guère une profondeur de 7 mètres et souvent ils n'en ont que 4 ou 5; et cette abondance d'eau permet d'avoir des fermes dispersées dans la campagne au centre des terres qu'elles cultivent.

Ce sont des terres difficiles à travailler, boulbènes froides qu'on cherche à réchauffer et à ameublir, tantôt par la chaux, tantôt par les marnes que l'on va chercher au bas des coteaux sur les points où affleurent les dépôts éocènes ou miocènes que nous avons signalés plus haut. Les engrais chimiques ne sont guère employés par les cultivateurs de la Chalosse. Leur ressource principale est le fumier; ils cherchent à en augmenter la masse en le mélangeant avec les terres qui proviennent des *malles* ou du curage des *rigoles* et avec des ajoncs qu'ils étendent dans la cour de la ferme pour les faire écraser par le passage des chars et des animaux, ce qu'on appelle *fumier de sabot*.

Grâce à cette abondance de fumier, on peut cultiver alternativement du blé et du maïs avec lequel on sème des haricots. Le maïs sert à la nourriture du personnel de la ferme et à l'engraissement des bœufs et de la volaille. Les haricots et la plus grande partie du froment sont vendus. Souvent on sème du farouch (trèfle incarnat) dans le maïs, quand celui-ci a 20 centimètres de hauteur. On fait aussi un peu de luzerne et de sainfoin dans les terres les plus saines et les moins pauvres en calcaire, mais il y a peu de betteraves et même peu de pommes de terre.

Avec la vente du blé, des haricots et de la volaille, quelquefois avec le bénéfice qu'il fait sur l'engraissement d'une paire de bœufs et d'un porc, avec quelques charrois, un métayer de la Chalosse peut avoir sur les 6 à 7 hectares de terres qu'il cultive et les touyas qui y sont adjointes en moyenne 600 à 700 fr. de produit brut pour

200 à 250 fr. de frais de toutes sortes. Il lui resterait donc 400 à 450 fr. de bénéfice net. Ce serait bien peu, s'il n'avait pas en outre le produit de la vigne ; depuis quelques années, cette récolte est souvent compromise par des maladies de toutes sortes, mais pendant longtemps elle a été une des principales richesses du pays[1].

L'oïdium, le mildew et le blackrot ont fait souvent du mal aux vignes de la Chalosse, mais jusqu'à présent le phylloxera les a épargnées ; il n'a paru que sur quelques rares points du nord-est. Le reste du département croyait même rester toujours indemne, soit parce que les vents d'ouest qui soufflent le plus souvent ne peuvent pas lui amener le phylloxera ailé, soit parce que beaucoup de vignes se trouvent dans les sables fauves qui sont peu favorables à la propagation souterraine de l'insecte. Mais, pendant ces dernières années, les vignobles de Mugron et de Lourquen ont été attaqués et l'on commence à se préoccuper de la plantation des vignes américaines qui probablement s'adapteront aisément aux terres pauvres en chaux de la Chalosse.

Dans les alluvions anciennes de la commune de Pey, M. Molas a obtenu, en 1891, une récolte de 67 hectolitres dans une vigne à laquelle il avait donné par hectare 300 kilogr. de scories de déphosphoration, 300 kilogr. de superphosphate, 300 kilogr. de phosphate naturel, 225 kilogr. de sulfate d'ammoniaque et 225 kilogr. de chlorure de potassium, tandis qu'il n'a eu que 49 hectolitres dans une partie de la même vigne qui n'avait reçu aucun engrais chimique. L'effet de cet engrais chimique était d'ailleurs loin d'être épuisé et a dû se manifester encore pendant plusieurs années.

§ 5. — Les landes de Gascogne.

Sur quelques-unes des collines de mollasse qui entourent Nérac, on pourrait se croire sur des falaises au bord de l'Océan. Mais cette plaine si horizontale et si vaste qui s'étend à l'ouest, ce n'est pas encore l'Océan. On ne tarde pas à le reconnaître à ses couleurs som-

---

1. Je dois une grande partie de ces renseignements à l'obligeance de M. Darieu, ingénieur-agronome et propriétaire à Arsague.

bres et aux détails que l'on y découvre peu à peu. Ce sont les landes de Gascogne, en grande partie couvertes de leurs *pignadas* ou forêts de pins. Elles ont une étendue d'environ 1,200,000 hectares dont 100,000 appartiennent au département de Lot-et-Garonne, 500,000 à celui de la Gironde et 600,000 à celui des Landes. Elles ont précisément à la latitude de Nérac leur plus grande largeur, plus de 100 kilomètres, avec une faible pente vers l'Océan. Cette ligne passe près des pointements crétacés qui se montrent de Roquefort à Gabarret et elle paraît être le point de partage des eaux qui coulent, les unes vers la Garonne, comme la Gélize, le Ciron, etc., les autres vers l'Adour, comme la Douze et le Midou qui se réunissent à Mont-de-Marsan pour former la Midouze. D'autres rivières, par exemple la Leyre, suivent la pente principale de la plaine des Landes et se dirigent vers l'Océan, mais elles sont arrêtées par les dunes et donnent naissance à de nombreux étangs.

Sur les bords de la Gironde et de la Garonne, les sables des Landes sont couverts par les terrasses quaternaires dont les terrains caillouteux ou *graves* portent les meilleures vignes du Bordelais. C'est pour cela sans doute que la plupart des géologues, MM. Jacquot et Raulin dans leur *Statistique géologique et agricole du département des Landes*, M. de Lapparent dans son grand *Traité de géologie*, etc., les considèrent comme appartenant à la période tertiaire, à la fin du pliocène. Ils sont indiqués comme tels sur la carte géologique de la France à l'échelle du millionième qui a été publiée par le ministère des travaux publics sous la direction de M. Jacquot. D'autres géologues les rattachent à l'époque quaternaire. Dans son *Esquisse géologique du département de la Gironde*, M. Emmanuel Fallot adopte une opinion intermédiaire : « Sans nier, dit-il, que le sable des Landes ait pu commencer à se former à l'époque pliocène, nous croyons qu'il doit surtout se rapporter à l'époque quaternaire. Deux faits nous engagent à adopter cette manière de voir ; c'est, d'une part, la présence à la base de la formation, à Léognan, d'une couche à coquilles terrestres vivant encore actuellement : *Helix nemoralis, Cyclostoma elegans* et, d'autre part, la présence, à Soulac, sous le sable des Landes, d'un dépôt ligniteux, dans lequel on a trouvé des ossements d'*Elephas meridionalis*. Cette dernière couche pourrait donc être un représentant du pliocène supérieur[1]. »

Que les sables des Landes soient le dernier terme de la série tertiaire ou le dépôt le plus ancien de la période quaternaire, ce qu'il nous importe surtout de connaître c'est leur composition minéralogique et leurs propriétés physiques, bases de leurs caractères agricoles. Ces sables sont presque exclusivement quartzeux, à grains plus ou moins fins et plus ou moins arrondis. On y trouve toujours du fer oxydé magnétique, c'est-à-dire attirable à l'aimant, quelquefois des particules d'argile ou de kaolin qui peuvent fournir à la végétation un peu de potasse et très rarement des traces de calcaire.

Du côté du Médoc, il y a une transition insensible et graduelle du sable au gravier qui est composé des mêmes éléments minéralogiques, éléments qui proviennent les uns des roches éruptives du plateau central ou des Pyrénées, les autres, principalement les silex, des terrains crétacés ou tertiaires qui entourent le bassin de la Garonne.

En général, les pays de sables sont des pays secs. Mais il en est tout autrement pour les grandes Landes ; elles étaient autrefois très humides et aussi infertiles qu'insalubres. Cela provient de ce que les eaux de pluie, au lieu de traverser les couches de sable, y rencontrent, à une profondeur qui varie de 1 ou 2 décimètres jusqu'à plus d'un mètre, un banc de grès à peu près imperméable. Ce grès appelé *alios* a été formé par l'agglutination, au moyen d'un ciment à la fois organique et ferrugineux, des éléments dont le sol se compose, quelle que soit leur grosseur. Il a une épaisseur de 10 à 40 ou 50 centimètres et suit les ondulations de la surface du sol. « C'est ce

---

1. Au-dessous du sable des Landes, on trouve des sables éruptifs qui recouvrent indistinctement tous les étages tertiaires et qui ont été amenés par des eaux très ferrugineuses à travers les fissures de ces étages. Dans la commune de Gauriac, on peut voir une bouche d'éruption très bien caractérisée.

Ces sables, souvent micacés et composés de grains quartzeux, hyalins et anguleux, tantôt fins, tantôt grossiers, sont mélangés de petits galets de quartz, blancs ou ocreux, et quelquefois cimentés par une argile feldspathique. Ils renferment de nombreuses concrétions d'hématite brune et leur coloration varie du blanc éclatant au jaune, jaune d'ocre ou rouge vif. On observe parfois au milieu d'eux de petits amas d'argile magnésienne d'une texture très fine. Ce dépôt présente tous les caractères d'une formation sidérolithique. — Linder, *Légende de la feuille de Bordeaux de la carte géologique détaillée.*

grès maudit, dit le maître Pierre d'Edmond About[1], qui est cause de toutes nos misères. Vous comprenez qu'un champ ainsi pavé est comme un pot à fleurs auquel on n'aurait pas fait de trous, et, comme il pleut ici pendant six mois de l'année, les racines prennent un bain de pied prolongé qui les tue. La terre est saturée d'eau pendant tout l'hiver ; l'eau regorge à sa surface et, comme le sol est plat ou à peu près, les Landes sont une mare impraticable jusqu'au retour du beau temps. L'été venu, autre histoire. Vous pensez bien qu'une telle masse d'eau croupie ne s'évapore pas sans empoisonner un peu le pays. Nous récoltons ici toutes les variétés connues de la fièvre, sauf la jaune. Nous avons de plus une maladie qui ne se trouve pas ailleurs et qui semble avoir été inventée exprès pour nous. La fièvre et la pellagre, voilà le plus clair de notre revenu. »

Comment l'alios a-t-il été formé ? M. Faye, membre de l'Institut, va nous le dire[2] :

« Chargé, en 1837, d'opérer le nivellement d'une partie des landes de Bordeaux, entre les étangs du littoral et le bassin d'Arcachon, j'avais dû y joindre d'assez nombreux sondages dans le but d'estimer les difficultés du terrain pour les opérations subséquentes. Je fus frappé alors de ne rencontrer l'alios que dans les landes proprement dites, tandis que je n'en trouvais ni dans les marais, ni sur les rives des étangs, ni dans les dunes, même celles qui, à l'abri des vieilles forêts, n'avaient jamais été remaniées par les vents depuis des siècles.

« Entrons d'abord dans quelques détails bien connus des Landais. Le sable de la lande, ainsi que celui des dunes et celui que la mer rejette journellement sur le littoral, est blanc, mêlé de quelques grains noirs qui contiennent du fer peroxydé et une certaine proportion d'oxyde de manganèse. Lavé d'abord par l'eau de la mer, puis par les pluies, pendant bien des siècles, il ne contient absolument rien d'immédiatement soluble, sauf les poussières minérales et orga-

---

1. Dans son charmant livre, intitulé : *Maître Pierre,* Edmond About a décrit avec une grande exactitude l'ancien état des Landes et les améliorations qu'on y a faites.

2. Communication faite à l'Académie des sciences, dans la séance du 25 juillet 1870.

niques que le vent de terre y apporte de temps en temps. C'est
grâce à ces poussières probablement calcaires qu'une maigre végétation a pu s'établir sur le sable des Landes. Là est sans doute aussi
l'origine des traces de chaux que M. Chevreul a trouvées autrefois
dans l'analyse de quelques fragments d'alios. Quant à l'alios, c'est
une couche inférieure d'un brun rouge foncé, assez compacte, et
qui ne cède qu'à la pioche. En certains lieux il se délite assez vite à
l'air en se desséchant ; ailleurs, il est assez dur pour être employé
comme pierre à bâtir. C'est un sable analogue au précédent, coloré
et surtout cimenté par une sorte de matière organique légèrement
ferrugineuse. Quand on pratique en été un trou un peu large dans
le sol, en s'arrêtant à l'alios, on voit le fond de ce trou se remplir
peu à peu par infiltration latérale, d'un peu d'eau jaune à peine potable. Mais si l'on perce l'alios, on trouve immédiatement au-dessous
une eau assez abondante et parfaitement limpide. Depuis mon premier voyage on est parvenu à conserver à cette eau inférieure sa
limpidité première en recouvrant de ciment les parois des puits jusqu'à l'alios, de manière à supprimer les infiltrations de la couche de
sable supérieure.

« Comment cet alios s'est-il formé ? Car il est évident qu'il n'a pas
été déposé sur une couche de sable plus ancienne, pour être ensuite
uniformément recouvert d'une nouvelle alluvion de sable. Il a dû se
former sur place, au sein de la couche sablonneuse qui constitue le
sol actuel des Landes, et la présence d'une matière organique dans
cet alios donne à penser que la végétation superficielle de la lande a
dû y contribuer. Mais, s'il en est ainsi, pourquoi l'alios ne se trouve-
t-il pas dans les forêts séculaires des dunes dont le sol est recouvert
de broussailles et de fougères ; pourquoi pas dans les marais également séculaires du littoral (là du moins où les dunes sont fixées de
temps immémorial) ?

« Mes sondages me donnèrent la solution de ces questions. Il en résulte en effet que si en hiver et au commencement du printemps le
sol presque horizontal des Landes est constamment baigné d'eau
pluviale, l'action du soleil, pendant la moitié chaude de l'année,
abaisse progressivement par évaporation le niveau de ces eaux jusqu'à une profondeur de 1 à 2 mètres. Cette sorte d'étiage des eaux

souterraines est d'ailleurs en rapport avec le niveau général des étangs et marais qui bordent à l'intérieur la chaîne des dunes, en sorte qu'il se produirait à la fin de chaque été, à la même profondeur à peu près, alors même que l'alios n'existerait pas. Cela posé, il suffit de se reporter à la décomposition que les racines des végétaux de la lande doivent subir par leur longue immersion semi-annuelle dans l'eau stagnante (eau pluviale), pour comprendre que les produits de cette décomposition ont dû être entraînés chaque année, pendant l'été, à travers la couche supérieure, non plus au loin comme dans les pays à sources, mais verticalement jusqu'à la profondeur constante de 1 mètre. Pendant la stagnation périodique de l'étiage, les produits de la pourriture végétale ont le temps de se déposer à cette profondeur, et de cimenter en quelque sorte les grains de sable de cette couche. Puis, comme l'opération a dû se renouveler chaque année pendant une longue série de siècles, il en est résulté une couche croissante d'alios plus ou moins compacte, qui continue sans doute à s'accroître sous nos yeux.

« On s'explique dès lors pourquoi l'alios manque dans les marais, qui restent presque toujours couverts d'eau en été, et où, par suite, cet étiage de 1 mètre environ de profondeur ne se produit pas ; pourquoi l'alios manque dans les dunes qui ont été fixées bien des siècles avant le célèbre Brémontier par les forêts du littoral, car ces dunes ne sont jamais mouillées comme les landes en hiver et ne présentent, pas plus que les marais, le phénomène d'une nappe d'eau souterraine qui ne s'abaisse jamais en été au delà d'une limite donnée. On voit donc nettement que la formation de l'alios a dû être déterminée par la réunion de ces trois circonstances : 1° immersion du sol pendant l'hiver ; 2° desséchement progressif du sol à partir du printemps ; 3° étiage permanent de la couche d'eau provenant de pluies annuelles et forcées, faute de pente, à baisser verticalement sur place. A ces conditions d'ailleurs, la végétation propre aux landes a pu s'y établir, et il ne faut pas l'oublier : sans végétation point d'alios.

« Mais, je le répète, là où une seule de ces conditions manque, notre couche imperméable manque aussi. Dans les dunes boisées, par exemple, bien que le sable en soit partout humide, sauf à la surface, l'eau qui tombe du ciel y descend constamment sans s'arrêter à un niveau donné ; elle coule incessamment soit vers la mer, soit vers les marais de l'intérieur ; aussi peut-on trancher une dune du haut en bas et y suivre les longues racines des pins qui s'y étendent sans obstacle. Nulle part je n'y ai vu de traces d'alios, même dans ces parties horizontales qu'on nomme *lètes,* où pousse non plus le pin ni la bruyère, mais une herbe rare et succulente.

« Il restait pourtant un caractère inexpliqué de l'alios : je veux parler de ces traces de matière ferrugineuse qui contribuent sans doute à sa cimentation et à sa coloration rougeâtre. Mes idées ne purent se fixer à ce sujet que beaucoup plus tard, grâce aux travaux des chimistes qui ont étudié l'action que la pourriture végétale exerce sur les oxydes de fer et sur la formation du fer limoneux des marais. Il y a une trentaine d'années, un de ces chimistes, M. Spindler, a montré comment la décomposition des racines ramène le peroxyde de fer contenu dans le sol à un état d'oxydation inférieure et le rend attaquable par les acides faibles provenant de la pourriture végétale, tels que l'acide carbonique et l'acide crénique de Berzélius, de telle sorte que les racines en décomposition finissent par décolorer complètement le terrain ocreux qu'elles traversent. D'un autre côté, notre confrère, M. Daubrée, dans un mémoire remarquable en date de 1845, a rattaché à cette action chimique des végétaux, la formation des fers limoneux des lacs de Suède, en montrant que le fer ainsi rendu soluble sur de grands espaces est réuni et entraîné par les sources et les ruisseaux, et qu'il reprend ensuite son oxydation première lorsque les eaux reviennent au contact de l'air. Il se dépose alors, sous forme de fer limoneux, au fond des lacs et des marais où l'eau ferrugineuse de ces petits cours d'eau s'arrête et devient stagnante, en constituant à la longue des couches d'un minerai d'une grande richesse.

« Les choses se sont passées autrement dans les Landes comme on vient de le voir ; car le manque de pente et les touffes multipliées de gazon à la surface ne permettent pas aux eaux, en général, de se réunir ainsi en cours d'eau ou en sources, puis en lacs ou en marais stagnants. C'est donc sur place que l'effet s'est produit sous l'influence de l'air qui a pénétré dans le sol à mesure que le niveau de la couche aqueuse s'abaissait pendant l'été, et la quantité de fer qui se retrouve dans telle partie de l'alios, représente seulement la quantité infinitésimale qui a été attaquée juste au-dessus d'elle par la pourriture végétale dans la partie noirâtre du sable des Landes.

« Cependant on rencontre aussi dans les landes des régions à pente suffisante, où l'opération de concentration des eaux ferrugineuses si bien décrite par M. Daubrée a dû se produire, mais alors le résultat a été, comme en Suède, une couche de fer limoneux déposée dans les bassins de stagnation, tels que les marais situés du côté de Mimizan, où l'on retrouve en effet des minerais exploitables. Des forges ont même été créées dans cette partie des Landes ; mais, après avoir épuisé le fer limoneux de ces contrées, elles en sont réduites aujourd'hui, si je suis bien informé, à faire venir de loin des minerais d'une autre origine.

« Revenons maintenant au rôle de ce sous-sol imperméable et à son influence sur la salubrité du pays. Depuis mon premier voyage, des rigoles peu profondes ont supprimé les mille obstacles superficiels à l'écoulement des eaux, en sorte que la moindre pente devient efficace. Les racines peu altérables des pins ont remplacé celles des bruyères et des herbes dont le chevelu pourrissait en partie chaque année. Il en est résulté que la contamination du sol supérieur par les matières végétales en fermentation a disparu, et avec elle ont disparu aussi ces fièvres intermittentes qui imprimaient un cachet particulier de débilité à la race du pays. »

Ainsi l'alios ne se montre pas d'une manière continue dans les Landes. Il ne se produit que dans les sables meubles, peu ou point argileux. En général, on le trouve plus ou moins épais (depuis 10 jusqu'à 40 ou 50 centimètres) dans les parties basses. Il disparaît sur les lignes de faîte qui séparent ces dépressions, mais le fer y persiste, colorant les sables en jaune ou en rouge. Variable de structure et de couleur, suivant la nature du ciment plus ou moins ferrugineux ou plus ou moins organique qui en agglutine les grains, l'alios est constant sous le rapport de la composition minéralogique, comme le sable lui-même. Les analyses de M. Jacquot ont montré que ses teneurs en fer varient ordinairement en sens inverse de la quantité de matière organique qui lui est associée.

D'après M. Grandeau [1], des sables et alios recueillis dans la forêt domaniale de Lège (Gironde) contenaient :

	SABLE supérieur.	ALIOS.	SABLE inférieur.
Eau.	1.47	2.17	0.44
Matière organique. . . .	5.85	3.00	0.28
Sesquioxyde de fer . . .	0.05	1.63	0.47
Carbonate de chaux . . .	0.06	0.07	0.05
Acide sulfurique	0.03	traces	traces
Magnésie	0.24	0.27	0.02
Potasse	0.01	0.04	0.03
Soude.	traces	0.15	traces
Acide phosphorique . . .	0.02	0.05	0.04
Résidu insoluble	92.30	92.85	98.95
	100.03	100.23	100.18

M. Grandeau a cherché à isoler la matière organique de l'alios en épuisant par l'eau ammoniacale une certaine quantité de sable. Il a réussi à la dissoudre ainsi presque tout entière ; après ce traitement, le sable était d'un beau blanc.

J'ai fait avec M. Colomb-Pradel l'analyse de 5 échantillons de terre des Landes pris à diverses profondeurs dans un bois de pins récemment défriché au Teich, entre Lamothe et Arcachon, canton de la Teste.

Voici d'abord les résultats de leur analyse physique :

NUMÉRO de L'ÉCHAN-TILLON.	PROFONDEUR.	GRAVIERS.	SABLE FIN.	DÉBRIS VÉGÉTAUX.	DENSITÉ.
1.	Surface du sol.	34	891	75	1,005
2.	0m,20	67	930	3	1,030
3.	0m,20 à 0m,40	62	937	1	1,416
4.	0m,40 à 0m,60	66	935	»	1,516
5.	0m,60 à 0m,80	34	966	»	1,533

---

1. *Annales de la Station agronomique de l'Est*, 1878.

A 0^m,80 commençait le banc d'alios.

L'analyse chimique du sable fin a donné pour mille :

NUMÉRO de L'ÉCHANTILLON.	ACIDE PHOSPHORIQUE.	PO-TASSE.	CARBONATE de CHAUX.	OXYDE de fer et ALUMINE.	MATIÈRE HUMIQUE.	AZOTE.
1 . . .	Traces faibles.	0.136	Traces.	5.4	4.2	1.470
2 . . .	Traces.	0.129	Traces très faibles.	5.6	1.1	0.624
3 . . .	—	0.145	»	5.3	»	0.251
4 . . .	—	0.112	»	4.8	»	0.138
5 . . .	0.032	0.110	»	4.2	»	0.096

M. Gaston Malet, aujourd'hui directeur de la ferme de la ville de Paris à la Chalmelle (Marne), a fait au laboratoire de l'Institut agronomique les analyses suivantes :

ÉCHANTILLONS.

N°s 1. — Sable formant le sol des terres anciennement cultivées à Lévignacq (région du Marensin), Landes. — Sol.

2. — Sous-sol du n° 1.

3. — Sol d'une forêt de pins de Lévignacq.

4. — Sous-sol du n° 3.

5. — Alios mou pris à la surface du sol à Lévignacq.

6. — Alios dur pris à la surface du sol à Lévignacq.

7. — Sable de la dune du Dos à 3 kilomètres de la mer à Mimizan (Landes).

8. — Sable anciennement cultivé, de 0^m,00 à 0^m,20.

9. —   —   —   0^m,20 à 0^m,40.

10. — Sable de terres incultes où croît le pin maritime, à Mimizan.

11. — Sous-sol du n° 10.

12. — Sol du vignoble de Solférino, établi depuis 5 ans sur la lande, forêt et sol inculte. — Rendement des 24 hectares de vignes où a eu lieu la prise d'échantillon : 800 hectolitres de vin.

13. — Sous-sol du n° 12.

14. — Sol et sous-sol de la lande rase et forêt de pins de Solférino, canton de Sabres, arrondissement de Mont-de-Marsan.

15. — Alios de Solférino, à 0^m,49 de profondeur.

TABLEAU.

NUMÉROS.	ANALYSE PHYSIQUE.					ANALYSE CHIMIQUE P. 1,000 DE TERRE FINE.						
	POIDS de l'échantillon.	PARTIE FINE.	GROS SABLE et cailloux.	DÉBRIS organiques.	PARTIE FINE p. 1,000.	AZOTE.	ACIDE phosphorique.	CHAUX.	MAGNÉSIE.	POTASSE.	ACIDE sulfurique.	FER.
	gr.	gr.	gr.	gr.	gr.							
1 . .	4,139	4,104	23	12	991	0.693	0.173	4.368	1.250	0.255	0.306	1.587
2 . .	4,540	4,510	30	»	993	0.576	0 221	4.844	1.600	0.340	0.340	2.063
3 . .	3,937	3,891	35	11	988	0.375	0.1005	0.168	1.750	0.136	0.340	0.952
4 . .	4,020	3,945	72	3	981	1.174	0.105	1.736	8.000	0.255	0.340	1.904
5 . .	4,588	4,568	18	2	995	0.703	0.008	traces	2.450	0.085	0.357	2.222
6 . .	1,445	1,440	5	»	999	0.566	0.164	2.212	2.95	0.170	0.442	2.063
7 . .	1,000	999	»	1	1,000	0.213	0.065	1.848	3.400	0.255	0.357	0.952
8 . .	930	897	12	21	964	0.947	0.155	2.072	5.400	0.255	0.340	0.793
9 . .	1,035	1,019	15	1	984	0.471	0.076	3.388	1.500	0.170	0.272	1.269
10 . .	1,073	1,070	1	2	998	0.259	0.054	1.120	3.000	0.136	0.255	1.269
11 . .	1,145	1,142	»	2	999	0.095	0.048	3.780	2.000	0.255	0.340	0.952
12 . .	1,173	1,159	13	1	988	1.327	0.142	1.792	5.200	0.340	0.510	0.952
13 . .	1,063	1,033	27	3	971	1.285	0.144	4.312	3.750	0.035	0.510	0.952
14 . .	1,500	1,477	17	6	984	0.851	0.148	4.172	10.300	0.310	0.425	0.6349
15 . .	1,172	1,165	6	1	999	0.412	0.131	6.468	5.75	0.085	0.425	1.428

Ces analyses nous montrent combien le sol des Landes est pauvre : de l'oxyde de fer, des matières organiques qui contiennent un peu d'azote, mais sous une forme peu assimilable, des traces de potasse et d'acide phosphorique, pas de chaux, voilà de quoi doivent se contenter les plantes qui y vivent. Nous n'avons trouvé des traces de chaux que dans la partie supérieure du terrain de bois de pins défriché au Teich. Avait-elle été apportée par les poussières atmosphériques, comme le pense M. Faye, ou les pins avaient-ils trouvé et concentré dans leurs aiguilles des parcelles de chaux tellement infinitésimales qu'elles échappent à tous nos moyens d'analyse chimique ?

Les plantes qui peuvent se développer avec ces maigres ressources et qui donnent à la flore des Landes son caractère distinctif, sont : dans les parties où la terre est la plus profonde et sans doute aussi la moins pauvre en potasse, la fougère, puis la grande bruyère ou *brande* et l'ajonc dont les jeunes pousses forment, avec quelques graminées, la nourriture des moutons. Parmi ces graminées, celle qui prédomine c'est l'*Agrostis minima* que les gens du pays appellent *poil de vache* ou *pelon ;* elle forme de petites touffes à tiges grêles et épis de couleur rouge violet. Enfin, partout où l'alios est trop près de la surface, partout où les eaux croupissent sur ce *grès maudit*, des joncs, des carex, etc.; là, le pin maritime ne peut pas venir. C'est encore la lande telle qu'on la trouvait autrefois dans la plus grande partie du pays.

Çà et là, on y entrevoit un troupeau de moutons à moitié caché dans les brandes et gardé par un berger haut perché sur ses échasses. Parfois, au loin, la ligne infinie de l'horizon est interrompue par un point noirâtre : c'est une bergerie aux murs de planche, à la toiture basse et couverte de brande. Il n'y a pas longtemps que dans l'intérieur des grandes Landes, les propriétés n'avaient pas même de limites fixes ; on les vendait à la *huchée*, c'est-à-dire, aussi loin que la vue pouvait s'étendre, à un prix qui ne dépassait pas 5 fr. par hectare. On estimait qu'en moyenne on pouvait y nourrir un mouton par hectare. « Aujourd'hui comme autrefois, dit maître Pierre, l'hectare de landes fournit, dans une année, la nourriture d'un mouton. Autant d'hectares, autant de moutons. Un homme qui possède un hectare afferme son terrain à un homme qui possède un mouton. Au bout de l'année, le possesseur du mouton paie un fermage de dix sous au propriétaire de l'hectare.

« Les avez-vous vus, nos moutons ? Leur laine est bonne à bourrer des matelas, leur viande n'est pas riche et l'on ne s'est jamais amusé à faire du fromage avec le lait des brebis. Pauvres créatures ! Avec quoi donc nourriraient-elles leurs agneaux ? Quand on les mène au marché, la plus jolie bête du département vaut 12 fr., pas davantage. Ajoutez que quelquefois le mouton vient à crever avant d'avoir mangé son hectare. Quelquefois, c'est le fermier qui meurt des fièvres avant d'avoir vendu son mouton. En résumé, si l'on trouvait le moyen de nourrir le mouton sans lui faire manger un hectare, et d'employer un hectare à quelque chose de mieux que la nourriture d'un mouton, les hectares et les moutons auraient meilleure mine. »

Ce moyen, on l'a trouvé : c'est le *pin maritime*.

Déjà depuis longtemps, il y avait des forêts de pins maritimes dans le Marensin, la partie sud-ouest des Landes. Les terrains y ont une

pente plus prononcée que dans les grandes Landes, soit vers les
étangs du littoral, soit vers l'Adour. Grâce à cette pente, l'alios n'a
pas pu s'y former partout et les plantations, même celle de chênes-
liège, y avaient réussi. Depuis la fin du siècle dernier, Brémontier
avait fixé les sables des dunes en les couvrant de bois de pins maritimes. Mais, dans les grandes Landes, les semis d'essences forestières
manquaient totalement ou ne donnaient que des arbres rabougris,
parce que le sol, alternativement submergé ou desséché, empêchait
les graines de germer au printemps ou les jeunes plantes de se développer en été. Ce fut Chambrelent, alors ingénieur des ponts et
chaussées à Bordeaux, qui montra pratiquement, dans le domaine
de Saint-Alban qu'il acheta en 1849 à Pierroton, que les pins maritimes réussiraient bien, si l'on parvenait à abaisser le niveau des
eaux. Grâce à la situation de Pierroton, il put facilement écouler
ces eaux au moyen de fossés à ciel ouvert ou *crastes* et dès 1855 il
montra, à l'Exposition universelle de Paris, des pins de 3 mètres de
hauteur qu'il avait obtenus à Saint-Alban.

Mais comment appliquer cette méthode aux grandes Landes ?
Comment écouler les eaux stagnantes sur cette immense surface ? La
construction des chemins de fer devint le grand auxiliaire du desséchement et du boisement des Landes. Les terrassements de la voie
de Bordeaux à la Teste furent construits au moyen de deux fossés
latéraux, creusés avec des pentes et des sections régulières bien cal-
culées, qui devinrent les premiers évacuateurs des eaux de la contrée vers les étangs du littoral de l'Océan.

Puis vint l'ouverture de la grande ligne de Bordeaux à Bayonne.
La Compagnie du Midi fit construire des routes agricoles transver-
sales à la voie ferrée et elle établit, le long de ces routes, comme le
long du chemin de fer, des fossés qui avaient assez de pente pour
servir à l'écoulement des eaux.

La possibilité d'assainir et de boiser les Landes étant ainsi dé-
montrée, la loi du 19 juin 1857 imposa aux communes des départements de la Gironde et des Landes l'obligation de le faire sur leurs
biens communaux demeurés jusque-là en friche. En cas de refus ou
d'impossibilité, l'État se chargeait du travail et demeurait propriétaire des communaux assainis jusqu'à remboursement complet de ses

avancés. La plupart des communes landaises se trouvaient hors d'é-
tat d'exécuter les prescriptions de la loi, ce qui n'a rien d'étonnant
si l'on considère qu'elles possédaient en moyenne un espace de 4,000
à 5,000 hectares de terrains communaux. Une partie de ces terrains
fut vendue, quelquefois au prix de 3 fr. l'hectare, et le restant fut
ensemencé par douzièmes, tandis que les nouveaux propriétaires, de
leur côté, ouvraient des réseaux de crastes et couvraient leurs landes
de semis.

Aujourd'hui, il y a 800,000 hectares de *pignadas* dans les
deux départements de la Gironde et des Landes. La dépense a été
d'environ un million et demi pour les 162 communes intéressées et
leurs landes, qui valaient autrefois au plus 4 millions, peuvent bien
être estimées à 150 millions de francs. On a bien eu raison d'appeler
le pin maritime l'*arbre d'or des landes*.

On sème la graine de pin à la volée ou en lignes. A 10 ans, on fait
un premier éclaircissage qui fournit des bourrées pour le chauffage
des fours et des piquets de faible épaisseur. De 15 à 25 ans, on fait
d'autres éclaircissages qui donnent des échalas pour la vigne, etc. ;
à 25 ans, il ne reste plus que 450 à 500 pins par hectare. Là-dessus
on en *gemme à mort* 250 à 300 des plus vigoureux et les coupe à
30 ans, pour en faire des poteaux de télégraphe ou des colonnes de
soutènement pour les mines. Il n'y a plus après 30 ans que 200 *pins
de place*, que les résiniers gemment régulièrement de mars à septembre pendant 30 à 40 ans; à l'âge de 55 à 60 ans, tous ces arbres
sont résinés à mort. Les beaux pins peuvent alors fournir, par hectare, une barrique et demie de gemme, soit environ 500 litres qui
valent 80 fr., y compris 200 kilogr. de galipot. Puis l'exploitation
définitive donne environ 600 fr. par hectare, quelquefois plus, quand
elle est près d'une gare de chemin de fer. On peut compter qu'un
hectare de pins rapporte : de 10 à 20 ans, 8 fr. ; de 20 à 40 ans,
30 fr., et de 40 à 70 ans, 45 fr. par an. Si l'on estimait le prix de
revient primitif d'un hectare de bois à 100 fr. et si les incendies ne
venaient pas quelquefois faire disparaître ce capital, ce serait un
rendement de près de 30 p. 100.

A l'époque de la guerre de la sécession en Amérique, les rendements
furent encore bien plus considérables. Les résines des Landes prirent

alors une valeur extraordinaire, plus de trois fois leur prix habituel. Mais cela ne dura pas longtemps.

Aujourd'hui, au contraire, on réduit le résinage, d'un côté, parce que le prix et l'exportation des résines ont beaucoup diminué, et de l'autre, parce que les bois eux-mêmes sont de plus en plus recherchés à l'étranger et de plus en plus faciles à y transporter, grâce aux nombreuses voies de communication qui ont été ouvertes dans les Landes.

Partout les chemins de fer ont eu une influence considérable sur le développement des améliorations agricoles, mais il y a peu de pays où cette influence a été aussi importante que dans les Landes. Cela provient de ce qu'autrefois le transport des produits était très difficile dans les sables mobiles, au milieu desquels on avait tracé quelques chemins : on n'avait pour le transport des bois que des chars à bœufs et à roues pleines très épaisses, de manière à ce qu'elles ne pussent pas trop s'enfoncer dans le sable. Il n'y avait dans le pays aucune carrière de pierres ou de gravier, et il fallait aller chercher au loin les matériaux nécessaires pour empierrer les routes. En 1837, on mettait encore quinze heures pour franchir la distance de 50 kilomètres qui sépare Bordeaux de La Teste, et lorsqu'on entreprit d'y faire une route empierrée, on fut obligé de l'interrompre parce que la dépense devenait excessive, par suite de la longueur des transports de matériaux d'empierrement. Il fallait prendre ces matériaux au delà de l'origine de la route et le mètre cube de pierre ou de gravier, qui partait du commencement pour aller continuer au loin la construction de la chaussée usait, avant d'arriver au lieu d'emploi, plus d'un mètre cube (Chambrelent). On comprend, d'après cela, les immenses services que les chemins de fer ont rendus aux Landes.

Aujourd'hui elles ont non seulement les grandes lignes de la Compagnie du Midi, mais la Société des chemins de fer économiques en a construit 220 kilomètres et les propriétaires se sont réunis pour établir des voies ferrées de 60 à 70 centimètres de largeur, dont le service se fait par des chevaux et qui vont des stations des grandes lignes dans l'intérieur de leurs *pignadas* pour y prendre tous les bois à exporter. Ces petits chemins de fer, faits avec des rails de

10 kilogr. au plus au mètre courant et avec des traverses prises sur les lieux mêmes, coûtent à peine 5,500 fr. le kilomètre pour frais de premier établissement et, quand un massif est épuisé, on peut les enlever et les replacer dans un nouveau massif à exploiter, moyennant la faible dépense de 70 fr. par kilomètre. Deux chevaux de force ordinaire y traînent de 25,000 à 30,000 kilogr.

Par-ci par-là, dans les meilleurs coins de terre, il y a quelques taillis de chêne; à Saint-Alban, Chambrelent avait réussi à en avoir de fort beaux. Il y en a surtout dans le Marensin et aux environs de Mont-de-Marsan, où l'argile devient plus abondante au milieu des sables.

Dans le nord-est des Landes, du côté de Nérac, on a beaucoup de chênes-liège ou *sûriers*. On peut les semer en même temps que les pins, mais il faut attendre 40 à 45 ans, avant de faire la première cueillette de liège.

L'agriculture dans les Landes. — L'agriculture proprement dite n'est, dans les Landes, que l'accessoire des troupeaux et des *pignadas*. Elle a uniquement pour but de fournir à la population peu nombreuse (1 habitant par 10 hectares) qui les exploite, le seigle et le millet qui forment la base de son alimentation, et encore le sable des Landes est-il si pauvre qu'il faut, pour le rendre apte à produire ces récoltes, concentrer sur un hectare tout l'azote, l'acide phosphorique, la potasse et la chaux que la végétation naturelle a pu trouver dans 20 à 30 hectares de landes. C'est le système que nous avons trouvé dans tous les pays pauvres à la fois au point de vue chimique et au point de vue économique, c'est-à-dire dont la terre offre naturellement peu de ressources aux récoltes, et qui sont situés loin des gisements de chaux ou de phosphates qui pourraient leur fournir ces ressources. Il faut qu'une partie de la terre vive aux dépens de l'autre; il faut que la lande serve de fabrique d'engrais pour les champs; et la proportion de landes nécessaire pour entretenir la fertilité des champs est d'autant plus grande que le sol est plus pauvre. Dans les terrains granitiques de la Bretagne 5 à 6 hectares de landes suffisent pour 1 hectare de *terre chaude*. Dans les landes de Gascogne, il en faut beaucoup plus.

Les métairies ont ordinairement 30 moutons par hectare de terre cultivée, mais il faut au moins 30 hectares de landes pour les nourrir. Chaque soir on ramène ces moutons dans un parc à moitié couvert par une toiture de paille et on leur donne comme litière de la brande, de la fougère, etc. La fougère fait une beaucoup meilleure litière et un meilleur fumier que la brande. Mais on n'en trouve pas beaucoup. Il faut surtout avoir recours à la brande ; mais celle-ci est très difficile à décomposer quand l'âge l'a rendue ligneuse. Pour avoir des tiges qui puissent encore servir de litière, on les coupe tous les trois ans avec une sorte de houe à deux tranchants, appelée *dail*.

Cette litière, mêlée aux déjections des moutons, reste à peu près un an dans le parc et le fumier ainsi fabriqué est conduit dans les champs au moment des semailles.

Le métayer landais évite de ramener par des labours trop profonds l'alios à la surface ; il ferait ainsi manquer ses récoltes, sans doute à cause du fer imparfaitement oxydé en présence des substances organiques qui l'accompagnent. Aussi ne laboure-t-il que très superficiellement. Au moyen d'une charrue en bois très primitive, il forme des ados, en appuyant deux raies l'une contre l'autre, et, sur ces ados, il sème le seigle à la volée. En mars, il *chausse* le seigle avec une sorte de buttoir appelé *caoúla* et puis il sème, dans l'intervalle des billons, la récolte dite de la Saint-Michel, qui se compose de millet ou *millade* et de sarrasin. Le seigle est moissonné à la fin de juin et rend en moyenne 11 hectolitres à l'hectare. Quand cette première récolte est faite, on déchaume les billons avec une bêche appelée *estouilla* (du nom patois que l'on donne au chaume, *estouil*) et l'on aplanit (*applana*) complètement tout le champ. Le millet et le sarrasin deviennent ainsi des sortes de plantes sarclées ; ils se récoltent du 20 septembre au 20 octobre et donnent en moyenne 9 hectolitres à l'hectare.

Presque immédiatement après ces deuxièmes récoltes, on sème de nouveau le seigle, mais en ayant soin de former autant que possible les billons sur la ligne où se trouvaient le millet et le sarrasin. C'est une culture dont *la place alterne*, mais toujours dans le même champ.

Une bergerie dans les landes de Gascogne. — D'après une photographie de M. Neurdein.

Dans les jardins, on fait un peu de maïs, de pommes de terre, de haricots, de chanvre, du lin, quelquefois de la rave et du trèfle incarnat. Avec le sarrasin moulu, du miel et du sel, le paysan landais fabrique son mets favori, la *mique*. Avec la filasse la plus grossière du chanvre, trempée dans la résine, il fait une sorte de torche ou flambeau avec lequel il s'éclaire.

A mesure que les pignadas se sont étendues, les propriétaires ont établi des métairies comme centres d'exploitation pour la résine. Chaque métayer est en même temps *gemmier*; il peut, avec sa famille, résiner 30 à 40 hectares de pins en plein rapport. Il a la jouissance de 5 ou 6 hectares de champs, d'un jardin, quelquefois d'un peu de pré au bord des étangs ou des rivières et d'une certaine surface de landes qui lui fournissent de la litière. Il partage avec le propriétaire la résine et le seigle. Depuis quelques années, à cause des fluctuations très fréquentes dans le prix des gemmes, un certain nombre de propriétaires garantissent à leur résinier 20 fr. par barrique, quel que soit le prix de vente. Si les cours sont en hausse, le résinier n'a plus droit en sus de ces 20 fr. qu'à une gratification qui dépend de la générosité du maître. Presque toujours un troupeau de 200 à 300 moutons est attaché à la métairie; il est gardé par un berger ou *brassier*. Ce berger est un homme important; il a la moitié du revenu du troupeau. Il occupe ses loisirs à tricoter ou à jouer de la cornemuse. Autrefois, c'était lui qui transmettait les nouvelles, monté sur ses échasses.

Avant l'application de la loi du 19 juin 1857 sur le boisement des landes, l'étendue du parcours dont disposaient les troupeaux y était beaucoup plus grande qu'aujourd'hui : l'écobuage, en débarrassant le sol des bruyères et des ajoncs qui y poussaient spontanément et en l'enrichissant par leurs cendres, faisait pousser une herbe fine dont les animaux profitaient.

En 1862, il y avait 941,000 bêtes à laine dans les deux départements des Landes et de la Gironde ; en 1882, il y en avait 765,000 ; aujourd'hui il y en a 675,000 à peine.

Mais c'est à peu près compensé par l'augmentation des bêtes à cornes qui étaient, en 1862, au nombre de 215,500 têtes ;

En 1882, au nombre de 240,000 têtes ;

En 1891, au nombre de 263,000 têtes.

Tous les animaux élevés dans les Landes, moutons, bœufs, chevaux, etc., sont petits, trapus, fins, mais sobres, lestes et énergiques ; il s'est produit dans les races une sélection naturelle en raison des qualités dont elles ont besoin pour vivre dans ce milieu de fatigues et souvent de privations.

« Les bœufs landais, dit M. de Dampierre, sont d'une vivacité, d'une énergie, d'une résistance au travail et d'une légèreté extraordinaires. Ils marchent parfaitement au trot sans s'essouffler et j'en ai vu faire sans aucune fatigue, pour le transport de la chaux, jusqu'à 75 ou 80 kilomètres dans une nuit et un jour. Leur sobriété est fort grande. »

On a l'habitude de les faire manger à la main, non seulement quand ils sont en route, ce qui arrive souvent pour le transport des bois, des résines, etc., mais aussi à la métairie. Le mur de leur étable ou *bangalès* est percé de trous ou guichets assez grands pour qu'un bœuf ou quelquefois deux bœufs unis par le joug puissent y passer la tête. Ces guichets donnent, soit sous la grange, soit sur la cuisine qui se trouve à côté de l'étable. Les cornes des bœufs sont fixées au moyen de chevilles et un homme s'assoit devant eux pour procéder à leur appâturement. Il fait des petits paquets de foin ou de paille de mil qu'il amorce, selon la saison, soit avec des feuilles de maïs vert, soit avec de la farine de tourteau de lin, soit avec du son ou du sel, et alternativement il enfonce dans la bouche de chaque bœuf un de ces paquets.

Chacun de ces appâturements dure de deux heures et demie à trois heures, et il y en a deux par jour. Cette manière de procéder paraît bizarre, ajoute M. Petit-Lafitte [1], et les progrès de la culture devront nécessairement la simplifier ; toutefois on pourrait en trouver l'explication dans ce fait qu'en général les fourrages des Landes sont très peu nutritifs ; on réussit ainsi à faire consommer aux animaux une nourriture qu'ils refuseraient, s'ils étaient libres. Cette méthode de soigner le bétail prend un temps énorme, mais c'est merveilleux de voir avec combien peu de fourrage de la plus mé-

---

1. Petit-Lafitte, *Encyclopédie de l'agriculteur*.

diocre qualité, on réussit à entretenir, dans un excellent état, des bœufs qui font cependant les labours ou les charrois les plus pénibles.

Il arrive souvent dans les métairies des Landes que les bœufs se mettent à dévorer avec rage tout ce qui est alcalin, débris de muraille, bois de leurs mangeoires, linge sale, cuir, etc. ; en même temps, ils maigrissent et perdent une partie de leur vigueur. Il suffit ordinairement de les déplacer, soit dans une autre commune, soit dans une autre métairie de la même commune, pour arrêter cette sorte de maladie. Il est probable qu'elle provient des eaux que les animaux boivent. Nous avons dit dans le tome Ier que, dans les pays de formation jurassique, cette maladie se voit souvent chez les bêtes à cornes qui consomment des eaux très tuffeuses ; et il est fort curieux de la retrouver dans un pays où les terrains et, par conséquent, les eaux manquent presque complètement de carbonate de chaux. Cela prouve que l'insalubrité de ces eaux est due à leur pauvreté en oxygène ; les matières organiques, avec lesquelles elles ont été en contact, les en ont privées et l'ont remplacé par de l'acide carbonique.

Dans les métairies des Landes, on mêle au fumier des bêtes à cornes et des moutons, beaucoup d'ajoncs, de bruyères, d'aiguilles de pins, etc.

Voici les résultats de l'analyse d'un fumier des Landes faite par M. Gayon et, comme terme de comparaison, la composition moyenne des fumiers :

	FUMIER DES LANDES.	MOYENNE.
Humidité.	314.80	601.70
Matière organique.	581.80	»
Silice et sable.	81.47	»
Azote	7.39	6.43
Acide phosphorique	1.21	3.20
Potasse et soude.	1.67	5.80
Chaux.	5.00	5.00
Oxyde de fer et alumine	0.66	»
	1,000.00	»

Comme on le voit, le fumier des Landes est très pauvre en acide phosphorique et en potasse, quoique assez riche en azote ; ce fumier est, comme partout, l'image du sol où il a été produit.

Nous avons aujourd'hui à notre disposition des moyens d'enrichir les terres incomplètes que nous n'avions pas autrefois. Nous avons les scories de déphosphoration qui, répandues et enfouies en automne à raison de 1,000 à 2,000 kilogr. à l'hectare, dans les terres des Landes, peuvent leur fournir de l'acide phosphorique à bon marché, tout en activant par la chaux qu'elles y introduisent la nitrification des matières azotées. On peut aussi y employer les phosphates des Ardennes ou du Quercy à l'état simplement pulvérisé. Quant à la potasse, il faudrait la répandre au printemps sous forme de chlorure de potassium ou de sulfate de potasse. Grâce à ces ressources, on pourrait, tout en augmentant le rendement du seigle, du millet et du maïs, y joindre la culture de l'avoine, du blé, des pommes de terre, des choux, des raves et surtout celle du trèfle ou des prairies temporaires, de manière à constituer un assolement réel.

Dans un livre excellent sur les *Landes girondines*, M. Vassillière insiste sur les racines et les prairies temporaires, parce qu'elles permettraient d'améliorer pendant l'hiver la nourriture des chevaux et des bœufs élevés dans les Landes. Avec cette amélioration de régime et une sélection intelligente, on pourrait, selon lui, beaucoup perfectionner les races indigènes. Il en serait de même des moutons, mais, pour eux, M. Vassillière conseillerait un croisement avec des southdown.

M. Duffourc-Bazin, professeur départemental d'agriculture des Landes, a organisé près de Dax, à Cuyès, un champ d'expériences en terre de sable des Landes, reposant sur un sous-sol d'alios que l'on trouve à 40 à 60 centimètres de profondeur. M. Gayon, professeur à la Faculté des sciences de Bordeaux, a fait l'analyse physique et chimique d'un échantillon type de ce terrain et y a trouvé :

Analyse physique.

Sable	93.50 p. 100
Argile	2.95 —
Calcaire	0.45 —
Matières organiques	1.70 —

Analyse chimique.

Humidité.	7.50 p. 1,000
Azote	0.70 —
Acide phosphorique	0.88 —
Potasse.	0.19 —
Chaux	2.75 —

Dans ce terrain, M. Duffourc-Bazin a essayé comparativement le fumier de ferme et les engrais chimiques pour la culture du maïs. Voici les résultats qu'il a obtenus :

TABLEAU.

Résultats fournis par la culture du maïs au champ d'expériences de Cuyès.

NUMÉROS des PARCELLES.	FUMURE EMPLOYÉE PAR HECTARE.	RENDEMENT EN GRAINS à l'hectare.	RENDEMENT EN FOURRAGE SEC à l'hectare.			VALEUR DU GRAIN, 11 fr. l'hectolitre.	VALEUR du FOURRAGE SEC, 5 fr. les 100 kilogr.	TOTAL DU PRODUIT PAR HECTARE.
			Éclaircissage.	Étrimage et effeuillage.	Total.			
		hectolit.	kilogr.	kilogr.	kilogr.	fr. c.	fr.	fr. c.
1	Sans aucun engrais (témoin)	20 60	400	880	1,280	226 60	64	290 60
2	25,000 kilogr. de fumier d'étable	30 »	560	2,180	2,740	330 »	137	467 »
3	1,000 kilogr. d'engrais chimique, savoir: 40 kilogr. azote, 100 kilogr. acide phosphorique, 120 kilogr. potasse et 200 kilogr. chaux.	43 20	800	2,920	3,720	475 20	186	661 20
4	25,000 kilogr. de fumier d'étable et 500 kilogr. d'engrais chimique, dosant: 20 kilogr. azote, 50 kilogr. acide phosphorique, 60 kilogr. potasse et 100 kilogr. chaux.	45 80	300	3,280	3,580	503 80	179	682 80
5	15,000 kilogr. fumier d'étable et 1,500 kilogr. d'engrais chimique, dosant: 105 kilogr. acide phosphorique, 120 kilogr. potasse, 300 kilogr. chaux.	38 »	700	2,160	2,860	418 »	143	561 »
5 bis	1,500 kilogr. d'engrais chimique (sans fumier), dosant: 105 kilogr. acide phosphorique, 120 kilogr. potasse et 300 kilogr. chaux.	30 60	440	1,680	2,120	336 60	106	442 60
6	15,000 kilogr. fumier d'étable et 1,500 kilogr. d'engrais chimique, dosant: 45 kilogr. azote, 105 kilogr. acide phosphorique, 300 kilogr. chaux.	39 »	800	3,080	3,880	431 20	194	625 20
6 bis	Sans fumier d'étable, 1,500 kilogr. d'engrais chimique, dosant: 45 kilogr. azote, 105 kilogr. acide phosphorique et 300 kilogr. chaux.	33 40	520	2,760	3,230	422 40	164	586 40
7	15,000 kilogr. de fumier d'étable et 1,500 kilogr. d'engrais chimique, dosant: 45 kilogr. azote, 120 kilogr. potasse, 300 kilogr. chaux.	37 20	740	2,840	3,580	409 20	179	588 20
7 bis	Sans fumier d'étable, 1,500 kilogr. d'engrais chimique, dosant: 45 kilogr. azote, 120 kilogr. potasse, 300 kilogr. chaux.	36 40	560	2,440	3,000	400 40	150	550 40

Les superphosphates, scories ou phosphates naturels sont utiles, non seulement au maïs, mais aux cultures dérobées qui le suivent : trèfle incarnat, raves, navets, etc., et surtout aux haricots que l'on sème souvent dans les Landes en mélange avec le maïs.

Dans les sables des Landes, M. Duffourc-Bazin conseille d'employer par hectare pour la vigne 150 kilogr. de scories de déphosphoration, 150 kilogr. de superphosphate, 150 kilogr. de phosphate naturel bien pulvérisé, 100 kilogr. de chlorure de potassium et 300 kilogr. de plâtre. Si la vigne est faible de végétation, on y ajoutera 100 kilogr. de sulfate d'ammoniaque. Le tout doit être répandu de novembre à mars au niveau des premières racines et recouvert immédiatement.

Le Dr Guyot voulait mettre de la vigne partout où il y avait des cailloux ou du sable, et il y a une dizaine d'années, quand on eut constaté que la vigne réussit et résiste au phylloxera dans les sables d'Aigues-Mortes, on crut qu'elle serait tout aussi bien indemne dans ceux des Landes ; quelques esprits enthousiastes voyaient déjà le pays de maître Pierre transformé en un immense vignoble. On fit alors sur différents points des essais de plantations et quelques-unes de ces entreprises paraissent réussir, mais la plupart ont échoué.

En agriculture, il ne faut pas seulement tenir compte du sol ; il faut bien étudier le climat et la *possibilité physique* d'une culture n'est pas tout ; la *possibilité économique* doit prédominer.

Au milieu des plaines humides des Landes et sous l'influence des vents de l'Océan, les vignes sont très exposées, soit aux gelées tardives, soit à la coulure. Comme le dit M. de Lapparent, inspecteur général de l'agriculture, des vignobles de moyenne étendue limités par des bois ou par des rideaux d'arbres, y sont préférables à de grandes plaines sans abris, non seulement au point de vue de la coulure, mais encore parce que les nuages artificiels produits par la combustion de la résine pour atténuer les effets des gelées printanières, se maintiennent plus sûrement. De plus, les cépages fins du Médoc ne réussissent pas bien dans les Landes ; ils y sont trop sujets à la coulure et au broussin ; il vaut mieux adopter, comme l'ont fait MM. Silhol et Chalmeton, sur l'ancien domaine impérial de Solférino, les variétés qui résistent le mieux, telles que la Folle-Blanche, le Moustraou ou Fer, le Pignon, etc. Au début de l'opération, il faut employer assez largement la chaux et les phosphates pour désacidifier le sol et rendre l'azote organique assimilable, et ensuite donner chaque année à la vigne la quantité d'engrais chimique qui lui est nécessaire pour sa fructification.

Mais, si l'on additionne toutes les dépenses nécessaires pour établir un vignoble dans les sables des Landes et si l'on compare ce capital avec le produit net probable, on trouve qu'il rapporte un intérêt moins élevé et surtout moins certain que la plantation des bois.

Les petites Landes. — Tout ce qui précède peut s'appliquer aux grandes Landes, c'est-à-dire aux plaines presque horizontales de sables et d'alios qui s'étendent depuis les collines du Médoc jusqu'aux bords de l'Adour, et depuis les dunes du littoral jusqu'aux environs de Mont-de-Marsan, de Roquefort et de Bazas. Mais dès que des formations géologiques plus anciennes viennent apparaître au milieu des sables des Landes et y mêler de l'argile, comme les glaises bigarrées, ou du calcaire, comme la craie de Roquefort, les faluns de Bazas et le miocène de l'Armagnac, l'aspect de la contrée se modifie, son agriculture devient plus productive et sa population plus dense. Du reste, les noms populaires donnés depuis longtemps à ces pays indiquent ces modifications: au sud-est, ce sont les *petites Landes* qui se divisent en *Marsan* et *Gabardan*; au nord-est, c'est le *Bazadais* [1].

Dès qu'on a quitté la grande ligne de Bayonne pour prendre, à Morcenx, la voie qui se dirige sur Mont-de-Marsan, on traverse, près des stations d'Arjuzanx et d'Arengosse, des îlots de glaises bigarrées qui se signalent immédiatement par une végétation plus vigoureuse et plus variée que celle du sable des Landes: les pins sont plus beaux, les chênes, les tilleuls, les platanes viennent s'y mêler; les cultures de maïs et de seigle occupent des surfaces plus grandes; on y fait même quelques parcelles de blé et, cette augmentation de fertilité permettant de nourrir plus de population, on trouve des agglo-

---

1. La partie sud-ouest du département des Landes, la *Maremne,* se trouve également dans des meilleures conditions de production que les grandes Landes, soit comme terrain. soit comme climat. On y trouve beaucoup de chênes-liège.

mérations de maisons, tandis que depuis Bordeaux, il n'y avait guère que des pauvres fermes isolées.

On traverse plusieurs vallons au fond desquels on aperçoit les marnes et calcaires de l'Armagnac, surmontés de sables fauves et de glaises bigarrées. Entre ces vallons, les sables des Landes reparaissent ; mais ils n'ont que de faibles épaisseurs au-dessous des glaises bigarrées et l'on n'y trouve plus que rarement le sous-sol d'alios. Au lieu d'être tout à fait horizontales, les plaines sont ondulées et le pays prend un aspect de plus en plus mouvementé à mesure que l'on approche de Mont-de-Marsan ; c'est le *Marsan*, transition entre l'Armagnac et les grandes Landes.

C'est dans cette région, qu'il appelle à juste titre *la partie argileuse des Landes*, que M. le marquis de Dampierre, président de la Société des agriculteurs de France, possède un vaste domaine, celui du Mineur, pour lequel il a obtenu en 1865 la prime d'honneur du département des Landes. Ses 425 hectares sont situés dans les communes de Lussaignet et de Cazères, canton de Grenade, sur des coteaux séparés par un vallon où le ruisseau de Laglaire coule vers l'Adour. Les marnes et mollasses ou poudingues à ciment calcaire de la formation lacustre se trouvent dans la partie inférieure de ce vallon, mais souvent ils sont recouverts par les dépôts meubles des pentes voisines. La masse principale des coteaux se compose partout de sables fauves, surmontés d'îlots de glaises bigarrées épars sur la plaine haute du Mineur.

Ces sables fauves eux-mêmes sont très argileux et si imperméables qu'il a fallu drainer une grande partie de la propriété. Ce drainage fut fait vers 1856, suivant les nouvelles méthodes (tuyaux cylindriques en terre cuite, placés bout à bout en lignes parallèles) inventées par les Anglais et récemment importées en France par Hervé-Mangon, etc. Le travail de M. de Dampierre fut donc un des premiers de ce genre exécutés en France, et probablement le premier dans la région du sud-ouest.

En 1849, quand M. de Dampierre prit possession du Mineur, les deux tiers de la plaine haute étaient en landes ; dans le vallon, ce n'étaient que fondrières, fourrés inextricables d'aunes, de lianes, de ronces, auxquels se trouvaient mêlés de beaux chênes, indices pour lui de la qualité du sol qu'il voulait conquérir à la culture. Et, en effet, grâce à ses drainages, défoncements, marnages, chaulages, engrais chimiques, et surtout grâce à l'extension qu'il donna immédiatement à la culture des trèfles et des luzernes et, par conséquent, à la production du fumier, il a réussi à nourrir un nombreux et beau bétail et à établir des vignes de Folle-Blanche très productives. Le vin sert à fabriquer des eaux-de-vie d'Armagnac, qui ont beaucoup augmenté de valeur depuis que celles de Cognac sont devenues rares, et M. de Dampierre trouve ainsi dans ses vignobles des Landes une compensation pour les pertes que le phylloxera lui a fait subir dans ses vignobles de la Saintonge.

Tout en donnant sur la ferme du Mineur, qu'il cultivait à sa main, les exemples qui lui ont valu la prime d'honneur, le président de la Société des agriculteurs de France a tenu à conserver, sur le reste de ses terres, des métayers qui n'ont pas tardé à suivre ses exemples. Il partage l'opinion du comte de Gasparin, qui disait à propos du métayage :

« Il y a dans le principe du partage des produits entre le travailleur et le capitaliste une vertu secrète qui s'adapte merveilleusement aux faiblesses de la nature humaine, qui fait taire la jalousie et la cupidité, et qui semble particulièrement adaptée à la situation actuelle des peuples ; dans les pays à métairie, on ne voit pas cette fureur aveugle contre la propriété qui anime les esprits dans ceux à fermages. Courir ensemble les mêmes chances, craindre les mêmes fléaux, se réjouir des mêmes événements, pleurer les mêmes pertes, c'est établir une confraternité qui ne laisse pas prise aux mauvaises passions. »

Voici, d'ailleurs, quelles sont les conditions de métayage usitées dans cette partie du département des Landes et particulièrement celles du Mineur :

Le métayer entrant dans une métairie prend les bestiaux et le mobilier agricole de l'exploitation, les chars, tombereaux, charrues, etc., à dire d'experts.

Le croît du bétail est à moitié profit.

Tous les fourrages naturels et artificiels sont abandonnés au métayer et doivent se consommer sur la métairie.

Toutes les récoltes en blé, maïs, orge, avoine, vin, etc., sont partagées par moitié.

Le propriétaire prélève sur ces récoltes seulement, mais non sur les fourrages, le dixième de la récolte, à titre d'indemnité pour le paiement de l'impôt foncier et mobilier qui reste à sa charge ; pour la valeur locative des bâtiments qu'il livre au métayer et dont l'entretien reste entièrement à sa charge ; pour la fourniture du bois de chauffage et du bois d'ouvrage nécessaire à la confection ou à la réparation de ses outils aratoires.

Les porcs destinés à l'élevage ou à l'engraissement sont fournis tous les ans au métayer des deniers du propriétaire et, à une époque déterminée, il est fait compte des profits qui sont partagés par moitié.

La volaille reste la propriété des métayers ; ils en jouissent exclusivement, à la condition de donner tous les ans au propriétaire huit poules, huit poulardes, huit chapons et six douzaines d'œufs.

Le propriétaire fait extraire à ses frais par des ouvriers étrangers, soit la marne, soit le sable calcaire, soit la terre dont il juge le transport nécessaire sur les pièces de la métairie, et le métayer doit exécuter ce transport du lieu d'extraction dans l'intérieur des pièces.

Le propriétaire fournit tous les ans une certaine quantité de chaux ou de sable calcaire de *Saint-Gein,* et le métayer n'entre dans aucuns des frais d'acquisition, il doit seulement le transport de ces denrées sur ses terres.

En vue de coopérer pour une faible part aux travaux de la ferme centrale, qu'il visiterait peut-être peu sans cela, chaque métayer est obligé de fournir tous les ans sept journées et demie de travail par chaque paire de bœufs que compte la métairie, moyennant une indemnité de 1 fr. 50 c. par chaque journée de travail d'un attelage.

En dehors de cette redevance, il est expressément défendu aux métayers, sous peine d'une amende de 5 fr. par chaque charroi, d'employer leurs attelages à aucun autre travail que celui de la métairie. Les charrois détournent pour un mince bénéfice les hommes et les bestiaux de la culture d'une manière désastreuse, et on veille avec soin à ce qu'il n'en soit pas ainsi. Les métayers doivent exécuter tous les ans le curage des fossés qui entourent les pièces et transporter les terres là où elles paraissent le plus utiles ; ils doivent également entretenir les tertres, les haies, barrières qui se trouvent sur la propriété et le torchis de leurs bâtiments.

S'il y a mécontentement de la part du propriétaire, celui-ci est toujours le maître de renvoyer son métayer ; il doit seulement le prévenir à une époque déterminée, et le métayer ne s'en va qu'après la récolte faite.

Guidé par son instinct d'agriculteur, M. le marquis de Dampierre a compris que tout ce qu'il appelle *la partie argileuse des Landes* devait être soumis au même système de culture que le Bas-Armagnac qui a la même constitution géologique.

Ce système de culture, basé sur la production des eaux-de-vie et secondé dans chaque métairie par des *touyas* qui lui fournissent des litières de genêts et de fougères et servent en même temps de pacage pour le bétail, est suivi depuis longtemps au nord-est de Mont-de-Marsan, aux environs de Villeneuve-de-Marsan et d'Arthez, ainsi que dans la partie du Gabardan qui limite le département du Gers ; c'est l'*Armagnac landais*. On y trouve un mélange des cultures du Bas-Armagnac avec celles des grandes Landes, mélange qui correspond à celui des formations géologiques.

Les *sables à alios* n'ont pas encore complètement disparu et sont toujours occupés par des bois de pins qui servent à l'extraction de la résine. Mais, au-dessous d'eux, les *glaises bigarrées* et les *sables fauves* ou *sables vifs* apparaissent sur des surfaces de plus en plus grandes à mesure que l'on s'avance vers l'est ; ils forment des collines séparées par des vallons au fond desquels affleurent les marnes de l'Armagnac et les grès calcaires à *Cardita Jouanneti*. C'est un pays très pittoresque et très varié d'aspects par suite de la variété de ses cultures.

Les vallons sont couverts de prés arrosés par les ruisseaux qui coulent vers la Douze ou vers le Midou. Des cultures de seigle et de maïs semés en lignes et très bien sarclés occupent les pentes les mieux exposées, au-dessous des vignes que l'on a soin de planter sur les points les plus élevés, parce qu'elles y souffrent moins souvent des brouillards et de la gelée. Du côté du nord se trouvent les *touyas* et les bois de pins ou de chênes. La plupart des routes sont ombragées par de beaux platanes.

Une de ces routes nous conduit au delà de Villeneuve-de-Marsan sur la commune d'Arthez où M. André Duffour est propriétaire aux Moules de 130 hectares qui lui ont donné, en 1893, un bénéfice net de 24,000 fr.

Ce bénéfice provient principalement des vignes, 32 hectares de Folle-Blanche, qui sont parfaitement bien cultivés et qui fournissent des eaux-de-vie d'Armagnac d'excellente qualité, comme la plupart de celles de la commune d'Arthez. Outre ces vignes, M. Duffour a 10 hectares de bois, 10 hectares de prés naturels, 62 hectares de champs et 12 hectares de *touyas* et il apprécie si bien les mérites de la litière que fournissent ces touyas qu'il voudrait en avoir 4 ou 5 hectares de plus.

Dans cette région, la carte géologique détaillée (feuille de Montréal) n'indique que, de loin en loin, de rares et petits îlots de glaises bigarrées au-dessus des sables fauves ; il paraît y en avoir en réalité beaucoup plus, ou bien la partie supérieure de ces sables est très chargée d'argile et ils ont tous les caractères des terres fortes. Ils sont si imperméables que, parfois, dans les années d'abondance où les celliers étaient insuffisants pour loger toute la récolte, on a conservé pendant plusieurs mois une partie du vin destiné à être distillé dans des citernes sans maçonnerie creusées au milieu de ces sables fauves.

A une certaine profondeur, on y rencontre un sous-sol de *marbouc*, sable rouge agglutiné par un ciment d'oxyde de fer. Ces terres sont difficiles à travailler par les temps humides. Cependant M. Duffour n'a pas eu besoin de les drainer et même il les laboure à plat en planches de 5 à 6 mètres, contrairement à l'usage général du pays qui consiste à faire des billons étroits ou *sillons*.

M. Duffour fait beaucoup de blé de Bordeaux, de maïs, et, comme fourrages verts, des vesces et du trèfle incarnat qu'il sème entre les lignes de maïs. Il ensile une partie de ces fourrages verts dans des silos creusés tout simplement dans le sol.

Pour marner ses terres, il se sert du calcaire lacustre de l'Armagnac qui affleure, au bas de la colline des Moules, le long de la rivière du Midou.

Comme cheptel, il a 7 paires de bœufs de travail (croisement limousin), 18 vaches, 2 taureaux et un certain nombre de jeunes bêtes qu'il élève. Le lait des vaches est exclusivement réservé aux veaux.

Dans les terrains argileux d'Arthez et de tout le Bas-Armagnac, on a l'habitude d'employer pour les vignes les fumiers volumineux et à lente décomposition que l'on fait avec les ajoncs et les bruyères des touyas. On en met tous les 8 ou 10 ans.

M. Duffourc-Bazin, professeur d'agriculture du département des Landes, conseille avec raison de continuer à suivre cette excellente pratique, mais d'enrichir ces fumiers ou composts au moyen de phosphates naturels, de scories, de cendres, de sels de potasse et, pour leur fournir de l'azote, de cornes, de chiffons de laine, etc., ou, ce qui vaut mieux encore, d'employer des engrais chimiques dans l'intervalle de deux fumures ordinaires, comme l'ont fait avec succès et profit, MM. L'Huillier et Ducung à Hontanx et à Betbezer. Dans une vigne de Piquepoul, M. L'Huillier a employé le 11 mars 1891, après déchaussage, sur un rayon de 50 centimètres autour des ceps, par hectare : 300 kilogr. de scories, 300 kilogr. de superphosphate, 300 kilogr. de phosphate naturel, 225 kilogr. de chlorure de potassium et 225 kilogr. de sulfate d'ammoniaque. Le coût de l'engrais a été de 200 fr. par hectare. La récolte de la vigne avec engrais chimiques a été de 49 hectolitres à l'hectare, tandis que celle de la vigne sans engrais chimiques n'a été que de 39 hectolitres à 20 fr. La différence a donc été dès la première année de 360 fr., laissant un bénéfice de 160 fr. et l'effet de l'engrais chimique se fera évidemment sentir pendant plusieurs années encore. A Betbezer, l'influence des engrais chimiques employés par M. Ducung en 1887 a donné, en 1887, 1888 et 1889, un bénéfice moyen de 400 fr. par hectare et par an. Dans les très intéressants comptes rendus qu'il publie sur les champs d'expériences du département des Landes, M. Duffourc-Bazin cite encore l'expérience suivante concernant la culture du blé :

M. Joseph Brocqua, propriétaire à Espérance, commune de Mauvezin, canton de Gabarret, procéda, dans le courant de 1888, à l'arrachage d'une très vieille vigne en terre argileuse. Après avoir pratiqué un labour profond, deux labours ordinaires, un chaulage de 40 hectolitres à l'hectare, il appliqua une fumure à raison de

30,000 kilogr. Avant les semailles, il fut répandu 500 kilogr. de superphosphate et 100 kilogr. de chlorure de potassium par hectare, et pour la même étendue 150 kilogr. de nitrate de soude en couverture, à la fin de février.

La végétation du froment a été admirable jusqu'à la moisson, qui a donné, par hectare, 7,400 kilogr. de récolte, dont 2,400 kilogr. de grain, soit 30 hectolitres, alors que la moyenne des rendements du district agricole n'a pas dépassé 11 hectolitres.

Voici, d'après M. Joulie, la composition chimique pour mille de quelques terres des environs de Gabarret :

	AZOTE.	CHAUX.	MAGNÉSIE.	POTASSE.	ACIDE phosphorique.
Terre de labour. Sol.	0.79	1.64	0.03	0.66	0.06
— Sous-sol	0.59	1.09	0.20	0.55	0.06
— Sol.	0.79	0.98	0.03	0.57	0.08
— Sous-sol	0.69	0.98	0.30	0.80	0.06
Terre de vigne	0.50	0.98	0.29	0.79	0.08
—	0.58	1.09	0.25	0.84	0.08
— Sol	0.70	2.33	0.96	1.06	0.22
— Sous-sol	0.70	2.96	0.42	0.67	0.26

D'un autre côté, M. Aubin a fait une analyse très complète d'une terre du château de Lacaze, près de Gabarret :

Analyse physique.

Terre fine . . . . 98.00 p. 100
Eau . . . . 1.83 —
Sable siliceux . . . . 94.63 —
Argile. . . . . 0.81 —
Calcaire. . . . . 0.24 —
Matière organique. . . . . 0.24 —
Acide humique. . . . . 0.24 —

Analyse chimique de la terre fine.

Azote. . . . . 0.040 p. 100
Acide phosphorique. . . . . 0.015 —
Potasse. . . . . 0.527 —
Chaux . . . . 0.137 —
Magnésie . . . . 0.085 —
Fer . . . . 0.540 —
Acide sulfurique . . . . 0.016 —

A Saint-Gein, dans le canton de Villeneuve-de-Marsan, on trouve, dans le même étage que les sables fauves, des faluns qui sont très recherchés pour l'amendement des terres argileuses et pauvres en calcaire des environs.

Autour du pointement crétacé de Roquefort, les sables des Landes, souvent avec leur alios, couvrent de grands espaces et s'étendent jusqu'aux environs de Nérac et de Bazas, tandis que les *sables fauves* ou *faluns* à *Ostrea crassissima* ne se montrent plus que dans les vallées. Mais on peut souvent atteindre ces faluns à peu de profondeur au-dessous des sables des Landes. Ils servent à faire de la chaux grossière qui ne convient pas pour les constructions, mais qu'on emploie beaucoup pour la culture, soit directement, soit en mélange avec de l'alios brisé ou de la tourbe. A l'usine, elle coûte 1 fr. à 1 fr. 25 c. l'hectolitre. On en emploie 25 à 50 hectolitres à l'hectare et l'on estime que son effet dure de 6 à 12 ans.

Près de Roquefort, on a fait des vignes dans les sables des Landes après défrichement de pignadas. On défonce à la pioche à 35 à 40 centimètres de profondeur et on enlève les racines et souches. Si l'on rencontre de l'alios, on l'extrait et en répand les morceaux à la surface du défoncement.

Pour dessécher le sol quand c'est nécessaire, on ouvre, au moyen d'une forte charrue, des sillons parallèles de $0^m,40$ de profondeur et on met au fond de ces sillons une couche de bruyères, puis on la recouvre au moyen de la charrue. Ces drains en bruyères débouchent dans des fossés à ciel ouvert qui déversent les eaux dans le ruisseau le plus voisin.

D'après M. Joulie, le sol contient :

Azote organique.	1.004 p. 1,000	
Chaux.	0.863	—
Potasse	0.180	—
Acide phosphorique	0.022	—

§ 6. — Le département de la Gironde.

Les terrains les plus anciens que l'on rencontre dans le département de la Gironde sont de l'époque secondaire et ils ne sont représentés que par deux petites protubérances de craie qui affleurent au sud de Podensac, l'une à Landiras, dans le vallon du Trussan, l'autre à Villagrains, dans le vallon du Gua-Mort. Tout le reste de la surface du département se compose : 1° de terrains tertiaires, calcaires compacts qui ont en quelque sorte constitué l'ossature de la contrée et tracé d'avance l'embouchure de la Gironde entre les collines de Blaye et celles de Saint-Estèphe ; 2° de terrains quaternaires qui couvrent les précédents et forment la plupart des sols cultivés, soit sur les collines du Blayais, du Fronsadais, de l'Entre-Deux-Mers et du Médoc, soit dans les Landes, et enfin 3° des fertiles alluvions de la Garonne, de la Dordogne et de leurs affluents.

Nous allons examiner successivement ces différentes formations.

TERRAINS TERTIAIRES.

A. — *Éocène moyen.*

a) Le *calcaire grossier de Blaye* est la première assise tertiaire qui affleure dans le département de la Gironde. Sa partie inférieure se compose, d'après MM. Matheron et Vasseur, d'une roche blanchâtre, assez friable, remplie de miliolites ; sa partie supérieure, plus compacte, devient jaunâtre et elle est très riche en coquilles : *Echinolampas girondicus, Cerithium angulosum, C. tricarinatum,* etc... Ce calcaire grossier est visible, non seulement sur la rive droite de la Gironde, entre Blaye et Plassac, mais aussi dans le Médoc sur une zone étroite qui passe près de Saint-Ysans et de Valeyrac.

On trouve au-dessus de ce calcaire :

b) Les *argiles* à *Ostrea cucullaris*, argiles verdâtres ou jaunâtres qui n'ont ordinairement que 2 ou 3 mètres d'épaisseur et qui sont couvertes par :

c) Le *calcaire lacustre de Plassac* dans le Blayais et par le *calcaire à cérites de Bégadan*, synchronique du premier, dans le Médoc. Ce sont des calcaires marneux ou siliceux qui affleurent sur les flancs des vallons du Blayais et qui ont 8 à 10 mètres d'épaisseur. On les exploite pour la fabrication de la chaux hydraulique.

B. — *Éocène supérieur.*

L'éocène supérieur est représenté dans le Blayais et le Médoc par le *calcaire marin de Saint-Estèphe.* Cet étage a 12 à 15 mètres d'épaisseur sur les deux rives de la Gironde. Son fossile caractéristique est le *Sismondia occitana,* que l'on peut ramasser en abondance dans les vignes, près de Vertheuil, avec l'*Échinolampas ovalis.*

M. Fallot range encore dans l'éocène supérieur des couches qui surmontent le calcaire à *Sismondia* et qui sont caractérisées par l'*Ostrea bersonensis* (grande huître voisine de l'*O. longirostris*) que l'on rencontre particulièrement à la base, et par l'*Anomia girondica,* plus répandue au sommet de l'assise. Ces couches marneuses ou gréseuses affleurent dans le Blayais et sont assez développées dans le Médoc (Saint-Estèphe, Vertheuil, Pauillac, Saint-Ysans, Civrac).

Tous ces terrains calcaires de l'éocène moyen et supérieur n'apparaissent pas sur de grandes surfaces au milieu des graves et des sables qui forment le terrain de la plupart des vignobles du Médoc, mais ils exercent une influence considérable sur la production de ces vignobles et sur la qualité de leurs vins, non seulement quand ils forment eux-mêmes le sol jusqu'à la surface, mais quand ils en constituent le sous-sol.

C. — *Oligocène.*

L'oligocène est représenté dans le Bordelais par :

a) La *mollasse du Fronsadais.* C'est un dépôt d'eau douce formé de mollasses et d'argiles. Les mollasses, qui en constituent la masse principale, sont composées de grains de quartz et de feldspath plus ou moins fins, souvent associés à des paillettes de mica et réunis par un ciment calcaire. On y trouve des concrétions calcaires en forme de boules, chapelets, etc... Les argiles de cet étage sont presque toujours sableuses et mélangées de particules très fines de mica et de calcaire.

Ces mollasses et argiles forment la partie inférieure des coteaux cultivés sur les bords de la Dordogne, ainsi que le fond des vallées dans l'Entre-Deux-Mers.

Au nord d'une ligne allant de Blaye à Bergerac et Caussade, la mollasse du Fronsadais change de facies ; les couches argileuses disparaissent en grande partie et les sables presque seuls persistent. Elle passe latéralement aux sables du Périgord qui sont grossiers et alternent parfois avec des argiles de la même couleur, et renferment les minerais de fer des bords de la Lémance. (Raulin, *Sur l'âge des sables de la Saintonge et du Périgord.*) Vers le nord (vallon du Lari), M. Vasseur a observé le passage de la même assise aux dépôts sidérolithiques.

Les mollasses du Fronsadais fournissent des terres argilo-siliceuses, très peu perméables, avec sous-sols ordinairement tout à fait imperméables. Elles sont difficiles à travailler. Généralement on les laboure en billons étroits et on a raison de le faire, dès lors qu'elles ne sont pas drainées. Sur les bords de la vallée de la Dordogne, on y a établi beaucoup de vignobles, principalement en cépages blancs.

A Maisonneuve, près de Libourne, M. Maquin, ancien élève de l'Institut agronomique, a créé, dans des terres qui proviennent de ces mollasses, des pépinières de vignes américaines qui ont été, avec celles de Mme Ponsot, les premières de la région et qui ont beaucoup contribué à la reconstitution de ses vignes, détruites par le phylloxera.

Voici, d'après les analyses de M. Hitier, la composition chimique de trois échantillons de terres que nous avons pris à Maisonneuve :

	CARBONATE de chaux.	POTASSE.	ACIDE phosphorique.	MAGNÉSIE.	AZOTE.	ACIDE sulfurique.
	p. 1,000.	p. 1,000.	p. 1,000.	p. 1,000.	p. 1,000.	p. 1,000.
1	3.5	1.7	0.36	1.4	0.50	?
2	58.5	2.0	0.43	9.5	0.34	0.23
3	111.0	3.0	0.65	5.0	0.30	0.31

b) Le *calcaire lacustre de Castillon* est composé de calcaires marneux et de marnes que l'on trouve par lambeaux sur la rive gauche de la Gironde, près de Civrac, Vertheuil, Saint-Sauveur, Arsac, et sur la rive droite près de Bourg, Cubzac et Fronsac. A partir de Saint-Christophe, près de Saint-Émilion, et surtout à partir de Castillon, le calcaire de Castillon se montre d'une manière continue, sous forme de calcaire compact, blanc, renfermant des silex de couleur claire et passant quelquefois à la meulière. Il se développe de plus en plus à mesure que l'on s'avance vers l'est, et toujours au-dessus des sables ferrugineux du Périgord; il finit même par déborder ces sables et s'appuie, aux environs de Cahors, directement sur le terrain jurassique (Raulin). Il renferme peu de fossiles, quelques lymnées, planorbes, etc.

c) Le *calcaire à astéries,* ainsi nommé à cause des osselets d'astéries que l'on y trouve souvent (connu également sous le nom de calcaire grossier de Bourg ou de Saint-Macaire), forme en général les collines entre Roque-de-Tau et Bourg ; il couronne les coteaux sur les bords de la vallée de la Dordogne et dans l'Entre-Deux-Mers; près de Bordeaux, il forme les hauteurs de Cenon et de Lormont; on le voit à l'entrée des vallées secondaires de la rive gauche de la Garonne et, dans le Médoc, depuis Pauillac jusqu'à Vendays au nord-ouest de Lesparre.

Sa plus grande épaisseur est de 40 mètres. Il se compose de calcaires compacts et de calcaires grossiers dont les bancs alternent avec des calcaires argileux, des marnes et des mollasses. Ces calcaires exploités dans de nombreuses carrières fournissent à la ville de Bordeaux les matériaux pour les belles constructions qui la distinguent. Les couches marneuses sont employées comme amendements pour les terres pauvres en calcaire du diluvium qui souvent couvre le calcaire à astéries. On trouve ordinairement (mais pas toujours, dit M. Fallot) à la base du calcaire à astéries une couche d'argile très riche en coquilles d'huîtres (*O. longirostris*) ; cette argile forme un niveau d'eau fort utile aux fermes de la région.

A Saint-Émilion, les meilleures vignes sont situées dans des terrains formés presque complètement par la décomposition du calcaire à astéries et, si leurs vins rappellent le bourgogne, les terrains de Saint-Émilion rappellent également les calcaires jurassiques de la Côte-d'Or. L'église monolithe de Saint-Émilion a été creusée, au

Saint-Émilion.

D'après une photographie de M. Fron.

IXᵉ siècle, dans le calcaire à astéries, et près d'elle se trouvent quelques-uns des meilleurs clos de vignes.

Voici les résultats de l'analyse de trois échantillons de calcaire à astéries que j'ai pris, avec M. Hitier, le premier dans les carrières de Saint-Germain, au-dessus de Fronsac, roche dure, blanchâtre, pétrie de débris de fossiles ;

Le deuxième à Saint-Émilion, dans un banc jaunâtre, moins dur que le précédent ;

Le troisième à Saint-Émilion, dans un banc rempli de coquilles et d'aspect brunâtre par suite de la terre qui s'y trouve mélangée :

	Nº 1.	Nº 2.	Nº 3.
	P. 100.	P. 100.	P. 100.
Carbonate de chaux	95.00	95.60	87.00
Magnésie.	0.59	0.881	0.881
Acide phosphorique	0.029	0.027	0.046
Acide sulfurique.	0.06	0.089	0.144
Résidu insoluble dans les acides.	3.10	2.70	9.10

Ce même calcaire à astéries forme, en face de l'église de Saint-Émilion, une colline sur laquelle M. Maquin a créé un vignoble. La terre qui couvre le calcaire est de couleur brune, sans cailloux. Les vignes américaines s'y chlorosent. Elle contient :

	P. 1,000.
Carbonate de chaux.	11.00
Potasse	2.52
Magnésie	1.90
Azote total.	0.63
Acide phosphorique.	0.55
Acide sulfurique	0.14

d) *Mollasse inférieure de l'Agenais.* On trouve au-dessus du calcaire à astéries, dans les environs de Bordeaux, comme, par exemple, à la Brède et en aval de Gradignan, une argile jaune ou verte à concrétions calcaires que M. E. Fallot range dans la mollasse inférieure de l'Agenais.

Mais c'est surtout dans les vallées du Bazadais (vallée du Ciron, de la Beuve) et, sur la rive droite, vers Cadillac et la Réole que cette assise prend sa physionomie propre. Ce sont des argiles qui deviennent plus ou moins sablonneuses dans leur partie supérieure.

M. Fallot considère tout ce qui précède comme du *tongrien* et ce qui va suivre comme de *l'aquitanien*[1].

c) Cet aquitanien du Sud-Ouest se compose du *calcaire blanc de l'Agenais* ou *aquitanien inférieur*, du *grès de Bazas et mollasse moyenne de l'Agenais* ou *aquitanien moyen*, et du *calcaire gris de l'Agenais* ou *aquitanien supérieur*.

La première assise et la dernière sont généralement des dépôts d'eau douce ; l'assise moyenne est au contraire marine. Mais la composition de chacune d'elles varie suivant les points examinés et, en général, plus on s'approche de l'ouest, plus l'élément marin tend à se substituer à l'élément d'eau douce ; de là de grandes difficultés d'interprétation dans l'équivalence des zones.

Sur la rive droite de la Garonne, on ne trouve l'aquitanien que sur deux points : aux environs de la Réole où il est très réduit, et dans les coteaux de Sainte-Croix-du-Mont où il a plus de développement. Il se compose, de bas en haut, d'un calcaire lacustre, jaune, puis d'un grès sableux également jaune (grès de Bazas), et se termine par un calcaire marneux blanc jaunâtre.

Sur la rive gauche, aux environs de Bordeaux, on rencontre le long des ruisseaux venant des Landes une série de couches qui peuvent se rapporter à l'aquitanien. La coupe la plus facile à étudier et la plus complète est celle qui est fournie par le ruisseau de Saucats, entre le moulin de Bernachon et le moulin de l'Église et qui est composée, d'après Tournouër[2], de bas en haut de :

1° Argiles bleues et blanches à *Neritina Ferussaci* ;

2° Grès sableux qui correspond au grès de Bazas et qui est désigné par les géologues bordelais sous le nom de *roche sableuse jaune* ;

3° Calcaire lacustre perforé supérieurement, connu en général sous le nom de *calcaire lacustre de Saucats* ;

4° Couche argileuse à cérithes et falun marin ;

---

1. *Feuille des jeunes naturalistes*, 1889.
2. *Bull. Soc. géol. de France*, 2ᵉ série, t. XIX.

5° Calcaire marneux lacustre à *Helix girondica* et *Limnea giron-dica*.

Mais c'est dans le Bazadais que l'aquitanien est le plus développé et il y a été fort bien étudié par M. Degrange-Touzin[1] :

Le calcaire blanc de l'Agenais est représenté, dans les vallées du Ciron et de la Bassane, par les calcaires d'eau douce si riches en fossiles (planorbes, hélix, limnées) de Villandraut et de Balizac ; ces calcaires sont souvent entremêlés d'argiles et même de sables à faune saumâtre ou fluvio-marine. Près de Saint-Côme, aux environs de Bazas, c'est un calcaire marneux lacustre, en plaquettes, avec marne et lignites, surmonté par un falun argileux bleu à cérithes, cyrènes et néritines.

Au-dessus vient l'aquitanien moyen, formé par les grès ou faluns de Bazas, assise uniforme qui a 12 à 15 mètres d'épaisseur et qui est constituée par une roche quartzeuse, plus ou moins ferrugineuse, très exploitée et accompagnée de mollasses sableuses plus ou moins dures.

L'aquitanien supérieur est représenté, dans le Bazadais, par le *calcaire gris de l'Agenais,* assise très réduite, parce qu'elle a été en partie enlevée par les érosions postérieures; elle est quelquefois constituée par une alternance de zones lacustres et de zones saumâtres ou marines.

D. — *Miocène.*

Le miocène n'est visible dans le département que sur la rive gauche de la Gironde, sur un petit nombre de points où il a été mis à découvert par les ruisseaux qui coulent vers le fleuve ; partout ailleurs il est couvert par les sables des Landes. M. Linder y distingue[2] :

a) Les *faluns de Léognan,* qui ont, en moyenne, une épaisseur de 20 mètres. Ils consistent en sables siliceux très riches en fossiles, tantôt argileux, tantôt agrégés par un ciment calcaire et transformés en mollasses plus ou moins consistantes. A Saucats et à Cestas, on

---

1. *Actes de la Soc. linn. de Bordeaux,* t. XLII.
2. *Carte géologique détaillée de la France.* Feuille de Bordeaux.

trouve, dans leurs couches supérieures, des ossements d'oiseaux, etc., et quelques-unes des coquilles d'eau douce qui caractérisent les calcaires d'eau douce de l'Armagnac. La base des faluns de Léognan est souvent une mollasse ossifère que l'on exploite pour la construction ; les couches de faluns sont utilisées par les agriculteurs comme amendements.

b) Les *faluns de Salles*, qui ont environ 30 mètres d'épaisseur et renferment de beaux gisements de fossiles : *Cardita Jouanneti*, etc... Autour de Salles, ces faluns sont composés, de bas en haut, de calcaires ossifères, de sables coquilliers, quelquefois agglutinés par un ciment ferrugineux, et de sables fauves analogues à ceux du Bas-Armagnac et de la Chalosse. On exploite les assises calcaires pour la construction.

E. — *Sables éruptifs.*

On trouve souvent au-dessus des étages tertiaires des sables éruptifs qui présentent, d'après M. Linder, tous les caractères d'une formation sidérolithique. Une bouche d'éruption remarquablement caractéristique se voit, entre autres, dans la commune de Gauriac. Ces sables, souvent micacés, sont composés de grains quartzeux, hyalins et anguleux, tantôt fins, tantôt grossiers ; ils sont mélangés de petits galets de quartz blancs ou ocreux et quelquefois ils sont cimentés par une argile feldspathique. Ils renferment de nombreuses concrétions d'hématite brune et leur coloration varie du blanc éclatant au jaune et au rouge vifs ou au jaune d'ocre. On exploite les sables les plus grossiers pour la construction et l'entretien des chemins et les plus fins pour le polissage des métaux.

F. — *Sables des Landes et alluvions anciennes.*

Les sables des Landes, que nous avons décrits dans le paragraphe précédent, couvrent de grandes surfaces, environ 500,000 hectares, dans le département de la Gironde. Du côté de l'ouest, ils s'étendent depuis les dunes qui bordent le littoral de la mer jusqu'aux alluvions anciennes qui leur sont superposées sur les rives de la Garonne, et beaucoup de vignobles, quelques-uns des plus célèbres du Médoc et des Graves, sont situés, au moins en partie, sur ces sables. Au nord du département, aux environs de Saint-Savin-de-Blaye et de Saint-Ciers-la-Lande, nous les retrouvons avec leurs bruyères, leurs pignadas et leurs pauvres cultures de seigle et de sarrasin et, dès 1864, M. Jacquot[1] a signalé leur existence entre les terrains de transport qui couvrent le plateau de l'Entre-Deux-Mers et les roches, la plupart calcaires, qui appartiennent aux divers étages de la formation tertiaire.

M. Linder va plus loin encore que M. Jacquot. Pour lui, les sables des Landes sont *quaternaires* comme les terrains de transport qui couvrent les coteaux de la Gironde, de Lot-et-Garonne, de la Dordogne et ceux qui forment le fond des vallées au-dessous des alluvions de l'époque actuelle. « Sur la rive gauche de la Garonne, dit-il, jusqu'à une certaine distance du fleuve, se développe un terrain de transport, généralement sablonneux à la surface et caractérisé, dans ses sables, par la présence de grains plus ou moins nombreux de fer oxydulé et par le grès à ciment organique que l'on appelle *alios*. Ce terrain s'étend, presque sans discontinuité, des environs de Nérac jusqu'à la mer et constitue la formation géologique connue depuis longtemps sous le nom de *sables des Landes*. Les cailloux que contient cette formation sont quartzeux pour la plupart, mais elle en renferme aussi d'autre nature. A mesure qu'elle se rapproche de la Garonne, on la voit se modifier graduellement et se modifier de la même façon : le nombre et la grosseur des cailloux roulés augmentent, les sables deviennent souvent plus argileux, la composition du sol superficiel est plus irrégulière, et les sables, les argiles, les graviers, les amas de galets se succèdent tour à tour et comme au hasard sans qu'il soit possible de discerner une démarcation géologique quelconque entre les uns et les autres, tant leur liaison est intime. Enfin, quand on atteint les coteaux les plus rapprochés de la Garonne, de nouveaux éléments apparaissent dans le sol ; les graviers admettent peu à peu dans leur composition des cailloux et des galets de même nature que ceux qui constituent le lit du fleuve dans leur voisinage et deviennent peu à peu ce que j'ai appelé *alluvions anciennes de la Garonne.*

---

1. *Actes de l'Académie de Bordeaux.* 1862.

« Sur la rive droite de la Garonne et de la Gironde, on observe le passage graduel entre le terrain de transport qui couvre les flancs et les sommités des coteaux et qui s'étend à leurs pieds, au-dessous des alluvions modernes, jusqu'au fleuve. Mais, dans cette région, les dépôts n'ont, sur les coteaux, ni la continuité, ni l'uniformité du sable des Landes ; leur nature semble plus complexe et, dans chaque bassin, elle est plus en rapport avec les formations géologiques qui constituent l'ossature de ce bassin. Un terrain de transport, renfermant souvent des cailloux roulés de grosses dimensions, forme le fond de toutes les vallées importantes et s'élève plus ou moins sur les flancs des coteaux, tantôt se superposant brusquement à des dépôts argileux ou sableux semblables à ceux qui couronnent les hauteurs, tantôt, au contraire, alternant avec eux ou passant à eux par transition insensible. Quant à ces derniers, ils se montrent sur tous les coteaux comme un mélange des débris remaniés provenant des formations géologiques qui s'étendent au-dessus d'eux dans la direction de la source du bassin, de sorte que, à la séparation de deux bassins contigus, ils semblent participer à la fois de la nature minéralogique de ces deux bassins, comme si les terrains superficiels de nos contrées s'étaient effectués dans un même courant, une même nappe diluvienne qui, à l'origine, aurait couvert toutes les sommités et dont les eaux, après avoir progressivement quitté ces dernières, se fussent ensuite écoulées vers la mer, en suivant, dans chaque vallée, la pente naturelle du terrain. »

Par des coupes nombreuses, M. Linder a montré que partout les éléments composants du terrain de transport ont leurs plus fortes dimensions dans les couches supérieures, que la grosseur diminue en se rapprochant de la base de la formation et que celle-ci passe à l'état d'argile ou d'argile sableuse à grains fins au contact des roches tertiaires qu'elle recouvre. Partout également on voit de l'E.-N.-E. à l'O.-S.-O. (approximativement), les cailloux diminuer de grosseur sur les coteaux, — par exemple, se trouver quelquefois presque pugillaires à la limite du département de la Dordogne, ovulaires dans l'Entre-Deux-Mers, à peine de la dimension d'une amande au centre des grandes Landes.

Du reste, la nature minéralogique de ces terrains de transport est la même sur les deux rives de la Garonne. Les sables, argileux ou meubles, qui constituent leur masse, renferment partout les mêmes éléments quartzeux et ne diffèrent que par la proportion des divers grains colorés qui en font partie et par la présence de certains minéraux accessoires, tels que le feldspath et le mica. On y trouve quelquefois de l'*olivine*, parfois du *fer titané, toujours du fer oxydulé* qui caractérise nettement la formation.

La similitude parfaite qui existe entre les sables des deux rives de la Garonne, existe également pour les cailloux roulés qui s'y trouvent mélangés ou qui constituent les amas de graviers qu'on y observe, soit dans l'Entre-Deux-Mers, soit sur la rive gauche de la Garonne, soit au nord de la Dordogne. Ce sont des silex de diverses couleurs, des quartz-meulières, des quartz hyalins, des quartz grenus et porphyroïdes, de la phtanite noire, grise ou verdâtre, quelquefois en décomposition, des schistes talqueux ou micacés, de la tourmaline noire empâtée dans du quartz et quelquefois des roches volcaniques (dolérite ou phonolite). — On n'y trouve qu'exceptionnellement des débris calcaires.

Non seulement les terrains de transport du département de la Gironde sont partout composés des mêmes matériaux, mais M. Linder a constaté qu'ils ressemblent également à ceux de la Dordogne, entre autres à ceux que M. Ch. Des Moulins a étudiés dans le bassin hydrographique du Couzeau.

Tous ces matériaux paraissent provenir du plateau central et de l'Auvergne, peut-être aussi des Pyrénées. Les calcaires, désagrégés par l'action des eaux ou des glaces, ont disparu, entraînés au loin dans l'Océan ; les feldspaths, les trachytes, etc., deviennent également de plus en plus rares à mesure que l'on s'éloigne du point de départ, et il n'est resté que les minéraux les plus durs, les plus résistants à la trituration glaciaire ou torrentielle, des limons argileux et du fer oxydulé qui a, d'après M. Linder, son origine dans le gneiss, le schiste micacé et les trachytes des montagnes de l'Auvergne.

Sur les feuilles de Bordeaux et de la Test-de-Buch de la carte géologique détaillée, tous les terrains de transport qui couvrent les plateaux de l'Entre-Deux-Mers, du Cubzacais et du Blayais ont été désignés, comme les sables des Landes, par la lettre P' et représentés par la même teinte gris-brun.

Mais, ajoute M. Linder, quand on atteint les coteaux les plus rapprochés de la Garonne, de nouveaux éléments apparaissent dans le sol ; les graviers admettent peu à peu dans leur composition des cailloux et des galets de même nature que ceux qui constituent le lit du fleuve dans leur voisinage et deviennent peu à peu ce qu'on a appelé *alluvions anciennes* et désigné sur les cartes par la lettre *a'* et une teinte grise. Dans la vallée de la Garonne, on trouve des débris de roches des Pyrénées ; dans la vallée de la Dordogne, ce sont surtout des silex, de la craie, des phonolites du Plateau central, etc... ; on y a rencontré des restes d'*Elephas primigenius*. Ce sont donc des dépôts quaternaires, comme les sables des Landes et les alluvions anciennes des plateaux de l'Entre-Deux-Mers, mais ils sont plus récents que ces derniers. Ils ont été amenés des Pyrénées et du plateau central, sans doute à la fin de la dernière période glaciaire, soit par les glaces, soit par les eaux abondantes qui résultaient de la fusion de ces glaces, et disposées en terrasses qui sont la continuation de celles que nous avons déjà trouvées aux environs de Toulouse. Ces terrasses de *graves ou graviers* sont celles qui portent les principaux vignobles du Médoc, mais souvent ces vignobles s'étendent dans les sables des Landes.

LE MÉDOC.

Dans son excellente *Description géologique des communes de Saint-Estèphe et de Vertheuil,* M. E. Benoist dit que le sable des Landes s'observe surtout sur les plateaux dont l'altitude, dans Vertheuil et Saint-Estèphe, n'est jamais inférieure à 25 mètres. Le gravier du Médoc se rencontre à une altitude qui varie de 15 à 20 mètres. Quant à l'argile diluvienne de certains auteurs, ajoute-t-il, et que l'on exploite souvent pour la fabrication des briques, elle n'est qu'une forme spéciale des deux précédents dépôts et elle se rencontre indistinctement dans les deux régions indiquées.

Le principal caractère sur lequel il est nécessaire d'insister, au point de vue de la constitution de ces dépôts quaternaires, aux envi-

rons de Pauillac, de même que dans tout le Médoc, est l'association
presque constante du sable et des cailloux, agglutinés quelquefois,
soit par un ciment ferrugineux ou organique, soit par une argile
grise ou ferrugineuse souvent micacée.

Dans les graviers et les sables du canton de Pauillac, M. E. Benoist
a reconnu les roches suivantes : quartz hyalin en cailloux plus ou
moins gros, souvent transparents (*cailloux du Médoc*) ; quartz blanc
mat, laiteux et vitreux, de diverses couleurs ; quartz rouge à veines
plus foncées ; quartz blanc grenu porphyroïde ; quartz noir grenu ;
phtanite noire ou verdâtre ; phonolite décomposée ; tourmaline noire
en cristaux dans les galets de quartz ; galets argileux provenant de
feldspath décomposé ; silex de diverses couleurs ; meulières ; rognons
de fer hématite ou hydroxyde argileux.

Le terrain de transport du Bas-Médoc repose généralement sur les
terrains tertiaires moyens ou inférieurs ; il comble les inégalités
produites dans ces terrains par les érosions. Au bourg de Saint-
Estèphe, à Puy-Moulin, à Meygney, Montrose, Marbuget, Pomys et
Lassalle-de-Pez, les graviers sableux, qui atteignent sur ce point une
épaisseur considérable, reposent sur l'étage éocène supérieur (calcaire à *Sismondia*, marne à *Corbula*).

En se rapprochant de Bordeaux, il semble que l'élément caillouteux diminue et que la forme sableuse des Landes tend à dominer,
ainsi qu'on peut le voir dans le gravier des communes de Saint-
Médard, Eysines et Blanquefort.

Au delà de Macau, les galets reparaissent en grande quantité,
surtout dans les communes de Soussans, Cantenac, Moulis, Listrac,
Castelnau et Saint-Laurent, et ces graviers sont composés des mêmes
éléments que dans le canton de Pauillac.

Dans une gravière du canton de Cantenac, au lieu dit Hontigues,
le dépôt atteint une puissance d'environ 6 mètres et les galets y sont
d'une grosseur exceptionnelle. Sur ce point, leur altitude est de
20 mètres et ils montent même plus haut dans la commune d'Arsac.
Ces mêmes graviers et sables se retrouvent dans le canton de Lesparre, mais ils sont déviés sur la gauche où ils se confondent avec le
sable des Landes.

" Cette contrée a eu son poète, M. P. Biarnez :

Qui croirait, dit-il,

> Qui croirait qu'au delà de cette forêt sombre,
> De ces sables brûlants, et de ces pins sans nombre,
> S'élève une colline au sol prédestiné,
> Dont le sol graveleux de vignes couronné,
> Donne un vin fin, léger, d'élégante souplesse,
> Imprégné du parfum qu'exhale la noblesse ?
> Voilà ce sol fameux, ce terrain si vanté,
> Qui ne semble frappé que de stérilité,
> Mais dont le flanc brûlant, dans sa moindre parcelle,
> D'un germe précieux renferme l'étincelle.
> Arrêtons-nous ici : voilà Château-Kirwan ;
> Des troisièmes crus c'est le premier, le plus grand.
> C'est un velours liquide, un sucre parfumé
> Qui réjouit d'abord le palais embaumé.

Voyons ce que dit la chimie de ce sol prédestiné de Château-Kirwan. M. Nivet, ancien élève de l'Institut agronomique, aujourd'hui agriculteur et conseiller général dans le département de la Charente, en a fait l'analyse.

Analyse physique.

(Moyenne des échantillons.)

	SOL.	SOUS-SOL.		
Gros sable .	65.13	65.82	p. 100 de terre séchée à 100°.	
Sable fin . .	24.56	25.65	—	—
Argile . . .	8.50	8.13	—	—
Calcaire . .	1.81	0.40	—	—

Le calcaire contenu dans le sol provient sans doute de la marne qu'on a l'habitude d'employer à haute dose à Château-Kirwan.

Analyse chimique de la terre fine.

	SOL.	SOUS-SOL.		
Azote.	0.60	0.40	p. 1,000 de terre séchée à 100°.	
Acide phosphorique. . .	0.30	0.30	—	—
Potasse	0.80	0.60	—	—
Alumine et oxyde de fer.	23.90	20.10	—	—

Les cépages qui prédominent à Château-Kirwan, dit M. Nivet, sont le Cabernet sauvignon et le franc Cabernet; ils forment le cépage essentiel des grands crus du Médoc. Les autres cépages sont le Malbec et le petit Verdot. Le Cabernet sauvignon et le petit Verdot sont considérés comme donnant de la couleur et du corps; le franc Cabernet donne la finesse et le bouquet.

Les vignes sont marnées quand le terrain n'est pas argileux; on commence à employer la chaux, qui serait, dit-on, préférable.

Les vignes sont arrachées entre quarante à cinquante ans; généralement on replante l'année suivante; à Kirwan on trouve préférable de laisser reposer le terrain deux ou trois ans et pendant ce laps de temps, on en tire deux récoltes de fourrages par an : une première récolte de trèfle incarnat ou vesces; sur cette récolte, au printemps, on sème du maïs.

Pour que la vigne réussisse bien, il faut que le terrain soit d'abord parfaitement ameubli par un défoncement pratiqué à 60 centimètres de profondeur avec une forte charrue de défoncement ou à la pioche.

Il faut environ cinq ans à une jeune vigne pour couvrir ses frais; à dix ou douze ans, elle est en pleine vigueur.

Les ceps sont placés en quinconces, à 1 mètre ou $1^m,10$ en tous sens.

La vigne reçoit différents engrais; du fumier de ferme à raison de 1 mètre cube pour 50 ou 60 pieds de vigne, de la poudre d'os à raison de 1 litre par pied, des chiffons de laine, des tourteaux.

La vigne ne constitue pas à elle seule la partie intéressante de Château-Kirwan; on y trouve le premier puits artésien qui ait été construit dans le Médoc (en 1865); sa profondeur est d'environ 85 mètres et son débit de 250 litres à la minute; l'eau jaillit à 3 mètres au-dessus du sol. Cette eau, d'excellente qualité, est utilisée pour tous les besoins de la propriété; elle est sensiblement ferrugineuse.

Voici les résultats des analyses de trois échantillons de terres de Château-Langoa, près de Saint-Julien, faites par M. Colomb-Pradel: le premier est la terre (grosse grave) d'une vigne qui est considérée comme bonne, mais qui n'avait pas été fumée depuis quatre ans, le deuxième le sable du sous-sol, le troisième de l'alios extrait pendant le défoncement fait pour la création d'une vigne :

	ANALYSE PHYSIQUE.			ANALYSE CHIMIQUE DE LA PARTIE FINE.				
	POIDS de L'ÉCHANTILLON.	PARTIE FINE.	CAILLOUX et GROS SABLE.	ACIDE phospho-rique.	CARBONATE de chaux.	POTASSE attaquable à l'acide nitrique.	AZOTE total.	ALUMINE et oxyde de fer.
	gr.	gr.	gr.	p. 1,000.	p. 1,000	p. 1,000.	p. 1,000.	p. 1,000.
1	1,990	243	1,747	Traces.	»	Traces.	0.0821	8.4
2	880	713	176	Traces.	»	0.125	0.0172	6.4
3	912	412	500	»	»	Traces.	0.310	6.7

Les analyses suivantes sont dues à M. Aubin. Ce sont des terres de vignes de Margaux : elles contiennent séchées à 100° :

	ANALYSE PHYSIQUE P. 100.					ANALYSE CHIMIQUE DE LA TERRE FINE p. 1,000.						
	EAU.	SABLE siliceux.	ARGILE.	CALCAIRE.	MATIÈRE organique.	AZOTE.	ACIDE phosphorique.	POTASSE.	CHAUX.	MAGNÉSIE.	FER.	ACIDE sulfurique.
1 . .	0.13	62.78	0.50	0.09	1.10	0.29	0.06	0.17	0.46	0.45	0.5	0.06
2 . .	0.17	47.98	0.28	0.04	1.33	0.35	0.04	0.22	0.28	1.00	0.45	0.01
3 . .	0.59	76.95	2.20	1.91	0.25	0.17	0.08	0.68	10.72	0.15	0.45	Trac.

M. Jouet, ancien élève de l'Institut agronomique, a bien voulu me donner les renseignements qui vont suivre sur la culture des vignobles de Château-Latour, Léoville-Barton et Château-Langoa dont il est le gérant :

Le vignoble de Château-Latour, un des trois premiers grands crus du Médoc (les deux autres sont : Château-Margaux et Château-Lafitte) est situé dans la commune de Pauillac, arrondissement de Lesparre.

Les vignes forment un clos de 40 hectares entouré de murs et de fossés et occupent des coteaux de faible élévation à doubles pentes dirigées généralement du nord au sud : on donne le nom de *croupe* à l'ensemble de chaque coteau et de ses deux déclivités.

Le clos de Château-Latour est situé à 500 mètres environ de la Gironde.

Le sol est essentiellement siliceux, formé de cailloux ou *graves* de volume variable mais généralement assez gros pour présenter, dans la plupart des pièces de vignes, l'aspect d'un amas de galets tels qu'on en trouve dans le lit et sur les bords d'une rivière à cours rapide.

Le sous-sol est également graveleux à une profondeur variant entre 0^m,50 et 1 mètre. Au-dessous, se trouve soit du sable marneux, soit de l'alios des Landes.

Plus la grave est grosse dans la profondeur de terre végétale, plus le vin produit est séveux, corsé et bouqueté. La classification officielle des crus classés du Médoc, consacrée par le haut commerce bordelais depuis plus d'un siècle, assigne à chaque cru connu du Médoc une classe déterminée suivant la valeur de ses produits. Or, il est à remarquer que la supériorité des différents crus est d'autant plus grande que la grave qui constitue leur sol est plus grosse et plus abondante. La nature chimique du sol diffère peu, en effet, dans les différents crus et l'encépagement ne joue également qu'un rôle secondaire, car presque tous les crus classés ont à peu près la même proportion des mêmes cépages. Il faut ajouter cependant que la situation et la bonne exposition des croupes sont à apprécier, mais, d'une façon générale, plus la grave du sol est abondante et grosse, meilleurs sont les produits.

Les sols de cette nature sont généralement assez maigres comme fertilité ; dans le bas des déclivités des croupes, on trouve parfois une certaine proportion d'argile, mais, comme nous le disons plus haut, c'est l'élément siliceux qui domine.

Le calcaire fait absolument défaut.

On comprend que ces terrains livrés à eux-mêmes s'épuisent assez rapidement ; aussi l'apport d'une certaine quantité d'engrais (fumier de ferme pur ou coupé avec du terreau sous le nom de compost) est-il absolument nécessaire pour maintenir la production qui, d'ailleurs, avec les meilleures méthodes de culture, ne dépasse guère 20 à 25 hectolitres par hectare.

On emploie également les engrais chimiques, mais on préfère les répandre sur les fumiers ou composts pour les enrichir, car en raison de la grande perméabilité du sol, ils se dissoudraient trop rapidement s'ils étaient employés seuls en couverture.

A Château-Latour, on emploie habituellement pour la fumure des vignes un compost formé par un mélange au tiers de terre d'alluvion, dépôt de vase laissé à chaque marée par la Gironde dans les fossés des prairies situées au bas du vignoble, de terre des landes et de fumier. On met la terre d'alluvion sur le sol en couches de 35 à 40 centimètres d'épaisseur, puis on place le fumier dessus et on recouvre le tout avec de la terre de lande. On fait un certain nombre de creux dans la masse et l'on y met des pierres à chaux qui s'y délitent peu à peu. On recoupe le compost deux ou trois fois avant de s'en servir de manière à bien en mélanger les divers éléments. Parfois, lorsqu'on veut obtenir un résultat plus immédiat de ce compost au point de vue de la végétation et de la production, on le saupoudre avec des engrais chimiques.

On en emploie en moyenne 250,000 kilogr. à l'hectare, c'est-à-dire 25 kilogr. par pied de vigne. Son effet dure 4 à 5 ans dans les terrains qui ne sont pas trop pauvres, en moyenne 4 ans dans les graves du Médoc. Dans les terrains de graville légère, presque sablonneux, il faut en mettre plus souvent et en plus grandes quantités.

Les labours se donnent au moyen de deux charrues; l'une, appelée *cabat,* sert à déchausser la vigne, l'autre, appelée *courbe,* en raison de la courbure de l'âge, sert à la rechausser.

Les plantations sont faites, en général, à un mètre en tous sens, ce qui ne permet que deux tours de charrue dans chaque *rège* (espace compris entre deux rangs de vigne), soit pour chausser, soit pour déchausser. Après chaque opération de déchaussage, les vignerons bêchent la terre non remuée par la charrue dans le plan du rang de vigne ; c'est la façon désignée sous le nom de *tirage des cavaillons.*

On donne en général deux façons de déchaussage et deux façons de rechaussage.

Le peu de largeur des règes et l'abondance des cailloux roulés ou graves rend très difficile, pour ne pas dire impossible, le passage des houes, herses ou scarificateurs, même d'étroite dimension, car ces instruments qu'on emploierait de préférence après la dernière façon, au mois d'août, pour la destruction des mauvaises herbes, frôlent plus ou moins les grappes pendantes près du sol et commettent des dégâts très appréciables. Aussi, dans les années humides, est-on souvent obligé de faire arracher l'herbe à la main par des femmes, pour faciliter la bonne maturation des raisins.

L'encépagement, comme il est indiqué plus haut, ne varie pas beaucoup dans les crus classés. Le cépage principal est le *Cabernet-Sauvignon :* il constitue, en général, les 6 à 8 dixièmes de tous les vignobles classés.

A Château-Latour, on compte 8 dixièmes de Cabernet-Sauvignon, et 2 dixièmes de *Cabernet franc gris* ou *blanc* et de *Malbec.* Cette proportion est adoptée à peu près dans tous les grands crus.

On trouve parfois dans certains vignobles du Médoc, une petite quantité de *petits Verdots* à bouton blanc, mais les trois cépages principaux sont : le Cabernet-Sauvignon dominant tous les autres, le Cabernet franc ou gris ou blanc (c'est le même cépage) et le Malbec ou côt rouge.

La vigne est palissée sur un fil de fer à 0ᵐ,30 de terre ou sur des lattes de pin maritime fixées à des carassons de pin ou d'acacia enfoncés en terre de 0ᵐ,30 à 0ᵐ,40 — et, par conséquent, d'une longueur totale moyenne de 0ᵐ,70.

Nous ne décrirons pas en détail la taille de la vigne à Château-Latour : c'est la taille ordinaire du Médoc : deux bras *arqués* ou bifurquant à 0ᵐ,15 en moyenne du sol; sur chaque bras, une branche fructifère ou *aste* pliante comprenant, suivant la vigueur du sujet, de 4 à 8 boutons ; à côté de l'aste, sur le même bras, un *tiret* ou petite branche fructifère à deux ou trois boutons, et enfin, sur le vieux bois, un *côt de retour* ou bois de remplacement à un œil destiné à faire, l'année suivante, un tiret et à remplacer finalement l'aste pliante.

Lorsque le sol est trop maigre, on se contente d'une aste pliante sans tiret, mais toujours avec un côt de retour pour conserver une bonne forme à la charpente du cep.

La taille est commencée fin novembre dès la chute des feuilles.

On fait ensuite le *sécaillage* et *carassonnage*, c'est-à-dire qu'on réunit en paquets les sarments coupés, ainsi que les sécailles ou lattes de pin et carassons qui doivent être remplacés. Lorsque ce remplacement ou *garnissage* est terminé, on procède au traitement d'hiver contre l'anthracnose en lavant les souches de vignes avec une dissolution de sulfate de fer à 50 p. 100.

Entre temps, on s'est occupé des fumures, complantations et plantations.

Les fumures se font au pied de la vigne ou dans le rang en ouvrant un rouillon à la charrue et en l'approfondissant à la pioche jusqu'au contact des racines. Le fumier est répandu sur celles-ci et recouvert par la charrue.

Les plantations se font au renversement par fossés, à la pioche, à $0^m,60$ environ de profondeur. On paie en moyenne 1,500 fr. par hectare pour défoncer et planter. Les plants sont garnis d'une bonne couche de terreau à mesure qu'ils sont mis en place.

Les complantations sont destinées à remplacer les pieds morts ou manquants. On paie environ 8 fr. le 100 les complantations faites à la fosse de $0^{mq},50$ avec terreau au fond.

Pendant la végétation, on fait les opérations culturales ordinaires, en dehors des labours, c'est-à-dire : l'ébourgeonnage ou ablation des bourgeons inutiles, épamprage modéré pour faciliter les labours et donner de l'air aux vignes — attachage par des liens de jonc des flages poussant en dehors du plan déterminé par le rang de vigne — déchaussage avec la bêche des verjus trop rapprochés du sol.

Les traitements anticryptogamiques consistent, suivant les conditions atmosphériques, en deux ou trois soufrages contre l'oïdium ; le premier lorsque les bourgeons ont $0^m,30$ environ, le second au moment de la fleur, le troisième après la fleur.

Contre le mildew, on fait deux ou trois traitements préventifs à la bouillie bordelaise (sulfate de cuivre et chaux) à la dose de 2 p. 100 de l'une et l'autre matière. On emploie comme instrument : le pulvérisateur à dos d'homme *Piller-Bourdil* pouvant traiter un hectare par jour.

Contre le phylloxera, on emploie du sulfure de carbone pur appliqué au moyen du pal à la dose culturale de 225 kilogr. à l'hectare

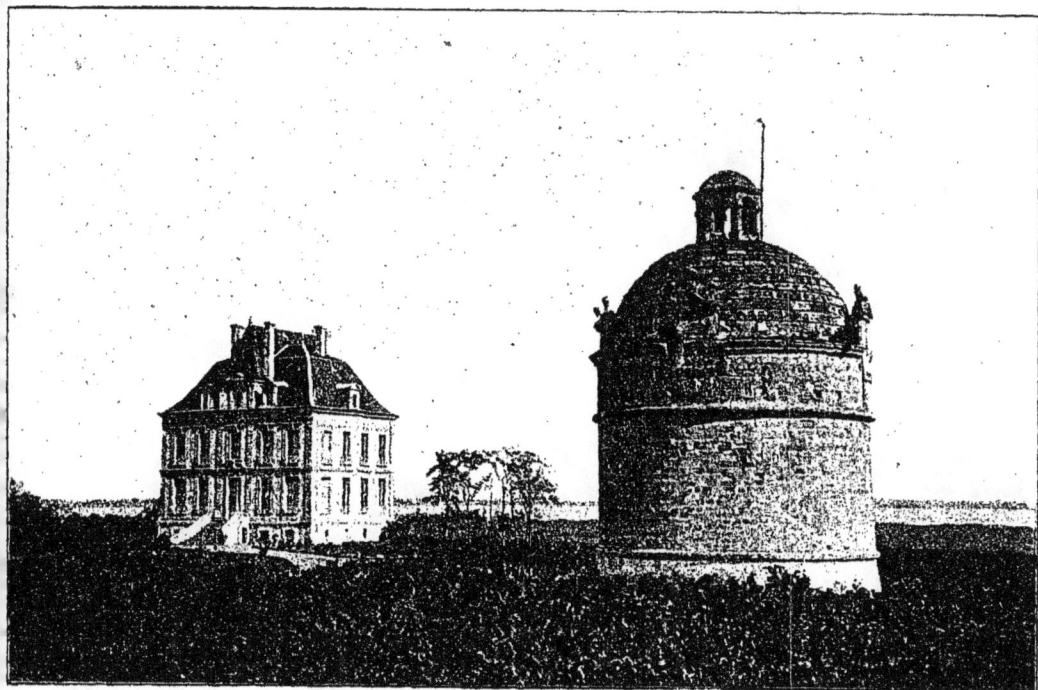

Château-Latour.

D'après une photographie de M. A. Terpereau.

— traitements d'été et d'automne. — Sur les parties basses, un peu argileuses, on applique du sulfocarbonate de potassium à la dose de 70 grammes par mètre carré. Le domaine possède une machine à vapeur actionnant une pompe, système Piat, avec colonnes d'aspiration et de refoulement et tuyaux en caoutchouc pour mener l'eau à pied d'œuvre.

Les vignerons ou prixfaiteurs et leur famille s'occupant exclusivement de la culture de la vigne sont au nombre de 13 pour cultiver les 40 hectares de vignes de Château-Latour.

Ils font des travaux à l'entreprise, tels que : la taille, le sécaillage, le garnissage, l'ébourgeonnage, le tirage des cavaillons, l'épamprage, le soufrage — et des travaux à la journée tels que les traitements contre le mildew, les traitements antiphylloxériques et tous les autres menus soins donnés à la vigne pendant sa végétation.

Les vignerons et leur famille sont logés; ils reçoivent une barrique de vin (vin de Roussillon) et quatre barriques de piquette faite avec les râpes de la récolte. La journée d'homme est payée 2 fr. et celle de femme 0 fr. 75 c. Ils ont de plus la moitié des sarments et des sécailles provenant de leur prixfait.

Quatre valets bouviers et un charretier conduisent les attelages pour les labours et transports. Ils reçoivent 600 fr. par an, sont logés, ont une barrique de vin et quatre barriques de piquette ainsi que le bois nécessaire à leur ménage.

Un maître de chai, aidé de plusieurs tonneliers, est chargé des soins à donner aux vins et de la fabrication des barriques.

Un homme d'affaires, sous la direction immédiate du gérant, surveille l'ensemble des travaux et commande le personnel.

Les vendanges se font en septembre généralement. Indépendamment des ouvriers du domaine, on prend une troupe étrangère composée de 30 à 40 coupeurs pour ramasser la récolte. Tout le monde est nourri pendant les vendanges et pendant les écoulages. La troupe étrangère est logée sur le domaine. Les coupeurs reçoivent 1 fr. par jour et les hommes, porte-hottes ou surveillants à la vigne, 2 fr. par jour.

La récolte est soigneusement égrappée et foulée aux pieds. La fermentation se fait en cuve foncée et plâtrée avec tuyaux de dégagement pour l'acide carbonique venant aboutir dans un récipient plein d'eau formant fermeture hydraulique. On n'écoule la cuve qu'au bout de 20 à 25 jours lorsque le vin est entièrement reposé, froid et limpide à la tasse d'argent. Le coupage de la récolte se fait en barriques, en mettant dans chacune de celles-ci une proportion exacte de chaque cuve. A cet effet, chaque cuve reçoit un poids bien déterminé de vendanges, afin qu'on sache, avant les écoulages, ce qu'elle doit rendre en vin.

Les vins nouveaux sont soigneusement ouillés tous les deux ou trois jours; ils sont soutirés en janvier, en avril, en juin, en septembre; puis ils sont mis bonde de côté dans les chais du domaine.

La vente se fait ordinairement en primeur, après les vendanges, et les vins vendus avec la faculté pour les acheteurs de mettre en bouteilles au château. A partir de la livraison qui a lieu en barriques après le premier soutirage, les vins restent dans les chais du domaine jusqu'à la mise en bouteilles, au compte et aux frais, périls et risques des acheteurs.

Les frais de culture sont très élevés à Château-Latour comme dans tous les crus classés du Médoc où l'on sacrifie tout à la qualité et où la vigne et le vin sont l'objet de soins incessants.

Les maladies récentes (phylloxera, mildew) sont venues encore augmenter les frais de culture. Ceux-ci s'élèvent en moyenne à 2,300 fr. par hectare, tout compris (culture, frais généraux, entretien des bâtiments, impôts, vendanges, barriques pour loger la récolte et soins des vins).

Grâce aux prix élevés qu'atteignent les récoltes, le produit net est encore très rémunérateur malgré les frais énormes de culture. La production moyenne peut être évaluée à 22 hectolitres à l'hectare ou environ 10 barriques bordelaises de 225 litres, soit pour les 40 hectares 400 barriques ou 100 tonneaux bordelais (le tonneau valant 4 barriques ou 9 hectolitres). Le prix moyen du tonneau étant de 2,300 fr., on a un produit brut de 230,000 fr. En retranchant de cette somme, les frais de culture montant, en *chiffres ronds*, à 100,000 fr. on obtient un produit net de $230,000 - 100,000 = 130,000$ fr., ce qui donne, par hectare, un *revenu net* de $\dfrac{130,000}{40} = 3,250$ fr., soit 3,250 fr. de revenu net par hectare.

Nous ne parlerons pas des autres cultures pratiquées à Château-Latour : tout est absorbé par la vigne. Le domaine possède une quinzaine d'hectares de prairies naturelles sur les bords du fleuve, dans les alluvions modernes. Le foin produit sert entièrement à la nourriture des animaux de travail. Une quinzaine d'hectares, également de landes, bruyères, ajoncs et pins maritimes, fournit une partie des lattes et carassons nécessaires à la vigne ainsi que de la terre de bruyère qui entre dans la composition des composts.

Le domaine de Léoville-Barton et de Château-Langoa, situé dans la commune de Saint-Julien, limitrophe de celle de Pauillac, comprend deux vignobles réunis en une seule exploitation, mais dont les produits sont bien distincts. Léoville-Barton est un second cru et Château-Langoa un troisième cru.

Comme à Château-Latour, les vignes occupent des croupes plus ou moins accentuées, mais la grave y est en général moins grosse et moins abondante, surtout à Langoa où le sol, dans certaines pièces, est composé d'une graville légère donnant un vin très bouqueté, mais moins séveux et corsé que celui de Léoville et Latour. L'élément siliceux est d'ailleurs toujours dominant comme dans toutes les vignes de graves.

A part ces différences de constitution physique entre les terrains de Léoville et Langoa et ceux de Latour, nous n'avons à signaler aucune particularité sur l'encépagement ou la vinification et nous n'insisterons pas sur le système de culture de la vigne qui est absolument le même que celui pratiqué à Latour, ainsi, d'ailleurs, que dans les autres grands crus classés.

Les vignobles de Léoville et Langoa comprennent un ensemble de 100 hectares de vignes produisant en moyenne 20 hectolitres à l'hectare ou 9 barriques bordelaises de 225 litres.

Les frais de culture sont un peu moindres qu'à Latour, en raison de la plus grande facilité de travail du sol, ce qui permet de payer des prix moins élevés pour tous les travaux faits à la pioche (fumures, plantations, complantations, etc.).

Les prix de vente sont moins élevés qu'à Latour. On vend le Léoville en général 1,600 fr. et le Langoa 1,300 fr. le tonneau de

9 hectolitres. En prenant un chiffre moyen de 1,450 fr. le tonneau pour les deux crus, on obtient pour le produit brut d'un hectare : 1,450 fr. × 2^t,25 (9 barriques) = 3,262 fr. 50 c. En défalquant de ce produit brut les frais de culture montant à environ 2,000 fr. par hectare, tout compris, on a un revenu net de 1,262 fr. 50 c. par hectare.

Dans les vignobles du Médoc, on cherche à obtenir la qualité plus que la quantité du vin. Pour cela, les propriétés physiques du sol paraissent avoir plus d'influence que la composition chimique. Il faut avant tout que l'*usine végétale,* comme l'appelle M. le Dr Rey, soit bien constituée ; il faut que les racines de la vigne puissent s'y développer à leur aise et que l'eau, comme l'air, puisse y circuler facilement. Quant aux *matières premières* qui serviront à faire le bois de la vigne et le raisin, les analyses que nous avons citées plus haut, montrent que les terres de quelques-uns des meilleurs vignobles du Médoc n'en contiennent presque pas[1]. On les leur donne à intervalles réguliers, exactement comme on porte les matières premières dans les usines industrielles où elles doivent être transformées en produits vendables ; et on les y met sous forme de composts qui se décomposent lentement et cèdent peu à peu aux plantes les matières utiles qu'ils contiennent.

D'après les indications de M. Jouet, 3,000 kilogr. des composts qu'il fait pour ses vignes de Château-Latour, se composent d'un tiers

---

1. Pour que l'analyse chimique des terres devînt utile aux agriculteurs, il fallait qu'on pût en interpréter les résultats et en conclure que ces terres avaient besoin ou non d'être complétées par l'addition de tel engrais ou de tel autre. En comparant les chiffres obtenus par l'analyse d'un assez grand nombre de terres avec les effets qu'y avaient produits les divers engrais, on est arrivé à admettre que, *pour le blé,* dans les conditions les plus habituelles de sa culture, on pouvait considérer 1 p. 1,000 d'azote total, 1 p. 1,000 d'acide phosphorique et 1 p. 1,000 de potasse soluble dans l'acide nitrique, comme les quantités nécessaires pour obtenir des récoltes satisfaisantes. Mais évidemment ces chiffres ne représentent qu'un premier essai ; ils devaient être modifiés suivant la profondeur à laquelle s'étendent les racines, c'est-à-dire suivant le cube de terre où elles se nourrissent, et suivant la proportion de terre fine contenue dans ce cube, suivant la rapidité plus ou moins grande de la nitrification qui s'y produit, etc., etc.

De plus, les exigences des autres plantes que nous cultivons et surtout celles de la vigne ne sont pas les mêmes que celles du blé.

de limon de la Gironde, un tiers de terre de landes et un tiers de
fumier. Ils doivent donc contenir en moyenne approximativement :

	AZOTE.	ACIDE phospho-rique.	PO-TASSE.	CHAUX.	MATIÈ-RES organi-ques.
	kilogr.	kilogr.	kilogr.	kilogr.	kilogr.
Limon de la Gironde	0,93	1,18	2,12	59,0	»
Terre de landes.	1,47	»	0,13	»	75
Fumier de ferme	5,00	2,60	5,30	3,0	350
3,000 kilogr. de compost	7,50	4,08	7,55	33,0	425
250,000 kilogr. de compost	625,00	340,00	629,00	2 750,0	»

Comme ces 250,000 kilogr. de compost par hectare doivent durer
4 ans, les récoltes ont à leur disposition pour chaque année 156 kilogr.
d'azote, 85 kilogr. d'acide phosphorique et 157 kilogr. de potasse.

Du reste, pour être exact, il faudrait augmenter les chiffres en
raison de la chaux que l'on mêle aux composts et des engrais chimiques que l'on y ajoute, lorsqu'on veut, dit M. Jouet, en hâter ou
en augmenter les effets.

Dans son beau vignoble de la Houringue, situé près de Cantenac
et de Margaux, M. Bignon, membre de la Société nationale d'agriculture, emploie tous les 4 ans 150,000 à 200,000 kilogr. par hectare
de compost composé d'un quart de fumier d'étable et pour le reste
de matières végétales de toutes sortes : détritus de bois, feuilles,
aiguilles de pins, curures de fossés, etc. De plus il ajoute par mètre
cube de compost, c'est-à-dire à peu près par 1,000 kilogr., 10 kilogr.
de phosphate de chaux, 10 kilogr. de plâtre, 10 kilogr. de cendres
de bois, quelquefois du nitrate de soude, du sel de morue, et il fait
arroser les tas avec du purin.

Au moment de la plantation de ses nouvelles vignes, M. Bignon a
fait défoncer à 0^m,60 et rapporter sur le sous-sol une couche de
terre prise dans ses bois ; à cette terre déjà riche en matières végétales, on a ajouté des branches de pins, des bruyères, des ajoncs, etc.

et l'on a ainsi formé au fond de la tranchée ouverte pour le défoncement une couche de 0ᵐ,30 d'épaisseur sur laquelle on a renversé
la tranchée suivante.

Après les vendanges, M. Bignon fait déchausser ses vignes par un
double trait de charrue, afin de recevoir les feuilles dans le double
sillon ainsi creusé. Puis vers la fin de décembre, on donne un second
labour pour rapporter la terre vers les pieds de vigne et du même
coup enterrer les feuilles. Évidemment, si l'on avait toujours soin de
rendre à la vigne, non seulement les feuilles, mais les bois produits
pendant l'année, ainsi que les marcs de raisins, l'exportation de
matières minérales et d'azote faite par le vin se réduirait à des quantités insignifiantes et la fertilité d'un vignoble pourrait être entre-
tenue plus facilement. Les composts qu'emploie M. Bignon à la Houringue lui reviennent à environ 4 fr. le mètre cube. Il a soin de les
faire enterrer à une profondeur de 0ᵐ.30 à 0ᵐ,40. Le produit de ses
vignes ne dépasse guère 25 hectolitres à l'hectare, mais c'est un
vin qui jouit depuis longtemps d'une grande réputation, surtout en
Hollande et en Angleterre.

Les Graves et le pays de Sauternes. — On appelle spécialement
Graves les terrasses d'alluvions anciennes qui s'étendent au sud de
Bordeaux jusqu'à une distance d'environ 20 kilomètres ; leur largeur
est d'environ 8 kilomètres (communes de Pessac, Talence, Mérignac,
Léognan, Gradignan, Villenave-d'Ornon, Martillac et Bruges). Elles
produisent, comme le Médoc, des vins rouges dont quelques-uns sont
classés comme premiers crus, entre autres ceux de Château-Haut-
Brion, de la Mission-Haut-Brion, de Château-Pape-Clément.

Puis viennent, en remontant la rive gauche de la Garonne, les
Petites Graves qui produisent des vins rouges et des vins blancs de
qualité secondaire, et enfin le pays des grands vins blancs ou *pays de
Sauternes* avec les communes de Sauternes, Bommes, Barsac et une
partie des communes de Preignac, de Saint-Pierre-de-Mons et de
Fargues.

Ce classement commercial des vins correspond-il avec la constitution
géologique des terrains qui les produisent ? — Oui ; jusqu'à un certain point. Tandis que les graves proprement dites sont toutes sur
un terrain caillouteux ou sablonneux avec sous-sol très perméable, les

petites graves ont la plus grande partie de leurs vignes en terrains de *palus*, alluvions modernes très riches, mais très argileuses. Quant au pays de Sauternes, il se compose également de graviers, mais ces graviers reposent sur les calcaires et marnes oligocènes qui affleurent sur les bords de la vallée du Ciron.

> Des lieux où le Ciron en serpentant bouillonne,
> Et vient mêler son onde aux flots de la Garonne,
> On voit se dessiner, en groupes gracieux,
> Les monts où s'élabore un nectar précieux.
> A droite on aperçoit la sinueuse chaîne
> Bordant, comme un feston, le fleuve d'Aquitaine ;
> A gauche, des coteaux qui, bornant l'horizon,
> Paraissent dérouler des tapis de gazon.
> De gothiques châteaux, élevés sur leur crête,
> Au loin de leur pignon montrent le sombre faîte.
> Que leur nom soit modeste ou leur blason altier,
> Chacun d'eux est fameux dans l'univers entier.
> Qu'ici le voyageur en passant se prosterne.
> Car ces coteaux sont ceux de Bomme et de Sauterne[1].

« Le sol des vignobles de Barsac, dit Scipion Gras dans sa *Géologie agronomique,* paraît essentiellement composé d'un sable assez grossier, un peu effervescent, mêlé d'une petite quantité d'argile ferrugineuse d'un brun rougeâtre.

« Dans cette terre sont disséminés, en proportion variable, des graviers depuis le volume d'une noisette jusqu'à celui d'une noix ; quelques cailloux, cependant, atteignent la grosseur du poing, mais ils sont rares. Ces cailloux, le gravier et le sable, sont formés presque exclusivement de quartz de diverses couleurs ; on y reconnaît, parfois aussi, des granites et des roches amphiboliques des Pyrénées, des eurites quartzifères et des grès quartzeux. La couleur foncée du sol lui donne beaucoup d'aptitude à l'échauffement.

« Cette qualité, qui n'est pas générale sur le terrain des Graves, imprime un cachet particulier aux vins des environs de Barsac.

« Deux échantillons de terre, dont l'un paraissait très riche en sable

---

1. P. Biarnez, *Les grands vins de Bordeaux.*

et en gravier, et l'autre assez argileux, étant soumis à l'analyse mécanique, nous ont donné, en moyenne, les résultats suivants :

Gravier et gros sable	25,25
Sable ordinaire	39,05
Sable fin	21,30
Matières séparées par lévigation (argile, humus, sable extrèmement fin).	14,40
	100,00

« Ordinairement, cette formation sablo-caillouteuse a plusieurs
mètres d'épaisseur, en sorte que le sous-sol est de même nature que
le sol. Quelquefois, au contraire, elle est très peu épaisse, et on la
voit alors reposer sur un calcaire tertiaire fendillé, qui n'est pas
moins perméable que le gravier : ainsi, dans tous les cas, le terrain
se laisse traverser par l'eau avec beaucoup de facilité. »

Si le sol a une certaine influence sur la qualité des vins qu'on y
récolte, évidemment la pente et l'exposition de sa surface, le choix
des cépages, les engrais, le mode de culture et de vinification en
ont aussi beaucoup. L'exemple de Sauternes et particulièrement
celui de Château-Yquem, le roi des vins, comme on l'a appelé, nous
le montrent.

Le domaine de Château-Yquem est situé dans la commune de
Sauternes sur les coteaux qui dominent la vallée du Ciron. Ses
148 hectares se composent de graves rougeâtres qui ont environ
$0^m,30$ d'épaisseur et reposent sur un sous-sol d'argile brune, mêlée
de cailloux, les uns siliceux, les autres calcaires. Il a fallu en drainer
une grande partie pour les assainir complètement. Lorsqu'on renouvelle les vignes, on a soin de faire précéder la plantation par un
défoncement profond. Comme engrais on emploie presque exclusivement le fumier de ferme ; le seul engrais chimique dont on se sert
est le superphosphate de chaux. On augmente la masse du fumier
produit par les animaux de travail, en y ajoutant le marc et les sarments de vigne, et l'on arrive ainsi à pouvoir en donner un mètre
cube par 50 pieds de vigne, soit 100 mètres cubes à l'hectare.

Dans les terrains argileux on l'enfouit en automne, dans les terres
plus riches pendant l'hiver. On a pour principe que « tout ce qui

vient de la vigne doit retourner à la vigne » et l'on a bien raison, car
si on pouvait suivre ce principe à la lettre, le vin vendu n'exporterait
presque pas de matières minérales. Ce breuvage délicieux se compose
presque uniquement de carbone tiré de l'atmosphère et d'eau fournie
par les pluies ; mais les éléments sont entrés, sous l'influence du soleil du Midi et des cépages (Sémillon, Sauvignon et Muscadelle) dans
des combinaisons que l'art des marchands de vins a cherché en vain
à imiter.

On n'effeuille la vigne qu'en septembre et on laisse alors les raisins prendre une couleur rousse, se flétrir, jusqu'à un certain point
pourrir (*pourriture noble*, dit-on, causée par le *Botrytis cinerea*) et
enfin se sécher. C'est alors seulement qu'on commence la vendange
que l'on fait grain par grain. Pour que la qualité du vin soit tout à
fait supérieure, il faut qu'il n'y ait eu ni pluies, ni rosées pendant les
vendanges. Mais ces conditions sont rarement remplies ; presque
toujours les vents du sud-ouest viennent amener plus ou moins de
pluie.

Par suite de ce mode de cueillette, les frais de culture d'un hectare de vigne dépassent souvent 1,800 fr. et la production moyenne
est à peine d'un tonneau par hectare. Mais ce tonneau se vend de
3,000 à 6,000 fr., et quelquefois plus dans les années exceptionnelles. Comme le dit Biarnez :

> Ce sucre alcoolisé que le vin blanc recèle,
> C'est un parfum plus doux que la rose nouvelle,
> Un reflet plus brillant qu'un rayon de soleil...
> O vin de nos coteaux ! tu n'as pas ton pareil.

Le Bazadais. — Les communes de Bommes, Barsac et Sauternes
font partie de l'arrondissement de Bazas ou *Bazadais,* mais la zone
de production des grands vins blancs ne s'étend guère au delà de
Langon à l'est et de Fargues au sud et, sur ses 150,000 hectares,
l'ensemble de l'arrondissement n'a que 23,518 hectares de vignes
dont 16,018 en plein et 7,500 en jouelles. Sur la rive gauche du
Ciron, on retrouve, comme à l'est du Médoc, les Landes avec leurs
immenses étendues de sable à sous-sol d'alios et leurs pignadas, mais
dans ces Landes orientales le sol est moins ingrat que dans celles de

l'ouest ; le chêne-liège, appelé *sûrier* dans le pays, se mêle souvent au pin maritime et, sur la rive droite du Ciron dont le cours est presque parallèle à celui de la Garonne, le pays est beaucoup moins plat ; on y trouve de véritables collines séparées par de petites rivières qui ont mis à nu les calcaires à astéries, les marnes et les faluns. Les amendements fournis par ce substratum calcaire ont servi à améliorer les sables et les graviers de la surface.

Les vallons sont couverts de prairies dont le foin n'est pas très abondant, mais dont la qualité compense avantageusement la quantité. Sur les plateaux s'étendent des cultures de céréales, des fourrages de toutes sortes et des vignes en jouelles, coupées de bois de pins, de taillis de chêne, de landes qui servent de pâture au bétail. Le métayage est le mode d'exploitation à peu près général ; chaque métairie occupe une surface de 5 à 15 hectares. Si toutes les pratiques d'une culture perfectionnée n'ont pas encore été adoptées, dit M. Marcel Courrégelongue, président du syndicat agricole de Bazas, les travaux des champs sont exécutés avec un fini qu'on ne trouve pas ailleurs et le bétail est soigné avec une intelligence qu'on pourrait donner en exemple aux autres contrées de la France.

Tel est le milieu économique et cultural dans lequel une de nos meilleures races de bêtes à cornes, la race bazadaise, est élevée ; elle est l'expression de ce milieu éminemment favorable à son développement.

Il est difficile d'établir l'origine de cette race. Sans se prononcer d'une façon catégorique, M. Sanson est disposé à croire qu'elle est le résultat de croisements opérés entre les races garonnaise et béarnaise (tribu des Landes). Voici ce qu'en dit M. Marcel Courrégelongue :

« En étudiant les races bovines de la région du sud-ouest et des Pyrénées, on retrouve un type auquel on peut la rapporter. On est frappé, en effet, de l'analogie qui existe entre notre race et le bétail qui occupe la vallée d'Aure et les environs de Saint-Girons, dans l'Ariège.

« Sans pénétrer très avant dans le domaine de l'histoire, nous trouvons dans les annales de notre pays que les comtes de Foix, dès 1468, ont possédé des fiefs dans le Bazadais avant que leurs descendants fussent gouverneurs de la Guienne. Ces faits suffisent à expliquer une importation de bétail ariégeois dans nos contrées.

« Si aujourd'hui le bétail ariégeois diffère du nôtre par divers côtés comme la taille et le développement de certaines aptitudes, on doit en trouver la cause dans l'influence des milieux où se font les deux élevages et que le temps est venu sanctionner.

« Le type bazadais a pris plus de gros, il est devenu plus musclé, plus apte au travail et à l'engraissement, tandis que le type primitif des Pyrénées est resté laitier avec la conformation particulière des animaux de montagne.

« Le milieu dans lequel est élevé le bétail bazadais est absolument propice à son élevage. — Les fourrages y sont assez abondants, et riches sous un petit volume. — Chaque métairie possède une proportion importante de prairies naturelles, où le foin est récolté avec un soin tout particulier, qui en fait une nourriture excellente pour l'hiver.

« Du mois d'août à la fin d'octobre, une succession de fourrages cultivés, tels que le seigle, le trèfle incarnat, l'avoine, l'orge, les gesses, les vesces, enfin les maïs, assure l'alimentation à l'étable. Les rutabagas, les betteraves et les navets sont distribués hachés avec de la paille, surtout pendant la mauvaise saison. Les pâturages ne manquent pas non plus, et c'est là que les jeunes élèves, surtout les femelles, prennent un exercice journalier, qui développe leurs muscles et assure la rectitude des aplombs.

« Dès leur naissance les veaux prennent le lait de leur mère jusqu'à l'âge de 2 mois environ ; à cette époque, ce lait devient généralement insuffisant ; on est dans la nécessité de donner au jeune animal du son, de la farine, et même une nourrice qui est presque toujours une petite vache bretonne venue du Morbihan ou des Côtes-du-Nord. Chaque métairie possède une ou deux, jusqu'à quatre de ces précieux auxiliaires, indispensables pour assurer un bon développement des élèves.

« A l'âge de trois mois, souvent quatre, les veaux sont livrés à la boucherie pour le prix de 90 à 140 fr. S'ils sont gardés comme reproducteurs, le régime de la lactation se continue encore quelque temps et on commence à leur donner des regains, des fourrages secs ou des racines, selon l'époque de l'année. A l'âge de six mois, l'élève est presque toujours sevré. Si c'est une femelle, on l'envoie pâturer avec le bétail de la ferme. Les mâles sont plus généralement entretenus à l'étable, excepté pourtant dans les cantons d'Auros et de Grignols où le bistournage a lieu vers les neuf ou dix mois, dès que les testicules sont bien descendus.

« Les génisses sont livrées au taureau à dix-huit ou vingt mois.

« Les taureaux commencent la monte à un an et demi et quelquefois plus tôt.

« A la même époque les mâles bistournés et les jeunes femelles sont appareillés. Le métayer bazadais procède à cet accouplement avec une intelligence toute particulière. Il s'étudie à donner à l'attelage qu'il a mission de constituer, l'harmonie la plus complète dans la taille d'abord, dans les formes, la couleur, l'allure, la disposition des cornes et enfin dans le caractère et l'humeur.

« Depuis le moment de leur appareillage les jeunes bœufs commencent à travailler. Ils font les labours légers, les hersages, et quand le dressage paraît suffisant, ils sont conduits en foire. Là ils trouvent d'abord un débouché dans les départements des Landes et du Gers, où ils vont aider aux travaux de la culture sur les terres légères de ces départements. Ou bien ils restent dans le pays, entre les mains d'un nouvel acheteur qui les gardera jusqu'à l'âge de trois ans. Ils seront de nouveau vendus, vers l'âge de quatre ans, soit pour labourer la vigne, soit encore pour travailler à l'exploitation des forêts dans les parties boisées du département.

« Là commence la période de son existence où le bœuf bazadais montre toutes ses qualités d'animal de travail infatigable, énergique et résistant. M. de Dampierre, qui en a fait l'étude, admirait son courage et sa rusticité. Les choses n'ont pas changé depuis la création des lignes de chemins de fer. Loin de diminuer, la somme des travaux qu'il a à exécuter n'a fait qu'augmenter. On exploite dix fois plus de bois qu'on ne faisait à l'époque où écrivait M. de Dampierre, et le charretier, maintenant que de nouvelles routes sont créées partout, impose des fardeaux incroyables à son attelage. J'étonnerais bien du monde, en disant qu'une paire de bœufs bazadais peut transporter sur une route empierrée ou pavée, une charge de 130 quintaux de 50 kilogr. ou 6,500 kilogr., en y comprenant le poids du véhicule.

« Toutes les fois que le terrain de la métairie est peu argileux, ce sont les vaches qui font les travaux de l'exploitation. Elles sont plus vives que le bœuf, plus ardentes au travail ; leur allure est également plus rapide. Elles sont, comme les bœufs, employées aux transports des bois et on peut tous les jours rencontrer des attelages de vaches qui traînent un véhicule du poids de 4,000 kilogr.

« On s'explique maintenant que la vache bazadaise soit une mauvaise laitière. Mais si elle a perdu cette aptitude précieuse, l'exercice continuel et le travail ont développé chez elle le système musculaire, celui de la culotte en particulier et des parties lombaires.

« C'est donc la femelle qui transmet à ses descendants ce développement considérable de riches tissus utiles à la consommation, acquis par une gymnastique fonctionnelle bien entendue.

« Vers l'âge de cinq ans, après avoir accompli une période de travail dans les conditions que nous venons d'exposer, les bœufs reviennent dans les contrées riches du Bazadais pour être engraissés.

« Ils sont achetés au début du printemps, afin de leur faire consommer les fourrages de première saison, le seigle, les trèfles et les vesces, puis les maïs verts, auxquels on ajoute une ration de son et repasse. A l'entrée de l'hiver ce sont les regains, les betteraves et les rutabagas, cuits ou crus, mélangés ou non avec des farines et des tourteaux, qui font la base de l'alimentation qui doit terminer l'engraissement. Ce moment a lieu vers le mois de janvier.

« Les attelages qui n'ont pas quitté le Bazadais proprement dit, et qui n'ont concouru qu'aux travaux peu pénibles de l'exploitation, sont toujours en chair et ils arrivent, trois mois après les semailles d'automne, à un état d'embonpoint suffisant pour être livrés à l'étal, étant soumis au régime alimentaire exposé plus haut. »

Traversons maintenant la Garonne pour aller visiter l'Entre-deux-Mers.

L'Entre-deux-Mers forme entre la Garonne et la Dordogne une sorte de plan incliné qui a environ 150,000 hectares de surface et qui s'élève par étages successifs jusqu'à une hauteur de plus de

120 mètres sur les confins du département de Lot-et-Garonne. Sa base se compose, comme nous l'avons dit, de mollasse du Fronsadais et sa masse principale de calcaire à astéries dont les bancs compacts affleurent sur les bords des vallées de la Garonne et de la Dordogne et des vallons secondaires qui y aboutissent. Ces calcaires sont exploités dans des carrières nombreuses dont les unes sont ouvertes sur les points d'affleurements et les autres sur les plateaux ; au milieu des champs de luzerne ou de blé, on aperçoit souvent des toitures de planches qui couvrent l'entrée des puits d'extraction. Mais le calcaire à astéries n'est pas partout assez compact pour fournir des pierres de taille ; il devient sur certains points argileux ou sablonneux et passe tantôt à la marne, tantôt à la mollasse ; à sa partie supérieure se présentent presque toujours des assises argileuses à concrétions de carbonate de chaux ou des calcaires friables dont les fossiles rappellent les faluns de Bazas.

Du côté de l'est, près de Castillon si l'on remonte la Dordogne, et près de Sainte-Croix-du-Mont si l'on remonte la Garonne, le calcaire à astéries est remplacé, comme cela arrive souvent dans le bassin de l'Aquitaine, par une formation d'eau douce (calcaire de Castillon ou mollasse inférieure de l'Agenais).

Tous ces terrains plus ou moins calcaires qui forment en quelque sorte la charpente de l'Entre-Deux-Mers sont presque partout recouverts par les dépôts quaternaires ou diluviens que M. Linder a si bien décrits et qui y constituent les terres arables. Ces dépôts superficiels sont généralement pauvres en chaux ; lorsqu'ils n'ont qu'une faible épaisseur, ils se mélangent avec les marnes ou les débris des roches sous-jacentes et là les terres contiennent plus ou moins de calcaire. Mais ils ont presque toujours une puissance qui varie d'un à plusieurs mètres et qui est plus grande sur le versant de la Garonne que sur celui de la Dordogne. Ce sont des *boulbènes* analogues à celles que nous avons trouvées dans les parties supérieures du bassin de la Garonne, dans la Gascogne, etc., tantôt des sables argileux jaunâtres, maculés de gris, renfermant des cailloux de quartz et de silex et de nombreuses concrétions ferrugineuses, quelquefois manganésifères, comme aux environs de Créon, tantôt des sables quartzeux plus ou moins cailloureux (Cursan, la Sauve), tantôt des sables fins colorés en rouge par l'oxyde de fer et souvent des limons argileux également très ferrugineux.

Quelquefois le sous-sol se compose d'argiles plastiques, comme celles que l'on exploite à Sadirac pour la fabrication de la poterie ; ailleurs ce sont des sables agglutinés en masses compactes par un ciment ferrugineux que l'on nomme *tran* ou *ribot*. Dans les carrières de Cénon et de Latresne, les canaux souterrains qui traversent en tous sens le calcaire à astéries sont presque toujours remplis d'une argile jaune, faiblement micacée, parfois un peu sableuse.

Dans un domaine situé à Nérigean, canton de Branne, que nous avons visité en 1890 avec MM. Maquin et Hitier et qui appartenait alors au Crédit foncier, nous avons pris un échantillon du limon rouge qui se trouvait au-dessus du calcaire à astéries. Cet échantillon contenait :

Carbonate de chaux.	18.40 p. 1,000.
Acide phosphorique.	0.55 —
Acide sulfurique	0.19 —
Potasse.	2.55 —
Magnésie	6.80 —
Azote total	0.91 —

Cette terre ne laisse rien à désirer, sauf un peu plus d'acide phosphorique ; et en effet les champs emblavés portaient de fort belles récoltes de céréales, pois, fèves, etc. Le trèfle, la luzerne et l'esparcette y réussissent bien. Autrefois une grande partie de la propriété était en vignes de Folle-Blanche, mais celles-ci avaient été complètement détruites par le phylloxera.

Dans ce domaine, le sous-sol pouvait donner du revenu comme le sol arable, parce qu'il renferme des carrières de pierres de taille faciles à exploiter à cause de la proximité d'une grande route. Une source magnifique sort du fond de ces carrières et va arroser les prés situés dans un vallon voisin.

Dans les terres de Grésillac, commune située également dans le canton de Branne, M. Gayon a dosé pour 1,000 :

TABLEAU.

	CAILLOUX, sable et gravier.	AZOTE.	ACIDE phosphorique.	POTASSE.	CHAUX.
Sol. . . . . . . , .	861.800	1.330	Traces.	5.000	21.000
Sous-sol	721.000	1.190	—	4.000	124.400
	»	1.260	0.440	1.670	5.750
	»	1.220	0.580	2.850	41.800
	»	1.680	0.600	1.730	14.200
	«	1.470	0.450	2.590	12.410
	,	1.640	0.490	2.490	8.000
	»	1.200	1.000	4.200	38.000

Dans une terre de Pompignac, canton de Créon, M. Joulie a trouvé une composition beaucoup moins riche. Elle ne contenait, pour 1,000, que :

Azote 0.12
Chaux 2.83
Magnésie. 1.40
Potasse 0.57
Acide phosphorique . . . . Traces.

On voit qu'il y a une grande variété dans la composition chimique comme dans les propriétés physiques des terres de l'Entre-deux-Mers. « Ce pays, écrivait M. Adolphe Joanne en 1877, couvert de vignobles, de vergers, de beaux villages, de châteaux, de villas, jouit d'un climat salubre et riant et il est d'une fertilité qui dépasse toute description. » — L'Entre-deux-Mers est toujours un pays salubre et riant. Du haut de ses plateaux, la vue peut se reposer sur les vallons couverts de prés et entourés de bois qui les découpent, elle peut s'étendre, soit à l'ouest sur la ville de Bordeaux et l'estuaire de la Gironde, soit au sud sur l'immense surface des Landes et, lorsque le temps est clair, sur la chaîne splendide des Pyrénées. Mais, hélas ! depuis 1877 les vignobles ont presque tous disparu et, pour les reconstituer ou pour les remplacer par d'autres productions, il faudrait des capitaux que les propriétaires n'ont pas ou n'osent pas y employer. Il y a aujourd'hui dans l'Entre-deux-Mers un grand nombre de domaines à vendre ; le prix des terres y a beaucoup baissé et cependant je connais peu de contrées où des améliorations agricoles bien dirigées auraient plus de chances de succès.

La proximité d'une grande ville et d'un port important est un avantage considérable pour une entreprise agricole et aujourd'hui le chemin de fer de la Sauve pénètre jusqu'au centre de l'Entre-deux-Mers pour y chercher les produits qu'on voudrait envoyer à Bordeaux. Il faudrait profiter de ce débouché qui pourrait devenir en quelque sorte un monopole, puisque des autres côtés la ville n'est entourée que de vignobles qui augmentent le nombre des consommateurs, et de sables qui ne produisent guère que du bois; il faudrait profiter de cette situation exceptionnelle pour développer la culture des fourrages qui avait été beaucoup trop négligée autrefois. Quelque variées et inégales que soient les terres de l'Entre-deux-Mers, elles contiennent assez de calcaire ou bien il est facile de leur donner assez de calcaire pour que toutes les légumineuses fourragères y réussissent bien, et l'on pourrait augmenter les prairies naturelles qui se trouvent dans les parties basses. Avec une addition de phosphates, on y obtiendrait de superbes récoltes et la vente du lait, de la viande ou des fourrages eux-mêmes donnerait des revenus plus sûrs et avec moins de frais de main-d'œuvre, que les vignes. Il ne faudrait chercher à reconstituer ces dernières que dans les terres et les expositions les plus favorables, car il est probable que les prix des vins ordinaires ne se relèveront pas de sitôt. Mais le climat du Midi permet de planter de plus en plus d'arbres fruitiers, entre autres les pruniers qui ont enrichi le département de Lot-et-Garonne et qui commencent déjà à se répandre dans celui de la Gironde.

On appelle la *Bénauge* la partie de l'Entre-deux-Mers qui correspond aux cantons de Cadillac et de Sauveterre et qui s'étend de la vallée de la Garonne jusqu'à celle de la Dordogne. Elle passe pour infertile, mais elle ne l'est pas plus que le reste de l'Entre-deux-Mers; elle est moins bien cultivée; je pourrais peut-être dire encore moins bien cultivée; voilà tout.

La constitution géologique du pays est toujours la même et se continue jusque dans le département de Lot-et-Garonne, avec cette seule différence que les mollasses et calcaires lacustres (calcaire de Castillon, de Montbazillac ou de Civrac) se substituent aux couches

marines du calcaire à astéries. La Bénauge est plus éloignée de Bordeaux ; elle a moins de voies de communication que le reste de
l'Entre-deux-Mers et sans doute la plupart des propriétaires s'y occupent encore moins de leurs terres ; ils en abandonnent complètement la culture à leurs métayers. Dans ces conditions, il n'y a rien
d'exagéré dans le tableau suivant que M. F. Clamageran traçait il y
a quelques années d'une métairie située sur le coteau du canton de
Sainte-Foy. « Je prends mon exemple, dit-il, dans les conditions
moyennes pour l'étendue, le rendement et le nombre des bestiaux.
Notre métairie sera généralement composée de 18, 20 hectares :
15 hectares seront en terres labourables, 3 hectares en prairies naturelles ; 10 ares seront en jardin, 10 ares en chènevière.

« Les terres labourables sont soumises à l'assolement biennal, jachères, blé ; elles produisent en moyenne 9 hectolitres à l'hectare.
Le métayer sème ordinairement 30 ares en trèfle ; il le jette dans ses
blés sans jamais le recouvrir, et il germe s'il tombe de la pluie ; 30
ares à peu près sont semés au mois d'août sur les éteules en farouch
(trèfle incarnat) avec quelques raves. Si le propriétaire insiste, on
mettra 10 ares en vesces d'hiver ; ajoutez 10 ares en maïs-fourrage,
et vous aurez la part des verdures à donner aux bestiaux. Mais si le
métayer est avare de récoltes fourragères, il n'est que trop prodigue
de récoltes épuisantes. Ignorant les conditions de la bonne culture,
ou plutôt trop pauvre pour voir au delà de son intérêt immédiat, il
fait revenir fréquemment dans ce sol sali et appauvri les récoltes de
légumes et de grains ; pois, maïs de graine, haricots trouvent leur
place et absorbent le peu de fumier qu'on peut leur donner sans rien
laisser au sol.

« Comment pourrait-on, en effet, disposer de fumiers abondants ?
Au mois d'avril, la paille qui devrait servir de litière est presque
entièrement consommée pour la nourriture des bestiaux ; c'est que
le foin de 3 hectares de prairie non arrosée, non fumée, est loin de
suffire à l'entretien du bétail. Il est pourtant bien restreint : deux
paires de bœufs, une vache et une vingtaine de moutons, voilà tous
les producteurs du fumier. Vers le 15 avril, on commence à couper
les farouchs ; puis le trèfle et les vesces mènent à grand'peine à la
coupe des foins. De là jusqu'au mois de septembre, où on les con-

duit paître dans les prés, les bœufs ont pour se nourrir, outre les foins, le maïs-fourrage et la seconde coupe de trèfle, que la séche-resse rend bien souvent insignifiante. Les profits de grange se bornent au produit de la vache, un veau par année, vendu au boucher, à cinq mois, 60 à 70 fr., puis on met une paire de bœufs en chair pendant l'hiver. Vendue en mars, après avoir affamé tous les autres bestiaux, cette paire de bœufs est remplacée par une autre d'un an à dix-huit mois, toujours trop faible pour l'ouvrage de la métairie ; mais le métayer touche pour sa part une quinzaine de francs sur la différence de la valeur des bœufs vendus aux bœufs achetés, et il est satisfait. Les moutons à la vente donnent un bénéfice de 1 fr. par tête, et un kilogramme de laine lavée valant 3 fr. dans le pays.

« Donnons maintenant un coup d'œil aux instruments de culture ; ce sera bientôt fait. Ne cherchez pas l'extirpateur, la houe à cheval, le buttoir, pas même la vulgaire herse ; vous ne trouverez rien de tout cela : le métayer n'en veut pas. L'araire est le seul instrument dont le colon se serve pour cultiver. Figurez-vous une grossière machine en bois, où il n'y a de fer que le soc et le coutre ; une perche forme le timon et se prolonge jusqu'au joug des animaux. On est étonné de voir cet instrument, perfectionné dans ses détails, pro-duire entre les mains d'un laboureur habile des effets remarquables. Chez le métayer il ne faut pas chercher un araire amélioré; le versoir a $1^m,30$ de long : il est presque sans courbure ; le soc est muni d'une pointe très longue, en forme de coin très étroit et sans aile tran-chante ; il déchire la terre au lieu de la couper, et ce long versoir est chargé de la remonter au sommet des billons étroits et bombés auxquels le paysan ne veut pas renoncer, quoiqu'il ait sous les yeux des pièces cultivées à planches très larges et presque pas bombées, qui réussissent très bien. Cet araire, qu'on tient penché sur la gauche, laboure à $0^m,11$, fait sa raie en crémaillère ; et encore pour qu'il marche, faut-il que le terrain soit parfaitement de façon.

« On conçoit combien dans ces conditions-là la famille du métayer doit avoir de peine à vivre. Les 18 hectares dont nous venons de parler sont ordinairement cultivés par le père, la mère et deux en-fants. Pendant six mois, il leur faut tenir un valet; aussi on me croira sans peine quand je dirai que la classe des métayers, surtout dans le

Coteau, est la plus pauvre du pays : rarement ces malheureux cultivateurs peuvent atteindre la fin de l'année sans acheter du blé. »

Si cette triste description est exacte pour beaucoup de métairies
du canton de Sainte-Foy et des cantons voisins, on pourrait citer par
contre des domaines qui pourraient et devraient servir de modèles
aux autres. Parmi ces modèles nous tenons à mentionner la colonie
agricole de Port-Sainte-Foy qui, sous la direction paternelle de
M. le pasteur Thenaud, améliore à la fois ses terres et les jeunes
détenus qui les cultivent. La colonie se compose de la maison principale, entourée d'un vaste jardin potager et de deux domaines : les
Brias, situé sur les coteaux du nord, en terres argilo-siliceuses, et le
Faugas qui est à l'est en remontant vers Bergerac, à mi-côte, en
terrains argilo-calcaires. C'est une véritable école de viticulture, car
on y trouve réunis les uns à côté des autres et dans des sols de diverses natures les trois éléments de reconstitution de nos vignobles :
les anciennes vignes françaises, les vignes françaises greffées sur
américain et les vignes américaines à production directe.

Pour terminer ce qui concerne Sainte-Foy, nous allons donner,
d'après M. Joulie, les résultats de l'analyse de trois terres de ses
environs : la première de la partie basse, la deuxième de la pente du
coteau, et la troisième du plateau supérieur :

	AZOTE.	CHAUX.	MA-GNÉSIE.	PO-TASSE.	ACIDE phospho-rique.
	p. 1,000.	p. 1,000.	p. 1,000.	p. 1,000.	p. 1,000.
1	0.40	4.16	2.38	1.53	0.01
2	0.62	76.65	5.71	1.69	0.01
3	0.67	3.72	3.14	1.61	0.11

On trouve, près de Sainte-Foy, comme dans toute la vallée de la
Dordogne, des alluvions anciennes disposées en terrasses plus ou
moins régulières à côté des alluvions modernes beaucoup plus riches
dans lesquelles est creusé le lit de la rivière.

Ces alluvions anciennes forment près de Libourne le terrain des vignes célèbres de Pomerol. Ce sont des graves composées de débris roulés des roches du plateau central ; elles contiennent, entre autres, des fragments de roches volcaniques (dolérite et phonolite), tandis que les graves déposées sur les rives de la Garonne proviennent des Pyrénées.

Le Saint-Émilionais, le Fronsadais et le Bourgeais. — Dans le Saint-Émilionais et dans tous les environs de Libourne, il faut distinguer quatre types principaux de terrains : 1° les alluvions modernes ou palus des bords de la Dordogne et de l'Isle ; 2° les alluvions anciennes ; 3° les terres formées par la décomposition de la mollasse du Fronsadais ; 4° les terres formées par le calcaire à astéries. Les premiers crus se trouvent dans les cinq communes de Saint-Émilion, Saint-Christophe-des-Bardes, Saint-Laurent-de-Combes, Saint-Hippolyte et Saint-Étienne-de-Lisse qui sont assises sur une ligne de coteaux parallèles à la Dordogne. La partie supérieure de ces coteaux est constituée par le calcaire à astéries couvert d'une couche en général assez mince de terre rouge mêlée de fragments de la roche sous-jacente ; la partie inférieure atteint souvent les marnes et les mollasses du Fronsadais qui fournissent un sol plus argileux, quelquefois assez imperméable pour qu'il ait fallu le drainer. A Montagne, qui est situé au nord de Saint-Émilion, on distingue aussi ces deux formations : on y appelle la première la *hausse* et la seconde la *baisse*.

Nous avons déjà donné plus haut quelques analyses de sols formés par la décomposition des mollasses du Fronsadais et des calcaires à astéries. En voici quelques autres, mais la provenance des échantillons, au lieu d'être indiquée par formation géologique, n'est donnée que par communes.

TABLEAU.

COMMUNES.	CAIL-LOUX, graviers et sables.	AZOTE.	ACIDE phospho-rique.	PO-TASSE.	CHAUX.	ANALYSÉ PAR
Montagne	»	0,750	0,600	2,870	37,400	M. Aubin.
—	»	0,760	0,580	3,650	67,810	—
—	»	0,880	0,620	3,370	55,100	—
—	»	0,610	0,340	1,620	3,020	—
—	630	1,780	0,650	3,080	59,860	—
Libourne. — Sol . . .	28	0,460	0,500	1,000	6,470	—
— Sous-sol. . . .	1	0,400	0,480	0,970	3,320	—
— Sol . . .	»	0,580	0,540	1,480	11,340	—
— Sous-sol. . . .	16	0,460	0,500	0,750	6,100	—
Saint-Émilion	»	1,050	0,670	5,350	115,000	M. Gayon.
Montagne	608	0,800	0,430	3,560	4,600	—
Lussac.	»	0,420	Traces.	1,280	5,380	M. Joulie.
	»	1,650	Traces.	0,580	57,340	—
Saint-Laurent-de-Combes. .	518	0,631	0,404	1,328	283,520	M. Vassillière.
Saint-Christophe-des-Bardes.	681	0,317	0,319	2,413	387,222	—

Dans le Fronsadais qui est situé de l'autre côté de l'Isle à l'angle formé par cette rivière et la Dordogne, nous retrouvons à peu près la même série de terrains que dans les environs de Libourne. Voici les résultats des analyses de quelques-uns de ces terrains :

LOCALITÉS.	NATURE du sol.	CAILLOUX, graviers et sables.	AZOTE.	ACIDE phospho-rique.	PO-TASSE.	CHAUX.	ANALYSÉ par
Fronsac.	»	»	1,300	1,450	2,960	175,000	M. Gayon.
—	»	367	2,750	1,110	6,700	122,900	—
Lugon	Sol.	»	1,050	2,700	3,500	80,400	—
—	Sous-sol.	»	0,770	1,000	5,900	56,300	—
La Lande, près Lugon. .	Sol.	»	0,765	0,600	2,873	37,400	M. Aubin.
—	Sous-sol.	»	0,765	0,580	3,650	67,800	—
— — . .	Sol.	»	0,881	0,620	3,360	55,100	—
— — . .	Sous-sol.	»	0,606	0,340	1,610	3,000	—
— — . .	Sol.	»	0,450	0,590	4,210	66,400	—
— — . .	Sous-sol.	»	0,490	0,400	1,940	3,900	—

Les vignobles des environs de Bourg ressemblent à ceux du Fronsadais par la qualité des vins comme par la nature des terrains.

Le diluvium, dit M. Jacquot, est très développé dans la région comprise entre Blaye, Bourg et Berson, comme cela a assez fréquemment lieu à proximité des grands cours d'eau ; il recouvre non seulement le plateau, mais il s'étend encore sur les revers de tous les petits vallons qui sillonnent la contrée : il se présente d'ailleurs, avec sa composition habituelle, sous forme d'un sable argileux et ferrugineux assez grossier, jaune ou brun jaunâtre, maculé de gris ; il renferme çà et là des galets de roches quartzeuses qui sont disposés sans aucun ordre dans la masse du terrain. Se trouvant toujours à la surface du sol, il constitue la terre végétale dans toute la région que nous venons de circonscrire ; mais il ne repose pas directement sur la mollasse du Fronsadais et le calcaire de Bourg, qui forment, comme on sait, la masse principale des collines qu'elle comprend. En effet, partout où il y a un arrachement du sol un peu profond, dans toutes les excavations ouvertes pour l'exploitation du sable, on remarque, entre la roche calcaire et le diluvium, un terrain formé par un sable siliceux, mélangé à de très petits galets de quartz blanc, et coloré en rose ou en rouge clair par un peu d'oxyde de fer. Cela se voit surtout très bien autour du hameau de Monfollet, situé au sud-est de Blaye, où il y a de nombreuses sablières.

Lorsqu'on s'éloigne de la Garonne, on voit bientôt apparaître des sables qui ressemblent à ceux des grandes Landes. Ces sables s'étendent au nord jusqu'au département de la Charente-Inférieure. Le chemin de fer de l'État les traverse dans les environs de Cavignac et de Saint-Mariens et le voyageur qui les aperçoit après avoir quitté les riches vignobles du Bordelais croit se retrouver près de Pierroton ou de Solférino : ils sont, comme entre Bayonne et Bordeaux, couverts de bois de pins ou de maigres champs de seigle, de sarrazin ou de pommes de terre épars au milieu des landes.

La vallée de la Dronne sépare ces *petites landes girondines* de la *Double*, la Sologne du Périgord, qui commence au nord-est du département de la Gironde dans l'angle formé par la Dronne avec l'Isle, mais dont la plus grande partie se trouve dans le département de la Dordogne.

G. — *Alluvions modernes*.

Tandis que la Seine ne charrie en moyenne que 25 grammes de limon par mètre cube et le Rhône 150 grammes, la Garonne en emporte 235 grammes.

Un simple fait peut donner une idée de la grande quantité de limon que les eaux de la Garonne à Bordeaux tiennent en suspension; le voici : Une société industrielle ayant voulu utiliser la différence de niveau qui existe entre la marée haute et la marée basse, fit creuser de vastes et profonds réservoirs. Ces réservoirs se remplissaient à la marée haute et, pendant quelques heures, l'écoulement des eaux ainsi retenues pouvait procurer une force motrice qui avait une certaine valeur ; mais les bassins de retenue furent en quelques mois comblés par les limons, et cet essai échoua complètement.

La nature de ces limons varie dans certaines limites suivant que les pluies ont été plus ou moins abondantes sur tel point ou tel autre du bassin de la Garonne. En général, ceux qui sont amenés par les rivières du département du Gers, sont jaunes et ceux qui viennent du Lot sont rouges ; au-dessous du point de jonction de la Garonne avec le Lot, on peut voir longtemps ces limons rouges sur la droite du fleuve et les limons jaunes sur la gauche. La composition de ceux de la Dordogne diffère également de ceux de la Garonne.

Après la réunion de toutes les eaux dans la Gironde, il s'établit dans la composition du limon une moyenne qui serait, d'après les analyses d'A. Durand-Claye, pour 100 parties :

Résidu argileux.	67.77
Alumine et peroxyde de fer.	14.00
Carbonate de chaux.	9.17
Carbonate de magnésie.	1.62
Azote.	0.14
Produits non dosés	7.18

M. Joulie a trouvé pour 1,000 dans des boues déposées par le fleuve près de Bordeaux :

Azote.	1.36
Chaux.	59.46
Magnésie	2.12
Potasse	3.44
Acide phosphorique	1.41

Le dépôt formé par les eaux de la Garonne dans les fossés d'un pré situé au-dessous des vignes de Château-Latour, fossé que l'on cure périodiquement pour en employer les vases à la fumure des vignes, contenait pour 1,000 :

Azote 0.932
Carbonate de chaux 50.250
Acide phosphorique 1.484
Potasse attaquable à l'acide nitrique. 2.125
Alumine et oxyde de fer 46.500

Sur tout le littoral du Médoc et particulièrement à Pauillac et à Saint-Julien, on extrait les terres du lit de la Garonne et des *palus* voisins pour faire des composts que l'on emploie à la fumure des vignes. L'administration des ponts et chaussées autorise ces extractions sans profit pour le Trésor et les propriétaires de vignes les paient de 1 fr. à 1 fr. 25 c. le mètre cube aux entrepreneurs qui se chargent de les leur amener. Évidemment cette abondance d'engrais déposés constamment par la Garonne au pied des coteaux du Médoc a beaucoup facilité la création des vignobles sur ces coteaux qui avaient deux qualités importantes pour le succès de cette création : une exposition très favorable et des terrains très perméables, mais ces terrains étaient primitivement trop pauvres pour pouvoir fournir des récoltes quelque peu abondantes; les apports continuels de la Garonne ont permis de leur donner ce qui leur manquait.

Dans les vallées de la Garonne et de la Dordogne, et surtout des deux côtés de la Gironde, ces riches limons ont formé des alluvions que l'on appelle dans le pays *paluds*, parce qu'autrefois ils étaient en grande partie marécageux et sur certains points tourbeux. Voici, d'après M. Joulie, la composition chimique pour 1,000 : 1° d'une terre de palud de Preignac et 2° d'une autre des environs de Bordeaux, et, d'après M. Vassillière, 3° la moyenne de celle des alluvions de la Gironde :

TABLEAU.

	AZOTE.	CHAUX.	MAGNÉSIE.	POTASSE.	ACIDE phospho-rique.	ALUMINE et oxyde de fer.
1	1,29	4,80	9,00	2,83	1,12	»
2	1,16	60,56	11,59	2,49	0,84	»
Moyenne. .	2,21	31,62	»	2,95	0,94	63,45

Les parties les plus basses des paluds sont presque toutes en prés; le reste est cultivé et l'on y trouve beaucoup de vignes, la plupart en *joualles,* lignes séparées par des cultures intermédiaires. Les vins qu'on y récolte ont de la couleur et de la vinosité, mais ils manquent de finesse; on les emploie beaucoup pour faire des coupages. Du reste, les vignes de paluds sont celles qui ont le plus souffert du phylloxera.

Les marais des environs de Lesparre ont été desséchés au xvii⁰ siècle par des Hollandais, qui en ont fait des polders analogues à ceux de leur pays.

Leur surface se trouve au-dessous des eaux de la marée haute, et elle est protégée contre elle par une digue d'argile garnie de branches de pins. On appelle ces terres d'alluvion des *mattes.* Elles sont si fertiles que, depuis longtemps, on y cultive, sans fumure, alternativement du blé et des féveroles, qui donnent de magnifiques récoltes. Quelques-unes sont en herbages où l'on élève du bétail, et que l'on rompt, de loin en loin, pour les cultiver pendant un ou deux ans en avoine ou en froment.

Les marais de Blaye, situés en face de ceux du Médoc, ont été également desséchés au xvii⁰ siècle, par Pierre Lenquey, bourgeois de Paris.

TABLE DES MATIÈRES

CHAPITRE XV

Les terrains tertiaires et quaternaires de la Suisse, de l'Est et du Sud-Est de la France.

CHAPITRE XVI

Les terrains tertiaires et quaternaires du Sud-Ouest de la France.

Nancy, imprimerie Berger-Levrault et Cie.

BERGER-LEVRAULT ET Cie, LIBRAIRES-ÉDITEURS

Paris, 5, rue des Beaux-Arts. — 18, rue des Glacis, Nancy.

GÉOLOGIE AGRICOLE

INTRODUCTION AU
COURS D'AGRICULTURE COMPARÉE
FAIT A L'INSTITUT NATIONAL AGRONOMIQUE

Par Eugène RISLER
DIRECTEUR DE L'INSTITUT AGRONOMIQUE

Beaux volumes grand in-8°.

Tome Ier. — Utilité de la géologie pour l'étude des terres arables : engrais complémentaires ; analyse chimique des terres ; échantillon des terres d'après leur formation géologique ; recherche des amendements et engrais, des sources et drainages. — Terres formées par la décomposition des roches primitives : granite, gneiss, etc. — Terres formées par la décomposition de roches volcaniques : trachytes, basaltes, laves, etc. — Terrains de transition. — Terrains houillers, permiens, etc. — Le trias. — Terrains jurassiques. — Volume de 402 pages . . . . **7 fr. 50 c**

Tome II. — Les terrains infracrétacés du Jura, du sud de la France, du nord de la France, de l'Angleterre, etc. — Les terrains crétacés du nord de la France, du sud de la France, de l'Angleterre, de la Belgique et de l'Allemagne. — Les terrains tertiaires du nord et du centre de la France. — Volume de 428 pages avec planches en héliogravure . . . . **7 fr. 50 c**

Supplément. — Carte géologique et statistique des gisements de phosphate de chaux exploités en France. Grand in-folio en couleurs, sous couverture . . **2 fr. 50 c**

Chimie appliquée à l'Agriculture. Travaux et expériences du Dr A. Wœlcker chimiste-conseil, directeur du laboratoire de la Société royale d'agriculture d'Angleterre, par A. Ronna, ingénieur, membre du Conseil supérieur de l'agriculture, membre de la Société nationale d'Encouragement à l'agriculture etc. 1888. 2 volumes grand in-8° (1,012 pages), brochés . . . . . . **16 fr**

Chimie et Physiologie appliquées à la Sylviculture (Annales de la Station agronomique de l'Est, travaux de 1868 à 1878), par L. Grandeau, directeur de la Station agronomique. Volume grand in-8° de 415 pages . . . . **9 fr.**

La Production agricole en France, son présent et son avenir, par Louis Grandeau, directeur de la Station agronomique de l'Est. 1885. Un volume in-8° de 128 pages, avec 2 cartes et 2 diagrammes hors texte . . . . **3 fr**

La Fumure rationnelle des plantes agricoles. Traduit de l'allemand d'après les conférences de Paul Wagner, directeur de la Station agronomique de Darmstadt, par Pierre de Malliard, chef adjoint du cabinet du Ministre de l'agriculture. Brochure grand in-8°, avec 15 photogravures . . . . . . **1 fr. 50 c**

Le Fumier de ferme. Composition. Pertes. Traitement. Emploi rationnel de la tourbe litière, par J. Graftiau, ingénieur agricole, chef des travaux chimiques à la Station agronomique de Gembloux, professeur d'agronomie. Brochure in-8° . . . . **2 fr**

Emplois agricoles du Sel marin, par Édouard Fraisse, secrétaire de la Société centrale d'agriculture de Meurthe-et-Moselle. 1873. Grand in-8° . . . . **3 fr**

Le Traitement des bois en France. Estimation, partage et usufruit des forêts, par Ch. Broilliard, ancien professeur à l'École forestière. Nouvelle édition 1894. Un beau volume in-8° de 700 pages, broché . . . . **7 fr. 50 c.**
Relié en percaline . . . . **9 fr.**

Nancy, imprimerie Berger-Levrault et Cie.

GÉOLOGIE AGRICOLE

PREMIÈRE PARTIE

DU

COURS D'AGRICULTURE COMPARÉE

FAIT A L'INSTITUT NATIONAL AGRONOMIQUE

Par Eugène RISLER

DIRECTEUR DE L'INSTITUT AGRONOMIQUE
MEMBRE DE LA SOCIÉTÉ NATIONALE D'AGRICULTURE DE FRANCE
MEMBRE DU CONSEIL SUPÉRIEUR DE L'INSTRUCTION PUBLIQUE

TOME III (IIᵉ FASCICULE)

PARIS

BERGER-LEVRAULT ET Cⁱᵉ   LIBRAIRIE AGRICOLE
LIBRAIRES-ÉDITEURS   DE LA MAISON RUSTIQUE
5, rue des Beaux-Arts, 5   26, rue Jacob, 26

1895

BERGER-LEVRAULT ET Cie, LIBRAIRES-ÉDITEURS
A Paris, 5, rue des Beaux-Arts, et à Nancy.

ANNALES DE LA SCIENCE AGRONOMIQUE
FRANÇAISE ET ÉTRANGÈRE

ORGANE DES STATIONS AGRONOMIQUES ET DES LABORATOIRES AGRICOLES
Publiées sous les auspices du ministère de l'agriculture
Par L. GRANDEAU
DIRECTEUR DE LA STATION AGRONOMIQUE DE L'EST
PROFESSEUR AU CONSERVATOIRE NATIONAL DES ARTS ET MÉTIERS
MEMBRE DU CONSEIL SUPÉRIEUR DE L'AGRICULTURE
VICE-PRÉSIDENT DE LA SOCIÉTÉ NATIONALE D'ENCOURAGEMENT A L'AGRICULTURE

Les Annales forment, par année, deux volumes grand in-8° de 500 pages chacun environ, avec gravures, planches et tableaux. — 11e année, 1894.

PRIX DE L'ABONNEMENT POUR LES DEUX VOLUMES DE L'ANNÉE :

Paris, **24** fr.; Départements et Union postale, **26** fr. — Les années précédentes se vendent au même prix.

Annales de l'Institut national agronomique. ADMINISTRATION, ENSEIGNEMENT ET RECHERCHES. — Publication du ministère de l'agriculture et du commerce. — Volumes grand in-8°, avec gravures et planches.
Volumes parus : I à VI, épuisés. — VII, 1884, **12** fr. — VIII, 1884, **6** fr. — IX, 1886, **10** fr. — X, 1887, **10** fr. — XI, 1890, **20** fr. — XII, 1891, **8** fr. — XIII, 1894, **8** fr.

Le Traitement des bois en France. Estimation, partage et usufruit des forêts, par Ch. BROILLIARD, ancien professeur à l'École forestière. Nouvelle édition. 1894. Un beau volume in-8° de 700 pages, broché . . . . **7** fr. **50** c.
Relié en percaline. **9** fr.

Cours d'Aménagement des forêts, enseigné à l'École forestière, par Ch. BROILLIARD, professeur à l'École forestière. 1878. Un volume in-8° de 364 pages, avec carte. . . . . **10** fr.

Traité de Sylviculture, par L. BOPPE, professeur à l'École nationale forestière, membre du Conseil supérieur d'agriculture. 1889. Un volume grand in-8° de 480 pages. Broché, **8** fr. **50** c. — Relié. . . . . **10** fr.

Cours de Technologie forestière, créé à l'École de Nancy, par H. NANQUETTE, directeur honoraire de l'École. Édition entièrement nouvelle publiée par L. BOPPE, professeur de sylviculture à l'École nationale forestière. Un volume grand in-8° avec 3 planches en couleur hors texte et 92 fig. dans le texte, broché. **10** fr.
Relié. . . . . **11** fr. **50** c.

Le Chêne-liège. Sa culture et son exploitation, par A. LAMEY, conservateur des forêts en retraite. 1893. Un volume grand in-8°, avec 2 planches, broché. **6** fr.

Traité des Maladies des arbres, par Robert HARTIG, professeur à l'Université de Munich. Traduit sur la deuxième édition allemande par J. GERSCHEL et E. HENRY, professeurs à l'École nationale forestière. Revu par l'auteur. 1891. Un beau vol. gr. in-8°, avec 137 figures dans le texte et une planche en couleurs. br. **12** fr.

Atlas d'entomologie forestière, publié par E. HENRY, professeur à l'École nationale forestière. 48 planches en phototypie avec texte explicatif. 1892. Volume grand in-8°, broché. **10** fr.

Les Arbres et les Peuplements forestiers. Formation de leur volume et de leur valeur, d'après les travaux récents des stations de recherches forestières allemandes, par G. HUFFEL, inspecteur adjoint des forêts, chargé de cours à l'École nationale forestière. 1893. Un volume grand in-8° de 224 pages, avec 93 figures et 2 planches hors texte, broché. . . . . **10** fr.

Chimie et Physiologie appliquées à la Sylviculture (Annales de la Station agronomique de l'Est, travaux de 1868 à 1878), par L. GRANDEAU, directeur de la Station agronomique. Volume grand in-8° de 415 pages . . . . . . **9** fr.

Comptes rendus des travaux du Congrès international des Directeurs des Stations agronomiques (1881), publiés, au nom du bureau, par L. GRANDEAU, commissaire général du congrès. — Volume gr. in-8° de 495 p. . . **7** fr. **50** c.

www.ingramcontent.com/pod-product-compliance
Lightning Source LLC
Chambersburg PA
CBHW061001220326
41599CB00023B/3791